丛书总主编　陈宜瑜
丛书副总主编　于贵瑞　何洪林

中国生态系统定位观测与研究数据集

农田生态系统卷

河北栾城站

（2009—2017）

沈彦俊　主编

中国农业出版社
北　京

图书在版编目（CIP）数据

中国生态系统定位观测与研究数据集．农田生态系统
卷．河北栾城站：2009-2017 / 陈宜瑜总主编；沈彦俊
主编．—北京：中国农业出版社，2023.9
　ISBN 978-7-109-30847-3

　Ⅰ．①中… 　Ⅱ．①陈… ②沈… 　Ⅲ．①生态系－统计
数据－中国②农田－生态系－统计数据－栾城－2009-
2017 　Ⅳ．①Q147②S181

中国国家版本馆 CIP 数据核字（2023）第 118616 号

ZHONGGUO SHENGTAI XITONG DINGWEI GUANCE YU YANJIU SHUJUJI

中国农业出版社出版
地址：北京市朝阳区麦子店街 18 号楼
邮编：100125
责任编辑：李昕昱　　文字编辑：刘金华
版式设计：李　文　　责任校对：刘丽香
印刷：北京印刷一厂
版次：2023 年 9 月第 1 版
印次：2023 年 9 月北京第 1 次印刷
发行：新华书店北京发行所
开本：889mm×1194mm　1/16
印张：21.5
字数：635 千字
定价：128.00 元

丛书指导委员会

顾　问　孙鸿烈　蒋有绪　李文华　孙九林
主　任　陈宜瑜
委　员　方精云　傅伯杰　周成虎　邵明安　于贵瑞　傅小峰　王瑞丹
　　　　王树志　孙　命　封志明　冯仁国　高吉喜　李　新　廖方宇
　　　　廖小罕　刘纪远　刘世荣　周清波

丛书编委会

主　　编　陈宜瑜
副主编　于贵瑞　何洪林
编　委　（按拼音顺序排列）
　　　　白永飞　曹广民　常瑞英　陈德祥　陈　隽　陈　欣　戴尔阜
　　　　范泽鑫　方江平　郭胜利　郭学兵　何志斌　胡　波　黄　晖
　　　　黄振英　贾小旭　金国胜　李　华　李新虎　李新荣　李玉霖
　　　　李　哲　李中阳　林露湘　刘宏斌　潘贤章　秦伯强　沈彦俊
　　　　石　蕾　宋长春　苏　文　隋跃宇　孙　波　孙晓霞　谭支良
　　　　田长彦　王安志　王　兵　王传宽　王国梁　王克林　王　堃
　　　　王清奎　王希华　王友绍　吴冬秀　项文化　谢　平　谢宗强
　　　　辛晓平　徐　波　杨　萍　杨自辉　叶　清　于　丹　于秀波
　　　　曾凡江　占车生　张会民　张秋良　张硕新　赵　旭　周国逸
　　　　周　桔　朱安宁　朱　波　朱金兆

中国生态系统定位观测与研究数据集
农田生态系统卷·河北栾城站

编 委 会

主　编　沈彦俊

参　编　（以姓氏笔画为序）

孔晓乐　李红军　闵雷雷　沈彦军

张广录　张玉翠　徐天乐

序 一

  进入 20 世纪 80 年代以来，生态系统对全球变化的反馈与响应、可持续发展成为生态系统生态学研究的热点，通过观测、分析、模拟生态系统的生态学过程，可为实现生态系统可持续发展提供管理与决策依据。长期监测数据的获取与开放共享已成为生态系统研究网络的长期性、基础性工作。

  国际上，美国长期生态系统研究网络（US LTER）于 2004 年启动了 Eco Trends 项目，依托 US LTER 站点积累的观测数据，发表了生态系统（跨站点）长期变化趋势及其对全球变化响应的科学研究报告。英国环境变化网络（UK ECN）于 2016 年在 *Ecological Indicators* 发表专辑，系统报道了 UK ECN 的 20 年长期联网监测数据推动了生态系统稳定性和恢复力研究，并发表和出版了系列的数据集和数据论文。长期生态监测数据的开放共享、出版和挖掘越来越重要。

  在国内，国家生态系统观测研究网络（National Ecosystem Research Network of China，简称 CNERN）及中国生态系统研究网络（Chinese Ecosystem Research Network，简称 CERN）的各野外站在长期的科学观测研究中积累了丰富的科学数据，这些数据是生态系统生态学研究领域的重要资产，特别是 CNERN/CERN 长达 20 年的生态系统长期联网监测数据不仅反映了中国各类生态站水分、土壤、大气、生物要素的长期变化趋势，同时也能为生态系统过程和功能动态研究提供数据支撑，为生态学模型的验证和发展、遥感产品地面真实性检验提供数据支撑。通过集成分析这些数据，CNERN/CERN 内外的科研人员发表了很多重要科研成果，支撑了国家生态文明建设的重大需求。

近年来，数据出版已成为国内外数据发布和共享，实现"可发现、可访问、可理解、可重用"（即 FAIR）目标的重要手段和渠道。CNERN/CERN 继 2011 年出版"中国生态系统定位观测与研究数据集"丛书后再次出版新一期数据集丛书，旨在以出版方式提升数据质量、明确数据知识产权，推动融合专业理论或知识的更高层级的数据产品的开发挖掘，促进 CNERN/CERN 开放共享由数据服务向知识服务转变。

该丛书包括农田生态系统、草地与荒漠生态系统、森林生态系统及湖泊湿地海湾生态系统共 4 卷（51 册）以及森林生态系统图集 1 册，各册收集了野外台站的观测样地与观测设施信息，水分、土壤、大气和生物联网观测数据以及特色研究数据。本次数据出版工作必将促进 CNERN/CERN 数据的长期保存、开放共享，充分发挥生态长期监测数据的价值，支撑长期生态学以及生态系统生态学的科学研究工作，为国家生态文明建设提供支撑。

2021 年 7 月

科学数据是科学发现和知识创新的重要依据与基石。大数据时代，科技创新越来越依赖于科学数据综合分析。2018 年 3 月，国家颁布了《科学数据管理办法》，提出要进一步加强和规范科学数据管理，保障科学数据安全，提高开放共享水平，更好地为国家科技创新、经济社会发展提供支撑，标志着我国正式在国家层面开始加强和规范科学数据管理工作。

随着全球变化、区域可持续发展等生态问题的日趋严重以及物联网、大数据和云计算技术的发展，生态学进入了"大科学、大数据"时代，生态数据开放共享已经成为推动生态学科发展创新的重要动力。

国家生态系统观测研究网络（National Ecosystem Research Network of China，简称 CNERN）是一个数据密集型的野外科技平台，各野外台站在长期的科学研究中积累了丰富的科学数据。2011 年，CNERN 组织出版了"中国生态系统定位观测与研究数据集"丛书。该丛书共 4 卷、51 册，系统收集整理了 2008 年以前的各野外台站元数据，观测样地信息与水分、土壤、大气和生物监测以及相关研究成果的数据。该丛书的出版，拓展了 CNERN 生态数据资源共享模式，为我国生态系统研究、资源环境的保护利用与治理以及农、林、牧、渔业相关生产活动提供了重要的数据支撑。

2009 年以来，CNERN 又积累了 10 年的观测与研究数据，同时国家生态科学数据中心于 2019 年正式成立。中心以 CNERN 野外台站为基础，生态系统观测研究数据为核心，拓展部门台站、专项观测网络、科技计划项目、科研团队等数据来源渠道，推进生态科学数据开放共享、产品加工和分析应用。为了开发特色数据资源产品、整合与挖掘生态数据，国家生态科学数据中心立足国家野外生态观测台站长期监测数据，组织开展了新一版的观测与研究数据集的出版工作。

本次出版的数据集主要围绕"生态系统服务功能评估""生态系统过程与变化"等主题进行了指标筛选，规范了数据的质控、处理方法，并参考数据论文的体例进行编写，以翔实地展现数据产生过程，拓展数据的应用范围。

该丛书包括农田生态系统、草地与荒漠生态系统、森林生态系统以及湖泊湿地海湾生态系统共 4 卷（51 册）以及图集 1 本，各册收集了野外台站的观测样地与观测设施信息，水分、土壤、大气和生物联网观测数据以及特色研究数据。该套丛书的再一次出版，必将更好地发挥野外台站长期观测数据的价值，推动我国生态科学数据的开放共享和科研范式的转变，为国家生态文明建设提供支撑。

2021 年 8 月

中国科学院栾城农业生态系统试验站（以下简称"栾城站"）建于 1981 年，1988 年加入中国生态系统研究网络（CERN），成为第一批基本站。从 1998 年起，栾城站按照 CERN 网络监测规范全面开展水、土、气、生各生态要素的监测工作。2000 年 CERN 开始统一规范上报数据以来，栾城站不断加强监测技术队伍建设和数据质量控制的工作，监测数据上报和数据管理方面的工作逐步走向规范。

栾城站于 2010 年出版了《栾城农业生态系统试验站观测与研究数据集》（1998—2008 年）。作为延续和更新，此次整理了 2009—2017 年的观测和研究数据，对主要的数据序列进行了初步分析，出版《中国生态系统定位观测与研究数据集：河北栾城站（2009—2017）》。该数据集是对栾城站长期生态学最新定位观测成果的全面展示，也可为 CERN 及相关科学研究提供基础数据保障。本次数据集整理出版的内容主要包括以下 4 个部分：①栾城站台站介绍；②主要样地与观测设施；③栾城站联网长期监测数据，包括生物、土壤、水分和气象四个部分；④台站特色研究数据。

本数据集第 1 章和第 2 章由沈彦俊、沈彦军、闵雷雷、李红军、张广录编写；第 3 章由闵雷雷、孔晓乐、张玉翠和徐天乐编写；第 4 章由张玉翠编写。沈彦俊和闵雷雷进行审核及定稿。

数据的收集和整理工作由胡春胜、程一松、李红军、张广录、沈彦军、闵雷雷、董文旭、李晓欣、张玉铭、孔晓乐、张玉翠和徐天乐等人共同完成。感谢所有参与栾城站数据收集和整理的科研人员和研究生，感谢长期坚守在野外的观测员和技术服务人员，感谢关注和支持栾城站的国内外同行专家。

由于水平有限，本数据集难免存在疏漏之处，敬请读者批评指正。

编 者
2022 年 9 月

CONTENTS
目 录

第1章 □□□□□□□□□□□□□□□□□□□□□

台 站 介 绍

1.1 概述

1.1.1 自然概况

中国科学院栾城农业生态系统试验站（以下简称栾城站），隶属于中国科学院遗传与发育生物学研究所农业资源研究中心。栾城站始建于 1981 年，是中国科学院生态系统研究网络（CERN）的野外台站，也是联合国粮农组织"全球陆地生态系统监测网络（GTOS）"的成员单位，河北省农业高新技术示范基地。2005 年成为国家生态系统观测研究网络（CNERN）台站，全称为河北栾城农田生态系统国家野外科学观测研究站。

栾城站位于河北省中部平原的石家庄市栾城区聂家庄村，距石家庄市主城区 27 km、距北京 270 km，地理位置为：37°53′N、114°41′E，海拔为 50.1 m。栾城站所在区域属于暖温带、半湿润半干旱大陆性季风气候，年平均气温为 12.2 ℃，7 月平均气温为 26.4 ℃，1 月平均气温为 3.9 ℃，每年太阳总辐射为 724.2 kJ/cm²，全年日照时数为 2 521.8 h，＞10 ℃积温为 4 713 ℃，降水量为 536.8 mm，超过 60% 的降水集中于夏季，雨热同期，有利于农作物生长；无霜期为 200 d 左右。

1.1.2 区域和生态系统代表性

本区为典型的山前冲积扇平原，地势平坦而微有倾斜，坡降为 1/1 000～1/2 000。土壤类型主要为第四纪黄土性洪积冲积物发育的潮褐土，并伴有部分褐土、潮土、风沙土。土壤耕层深厚、质地轻壤、耕性良好、疏松多孔，心土有钙积层和黏粒淀积层，保水保肥性能好。土壤有机质含量为 1%～1.5%，pH 多为中性至微碱性。地势较高，排水条件良好，无盐分积累和盐碱化威胁，是典型的高产土壤。

本区位于海河南系的滹沱河和滏阳河之间。地表年径流深度为 25～50 mm，在滏阳河和滹沱河之间形成年径流深度不足 25 mm 的最低区，其径流系数为 0.05，是华北平原产流量最小的地区。本区处于山前洪积扇中、上部位，地下水侧渗补给及降水入渗补给条件较好，地下水埋藏富集，水质良好，大部分地区矿化度为 0.5～1 g/L，多为重碳酸盐钙、镁型水。地下水位埋藏较浅，促使该区域自 20 世纪 70 年代以来井灌面积迅速扩展，连续多年严重超采地下水，地下水位埋深大部分在 15 m 以下，造成水资源紧缺与农业持续高产稳产之间的严重矛盾。

地带植被类型为落叶阔叶林，现广泛栽种的有杨、柳、榆、槐等阔叶林树种。该区开垦历史悠久，原始植被早已被小麦、玉米、棉花、杂粮和蔬菜等人工植被代替。小麦-玉米一年两熟是本区主要的农田种植形式。

本站代表区域为太行山山前平原。该区域位于华北平原北部的海河流域、太行山东麓，北起永定河，南至黄河，是由拒马河、大清河、滹沱河、滏阳河、漳河、卫河等大小河流洪积-冲积物形成的复合冲积扇平原。全区包括河北省和河南省的 68 个县市，总土地面积为 4.98 万 km²，耕地 255 万 hm²，人口 2 500 万人。其中河北省境内的 51 个县（市）的总耕地面积为 185.4 万 hm²，农业人口 1 961.25 万人，人均耕地 0.095 hm²，有效灌溉面积 165.6 万 hm²，占总耕地的 89.3%，旱涝保收面积 132.6 万 hm²，占 71.6%，小麦、玉米两季年单产 11 250 kg/hm²。

本区北临京津，境内有保定市、石家庄市、邢台市、邯郸市和河南省的安阳、新乡等大中城市，京广铁路、京深高速纵贯全境，是我国重要的经济发展带。其北部已被纳入我国三大都市圈之一的京津冀首都经济圈。

本区处于我国的中纬度地带，是我国东西水分梯度和南北热量梯度相交汇的中心区域，是潮土和褐土过渡的区域，具有较好的地域代表性和典型性。本区是由半湿润气候向半干旱气候的过渡区域，是暖温带的重旱区，是华北平原干旱气候的中心区域，年降水量不足 600 mm，水分亏缺量最严重，年缺水在 300~400 mm。自 20 世纪 70 年代以来，农业生态系统在自然和人为双重作用力驱动下发生着最为剧烈的演变过程，这些演变过程包括气候干旱化趋势加重、土地利用格局和植被覆盖演变剧烈、水资源过度利用、农业集约化过程加快、生产力大幅度提高等。因此，本区是开展气候干旱化-人类活动-水土资源演变-水、碳、营养循环响应机制和节水农业等资源节约型技术和生态系统管理研究的理想区域。

栾城站代表的生态系统类型为华北平原北部潮褐土高产农业生态系统，具有集约高产型、资源约束型、井灌农业类型和城郊型等特征。在太行山前平原具有广泛的代表性，并在华北平原及同类区域具有示范性。

（1）典型的集约高产农业生态类型

本区是我国传统的重要粮、油、菜商品化生产基地。光热资源丰富、水土条件优越、农业历史悠久，自古以来就是华北平原农业精华之所在。据考证，在新石器时代早中期，先民们主要聚集在太行山东麓，向东北延伸至燕山南麓的山前洪积扇地带。大约 7 000~8 000 年前先民们就开发了这些地带，进入以农业生产为主的社会经济阶段，出现了华北平原最早的农业。新中国成立以来，特别是 70 年代后随着农田水利化和物质能量投入的增加，如粮田化肥氮投入高达 450 kg/hm²，粮食生产迅速发展，成为我国北方最具有代表性的高产集约农区与重要的商品粮基地。90 年代以后，这里大部分区域农田已达到"吨粮田"。国内具有一定影响的集中连片的规模蔬菜生产和集散基地在沿京广线两侧发展迅速，如河北省定州市、永年县等。

（2）典型的井灌农业生态类型

本区是我国北方具有代表性的井灌农业类型区。本区位于海河流域南系，是我国水资源严重紧缺地区之一，人均占有量不足 300 m³。历史上海河流域旱灾频繁，特别是 20 世纪 70 年代以来持续干旱化的趋势加重，自此大规模开凿机井，依靠大量超采地下水来发展农业生产。本区机井密度高达每百公顷 20 眼，地下水用量占总灌溉用水量的 70% 以上，是我国北方最具代表性的井灌农业类型区。

（3）典型的水资源约束型农业生态类型

本区是我国北方最具代表性的地下水严重超采区。地下水资源的过度开采造成地下水位的急剧下降和地下水漏斗面积的扩大。根据栾城站多年的监测资料，太行山前平原 70 年代以来地下水位每年约以 1 m 左右的速度下降。其中石家庄石德铁路以南、邢台市以北、东部以宁晋泊-大陆泽为界这一三角地带属于急剧下降区。另一下降幅度较大的区域位于邯郸中部的肥乡、广平和成安三县。上述两区域地下水埋深一般在 30.0 m 以上，有的已超过了 40.0 m。据不完全统计，太行山前平原区第一含水组疏干面积为 1 700 km²。在沿京广线的几个大中城市周围已形成相应的大的漏斗，如以石家庄、保定、邯郸等城市为中心，已形成三大范围的水位降落漏斗，尤其是石家庄地区，2000 年漏斗面积总和达 12 645 km²，水位埋深最大的宁柏隆漏斗已形成超大复合型地下水位下降漏斗，漏斗面积超过 3 700 km²。第二含水组在部分地区已经疏干。本区农业的可持续发展正在以及长期受到水资源危机的威胁。

（4）典型的城郊型农业生态经济类型

本区是我国北方具有代表性的城郊型农业生态类型。本区大中城市密集，北临京津大都市，沿京广线和京深高速有保定、石家庄、邢台、邯郸、安阳、新乡等大中城市。历史上服务于核心城镇是本区农业生态系统的重要功能之一。随着农业产业结构的调整，依托大市场的畜牧业、蔬菜、花卉优势产业及其产业链发展迅速，特别是围绕京津冀都市圈，区域经济协作正在形成，伴随城镇化的发展，这一传统的城郊型农业生态经济将得到进一步加强。城郊型农业也存在农业生态系统受密集型工业、城镇生活废弃物及高强度农业投入的影响，潜在的面源污染和点源污染相对严重。

1.2　研究方向

1.2.1　目标与任务

1.2.1.1　观测目标与任务

按照 CERN 监测规范，栾城站建设了标准规范的观测场与长期采样地，配置了先进的仪器设备。不断加强监测技术队伍建设，采用监测任务责任到人的项目管理机制和"田间监测人员→专业质量控制组→数据管理员和主管站长"三级数据质量控制制度，开展水、土、气、生监测要素的数据监测、质量控制与管理，完成各项监测任务。

（1）水分监测数据

水分监测任务主要在综合观测场和气象场进行，主要监测指标包括：水物理要素（TDR 自动监测土壤含水量、中子仪测定土壤含水量、烘干测定土壤含水量、地下水位、农田灌溉量、水面蒸发、农田蒸散、水量平衡计算月农田实际蒸散量）和水化学要素（采集每次灌溉水和各月的降水进行水化学要素的测定，包括水温、pH、钙离子、镁离子、钾离子、钠离子、碳酸根离子、重碳酸根离子、氯离子、硫酸根离子、磷酸根离子、硝酸根离子、矿化度、化学需氧量、水中溶解氧、总氮、总磷等17项）。

（2）土壤监测数据

分别在小麦、玉米收获后完成了综合观测采样地、辅助观测采样地、站区观测点0～20 cm 耕层土壤样品采集工作。土壤样品分析项目包括全氮、有机质、碱解氮、速效磷、速效钾等项目。同时记录了各采样地的农事活动，测定了样地产量，采集籽粒、秸秆样品，分析植物样品氮、磷、钾、有机碳等指标。

（3）生物监测数据

生物监测包括野外调查项目（生物调查，作物种类与产值，复种指数与主要地块作物轮作顺序，主要作物肥料、农药、除草剂的投入量，灌溉制度，作物生育期调查，作物收获期植株性状与测产作物，生物量测定等）和室内常规分析（测定项目为全氮、全磷、全钾、全碳）。

（4）气象要素监测数据

按照大气监测指标，栾城站气象监测主要由两部分构成：一部分是人工监测记录，包括降水量、温湿度、气压、日照时数等十几项气象要素，监测频率为4次/日（02时、08时、12时和20时）；另一部分是实时的自动气象监测，包含温湿度、水汽压、风向风速、不同层次地温、辐射等，监测频率为1 h。气象数据经过质量控制检查之后，每月上报一次，由试验站人员通过邮件的方式发送给CERN 数据管理人员进行统一存储，建立数据库，以便共享使用。

1.2.1.2　研究目标与任务

栾城站的研究方向和定位为瞄准农业生态学的国际前沿和国家粮食安全、水资源安全的需求，围绕华北平原地下水超采区的生态环境问题和城郊型农业可持续发展目标，开展区域农业生态系统结构、功能及其演变过程的长期综合观测及对全球变化与集约化过程中的响应机制进行研究；探索农田生态系统界面能量、水分、养分传输过程及其内在调节机制和农业生态-经济复合系统的结构功能优化调控机制；重点研发集成现代节水农业技术、清洁施肥管理技术、分子育种技术和精准农业应用技术等资源节约高效利用与管理技术；发展华北平原可持续农业生态系统管理的理论体系和区域优化示范模式。

建站目标是建成具有国际一流水平的长久性农田生态系统综合观测与研究平台，具有区域特色的华北平原现代农业与水资源研究与示范中心。为我国北方农业生态系统优化管理提供示范模式和配套技术，为全球变化与国家生态环境评估提供科学依据，为我国社会和经济可持续发展提供宏观决策依据。

1.2.2　主要研究方向

围绕华北平原地下水超采区生态环境问题和农业可持续发展目标，开展长期生态学定位监测，研究农业生态系统能量、水分、养分传输过程及其调控机理，集成农业节水、清洁施肥、分子育种和精准农业管理等技术体系，发展区域农业生态系统管理理论和现代农业优化模式。研究方向如下：

①水资源高效利用与精准调控。其中包括作物高效用水调控机制、农田节水机理与技术、关键带水与物质运移和水资源智能监测与管理等。

②养分高效循环与精准种养。其中包括土壤健康与肥力维持、食物链养分循环与管理、植物介导地上地下互作机制和环境信息感知与智能决策等。

③设计育种与基因精准编辑。水分高效、养分高效和抗逆高产。

1.3　近期研究成果

1.3.1　科研成果概述

栾城站长期以来致力于系统的农田生态系统水、土、气、生要素的长期动态观测和生态过程研究、技术集成与区域示范，积累了大量的生态环境数据资料。在农田水热过程，地下水动态观测，节水农业机理、技术和模式，小麦新品种选育等方面在我国都处于先进行列。

栾城站自 1981 年建站以来，始终坚持长期的生态学监测、研究、示范的宗旨，围绕区域农业资源高效利用和可持续发展的关键科学问题，研究农田生态系统水肥光热的高效利用与调控理论，建立综合生物学、农学、地学以及工程学科的技术体系，为区域农业高效发展和地下水资源的可持续利用提供了重要的理论与技术支撑。获得国家科学技术进步一等奖和二等奖，河北省科学技术进步一等奖，河北省自然科学一等奖、二等奖等科技奖励；获得研发国审小麦新品种 4 个，发布河北省地方标准 10 余项。近 10 年来发表 SCI 论文 300 余篇，出版专著 5 部。

1.3.2　代表性成果

1.3.2.1　建立了农田土壤-作物-大气系统水分传输与界面节水调控理论

华北平原地下水超采问题在 20 世纪 80 年代中期得到广泛关注，栾城站参与了中国科学院"四水转化"重大研究项目，建设 12.5 m 深包气带水分过程观测竖井（当时地下水位埋深 14.0 m），研究降水、土壤水、地下水之间的转换关系，评估农业灌溉水的利用效率和地下水补给过程。自 20 世纪 90 年代初，刘昌明院士领衔系统地研究了农田土壤-作物-大气系统（SPAC）水分传输过程，综合了土壤物理学、作物生理学和微气象学研究方法与手段，对农田 SPAC 系统水分能量传输和转化各环节进行深入观测研究，提出了基于 SPAC 界面节水调控理论，在农田水分蒸发和蒸腾过程中的根-土界面、叶-气界面、土-气界面处采取一定的调控措施，使界面水分传输阻力增大，从而达到减少蒸散耗水的目的。集成了生物-农艺-工程节水技术模式，以冬小麦主动调亏灌溉降低田间耗水量，小麦、玉米匀播调冠和全程秸秆覆盖减少土壤蒸发，小麦适期播种，玉米推迟收获增产提效，统筹小麦、玉米两季水肥管理等措施，实现全年农田节水高产高效；利用秸秆梳压机、小麦免耕播种机等机械，实现了小麦平播播种和秸秆地面覆盖，减弱了土壤无效蒸发，形成了"农机农艺结合，简化栽培，降耗增产"为核心的减蒸降耗节水技术模式，并制定了相应技术规程。每亩可减少农田蒸散 $20\sim30\ m^3$，每亩减降灌溉水量 $40\sim80\ m^3$。实现了从理论创新到技术集成应用的全链条节水农业技术体系。

1.3.2.2 明确了典型农田耗水结构机理与水平衡特征

农业种植强度决定水肥等资源的消耗，华北平原的一年两熟制度远超本地水资源承载能力，明确不同作物季的耗水和水平衡特征、确定无效蒸发耗水的总量和分布规律成为调整农作制度和实施节水技术的依据。通过连续 11 年的涡度相关水热碳通量观测，明确了冬小麦-夏玉米灌溉农田全年总蒸散量为 710 mm，降水量为 460 mm，年水分亏缺量为 250 mm；水分亏缺主要发生在冬小麦季节，可达 300 mm，其中土壤储水可提供 65 mm 的供水，补充作物利用；而夏玉米季节处于雨季，平均约有 90 mm 的降水盈余，除补充土壤水库 60 mm 外，对地下水可形成一定的补给作用。据此提出，改一年两熟为三年四熟的作物制度可基本实现多年尺度上的降水量和作物耗水的平衡，从而使开采地下水灌溉成为弥补连续干旱期作物需水的措施，在周年或多年尺度上达到地下水的采补平衡。为弥补因休耕造成的作物产量损失，利用模型评估了休耕和种植制度改变后对地下水消耗和产量的影响，证实了通过栽培方法的改善可以将产量损失大幅度降低。此外，利用称重法、稳定同位素法和模型模拟等多种方法对土壤无效蒸发总量进行了定量研究，明确了土壤年蒸发可达 280 mm，发现土壤蒸发发生的深度主要在 $0\sim20$ cm 土层，而作物根系吸水主要利用 $0\sim40$ cm 土层的土壤水分，这些结果对改进灌溉方式（如研发科学的地下滴灌系统）、减少土壤蒸发、提高土壤水分利用效率具有重要的理论意义。上述成果为河北省制定地下水压采取的农业种植制度调整和土地休耕政策提供了决策依据。

1.3.2.3 阐明了灌溉高产农田碳氮循环与氮平衡特征

栾城站通过定量监测农田生态系统水-土-气-生界面碳氮交换通量，阐明了农田生态系统碳氮循环特征。过去 30 年间土壤有机碳储量增加迅速，表层 $0\sim20$ cm 土壤有机碳储量已达 $4.0\ kg/m^2$，但由于高水肥的集约化生产导致二氧化碳等温室气体排放增加，土壤碳正在以 77 g/（$m^2\cdot yr$）的速度丢失。当前氮素投入情况下，小麦-玉米轮作农田系统氮循环基本处于良性状态，盈余氮素补充了土壤氮库，特别是有机氮库，培肥了土壤地力。但是，系统中每年以氨挥发、硝态氮淋失或反硝化形式向外界环境输出氮素量仍可达 $112.1\sim134.3\ kg/hm^2$，占施肥总量的 $28.0\%\sim33.6\%$，成为环境污染的重要原因之一。明确了氮肥施入对土壤剖面中的氧化氮和二氧化碳的浓度存在显著影响，但对甲烷浓度变化几乎没有影响，而低氮-雨养农田系统则是甲烷和氧化氮汇的事实。为改善土壤碳氮循环，减少环境负荷，系统研究了保护性耕作机理、关键设备、农艺技术、技术标准，创新了两熟制保护性耕作理论，创立了趋零蒸发的麦田玉米整秸覆盖免耕种植模式与配套机具，集成了高产节水型保护性耕作技术体系与土壤轮耕模式，制定并由河北省颁布了保护性耕作技术标准。

1.3.2.4 初步揭示了深层包气带水分和溶质的入渗、迁移和转化过程

包气带（非饱和带）是控制水分和溶质通过地表进入地下含水层的关键场所，研究农田深层包气带水盐运移，对华北平原地下水水量和水质管理及可持续利用具有重要的科学意义。基于田间原位观测数据和深层包气带采样分析，综合利用环境示踪、水量平衡、数值模拟等多种研究方法，深入研究了灌溉农田根系层以下深层包气带的水分动态变化特征及其机理，发现长期且大量灌溉影响下的冬小麦-夏玉米农田的深层包气带含水量始终维持在较高水平，保持在（或略高于）田间持水量水平；定量研究了深层包气带的水分通量（地下水潜在补给量），结果表明地表 6 m 以下深度的包气带水分以比较稳定的速率向下运动，地下水潜在补给量多年平均值为 $164\sim200$ mm；探明了深层包气带水分

向下运动的过程及其特征，查明了深层包气带水分主要以基质流方式向下运动的特征，分析了水分的"压力传导式"运移速率（湿润锋运移速率）与水分子运动速率（平均孔隙流速）的关系；查明了山前平原区冬小麦-夏玉米农田、果园和棉田的平均孔隙流速小于地下水位下降速率，农业面源污染物尚未随水分大量进入含水层造成地下水污染。土壤各层次累积的硝态氮含量随着施氮量的增加而增加，根区以外的硝态氮很难被作物利用；氮素淋失量也随施氮量增加而增加，证实了在根系层以下包气带依然具有一定强度的反硝化能力，发现了通过增加深层低浓度可溶性有机碳可调动反硝化微生物活性，可提高和利用包气带土壤的反硝化潜力，成为削减土壤硝态氮淋失进入地下水的新技术途径和技术研发方向。

1.3.2.5　研发了作物营养诊断工具和区域农情监测系统

作物营养状况、作物长势和农田土壤墒情是农田精细化管理的重要依据，快速简便地获取这些农情信息，及时应对以确定合理的灌溉和施肥量，对实现农业生产的信息化和自动化、提高水肥资源利用效率至关重要。

栾城站自20世纪末即开始开展农情信息的快速获取与精准化管理相关的研究，从利用风筝携带多光谱相机到无人机搭载平台获取农田信息，从收割机安装智能测产传感器获取实时产量地图到利用智能手机拍照进行作物叶片营养诊断，开发了多项农情监测和快速诊断技术，应用于农田水肥的精细化管理，提高了资源利用效率和生产效率。近期，在物联网技术支持的地面农情信息验证网络基础上，研制了"华北平原农情遥感监测与水肥管理决策支持系统（1.0版）"，实现了区域农情监测信息的快速获取、分析和精确验证。该系统定期向河北省农业和水利部门推送监测快报，为区域农业灌溉和施肥管理提供决策支持，极大地提高了应对干旱的能力。

1.4　支撑条件

1.4.1　土地使用保障

栾城站站区现有土地27.78 hm²，其中试验田20.91 hm²，全部拥有国有土地使用证。园区农田平整，水、电、路、网等配套设施齐备，平均每4.67 hm²地有灌溉井1眼，试验田全部采用地下管灌溉，每口井安装有精准水表计量用水量，可满足标准化农田管理和各种试验要求。台站四周建有围墙，2020年安装了电子门禁，凭密码或允许的车牌号才能进入站内，实行封闭化管理。站内有工作人员看护仪器设备，并负责相关仪器和田间设施的维护。根据CERN的要求，建有水、土、气、生各生态要素的综合观测场和辅助观测场，建有国家标准的气象场，可以为相关试验提供长期的基础气象数据。

1.4.2　野外用房及设施

栾城站野外用房包括：

（1）公寓住房楼一栋，建筑面积约2 000 m²，配有标间25间，单间5间，套间5间，房间内网络、卫生间、电视、空调等设施齐全，可同时入住60人。同时配备有大、小会议室各一个，其中大会议室安装了LED大屏幕和配套音响，可容纳上百人召开会议。配套有食堂，可提供上百人同时就餐。生活区建设有小花园一座，具有大面积绿地和绿化地带，为在站科研人员提供了舒适的生活环境。

（2）综合实验楼一栋，建筑面积1 500 m²，为在站各课题组提供了实验室，常规的样品处理、化验分析均可以在实验室完成。综合实验楼4楼配备有健身房，为在站科研人员和学生在工作之余的健身场所。

（3）土壤理化实验室一座，建筑面积约400 m²，同时配备有土壤样品库。

（4）试验用平房一排，建筑面积约 430 m²，为在站课题组作为试验和仓储用房。

（5）库房 2 栋，建筑面积约 760 m²，作为在站科研团队试验器材、样品、农机等相关设施的存放场地。

（6）气候控制室一座，建筑面积约 130 m²，安装有气候自动控制设备，为相关试验提供场所和器材。

（7）大型土柱实验室一座，建筑面积约 200 m²。安装有约 5 m 高的大型土柱，为包气带大埋深土壤水分实验提供了平台。

（8）作物根系实验室一座，建筑面积约 50 m²，配备有作物根系研究相关仪器和设备。

（9）玻璃温室一栋，建筑面积约 400 m²，用于温室作物科研。

试验站所有房屋水、电、网等设备齐全，可保障各项工作的顺利进行。

1.4.3　仪器设备情况

根据农田生态系统水分、土壤、气象和生物监测规范和野外田间试验要求，栾城站配备有国际先进的仪器设备，运行良好，并实施使用登记制度和分专业专人管理维护制度。所有仪器设备和田间设施均实行专人管理，运行基本正常。田间大型设施和贵重仪器如 lysimeter、自动气象站、农田小气候等都配置了专用电缆，并有配套的防雷设施。相关监测和测试仪器先进、齐全，支撑了生态环境要素监测工作。此外，栾城站还建设有 48 m 深地下水-土壤-作物系统水分溶质迁移转化原位观测竖井和 5 m 高的室内大型土柱实验系统，用于开展关键带水分循环与污染物迁移转化过程研究（表 1-1）。

表 1-1　栾城站主要仪器设备及整体运行情况

仪器型号	仪器名称	台数
Turbo-G2	GPS 定位仪	1
MERCK	反射仪	1
TDR	TDR	1
FOSS	半自动定氮仪	1
ASD FS HH	便携式光谱仪	1
DCode	变性梯度凝胶电泳系统	1
JYD-650	超声波细胞粉碎机	1
ATCI-5-U	纯水机	1
GeoProb Model 54DT	地质采样机	1
BL 6100	电子天平	5
JJ3000	电子天平	5
TP-2000	电子天平	2
SF40 型	粉碎机	2
101-2	干燥箱	4
Li-6400F	光合作用测定仪	1
GreenSeeker	光谱议	1
LI250	光照计	1
08489-00	红外辐射温度计	1
LI-8100	开路式土壤碳通量测量系统	1
CSAT3、LI-7500	开路式涡度相关通量观测系统	1
FD-1-50	冷冻干燥机	1

（续）

仪器型号	仪器名称	台数
minispin	离心机	1
PXS-215	离子活度计	1
Flow Solution Ⅳ	流动分析仪	1
CR23-2005	农田小气候系统	1
AGILENT6820	气相色谱仪	1
HR－15A	氢弹式热量计	1
E601	水面蒸发自动记录仪	1
Multi 340i	水质分析仪	1
HANNA pH211	酸度计	1
PR1	土壤剖面水分测定仪	1
FOR/MTS TDR	土壤水分仪	1
WR-3E	微波消解炉	1
HOBOy StowAwa	温度测定仪	1
872 型	消煮炉	1
SAPS3100	野外型植物水势仪	1
SPAD-502	叶绿素计	1
Lysimeter	蒸渗仪	1
CI-110	植冠分析仪	1
PGR-15	植物生长箱	1
Handy PEA	植物效率分析仪	1
S1700	植物叶片面积根系图像分析系统	1
2RX-300D	智能人工气候培养箱	1
CHC503 DR	中子水分仪	2
UV-2450	紫外可见分光光度计	1
MILOS520	自动气象站	1
Liqui TOC	总有机碳/总氮分析仪	1
LGR，DLT-100	水汽同位素分析仪	1
G5101-i	氧化亚氮原位同位素分析仪	1
G1103	氨气分析仪	1
G1101-i	CO_2 同位素分析仪	1
LI-7500A	地表蒸散观测设备	1
Vario TOC	水体碳氮分析仪	1
Mini-Diver	水位观测仪	1
CR800	土壤水分含量自动观测仪	1
EXO1	多参数水质分析仪	1
MAWS301	气象辐射观测设备	1
Eijkelkamp EK111	土壤样品采集器	1
CHA-S、TDL-5-A、S36、LabVent 120	土壤样品前处理系统	1

（续）

仪器型号	仪器名称	台数
MIDI-Sherlock v. 6. 2-7890-GC	全自动菌种微生物鉴定系统	1
Smartchem140	全自动化学分析仪	1
M420	火焰光度计	1
LI-3100C	便携式叶面积仪	1
MM 400	混合震荡型研磨仪	1
SM300	可调转速重型切割粉碎仪	1
LI-6400 XT	便携式光合测量系统	1
Unisense A/S MM-Meter	微电极系统	1
Quintix 513-1CN	天平	1
FOSS Kjeltec 8400	凯氏定氮仪	1
vario MACRO cube CN	元素分析仪	1
EC3000	涡动测量系统	1
CFCS-8-17	分散式连续堆肥发酵反应设备	1
CR-CC5 MPX	植物生长节律在线自动观测系统	1
RR-7170	土壤氧气自动监测系统	1
A755	土壤温湿盐自动观测系统	1
Vaisala	气象辐射观测设备	1
DELL R930	服务器	1
VCA	便携式 X 射线荧光分析仪	1
UNS130/E	干湿沉降采样系统	1
CI-602	根系生长监测系统	1

第 2 章

主要样地与观测设施

2.1 概述

栾城站按照 CERN 和 CNERN 监测规范，建设了标准规范的观测场与长期观测采样地，配置了先进的监测仪器设备。近年来不断加强监测技术队伍建设，采用监测任务责任到人的项目管理机制和"田间监测人员→专业质量控制组控制→数据管理员和主管站长"三级数据质量控制制度。严格按照监测规范，开展水、土、气、生监测要素的数据采集和数据质量控制与管理。圆满完成了 CERN 和 CNERN 规定的各项监测任务，并开展了第二套指标监测任务。

按照 CERN 标准，栾城站完成了观测场和采样地编码命名工作，共定义各类观测场 11 个，定义各类样地 18 个。2008 年，根据国家生态系统研究网络资源信息化建设的总体要求，对栾城站的长期试验研究观测场或观测设施（即非 CERN 联网观测样地）进行规范编码工作，并完善了样地的背景信息表，共新定义 7 个观测场、9 个样地。综合两次对观测场和采样地的标准化编码工作，目前栾城站共定义观测场 18 个，定义各类样地 27 个（图 2-1、表 2-1）。

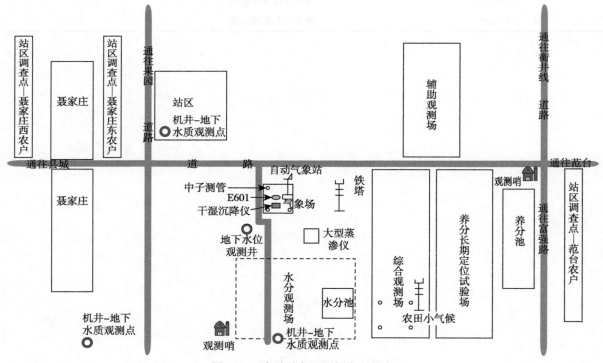

图 2-1 栾城站各观测场布置示意

（1）采用标准规范的编码系统后，每个长期（短期）采样地相对固定，并具有唯一固定的编码，有利于数据资源的整合、连续性和可比性。

（2）建立各个样地的详细信息描述文档，将每个样地代码与样地详细信息文档建立起对照关系。

表 2-1　栾城站观测场、采样地编码

序号	观测场名称	观测场代码	采样地名称	采样地代码
1	栾城站综合观测场	LCAZH01	栾城站水土生联合长期观测采样地	LCAZH01ABC_01
2			栾城站综合观测场中子管1号	LCAZH01CTS_01
3			栾城站综合观测场取土法1号	LCAZH01CHG_01
4			栾城站综合观测场地下水水质监测1号	LCAZH01CDX_01
5			栾城站综合观测场蒸渗仪1号	LCAZH01CZS_01
6	栾城站气象观测场	LCAQX01	栾城站气象场地下水位	LCAQX01CDX_01
7			栾城站气象场中子管1号	LCAQX01CTS_01
8			栾城站气象场雨水水质1号	LCAQX01CYS_01
9			栾城站气象场小型蒸发皿E601	LCAQX01CZF_01
10			栾城站人工气象要素观测样地	LCAQX01 DRG_01
11			栾城站自动气象站观测样地	LCAQX01 DZD_01
12	土壤生物监测辅助观测场（有机循环长期定位试验）-空白	LCAFZ01	土壤生物监测辅助观测场（有机循环长期定位试验）-空白	LCAFZ01AB0_01
13	土壤生物监测辅助观测场（有机循环长期定位试验）-施用化肥＋秸秆还田	LCAFZ02	土壤生物监测辅助观测场（有机循环长期定位试验）-施用化肥＋秸秆还田地	LCAFZ02AB0_01
14	土壤生物监测辅助观测场（有机循环长期定位试验）-施用化肥	LCAFZ03	土壤生物监测辅助观测场（有机循环长期定位试验）-施用化肥	LCAFZ03AB0_01
15	栾城站灌溉用地下水水质监测调查点（站区）	LCAFZ10	栾城站灌溉用地下水水质监测调查点（站区）	LCAFZ10CGD_01
16	栾城站灌溉用地下水水质监测调查点（聂家庄）	LCAFZ11	栾城站灌溉用地下水水质监测调查点（聂家庄）	LCAFZ11CGD_01
17	栾城站静止地表水质监测调查点（八一水库）	LCAFZ12	栾城站静止地表水质监测调查点（八一水库）	LCAFZ12CJB_01
18	生物、土壤监测聂家庄西站区观测场	LCAZQ01	聂家庄西土壤生物长期观测采样地	LCAZQ01AB0_01
19	生物、土壤监测聂家庄东站区观测场	LCAZQ02	聂家庄东土壤生物长期观测采样地	LCAZQ02AB0_01
20	生物、土壤监测范台站区观测场	LCAZQ03	范台土壤生物长期观测采样地	LCAZQ03AB0_01
21	栾城站养分长期定位试验观测场	LCASY01	栾城站养分长期定位试验土壤生物采样地	LCASY01ABC_01
22	栾城站水分平衡试验观测场	LCASY02	栾城站水分平衡试验土壤生物采样地	LCASY02ABC_01
23	栾城站FAO水分池观测场	LCASY03	栾城站水分池土壤生物采样地	LCASY03ABC_01
24	栾城站有机循环试验定位观测场	LCASY04	栾城站有机循环试验定位观测场	LCASY04AB0_01

（续）

序号	观测场名称	观测场代码	采样地名称	采样地代码
25	栾城站耕作试验定位观测场	LCASY05	栾城站耕作试验定位观测场	LCASY05ABC_01
26	栾城站农田小气候观测场	LCASY06	栾城站农田小气候观测样地	LCASY06DXQ_01
27	栾城站水碳通量观测场	LCASY07	栾城站水碳通量观测样地	LCASY07DTL_01

2.2　观测场及设施

2.2.1　栾城站综合观测场

栾城站综合观测场（以下简称"综合观测场"）位于河北省栾城县聂家庄村栾城站自有的试验场内，经度范围：114°41′34.0″E—114°41′35.7″E，纬度范围：37°53′19.6″N—35°53′20.7″N。综合观测场海拔高度为50.1 m，土地利用方式为农田（水浇地，灌溉水源为地下水），耕作制度为冬小麦-夏玉米一年两熟，农业耕作历史悠久。每年于9月下旬收获玉米，玉米收获后视土壤墒情浇底墒水、施肥、耕翻，于10月上旬播种冬小麦；夏玉米于5月底或6月初收获小麦前后播种；两季作物秸秆均进行还田。观测场与当地农户的施肥、灌溉、耕作、轮作等田间作业完全相同。综合观测场周边均为农田，代表了本区域农业管理制度。地带性植被为暖温带落叶阔叶林。

综合观测场于1998年按照《中国生态系统研究网络农田生态站监测手册》要求选定，在观测场田埂做了永久性标记物，其埋深为0.5 m。综合观测场设计使用年数50年，监测内容包括生物、水分、土壤和气象生态要素。该观测场总面积为200 m×150 m，设置时为不破坏田间耕作管理，与当地周围农田一致，小区未做隔离处理，但灌溉用垄沟为长期固定，并沿垄沟中心线各向外延伸1 m作为保护行。

2.2.1.1　栾城站水生、土生联合长期观测采样地（LCAZH01ABC_01）

栾城站水生、土生联合长期观测采样地位于综合观测场内，于1998年建立，为永久样地。栾城站综合观测场地势平坦，多年来采用精耕细作的农业管理措施，土壤性质空间变异小。2004年前有效面积为20 m×20 m，2004年有效面积扩建为40 m×40 m，样地形状为正方形，周围设置保护行。

表层土壤采样分区设计：对水、土、生联合长期观测采样地以10 m为间隔进行网格式分区，分为面积为10 m×10 m的16个小区，各采样小区用大写英文字母A～P表示（图2-2）。A、D、I、L、F、G为组1，B、C、E、H、J、K为组2，每个大样方又划分为4个5 m×5 m的小样方，组1分别用小写英文字母a～d表示，组2分别用小写英文字母e～h表示，每年表层土混合采样为5 m×5 m的小样方，每年轮换一次，组1和组2每4年轮换一次，采样周期为每8年一个轮回，按照"之"形、"S"形、"W"形采样。

图2-2　综合观测场土壤生物样方及编码示意

　　土壤剖面采样分区设计：土壤剖面采样区设置完全按照"农田生态系统监测操作手册"要求执行，采用系统布点的网格法采集土壤剖面样。在综合观测场设置了 1 个剖面采样区（40 m×40 m），该采样区又分为 6 个分区（BLOCK），代号分别为 A、B、C、D、E、F；每个 BLOCK 又分为若干小区，每个小区面积为 2 m×2 m，分别用数字 1～16 和字母 a～p 表示，分区的内部设计见图 2-3。剖面采样于 2005 年开始实施。根据要求，在每隔 5 年采样一次时，在 BLOCK A～F 中的 1，2，3，…，16 个小区中选择 3 个小区进行采样；每隔 10 年采样一次，在 BLOCK A～D 中的 a，b，…，p 和 BLOCK E～F 中的 a，b，…，i 小区中选择 3 个小区进行采样。该设计可以保证至少在 100 年内土壤剖面采样点不会重复，进而影响观测数据的质量。土壤观测指标见表 2-2。

　　小麦、玉米收获时采集土壤与植物样品，考虑到土壤样品的代表性和土壤特性随时间的演变规律，表层土壤混合样和植物样的采集如图 2-4 所示，每个采样区采用随机布点采集 0～10 cm、10～20 cm 土壤样品，采样点数 20 个左右，土壤样品混匀后四分法选出 1～1.5 kg 留作分析和储存样品。

　　生物、土壤要素采样时间为每年冬小麦（6 月 10 日左右）和夏玉米（10 月 1 日左右）收获时。取样时，用 30 m 米尺实地测量，确定小区的分界线和采样区（1 m×1 m），各采样小区名用字母表示，小麦、玉米收获时分别采集 A、D、F、K、M、P 小区植物样和土壤样，土壤样品采用对角线多点采样。生物要素采样区为图 2-2 带阴影的小区，每小区面积 10 m×10 m，采用随机取样的方法，选取植株密度较均匀的地块采样，共 6 份样品。小麦取样面积为每小区 9 m²，夏玉米取样面积为 5 m×5.4 m（8 行平均宽度）。生物观测项目见表 2-3。

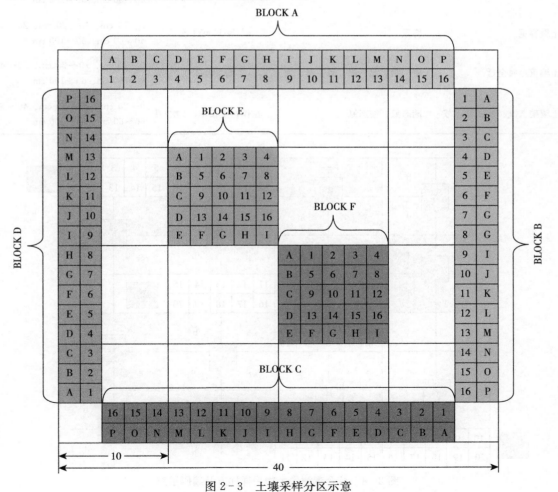

图 2-3　土壤采样分区示意

表 2-2　栾城站水土生联合长期观测采样地土壤观测项目

大项	观测项目	观测频率	层次
表层土壤速效养分	碱解氮、速效磷、速效钾	1次/季	0～10 cm、10～20 cm
表层土壤养分和酸度	有机质、全氮、pH、缓效钾	每2～3年1次	0～10 cm、10～20 cm
表层土壤速效微量元素	有效钼、铜、锌、锰、铁、硫	每5年1次	0～10 cm、10～20 cm
表层土壤阳离子交换性能	阳离子交换量，交换性钙、镁、钾、钠	每5年1次	0～10 cm、10～20 cm
表层土壤容重	容重	每5年1次	0～10 cm、10～20 cm
剖面土壤养分全量	有机质、全氮、全磷、全钾	每5年1次	0～10 cm、10～20 cm、20～40 cm、40～60 cm、60～100 cm
剖面土壤微量元素全量	全钼、全锌、全锰、全铜、全铁、全硼）、重金属	每5年1次	0～10 cm、10～20 cm、20～40 cm、40～60 cm、60～100 cm
剖面土壤矿质全量	钙、镁、钠、铁、铝、硅、锰、锑、硫	每10年1次	0～10 cm、10～20 cm、20～40 cm、40～60 cm、60～100 cm
剖面土壤机械组成	机械组成	每10年1次	0～10 cm、10～20 cm、20～40 cm、40～60 cm、60～100 cm
剖面土壤容重	容重	每10年1次	0～10 cm、10～20 cm、20～40 cm、40～60 cm、60～100 cm
剖面土壤重金属全量	铬、铅、镍、镉、硒、砷、汞	每5年1次	0～10 cm、10～20 cm、20～40 cm、40～60 cm、60～100 cm
剖面土壤硝态氮、铵态氮动态	硝态氮、铵态氮	在作物生长季，1次/月	0～20 cm、20～40 cm、40～60 cm、60～80 cm、80～100 cm

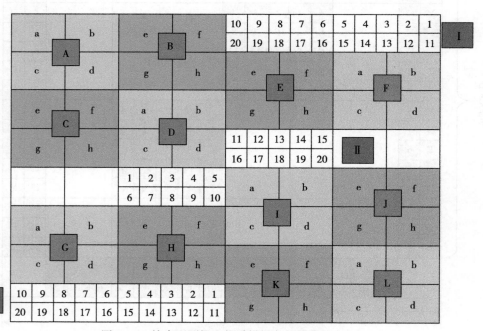

图 2-4　综合观测场生物采样样方及编码示意

表 2-3　栾城站水土生联合长期观测采样地生物观测项目

大项	观测项目	观测频率	层次
农田环境	农田类型、作物布局、土壤类型、土壤质地、土壤 pH、降水量、≥0 ℃平均积温、无霜期、耕作方式	1 次/作物季	
耕作制度	作物品种、作物类别、播种量、播种面积、占总播比率、复种指数、轮作制度、主要作物肥料、农药、除草剂投入、主要作物灌溉制度	1 次/作物季；收获期	
作物物候	生育期动态调查	每季作物动态观测	
作物叶面积与生物量动态	作物叶面积、地上部生物量动态、作物耕作层根生物量、作物根系分布	每季作物动态观测，每季根量最大期和收获期观测，根分布为每 5 年 1 次	根系分布的观测分层：0~10 cm、10~20 cm、20~30 cm、30~40 cm、40~60 cm、60~80 cm、80~100 cm
作物收获期植株性状	小麦、玉米的密度，穗数，株高等	每季作物收获期观测	
作物产量与产值	作物品种、单产、直接成本、产值	1 次/作物季	
作物元素含量与能值	全 C、N、P、K、S、Ca、Mg、Fe、Mn、Cu、Zn、Mo、B、Si、热值	每 5 年 2 次，测定收获期样品	
土壤微生物	土壤微生物生物量碳、土壤微生物生物量氮、土壤微生物群落结构	每 5 年 1 次，季节动态观测或收获期观测	
农田病虫害	种类、危害程度、发生时间	发生时记录	

2.2.1.2　栾城站综合观测场中子水分采样地（LCAZH01CTS_01）

栾城站综合观测场中子水分采样地主要观测不同层次土壤水分含量，1998 年建立，设置在栾城站水、土、生联合长期观测采样地，按照 CERN 采样地的编码规则，统一编码为栾城站综合观测场中子管 1 号，共 3 个中子管。使用仪器为中子仪（型号为 IH-Ⅱ），每年连续观测，5 d 观测 1 次，降雨后于当天加测一次。所测的土壤含水量具有代表性，能反映样地的平均含水量。

2.2.1.3　栾城站综合观测场烘干法水分采样地（LCAZH01CHG_01）

栾城站综合观测场烘干法采样地主要用于烘干法测量含水量，1998 年建立，设置在栾城站水、土、生联合长期观测采样地，按照 CERN 采样地的编码规则，统一编码为栾城站综合观测场烘干法水分采样地（LCAZH01CHG_01）。

利用烘干法测定土壤水分含量的目的主要是与中子水分数据进行比较，分析中子仪观测的精度，及时标定中子仪；同时，在中子仪运行一旦出现故障时，使用烘干法测量土壤水分含量作为对数据的补充。采样点在围绕中子管外 1~2 m 范围内取样，以尽量减少由于土壤水分含量的空间变异带来的误差，但采样不能靠近中子仪周围 0.5 m 范围内，影响中子仪观测的精度。烘干法的取样与中子仪的观测时间保持一致，至少做到在同一天取样。由于烘干法对观测场土壤破坏较大，不宜作为长期和经常性的观测手段。每 2 月观测 1 次。

　　土壤样品的采集（土壤水分特征参数）：在综合观测场附近选择一平坦地块用于挖掘土壤剖面，选定剖面后，用修土刀修平土壤剖面，并记录剖面的形态特征，按剖面层次（或根据研究需要自行确定采样层次）分层采样，耕层重复 4 次，下层每层重复 3 次。采样时将环刀托放在已知质量的环刀上，将环刀刃口向下垂直压入土中，直至环刀筒中充满土壤为止。然后用修土刀切开环刀周围的土样，取出已充满土的环刀，削平环刀两端多余的土，擦净环刀外面的土。然后把装有土壤的环刀两段立即加盖，以免水分蒸发。回室内立即称重，留用测定容重、田间持水量和水分特征曲线。

　　土壤样品的采集（土壤含水量）：在综合观测场水分观测样地中子管的附近采集土壤样品，将土钻垂直下钻，按所需深度，由浅入深顺序取土（与中子管测定层次一致）。当钻杆上所列刻度达到所取土层下限并与地表平齐时，提出土钻，即为所取土层土样。将钻头零刻度以下和土钻开口处的土壤及钻头口外表的浮土去掉，然后将土钻中土壤全部取出，混匀后取一部分装入铝盒，其余土回填。

2.2.1.4　栾城站综合观测场地下水水质采样地（LCAZH01CDX_01）

　　栾城站综合观测场地下水水质采样地位于综合观测场西南位置，所用的灌溉机井属于栾城站自有，建成于 1984 年，综合观测场的灌溉用水来自该机井。

　　灌溉水采集方法：栾城站灌溉地下水采样的位置设定在综合观测场灌溉井口，采样频率为每次进行灌溉时井口采样。采样时直接采用采样瓶，从灌溉井口采集水样，机井采样时，先放水 5～10 min，排净积留管道中的存水，然后采样；采集水样时先用该样点的水充分洗涤样品瓶内壁 3 次以上，再正式取样。

　　观测和分析项目包括农田灌溉量、农田蒸散量和灌溉水水质，具体指标如下：

　　农田灌溉量：每次灌溉时，水表记录。

　　农田蒸散量：根据水量平衡公式计算，1 次/月。

　　灌溉水水质：包括水温、pH、钙离子、镁离子、钾离子、钠离子、碳酸根离子、重碳酸根离子、氯化物、硫酸根离子、磷酸根离子、硝酸根离子、矿化度、化学需氧量（COD）、水中溶解氧（DO）、总氮、总磷（灌溉井水现场测定的项目包括水温、pH、DO、电导率）等项。

2.2.1.5　栾城站综合观测场蒸渗仪采样地（LCAZH01CZS_01）

　　大型称重式蒸渗仪（LYSIMETER，以下简称蒸渗仪）位于综合观测场和气象观测场之间，建成于 1995 年，地理位置为 114°41′3058282″E，37°53′2239629″N，其周围农田管理模式与综合观测场相同。该蒸渗仪含原状土体，表面积为 3 m²，深 2.5 m，重约 12 000 kg，测量精度（感量）可达 0.02 mm，可以准确地测定农田的蒸散。蒸渗仪棵间还有两个小型的棵间蒸发器，可以测定棵间蒸发。这样就可以把蒸腾与蒸发区分开来，其直径为 12 cm，深度为 20 cm，用精度为 0.001 g 的电子天平称重，计算蒸发量。为了保证棵间蒸发器内的土壤湿度与小麦行间土壤实际含水量一致，每天或隔天更换棵间蒸发器中的原状土。

2.2.2　栾城站气象观测场

　　栾城站地面气象观测场在建立之前是典型的农田区，主要为一年两熟的种植制度（冬小麦＋夏玉米），没有试验在此进行。1981 年建立观测场后，是永久性草坪。

　　观测场按照国家标准设定，为 25 m×25 m 的平整场地，四周设置 1.2 m 高的稀疏围栏，观测场内的观测道按规定铺设，并按一定要求设置防雷设施。

　　栾城站所在地区为典型的平原农田区，海拔 50.1 m，土壤类型以壤土为主，土壤剖面分 6 层，灌水以浅层地下水为主，由于灌水量的不断增加，地下水水位每年以近 1 m 的速度下降。根据该气象场多年观测资料，年均温 12.2 ℃，年降水 536.8 mm，＞10 ℃有效积温 4 713 ℃，太阳总辐射为 724.2 kJ/（cm²·年），全年日照时数为 2 521.8 h，无霜期 200 d 左右。土壤类型为发育于第四纪黄土性洪积冲积物的潮褐土。土壤类型以壤土为主，土壤剖面分 6 层，灌水以浅层地下水为主，由于灌水量的不断增加，地下水水位每年以近 1 m 的速度下降。

栾城站地面气象观测场在 CERN 数据文档和资源共享目录中的唯一编码为 LCAQX01。气象场 4 个角的经纬度为：西南 114°41′294″E，37°53′232″N；西北 114°41′291″E，37°53′236″N；东北 114°41′295″E，37°53′241″N；东南 114°41′298″E，37°53′237″N。

2014 年 10 月，安装新的自动气象站系统（VAISALA MILOS 520）时更新了气象场草坪。

栾城站气象观测场内安装有自动气象站和人工气象要素观测仪器，设有中子管采样地、E601 蒸发皿、雨水采集器 3 个样地及地下水位观测井等水分监测仪器设施（表 2-4 至表 2-6）。

表 2-4　定时人工观测项目表

时间	北京时			真太阳时
	8 时、14 时、20 时	8 时	20 时	日落后
观测项目	云 气压 气温 相对湿度 风向、风速 地面温度	降水量 冻土 雪深	降水量 水面蒸发 最高、最低气温 最高、最低地面温度	日日照时数

表 2-5　定时自动观测项目表

时间	北京时	地方时	
	每小时	每小时	24 时
观测项目	气压、气温、湿度、风向、风速、地面温度、地温及各要素极值和出现时间，降水，土壤热通量	总辐射、反射辐射、净辐射、光合有效辐射、紫外辐射（UV）、辐射时曝辐量、辐射辐照度及其极值、出现时间、时日照时数	辐射日曝辐量，辐射日最大辐照度及出现时间、日日照时数

表 2-6　小气候观测项目表

时间	北京时	地方时	
	每小时	每小时	24 时
观测项目	分层气温、湿度、风向、风速、地面温度、地温、土壤热通量，气温、风速极值和出现时间，降水、土壤水分	总辐射、反射辐射、净辐射、光合有效辐射、紫外辐射（UV）、辐射时曝辐量、辐照度及其极值、出现时间	辐射日曝辐量，辐射日最大辐照度及出现时间

2.2.2.1　栾城站气象场地下水位（LCAQX01CDX_01）

地下水位专用观测井位于气象观测场西南，建立于 1984 年，测井深 100 m，设计时可满足 100 年观测需求。测井口直径 15 cm，加有保护用铁盖和阳光板制作的保护罩。

从每年每月 1 日开始每间隔 5 d 人工测定一次地下水位变化情况，用悬垂式水尺进行测量，每次观测重复测定两次，取其平均值，两次测量误差不应超过 2 cm，否则应重测。安装地下水位自动记录仪（HOBO 压力式水位温度记录仪）后，每间隔 1 个月采集一次数据。

地下水专用观测井在观测时打开盖子，其他时间保持关闭状态，避免杂物、尘土等进入观测井。

2.2.2.2 栾城站气象场土壤水分观测样地

气象场土壤水分观测样地位于气象观测场，包括中子水分采样地和烘干法水分采样地。按照CERN采样地的编码规则，统一编码为栾城站气象场中子管1号（LCAQX01CTS_01）、栾城站气象场中子管2号（LCAQX01CTS_02）、栾城站气象场中子管3号（LCAQX01CTS_03）。使用仪器为中子仪（型号为IH-Ⅱ），每年连续观测，5 d观测1次，降雨后于当天加测一次。所测的土壤含水量具有代表性，能反映样地的平均含水量。

气象场烘干法采样地主要用于烘干法测量含水量，2004年建立。进行烘干法的测定土壤水分含量的目的主要是与中子水分数据进行比较，分析中子仪观测的精度，及时标定中子仪；同时，在中子仪运行一旦出现故障时，使用烘干法测量土壤水分含量作为对数据的补充。由于烘干法对观测场土壤破坏较大，不宜作为长期和经常性的观测手段。每2月观测1次。

2.2.2.3 栾城站气象观测场 E601 蒸发皿（LCAQX01CZF_01）

水面蒸发监测在气象观测场进行：主要为E601，除仪器自动记录外，人工每天观测一次。E601蒸发皿安装在栾城站气象观测场内。2004年11月样地建立自动监测蒸发量设施并试运行，2005年正式开始观测，同时进行人工观测蒸发。自动为每小时记录一次，人工为每天一次。数据可以相互补充并对照。

2.2.2.4 栾城站气象观测场雨水采集器（YGAQX01CYS_01）

雨水采集器安装在栾城站气象观测场内，2004年11月样地建立并试运行，2005年正式开始运行，主要功能为自动采集雨水储存，降雨后将收集的雨水样品带回实验室进行水质测试。

于1月、4月、7月收集当月雨水，测定雨水中水温、pH、矿化度、硫酸根离子和非溶性物质总含量。

2.2.2.5 栾城站气象观测场其他样地

自动气象站位于气象观测场内，现在运行的 VAISALA MOLIS520 自动观测系统建成于2004年10月，按照CERN样地编码规则，统一编码为栾城站自动气象站观测样地（LCAQX01DZD_01）。

栾城站农田小气候观测场位于综合观测场，该观测场1998年建立，为80 m×80 m的长方形，永久使用。按照CERN样地编码规则，统一编码为栾城站农田小气候观测样地（LCASY06DXQ_01）。经度范围：114°41′34.0″E—114°41′35.7″E，纬度范围：37°53′19.6″N—37°53′20.7″N。

2006年6月初完成农田小气候观测系统（CR23—2005，主要传感器为美国 Campbell 公司产品）的安装并投入使用，按照观测规范要求运行监测。2008年与碳通量要素观测场合并，观测项目由土壤温度和湿度、田间空气温度和湿度、贴地层与作物层中的辐射和光照、风速和二氧化碳浓度等要素组成。

2.2.3 栾城站土壤生物监测辅助观测场

栾城站农田土壤生物监测辅助观测场，位于栾城站自有试验场内，地理位置经度范围：114°41′34.8″E—114°41′36.3″E，纬度范围：37°53′26.5″N—37°53′31.3″N。

土壤生物监测辅助观测场设置在有机循环长期定位试验地，观测场面积3 456 m²，形状为长方形，东西宽24 m，南北长144 m。该观测场自然地理背景信息与综合观测场相同。根据CERN要求选择了不施肥（空白）、施用化肥＋秸秆还田、只施用化肥3个处理方式作为土壤生物辅助观测场，每个处理方式3次重复，对应的采样地代码为 LCAFZ01AB0_01、LCAFZ02AB0_01、LCAFZ03AB0_01。试验从2001年10月开始，2004年开始作为土壤生物监测辅助观测场。土壤类型、耕作、轮作制度与综合观测场及附近农田相同，在本区域具有一定的代表性。

样地编码为 LCAFZ01AB0_01、LCAFZ02AB0_01、LCAFZ03AB0_01 的3种采样地均有3个采样区，分别对应于每个试验处理方式的3次重复小区。小麦在每个采样小区密度较均匀的6块1 m×1 m

的样方采样。玉米在每个小区密度较均匀的 3 块 2.6 m×3 m 的样方采样。

土壤采样设计方法：在每个采样区内按 "W" 的路线布置采样点，共分 6 个线段采样。每线段采 5 个单点样，共采 30 个样，1.5 kg。每线段的 5 个单点样在田间混合，并经四分法选出一个混合样本。

2.2.4　栾城站灌溉用地下水水质监测调查点

灌溉用地下水水质监测调查点位于栾城站生活区内，编码为 LCAFZ10CGD _ 01。

2.2.5　栾城站农田土壤生物监测站区调查点

在栾城站周边同类型区选择 3 个有代表性的调查点。土壤类型、养分含量水平在本区域具有一定代表性，耕作、施肥、灌溉、轮作制度代表了本区域农民普遍采用的农业管理措施。

生物、土壤监测站区调查点（聂家庄西），位于栾城县聂家庄村，编码为 LCAZQ01AB0 _ 01，经度范围：114°40′21.3″E—114°40′23.0″E，纬度范围：37°53′17.1″N—37°53′23.0″N。2004 年设置为站区调查点长期采样地。样地面积 0.27 hm²。近 5 年的施肥、灌溉情况分别为：小麦底肥中尿素 150 kg/hm²，磷酸二铵 300 kg/hm²；小麦追肥中尿素 300 kg/hm²。玉米施尿素 450 kg/hm²。灌溉情况：小麦 4～5 水，玉米 1～3 水，视降雨情况而定。

生物、土壤监测站区调查点（聂家庄东），位于栾城县聂家庄村，编码为 LCAZQ02AB0 _ 01，经度范围：114°41′17.3″E—114°41′19.8″E，纬度范围：37°53′24.4″N—37°53′32.6″N。2004 年设置为站区调查点长期采样地。样地面积 0.54 hm²。近 5 年的施肥、灌溉情况分别为：小麦底肥中尿素 225 kg/hm²，磷酸二铵 375 kg/hm²；小麦追肥中尿素 262.5 kg/hm²；玉米施尿素 375～450 kg/hm²；灌溉情况：小麦 4～5 水，玉米 1～3 水，视降雨情况而定。

生物、土壤监测站区调查点（范台），位于栾城县范台村，编码为 LCAZQ03AB0 _ 01，经度范围：114°41′38.5″E—114°41′39.6″E，纬度范围：37°53′20.2″N—37°53′26.6″N。2004 年设置为站区调查点长期采样地。样地面积为 0.24 hm²。近 5 年的施肥、灌溉情况分别为：小麦底肥中磷酸二铵 330 kg/hm²，追肥中碳酸氢铵 1 500 kg/hm²；玉米施碳酸氢铵 1 500 kg/hm²；灌溉情况：小麦 2 水，玉米 1～2 水，视降雨情况而定。

生物采样方法为小麦在每个采样区中选取密度较均匀的 3 个 1 m×1 m 样方采样点，玉米在每个采样区中选取密度较均匀的地块采样，采样面积为 10 m×4.25 m（7 行平均宽度）。土壤采样方法为在每个采样区内按 "W" 的路线布置采样点，共分 6 个线段采样。每线段采 5 个单点样，共采 30 个样，1.5 kg。每线段的 5 个单点样在田间混合，并经四分法选出一个混合样本。

第3章

联网长期观测数据

3.1 生物联网长期观测数据集

3.1.1 农田复种指数数据集

3.1.1.1 概述

本数据集包括栾城站 2009—2017 年 13 个长期监测样地的年尺度观测数据（农田类型、复种指数、轮作体系、当年作物），后面表中其中"—"符号表示"年内复种"，计量单位为百分比（%）。

3.1.1.2 数据采集和处理方法

综合观测场和辅助观测场自测；站区调查点选择典型地块，农户调查和自测相结合；跨年作物以收获年记录。每年于收获季节详细记录农田类型、作物复种指数、轮作体系、当年作物，复种指数（%）＝全年作物总收获面积/耕地面积×100%。

3.1.1.3 数据质量控制和评估

（1）数据获取过程的质量控制

要求观测人员掌握野外观测规范及相关科学技术知识，熟练掌握所承担监测项目的操作过程，并进行周密的采样设计及按照严格的步骤采样；按时、按质、按量、按要求地完成各项观测和采样任务。

（2）规范原始数据记录的质控措施

规范各种数据记录表格的设计和印制。按照记录表格的要求规范地填写观测数据。原始数据记录要完好保存，不得涂改，若有错误需要改正时，可在原始数据上画一横线，再在其上方填写改正的数字。如有特殊情况，在备注中加以说明。及时记录数据并进行审核和检查，运用统计分析方法对观测数据进行初步分析，以便及时发现监测工作中存在的问题，及时与质量负责人取得联系，以进一步核实测定结果的准确性。发现数据缺失和可疑数据时，及时进行必要的补测和重测。

（3）数据辅助信息记录的质控措施

在进行农户或田间自测调查时，要求对采样人、采样方法、采样过程、采样天气和样地环境状况做翔实的描述记录，并对相关的样地管理措施、病虫害、灾害等信息同时记录。

（4）数据质量评估

将所获取的数据与各项辅助信息数据以及历史数据信息进行比较，评价数据的正确性、一致性、完整性、可比性和连续性，经过站长和数据管理员审核认定，批准上报。

3.1.1.4 数据使用方法和建议

复种指在同一年内同一地块上顺序种植两季或多季作物的种植方式，由单一作物种类组成单一群体结构，但一年之内收两次以上的作物。复种指数与作物轮作体系是农田耕作制度的重要内容之一，是解释作物生长状况和农田长期动态的必要信息。

栾城站复种指数数据集，从时间尺度上体现了华北平原农业的种植制度的变化情况。

3.1.1.5　数据

2009—2017 年轮作体系为冬小麦-夏玉米，复种指数保持为 200％不变，农田复种指数数据集见表 3-1。

表 3-1　农田复种指数数据集

年份	样地代码	农田类型	复种指数（％）	轮作体系	当年作物
2009	LCAZH01ABC _ 01	水浇地	200.0	冬小麦-夏玉米	冬小麦、夏玉米
2009	LCAFZ01AB0 _ 01	水浇地	200.0	冬小麦-夏玉米	冬小麦、夏玉米
2009	LCAFZ02AB0 _ 01	水浇地	200.0	冬小麦-夏玉米	冬小麦、夏玉米
2009	LCAFZ03AB0 _ 01	水浇地	200.0	冬小麦-夏玉米	冬小麦、夏玉米
2009	LCAZQ01AB0 _ 01	水浇地	200.0	冬小麦-夏玉米	冬小麦、夏玉米
2009	LCAZQ02AB0 _ 01	水浇地	200.0	冬小麦-夏玉米	冬小麦、夏玉米
2009	LCAZQ03AB0 _ 01	水浇地	200.0	冬小麦-夏玉米	冬小麦、夏玉米
2010	LCAZH01ABC _ 01	水浇地	200.0	冬小麦-夏玉米	冬小麦、夏玉米
2010	LCAFZ01AB0 _ 01	水浇地	200.0	冬小麦-夏玉米	冬小麦、夏玉米
2010	LCAFZ02AB0 _ 01	水浇地	200.0	冬小麦-夏玉米	冬小麦、夏玉米
2010	LCAFZ03AB0 _ 01	水浇地	200.0	冬小麦-夏玉米	冬小麦、夏玉米
2010	LCAZQ01AB0 _ 01	水浇地	200.0	冬小麦-夏玉米	冬小麦、夏玉米
2010	LCAZQ02AB0 _ 01	水浇地	200.0	冬小麦-夏玉米	冬小麦、夏玉米
2010	LCAZQ03AB0 _ 01	水浇地	200.0	冬小麦-夏玉米	冬小麦、夏玉米
2011	LCAZH01ABC _ 01	水浇地	200.0	冬小麦-夏玉米	冬小麦、夏玉米
2011	LCAFZ01AB0 _ 01	水浇地	200.0	冬小麦-夏玉米	冬小麦、夏玉米
2011	LCAFZ02AB0 _ 01	水浇地	200.0	冬小麦-夏玉米	冬小麦、夏玉米
2011	LCAFZ03AB0 _ 01	水浇地	200.0	冬小麦-夏玉米	冬小麦、夏玉米
2011	LCAZQ01AB0 _ 01	水浇地	200.0	冬小麦-夏玉米	冬小麦、夏玉米
2011	LCAZQ02AB0 _ 01	水浇地	200.0	冬小麦-夏玉米	冬小麦、夏玉米
2011	LCAZQ03AB0 _ 01	水浇地	200.0	冬小麦-夏玉米	冬小麦、夏玉米
2011	LCAZQ03AB0 _ 01	水浇地	200.0	冬小麦-夏玉米	冬小麦、夏玉米
2012	LCAZH01ABC _ 01	水浇地	200.0	冬小麦-夏玉米	冬小麦、夏玉米
2012	LCAFZ01AB0 _ 01	水浇地	200.0	冬小麦-夏玉米	冬小麦、夏玉米
2012	LCAFZ02AB0 _ 01	水浇地	200.0	冬小麦-夏玉米	冬小麦、夏玉米
2012	LCAFZ03AB0 _ 01	水浇地	200.0	冬小麦-夏玉米	冬小麦、夏玉米
2012	LCAZQ01AB0 _ 01	水浇地	200.0	冬小麦-夏玉米	冬小麦、夏玉米
2012	LCAZQ04AB0 _ 01	水浇地	200.0	冬小麦-夏玉米	冬小麦、夏玉米
2012	LCAZQ05AB0 _ 01	水浇地	200.0	冬小麦-夏玉米	冬小麦、夏玉米
2013	LCAZH01ABC _ 01	水浇地	200.0	冬小麦-夏玉米	冬小麦、夏玉米

（续）

年份	样地代码	农田类型	复种指数（%）	轮作体系	当年作物
2013	LCAFZ01AB0 _ 01	水浇地	200.0	冬小麦-夏玉米	冬小麦、夏玉米
2013	LCAFZ02AB0 _ 01	水浇地	200.0	冬小麦-夏玉米	冬小麦、夏玉米
2013	LCAFZ03AB0 _ 01	水浇地	200.0	冬小麦-夏玉米	冬小麦、夏玉米
2013	LCAZQ01AB0 _ 01	水浇地	200.0	冬小麦-夏玉米	冬小麦、夏玉米
2013	LCAZQ04AB0 _ 01	水浇地	200.0	冬小麦-夏玉米	冬小麦、夏玉米
2013	LCAZQ05AB0 _ 01	水浇地	200.0	冬小麦-夏玉米	冬小麦、夏玉米
2014	LCAZH01ABC _ 01	水浇地	200.0	冬小麦-夏玉米	冬小麦、夏玉米
2014	LCAFZ01AB0 _ 01	水浇地	200.0	冬小麦-夏玉米	冬小麦、夏玉米
2014	LCAFZ02AB0 _ 01	水浇地	200.0	冬小麦-夏玉米	冬小麦、夏玉米
2014	LCAFZ03AB0 _ 01	水浇地	200.0	冬小麦-夏玉米	冬小麦、夏玉米
2014	LCAZQ06AB0 _ 01	水浇地	200.0	冬小麦-夏玉米	冬小麦、夏玉米
2014	LCAZQ05AB0 _ 01	水浇地	200.0	冬小麦-夏玉米	冬小麦、夏玉米
2014	LCAZQ07AB0 _ 01	水浇地	200.0	冬小麦-夏玉米	冬小麦、夏玉米
2014	LCAZQ08AB0 _ 01	水浇地	200.0	冬小麦-夏玉米	冬小麦、夏玉米
2015	LCAZH01ABC _ 01	水浇地	200.0	冬小麦-夏玉米	冬小麦、夏玉米
2015	LCAFZ01AB0 _ 01	水浇地	200.0	冬小麦-夏玉米	冬小麦、夏玉米
2015	LCAFZ02AB0 _ 01	水浇地	200.0	冬小麦-夏玉米	冬小麦、夏玉米
2015	LCAFZ03AB0 _ 01	水浇地	200.0	冬小麦-夏玉米	冬小麦、夏玉米
2015	LCAZQ06AB0 _ 01	水浇地	200.0	冬小麦-夏玉米	冬小麦、夏玉米
2015	LCAZQ07AB0 _ 01	水浇地	200.0	冬小麦-夏玉米	冬小麦、夏玉米
2015	LCAZQ08AB0 _ 01	水浇地	200.0	冬小麦-夏玉米	冬小麦、谷子
2016	LCAZH01ABC _ 01	水浇地	200.0	冬小麦-夏玉米	冬小麦、夏玉米
2016	LCAFZ01AB0 _ 01	水浇地	200.0	冬小麦-夏玉米	冬小麦、夏玉米
2016	LCAFZ02AB0 _ 01	水浇地	200.0	冬小麦-夏玉米	冬小麦、夏玉米
2016	LCAFZ03AB0 _ 01	水浇地	200.0	冬小麦-夏玉米	冬小麦、夏玉米
2016	LCAZQ06AB0 _ 01	水浇地	200.0	冬小麦-夏玉米	冬小麦、夏玉米
2016	LCAZQ07AB0 _ 01	水浇地	200.0	冬小麦-夏玉米	冬小麦、夏玉米
2016	LCAZQ08AB0 _ 01	水浇地	200.0	冬小麦-夏玉米	冬小麦、夏玉米
2017	LCAZH01ABC _ 01	水浇地	200.0	冬小麦-夏玉米	冬小麦、夏玉米
2017	LCAFZ01AB0 _ 01	水浇地	200.0	冬小麦-夏玉米	冬小麦、夏玉米
2017	LCAFZ02AB0 _ 01	水浇地	200.0	冬小麦-夏玉米	冬小麦、夏玉米
2017	LCAFZ03AB0 _ 01	水浇地	200.0	冬小麦-夏玉米	冬小麦、夏玉米
2017	LCAZQ06AB0 _ 01	水浇地	200.0	冬小麦-夏玉米	冬小麦、草坪

（续）

年份	样地代码	农田类型	复种指数（%）	轮作体系	当年作物
2017	LCAZQ07AB0 _ 01	水浇地	200.0	冬小麦-夏玉米	冬小麦、夏玉米
2017	LCAZQ08AB0 _ 01	水浇地	200.0	冬小麦-夏玉米	冬小麦、夏玉米
2017	LCAZQ09AB0 _ 01	水浇地	200.0	冬小麦-夏玉米	冬小麦、夏玉米

农田复种指数如图 3-1 所示。

图 3-1　农田复种指数

3.1.2　作物耕层生物量数据集

3.1.2.1　概述

本数据集包括栾城站 2009—2017 年 1 个长期监测样地的年度观测数据（作物名称、作物品种、作物生育时期、样方面积、耕层深度、根干重、约占总根干重比例）。

3.1.2.2　数据采集和处理方法

根据每个观测场的设计规范，结合当年土壤取样位置相应在取样小区内同时取有代表性的样品（数量根据作物不同而异），本采样区面积为 1 m×1 m 和 40 cm×50 cm。本数据集的观测频度为每年 2 次（根系生长盛期及收获期），在长期监测过程中，对每一次采样点的地块位置、采样情况和采样条件做详细的定位记录，并在相应的土壤或地形图上做出标识。

本数据集的观测频度为对每季作物进行根量最大期、收获期 2 次观测。根钻法或挖掘法自测，耕层深度一般要求为 30 cm，具体根据不同地区耕作层的深度确定。

玉米数据采集和处理方法：在抽雄期和收获期取样。在每个采样地选择 6 个有代表性采样点（作物无缺苗、生长均一），挖取 1 株玉米植株，根部挖取深度为 30 cm。用水冲洗干净根部，放入烘箱烘干，在 105 ℃下进行 30 min 的杀青处理，再将温度降至 65 ℃烘干称重。

小麦数据采集和处理方法：在抽穗期和收获期取样。在每个采样地上选择 6 个有代表性采样点（作物无缺苗、生长均一），挖取 1 株小麦植株，根部挖取深度为 30 cm。用水冲洗干净根部，放入烘箱烘干，在 105 ℃下进行 30 min 的杀青处理，再将温度降至 65 ℃烘干称重。

本数据集的耕层根系数据不区分活根和死根。

3.1.2.3　数据质量控制和评估

（1）田间取样过程的质量控制

取样方内带根土体时，要从剖面侧开始操作，取样时要求尽量挖取大块土体，尽可能地减少作物根系的截断次数，当挖到样方边界和要求土层刻度时一定要小心，防止挖过土层或挖出样方，给取样造成误差。样品处理过程要精细，尽量不要将根系弄碎弄断，这是根系测定误差的重要来源。样品采集完成后要及时进行处理，不能及时处理要进行冷藏保存，尤其是浸泡后的根系样品长时间放置会造成根系腐烂，带来测定误差。取样时如果土壤太干，选好样方后可提前几天进行，灌水等土壤墒情适宜时再进行取样。

（2）数据录入过程的质量控制

及时记录数据并进行审核和检查，运用统计分析方法对观测数据进行初步分析，以便及时发现监测工作中存在的问题，及时与质量负责人取得联系，以进一步核实测定结果的准确性。发现数据缺失和可疑数据时，及时进行必要的补测和重测。

（3）数据质量评估

将所获取的数据与各项辅助信息数据以及历史数据信息进行比较，评价数据的正确性、一致性、完整性、可比性和连续性，经过站长和数据管理员审核认定，批准上报。

3.1.2.4　数据使用方法和建议

根系支撑地上部，并为植株提供生长所需的水分和养分，作物根系是农作物产量高、品质好的保障。然而，作物根系在地下分布广泛，比地上部研究困难。目前，根系形态研究的难点在于如何对大田作物的根系有代表性的取样，尤其是作物根在地下立体分布的取样。

本数据集以 9 年的连续观测工作，提供了不同施肥处理农田生态系统作物耕层根系变化的数据，为作物根系研究工作提供了时间和空间序列的研究基础。

3.1.2.5　数据

作物耕层生物量数据集见表 3 - 2。

表 3 - 2　作物耕层生物量数据集

年份	月份	样地代码	作物名称	作物品种	作物生育时期	样方面积（cm×cm）	耕层深度（cm）	根干重（g/m²）	约占总根干重比例（%）
2009	5	LCAZH01ABC_01	冬小麦	科农 199	抽穗期	100×100	30	88.70	73.9
2009	5	LCAZH01ABC_01	冬小麦	科农 199	抽穗期	100×100	30	95.78	79.8
2009	5	LCAZH01ABC_01	冬小麦	科农 199	抽穗期	100×100	30	42.09	35.1
2009	5	LCAZH01ABC_01	冬小麦	科农 199	抽穗期	100×100	30	91.85	76.5
2009	5	LCAZH01ABC_01	冬小麦	科农 199	抽穗期	100×100	30	62.28	51.9
2009	5	LCAZH01ABC_01	冬小麦	科农 199	抽穗期	100×100	30	84.77	70.6
2009	6	LCAZH01ABC_01	冬小麦	科农 199	完熟期	100×100	30	22.76	19.0
2009	6	LCAZH01ABC_01	冬小麦	科农 199	完熟期	100×100	30	30.66	25.5
2009	6	LCAZH01ABC_01	冬小麦	科农 199	完熟期	100×100	30	32.91	27.4
2009	6	LCAZH01ABC_01	冬小麦	科农 199	完熟期	100×100	30	20.92	17.4
2009	6	LCAZH01ABC_01	冬小麦	科农 199	完熟期	100×100	30	72.09	60.1
2009	8	LCAZH01ABC_01	夏玉米	先玉 335	抽雄期	100×100	30	113.04	51.4
2009	8	LCAZH01ABC_01	夏玉米	先玉 335	抽雄期	100×100	30	114.60	52.1
2009	8	LCAZH01ABC_01	夏玉米	先玉 335	抽雄期	100×100	30	100.85	45.8
2009	8	LCAZH01ABC_01	夏玉米	先玉 335	抽雄期	100×100	30	113.88	51.8
2009	9	LCAZH01ABC_01	夏玉米	先玉 335	完熟期	40×50	30	94.53	83.0

（续）

年份	月份	样地代码	作物名称	作物品种	作物生育时期	样方面积（cm×cm）	耕层深度（cm）	根干重（g/m²）	约占总根干重比例（%）
2009	9	LCAZH01ABC_01	夏玉米	先玉335	完熟期	40×50	30	72.64	78.9
2009	9	LCAZH01ABC_01	夏玉米	先玉335	完熟期	40×50	30	98.97	82.6
2009	9	LCAZH01ABC_01	夏玉米	先玉335	完熟期	40×50	30	112.62	81.1
2009	9	LCAZH01ABC_01	夏玉米	先玉335	完熟期	40×50	30	91.71	91.2
2009	9	LCAZH01ABC_01	夏玉米	先玉335	完熟期	40×50	30	97.64	91.7
2010	5	LCAZH01ABC_01	冬小麦	科农199	抽穗期	100×100	30	64.17	0.40
2010	5	LCAZH01ABC_01	冬小麦	科农199	抽穗期	100×100	30	93.10	0.58
2010	5	LCAZH01ABC_01	冬小麦	科农199	抽穗期	100×100	30	105.84	0.66
2010	5	LCAZH01ABC_01	冬小麦	科农199	抽穗期	100×100	30	117.01	0.73
2010	5	LCAZH01ABC_01	冬小麦	科农199	抽穗期	100×100	30	147.52	0.92
2010	5	LCAZH01ABC_01	冬小麦	科农199	抽穗期	100×100	30	109.30	0.68
2010	6	LCAZH01ABC_01	冬小麦	科农199	完熟期	100×100	30	55.99	0.70
2010	6	LCAZH01ABC_01	冬小麦	科农199	完熟期	100×100	30	33.26	0.67
2010	6	LCAZH01ABC_01	冬小麦	科农199	完熟期	100×100	30	51.35	0.78
2010	6	LCAZH01ABC_01	冬小麦	科农199	完熟期	100×100	30	43.01	0.69
2010	6	LCAZH01ABC_01	冬小麦	科农199	完熟期	100×100	30	44.59	0.60
2010	6	LCAZH01ABC_01	冬小麦	科农199	抽雄期	100×100	30	54.89	0.63
2010	8	LCAZH01ABC_01	夏玉米	先玉335和中科11	抽雄期	100×100	30	63.94	0.40
2010	8	LCAZH01ABC_01	夏玉米	先玉335和中科11	抽雄期	100×100	30	106.54	0.67
2010	8	LCAZH01ABC_01	夏玉米	先玉335和中科11	抽雄期	100×100	30	101.28	0.63
2010	8	LCAZH01ABC_01	夏玉米	先玉335和中科11	完熟期	100×100	30	80.80	0.51
2010	8	LCAZH01ABC_01	夏玉米	先玉335和中科11	完熟期	100×100	30	62.71	0.39
2010	8	LCAZH01ABC_01	夏玉米	先玉335和中科11	完熟期	100×100	30	96.32	0.60
2010	9	LCAZH01ABC_01	夏玉米	先玉335和中科11	完熟期	100×100	30	58.15	0.87
2010	9	LCAZH01ABC_01	夏玉米	先玉335和中科11	完熟期	100×100	30	74.74	0.85
2010	9	LCAZH01ABC_01	夏玉米	先玉335和中科11	完熟期	100×100	30	66.10	0.76

（续）

年份	月份	样地代码	作物名称	作物品种	作物生育时期	样方面积（cm×cm）	耕层深度（cm）	根干重（g/m²）	约占总根干重比例（%）
2010	9	LCAZH01ABC_01	夏玉米	先玉335和中科11	完熟期	100×100	31	101.33	0.83
2010	9	LCAZH01ABC_01	夏玉米	先玉335和中科11	完熟期	100×100	32	131.99	0.83
2010	9	LCAZH01ABC_01	夏玉米	先玉335和中科11	完熟期	100×100	33	62.58	0.75
2011	5	LCAZH01ABC_01	冬小麦	1066	抽穗期	100×100	30	130.77	81.73
2011	5	LCAZH01ABC_01	冬小麦	1066	抽穗期	100×100	30	153.42	95.89
2011	5	LCAZH01ABC_01	冬小麦	1066	抽穗期	100×100	30	111.74	69.84
2011	5	LCAZH01ABC_01	冬小麦	1066	抽穗期	100×100	30	148.93	93.08
2011	5	LCAZH01ABC_01	冬小麦	1066	抽穗期	100×100	30	146.97	91.86
2011	5	LCAZH01ABC_01	冬小麦	1066	抽穗期	100×100	30	109.15	68.22
2011	6	LCAZH01ABC_01	冬小麦	1066	完熟期	100×100	30	118.74	74.21
2011	6	LCAZH01ABC_01	冬小麦	1066	完熟期	100×100	30	137.85	86.15
2011	6	LCAZH01ABC_01	冬小麦	1066	完熟期	100×100	30	152.87	95.54
2011	6	LCAZH01ABC_01	冬小麦	1066	完熟期	100×100	30	73.21	45.76
2011	6	LCAZH01ABC_01	冬小麦	1066	完熟期	100×100	30	82.17	51.36
2011	6	LCAZH01ABC_01	冬小麦	1066	完熟期	100×100	30	115.51	72.20
2011	8	LCAZH01ABC_01	夏玉米	先玉335	抽雄期	100×100	30	99.11	61.94
2011	8	LCAZH01ABC_01	夏玉米	先玉335	抽雄期	100×100	30	81.04	50.65
2011	8	LCAZH01ABC_01	夏玉米	先玉335	抽雄期	100×100	30	76.78	47.99
2011	8	LCAZH01ABC_01	夏玉米	先玉335	抽雄期	100×100	30	81.93	51.21
2011	8	LCAZH01ABC_01	夏玉米	先玉335	抽雄期	100×100	30	83.59	52.25
2011	8	LCAZH01ABC_01	夏玉米	先玉335	抽雄期	100×100	30	65.76	41.10
2011	10	LCAZH01ABC_01	夏玉米	先玉335	完熟期	100×100	30	124.38	77.74
2011	10	LCAZH01ABC_01	夏玉米	先玉335	完熟期	100×100	30	81.80	51.12
2011	10	LCAZH01ABC_01	夏玉米	先玉335	完熟期	100×100	30	109.91	68.69
2011	10	LCAZH01ABC_01	夏玉米	先玉335	完熟期	100×100	30	147.96	92.47
2011	10	LCAZH01ABC_01	夏玉米	先玉335	完熟期	100×100	30	61.03	38.15
2011	10	LCAZH01ABC_01	夏玉米	先玉335	完熟期	100×100	30	120.17	75.11
2012	5	LCAZH01ABC_01	冬小麦	科农1066	抽穗期	100×100	30	68.81	43.00
2012	5	LCAZH01ABC_01	冬小麦	科农1066	抽穗期	100×100	30	73.05	45.66
2012	5	LCAZH01ABC_01	冬小麦	科农1066	抽穗期	100×100	30	74.62	46.64

（续）

年份	月份	样地代码	作物名称	作物品种	作物生育时期	样方面积（cm×cm）	耕层深度（cm）	根干重（g/m²）	约占总根干重比例（%）
2012	5	LCAZH01ABC_01	冬小麦	科农1066	抽穗期	100×100	30	87.44	54.65
2012	5	LCAZH01ABC_01	冬小麦	科农1066	抽穗期	100×100	30	95.07	59.42
2012	5	LCAZH01ABC_01	冬小麦	科农1066	抽穗期	100×100	30	69.51	43.45
2012	6	LCAZH01ABC_01	冬小麦	科农1066	完熟期	100×100	30	47.26	29.54
2012	6	LCAZH01ABC_01	冬小麦	科农1066	完熟期	100×100	30	43.33	27.08
2012	6	LCAZH01ABC_01	冬小麦	科农1066	完熟期	100×100	30	78.32	48.95
2012	6	LCAZH01ABC_01	冬小麦	科农1066	完熟期	100×100	30	61.10	38.19
2012	6	LCAZH01ABC_01	冬小麦	科农1066	完熟期	100×100	30	29.49	18.43
2012	6	LCAZH01ABC_01	冬小麦	科农1066	完熟期	100×100	30	39.00	24.38
2012	8	LCAZH01ABC_01	夏玉米	336和雷奥1号	抽雄期	100×100	30	69.98	43.74
2012	8	LCAZH01ABC_01	夏玉米	336和雷奥1号	抽雄期	100×100	30	56.02	35.01
2012	8	LCAZH01ABC_01	夏玉米	336和雷奥1号	抽雄期	100×100	30	53.98	33.74
2012	8	LCAZH01ABC_01	夏玉米	336和雷奥1号	抽雄期	100×100	30	47.40	29.62
2012	8	LCAZH01ABC_01	夏玉米	336和雷奥1号	抽雄期	100×100	30	47.08	29.43
2012	8	LCAZH01ABC_01	夏玉米	336和雷奥1号	抽雄期	100×100	30	46.97	29.35
2012	10	LCAZH01ABC_01	夏玉米	336和雷奥1号	完熟期	100×100	30	134.98	84.36
2012	10	LCAZH01ABC_01	夏玉米	336和雷奥1号	完熟期	100×100	30	61.37	38.35
2012	10	LCAZH01ABC_01	夏玉米	336和雷奥1号	完熟期	100×100	30	85.74	53.59
2012	10	LCAZH01ABC_01	夏玉米	336和雷奥1号	完熟期	100×100	31	106.62	66.63
2012	10	LCAZH01ABC_01	夏玉米	336和雷奥1号	完熟期	100×100	32	101.00	63.13
2012	10	LCAZH01ABC_01	夏玉米	336和雷奥1号	完熟期	100×100	33	125.83	78.64
2013	5	LCAZH01ABC_01	冬小麦	科农1066	抽穗期	100×100	30	76.04	47.52
2013	5	LCAZH01ABC_01	冬小麦	科农1066	抽穗期	100×100	30	90.19	56.37
2013	5	LCAZH01ABC_01	冬小麦	科农1066	抽穗期	100×100	30	72.89	45.56

（续）

年份	月份	样地代码	作物名称	作物品种	作物生育时期	样方面积（cm×cm）	耕层深度（cm）	根干重（g/m²）	约占总根干重比例（%）
2013	5	LCAZH01ABC_01	冬小麦	科农1066	抽穗期	100×100	30	86.11	53.82
2013	5	LCAZH01ABC_01	冬小麦	科农1066	抽穗期	100×100	30	79.66	49.79
2013	5	LCAZH01ABC_01	冬小麦	科农1066	抽穗期	100×100	30	88.07	55.04
2013	6	LCAZH01ABC_01	冬小麦	科农1066	收获期	100×100	30	50.48	31.55
2013	6	LCAZH01ABC_01	冬小麦	科农1066	收获期	100×100	30	45.77	28.60
2013	6	LCAZH01ABC_01	冬小麦	科农1066	收获期	100×100	30	68.81	43.00
2013	6	LCAZH01ABC_01	冬小麦	科农1066	收获期	100×100	30	75.88	47.43
2013	6	LCAZH01ABC_01	冬小麦	科农1066	收获期	100×100	30	54.73	34.21
2013	6	LCAZH01ABC_01	冬小麦	科农1066	收获期	100×100	30	83.75	52.34
2013	8	LCAZH01ABC_01	夏玉米	伟科702	抽雄期	100×100	30	47.06	39.22
2013	8	LCAZH01ABC_01	夏玉米	伟科702	抽雄期	100×100	30	33.19	27.66
2013	8	LCAZH01ABC_01	夏玉米	伟科702	抽雄期	100×100	30	53.30	44.42
2013	8	LCAZH01ABC_01	夏玉米	伟科702	抽雄期	100×100	30	40.50	33.75
2013	8	LCAZH01ABC_01	夏玉米	伟科702	抽雄期	100×100	30	46.23	38.52
2013	8	LCAZH01ABC_01	夏玉米	伟科702	抽雄期	100×100	30	33.29	27.74
2013	10	LCAZH01ABC_01	夏玉米	伟科702	收获期	100×100	30	87.30	72.75
2013	10	LCAZH01ABC_01	夏玉米	伟科702	收获期	100×100	30	37.32	31.10
2013	10	LCAZH01ABC_01	夏玉米	伟科702	收获期	100×100	30	39.63	33.03
2013	10	LCAZH01ABC_01	夏玉米	伟科702	收获期	100×100	31	47.61	39.68
2013	10	LCAZH01ABC_01	夏玉米	伟科702	收获期	100×100	32	62.10	51.75
2013	10	LCAZH01ABC_01	夏玉米	伟科702	收获期	100×100	33	27.10	22.59
2014	5	LCAZH01ABC_01	冬小麦	科农1066	抽穗期	100×100	30	78.18	48.86
2014	5	LCAZH01ABC_01	冬小麦	科农1066	抽穗期	100×100	30	102.39	64.00
2014	5	LCAZH01ABC_01	冬小麦	科农1066	抽穗期	100×100	30	116.65	72.90
2014	5	LCAZH01ABC_01	冬小麦	科农1066	抽穗期	100×100	30	148.75	92.97
2014	5	LCAZH01ABC_01	冬小麦	科农1066	抽穗期	100×100	30	152.33	95.21
2014	5	LCAZH01ABC_01	冬小麦	科农1066	抽穗期	100×100	30	118.63	74.14
2014	6	LCAZH01ABC_01	冬小麦	科农1066	收获期	100×100	30	85.32	53.32
2014	6	LCAZH01ABC_01	冬小麦	科农1066	收获期	100×100	30	100.71	62.94
2014	6	LCAZH01ABC_01	冬小麦	科农1066	收获期	100×100	30	103.15	64.47
2014	6	LCAZH01ABC_01	冬小麦	科农1066	收获期	100×100	30	113.59	70.99
2014	6	LCAZH01ABC_01	冬小麦	科农1066	收获期	100×100	30	100.31	62.70

（续）

年份	月份	样地代码	作物名称	作物品种	作物生育时期	样方面积（cm×cm）	耕层深度（cm）	根干重（g/m²）	约占总根干重比例（%）
2014	6	LCAZH01ABC_01	冬小麦	科农1066	收获期	100×100	30	93.10	58.18
2014	8	LCAZH01ABC_01	夏玉米	农华101	抽雄期	100×100	30	64.18	53.48
2014	8	LCAZH01ABC_01	夏玉米	农华101	抽雄期	100×100	30	57.27	47.72
2014	8	LCAZH01ABC_01	夏玉米	农华101	抽雄期	100×100	30	54.99	45.83
2014	8	LCAZH01ABC_01	夏玉米	农华101	抽雄期	100×100	30	51.78	43.15
2014	8	LCAZH01ABC_01	夏玉米	农华101	抽雄期	100×100	30	75.42	62.85
2014	8	LCAZH01ABC_01	夏玉米	农华101	抽雄期	100×100	30	84.98	70.82
2014	9	LCAZH01ABC_01	夏玉米	农华101	收获期	100×100	30	61.31	51.09
2014	9	LCAZH01ABC_01	夏玉米	农华101	收获期	100×100	30	51.17	42.64
2014	9	LCAZH01ABC_01	夏玉米	农华101	收获期	100×100	30	32.54	27.12
2014	9	LCAZH01ABC_01	夏玉米	农华101	收获期	100×100	31	65.57	54.64
2014	9	LCAZH01ABC_01	夏玉米	农华101	收获期	100×100	32	67.48	56.23
2014	9	LCAZH01ABC_01	夏玉米	农华101	收获期	100×100	33	47.04	39.20
2015	5	LCAZH01ABC_01	冬小麦	科农2011	抽穗期	100×100	30	84.30	37.52
2015	5	LCAZH01ABC_01	冬小麦	科农2011	抽穗期	100×100	30	100.30	41.55
2015	5	LCAZH01ABC_01	冬小麦	科农2011	抽穗期	100×100	30	78.49	36.64
2015	5	LCAZH01ABC_01	冬小麦	科农2011	抽穗期	100×100	30	91.32	60.15
2015	5	LCAZH01ABC_01	冬小麦	科农2011	抽穗期	100×100	30	68.00	37.12
2015	5	LCAZH01ABC_01	冬小麦	科农2011	抽穗期	100×100	30	97.23	45.42
2015	6	LCAZH01ABC_01	冬小麦	科农2011	收获期	100×100	30	108.30	24.91
2015	6	LCAZH01ABC_01	冬小麦	科农2011	收获期	100×100	30	103.56	21.08
2015	6	LCAZH01ABC_01	冬小麦	科农2011	收获期	100×100	30	97.82	34.58
2015	6	LCAZH01ABC_01	冬小麦	科农2011	收获期	100×100	30	139.60	53.01
2015	6	LCAZH01ABC_01	冬小麦	科农2011	收获期	100×100	30	166.19	25.50
2015	6	LCAZH01ABC_01	冬小麦	科农2011	收获期	100×100	30	195.51	43.19
2015	8	LCAZH01ABC_01	夏玉米	先玉335	抽雄期	100×100	30	103.38	38.60
2015	8	LCAZH01ABC_01	夏玉米	先玉335	抽雄期	100×100	30	98.41	29.29
2015	8	LCAZH01ABC_01	夏玉米	先玉335	抽雄期	100×100	30	94.05	49.22
2015	8	LCAZH01ABC_01	夏玉米	先玉335	抽雄期	100×100	30	133.19	27.85
2015	8	LCAZH01ABC_01	夏玉米	先玉335	抽雄期	100×100	30	159.09	55.05
2015	8	LCAZH01ABC_01	夏玉米	先玉335	抽雄期	100×100	30	189.03	23.12
2015	9	LCAZH01ABC_01	夏玉米	先玉335	收获期	100×100	30	71.96	71.60

（续）

年份	月份	样地代码	作物名称	作物品种	作物生育时期	样方面积（cm×cm）	耕层深度（cm）	根干重（g/m²）	约占总根干重比例（%）
2015	9	LCAZH01ABC_01	夏玉米	先玉335	收获期	100×100	30	60.80	32.94
2015	9	LCAZH01ABC_01	夏玉米	先玉335	收获期	100×100	30	47.62	36.60
2015	9	LCAZH01ABC_01	夏玉米	先玉335	收获期	100×100	30	62.11	32.74
2015	9	LCAZH01ABC_01	夏玉米	先玉335	收获期	100×100	30	46.95	73.94
2015	9	LCAZH01ABC_01	夏玉米	先玉335	收获期	100×100	30	60.90	18.82
2016	4	LCAZH01ABC_01	冬小麦	婴泊700	抽穗期	100×100	30	124.19	55.54
2016	4	LCAZH01ABC_01	冬小麦	婴泊700	抽穗期	100×100	30	136.28	56.96
2016	4	LCAZH01ABC_01	冬小麦	婴泊700	抽穗期	100×100	30	113.30	54.06
2016	4	LCAZH01ABC_01	冬小麦	婴泊700	抽穗期	100×100	30	96.87	51.35
2016	4	LCAZH01ABC_01	冬小麦	婴泊700	抽穗期	100×100	30	88.57	49.70
2016	4	LCAZH01ABC_01	冬小麦	婴泊700	抽穗期	100×100	30	85.08	48.93
2016	6	LCAZH01ABC_01	冬小麦	婴泊700	收获期	100×100	30	103.83	52.58
2016	6	LCAZH01ABC_01	冬小麦	婴泊700	收获期	100×100	30	121.28	55.17
2016	6	LCAZH01ABC_01	冬小麦	婴泊700	收获期	100×100	30	109.47	53.49
2016	6	LCAZH01ABC_01	冬小麦	婴泊700	收获期	100×100	30	118.94	54.86
2016	6	LCAZH01ABC_01	冬小麦	婴泊700	收获期	100×100	30	81.60	48.12
2016	6	LCAZH01ABC_01	冬小麦	婴泊700	收获期	100×100	30	131.19	56.39
2016	8	LCAZH01ABC_01	夏玉米	北丰268	抽雄期	100×100	30	99.24	49.15
2016	8	LCAZH01ABC_01	夏玉米	北丰268	抽雄期	100×100	30	91.79	35.67
2016	8	LCAZH01ABC_01	夏玉米	北丰268	抽雄期	100×100	30	126.06	65.39
2016	8	LCAZH01ABC_01	夏玉米	北丰268	抽雄期	100×100	30	144.78	72.21
2016	8	LCAZH01ABC_01	夏玉米	北丰268	抽雄期	100×100	30	103.06	67.34
2016	8	LCAZH01ABC_01	夏玉米	北丰268	抽雄期	100×100	30	84.56	42.46
2016	9	LCAZH01ABC_01	夏玉米	北丰268	收获期	100×100	30	100.14	67.48
2016	9	LCAZH01ABC_01	夏玉米	北丰268	收获期	100×100	30	67.50	55.42
2016	9	LCAZH01ABC_01	夏玉米	北丰268	收获期	100×100	30	80.19	51.38
2016	9	LCAZH01ABC_01	夏玉米	北丰268	收获期	100×100	30	58.72	33.60
2016	9	LCAZH01ABC_01	夏玉米	北丰268	收获期	100×100	30	79.67	59.87
2016	9	LCAZH01ABC_01	夏玉米	北丰268	收获期	100×100	30	75.06	65.52
2017	4	LCAZH01ABC_01	冬小麦	婴泊700	抽穗期	100×100	30	204.1	55.54
2017	4	LCAZH01ABC_01	冬小麦	婴泊700	抽穗期	100×100	30	147.1	56.96
2017	4	LCAZH01ABC_01	冬小麦	婴泊700	抽穗期	100×100	30	182.9	54.06

(续)

年份	月份	样地代码	作物名称	作物品种	作物生育时期	样方面积(cm×cm)	耕层深度(cm)	根干重(g/m²)	约占总根干重比例(%)
2017	4	LCAZH01ABC_01	冬小麦	婴泊700	抽穗期	100×100	30	238.2	51.35
2017	4	LCAZH01ABC_01	冬小麦	婴泊700	抽穗期	100×100	30	241.6	49.70
2017	4	LCAZH01ABC_01	冬小麦	婴泊700	抽穗期	100×100	30	208.7	48.93
2017	6	LCAZH01ABC_01	冬小麦	婴泊700	收获期	100×100	30	115.5	52.58
2017	6	LCAZH01ABC_01	冬小麦	婴泊700	收获期	100×100	30	120.6	55.17
2017	6	LCAZH01ABC_01	冬小麦	婴泊700	收获期	100×100	30	223.9	53.49
2017	6	LCAZH01ABC_01	冬小麦	婴泊700	收获期	100×100	30	154.5	54.86
2017	6	LCAZH01ABC_01	冬小麦	婴泊700	收获期	100×100	30	196.9	48.12
2017	6	LCAZH01ABC_01	冬小麦	婴泊700	收获期	100×100	30	161.5	56.39
2017	8	LCAZH01ABC_01	夏玉米	登海685	抽雄期	100×100	30	101.1	49.15
2017	8	LCAZH01ABC_01	夏玉米	登海685	抽雄期	100×100	30	109.0	35.67
2017	8	LCAZH01ABC_01	夏玉米	登海685	抽雄期	100×100	30	133.4	65.39
2017	8	LCAZH01ABC_01	夏玉米	登海685	抽雄期	100×100	30	121.5	72.21
2017	8	LCAZH01ABC_01	夏玉米	登海685	抽雄期	100×100	30	120.8	67.34
2017	8	LCAZH01ABC_01	夏玉米	登海685	抽雄期	100×100	30	103.2	42.46
2017	9	LCAZH01ABC_01	夏玉米	登海685	收获期	100×100	30	87.6	67.48
2017	9	LCAZH01ABC_01	夏玉米	登海685	收获期	100×100	30	90.6	55.42
2017	9	LCAZH01ABC_01	夏玉米	登海685	收获期	100×100	30	87.1	51.38
2017	9	LCAZH01ABC_01	夏玉米	登海685	收获期	100×100	30	128.1	33.60
2017	9	LCAZH01ABC_01	夏玉米	登海685	收获期	100×100	30	112.4	59.87
2017	9	LCAZH01ABC_01	夏玉米	登海685	收获期	100×100	30	96.7	65.52

自 2009—2017 年，冬小麦的根干重整体呈现上升趋势，2016—2017 年增幅最大，2017 年冬小麦根干重最大，达到 182.96 g/m²；夏玉米根干重随时间变化呈现先减后增的趋势，但变化不大，其中 2013 年最低，为 46.22 g/m²（图 3-2）。

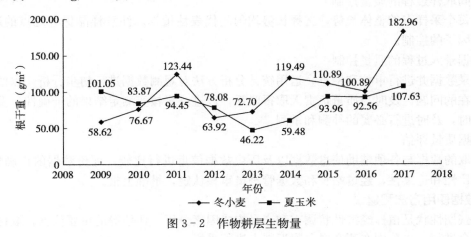

图 3-2　作物耕层生物量

2009—2017 年，冬小麦的耕层生物量约占总根干重比例变化波动大，2009—2010 年出现急剧下降，2010 年比例仅 0.67%，而 2010—2011 年急剧增加，比例达到 77.15%；夏玉米在 2009—2010

年比例同样急剧下降，2010 年比例仅为 0.67％，2010 年后比较稳定（图 3 - 3）。

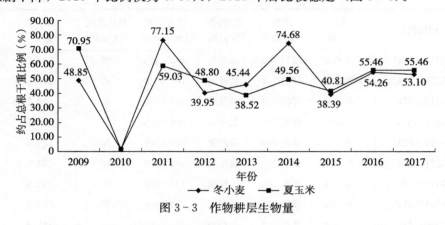

图 3 - 3　作物耕层生物量

3.1.3　主要作物收获期植株性状数据集

3.1.3.1　概述

本数据集包括栾城站 2009—2017 年 13 个长期监测样地的年度观测数据，每年样地以玉米、小麦轮作种植，玉米的植株性状包括空秆率（％）、果穗长度（cm）、果穗结实长度（cm）、穗粗（cm）、穗行数、行粒数、百粒重（g）、地上部总干重（g/株）、籽粒干重（g/株）。小麦的植株性状包括株高（cm）、单株总茎数、单株总穗数、每穗小穗数、每穗结实小穗数、每穗粒数、千粒重（g）、地上部总干重（g/株）、籽粒干重（g/株）。

3.1.3.2　数据采集和处理方法

根据每个观测场的设计规范，结合当年土壤取样位置相应地在取样小区内同时取有代表性样品（数量根据作物不同而异），本次观测玉米考种调查株数为 6 株，2009—2015 年小麦调查株数为 10 株，2016—2017 年为 20 株。

取样之前对作物群体进行有关田间性状指标的调查（如群体株高、玉米空秆率、小麦穗数等），随后齐地剪割，并按不同样方/样点分别装入样品袋，小麦立即用口袋装好，勿使籽粒和茎叶散落损失。尽快带回实验室进行有关处理后，进行植株性状测试。

3.1.3.3　数据质量控制和评估

（1）田间取样过程的质量控制

要根据每个采样点的整体长势，选择长势均匀的代表性植株。注意样品保存地点的通风、湿度、鼠害等环境因子的控制。

（2）数据录入过程的质量控制

及时记录数据并进行审核和检查，运用统计分析方法对观测数据进行初步分析，以便及时发现监测工作中存在的问题，及时与质量负责人取得联系，以进一步核实测定结果的准确性。发现数据缺失和可疑数据时，及时进行必要的补测和重测。

（3）数据质量评估

将所获取的数据与各项辅助信息数据以及历史数据信息进行比较，评价数据的正确性、一致性、完整性、可比性和连续性，经过站长和数据管理员审核认定，批准上报。

3.1.3.4　数据使用方法和建议

作物收获期性状是植株经济性状调查和产量构成因素分析、评估等的重要依据。取样可与作物产量的测定结合进行，或分别在测产样方附近选点进行采样。

3.1.3.5　数据

玉米收获期植株性状数据见表 3 - 3。

表 3 - 3　玉米收获期株植性状

年份	月份	样地代码	作物品种	考种调查株数	群体株高 (cm)	结穗高度 (cm)	茎粗 (cm)	空秆率 (%)	果穗长度 (cm)	果穗结实长度 (cm)	穗粗 (cm)	穗行数	行粒数	百粒重 (g)	地上部总干重 (g/株)	籽粒干重 (g/株)
2009	9	LCAZH01ABC_01	先玉335	6	290	118	2.1		18.9	17.5	5.2	17.0	37.3	30.80	308.17	198.17
2009	10	LCAZH01ABC_01	先玉335	6	285	103	2.0		17.8	16.0	4.6	16.0	38.7	26.80	235.50	133.00
2009	10	LCAZH01ABC_01	先玉335	6	290	108	2.1		17.0	15.3	4.9	16.0	32.8	30.80	263.50	151.17
2009	10	LCAZH01ABC_01	先玉335	6	287	112	2.2		18.8	16.3	5.0	16.3	35.4	31.50	303.17	166.33
2009	10	LCAZH01ABC_01	先玉335	6	300	111	2.1		17.4	15.9	5.0	17.0	36.0	28.00	281.50	153.50
2009	10	LCAZH01ABC_01	先玉335	6	308	104	2.0		18.2	16.7	5.0	16.7	37.4	29.10	302.33	166.00
2009	9	LCAFZ01AB0_01	浚单20	6	160	69	1.6		15.3	13.7	4.5	14.3	35.2	25.61	140.67	103.67
2009	9	LCAFZ01AB0_01	浚单20	6	158	70	1.6		15.3	13.4	4.7	15.0	33.2	21.55	132.50	97.33
2009	9	LCAFZ01AB0_01	浚单20	6	168	73	2		14.2	12.1	4.6	14.0	27.3	21.57	123.67	83.00
2009	9	LCAFZ02AB0_01	浚单20	6	210	99	2.0		17.4	16.3	4.8	14.3	38.5	28.75	197.33	139.67
2009	9	LCAFZ02AB0_01	浚单20	6	206	93	1.7		15.7	13.3	4.7	14.0	32.3	24.42	145.33	93.67
2009	9	LCAFZ02AB0_01	浚单20	6	200	96	1.9		15.9	14.5	4.7	15.3	34.7	23.08	208.83	122.67
2009	9	LCAFZ03AB0_01	浚单20	6	208	80	1.7		14.5	13.1	4.7	14.3	31.5	27.29	147.67	92.00
2009	9	LCAFZ03AB0_01	浚单20	6	200	76	1.7		15.7	14.2	4.7	15.0	33.6	24.35	152.33	101.17
2009	9	LCAFZ03AB0_01	浚单20	6	205	83	1.8		15.6	14.5	4.7	13.7	36.6	22.15	167.00	105.83
2009	9	LCAZQ01AB0_01	先玉335	6	319	119	2.1		18.0	15.8	4.9	16.7	34.1	29.80	270.83	154.17
2009	9	LCAZQ01AB0_01	先玉335	6	273	109	2.4		18.2	15.8	5.1	17.0	33.8	23.50	227.83	128.17
2009	9	LCAZQ01AB0_01	先玉335	6	288	122	2.2		17.3	15.1	4.7	17.0	33.3	26.50	247.83	133.33
2009	9	LCAZQ01AB0_01	先玉335	6	275	108	2.5		19.3	17.7	5.1	17.0	36.6	29.50	289.33	174.17
2009	9	LCAZQ01AB0_01	先玉335	6	287	111	2.3		16.0	13.9	4.6	15.0	30.2	28.20	251.50	118.83
2009	9	LCAZQ02AB0_01	先玉335	6	277	92	2.2		17.3	15.1	4.8	16.3	30.9	28.00	242.67	128.17
2009	9	LCAZQ02AB0_01	豫玉23	6	240	109	2.2		16.9	16.4	4.7	16.0	35.7	26.00	221.33	127.0

（续）

年份	月份	样地代码	作物品种	考种调查株数	群体株高 (cm)	结穗高度 (cm)	茎粗 (cm)	空秆率 (%)	果穗长度 (cm)	果穗结实长度 (cm)	穗粗 (cm)	穗行数	行粒数	百粒重 (g)	总干重 地上部 (g/株)	籽粒干重 (g/株)
2009	9	LCAZQ02AB0_01	豫玉23	6	248	105	2.2		18.1	17.3	5.0	15.7	39.9	28.10	272.67	154.17
2009	9	LCAZQ02AB0_01	豫玉23	6	255	102	2.1		17.4	17.0	4.9	15.2	40.5	26.00	247.67	136.83
2009	9	LCAZQ02AB0_01	豫玉23	6	250	123	2.0		17.5	16.4	4.7	15.0	38.2	24.20	234.17	120.00
2009	9	LCAZQ02AB0_01	豫玉23	6	235	104	2.1		18.3	17.3	5.0	15.7	42.1	27.50	273.50	162.17
2009	9	LCAZQ02AB0_01	豫玉23	6	240	105	2.0		17.8	16.9	4.8	15.3	40.9	24.30	211.00	131.17
2009	9	LCAZQ03AB0_01	先玉335	6	306	115	2.1		18.1	16.5	4.9	16.0	34.7	29.00	269.00	150.50
2009	9	LCAZQ03AB0_01	先玉335	6	288	113	2.1		16.7	15.7	4.7	15.7	35.2	26.50	232.50	126.33
2009	9	LCAZQ03AB0_01	先玉335	6	305	113	2.2		18.8	16.7	4.9	16.0	36.0	28.20	276.00	151.83
2009	9	LCAZQ03AB0_01	先玉335	6	299	111	2.1		16.5	95.2	4.9	15.7	35.3	28.90	257.17	143.50
2009	9	LCAZQ03AB0_01	先玉335	6	281	112	2.0		17.5	15.9	4.8	15.7	37.2	26.00	245.98	132.83
2009	9	LCAZQ03AB0_01	先玉335	6	285	105	2.1		17.5	15.9	4.8	16.3	34.3	26.90	257.33	135.50
2010	9	LCAZH01ABC_01	先玉335和中科11	6	248	84	1.8	5.9	16.3	15.2	5.0	16.0	29.9	35.68	265.00	146.67
2010	9	LCAZH01ABC_01	先玉335和中科11	6	234	87	2	6.1	16.5	15.5	5.1	15.3	31.1	34.42	276.67	156.67
2010	9	LCAZH01ABC_01	先玉335和中科11	6	252	92	2.0	0.0	16.8	16.1	5.1	15.3	34.6	29.2	305.00	146.67
2010	9	LCAZH01ABC_01	先玉335和中科11	6	245	113	2	2.0	15.7	15.7	5.1	14.3	35.6	32.83	280.00	153.33
2010	9	LCAZH01ABC_01	先玉335和中科11	6	227	99	1.7	0.0	16.6	16.6	5.1	14.0	37.1	32.44	276.67	156.67
2010	9	LCAZH01ABC_01	先玉335和中科11	6	217	98	1.8	0.0	16.9	16.9	5.1	13.3	40.6	32.78	316.67	173.33

（续）

年份	月份	样地代码	作物品种	考种调查株数	群体株高 (cm)	结穗高度 (cm)	茎粗 (cm)	空秆率 (%)	果穗长度 (cm)	果穗结实长度 (cm)	穗粗 (cm)	穗行数	行粒数	百粒重 (g)	地上部总干重 (g/株)	籽粒干重 (g/株)
2010	9	LCAFZ01AB0_01	石玉9号	6	136	47	1.0	7.1	10.6	10.6	3.8	12.7	24.6	17.66	83.33	51.67
2010	9	LCAFZ01AB0_01	石玉9号	6	164	63	1.3	4.7	13.5	13.3	4.2	13.0	31.7	20.28	125.00	75.00
2010	9	LCAFZ01AB0_01	石玉9号	6	131	52	1.1	2.0	12.5	12.3	4.3	13.3	28.5	20.95	108.67	72.00
2010	9	LCAFZ02AB0_01	石玉9号	6	221	89	1.7	3.9	17.3	17.3	4.9	13.7	39.8	29.75	266.67	156.67
2010	9	LCAFZ02AB0_01	石玉9号	6	229	96	1.7	3.5	14.9	14.9	4.9	15.3	33.4	27.16	230.00	125.00
2010	9	LCAFZ02AB0_01	石玉9号	6	214	89	1.7	5.6	17.2	17.0	4.9	14.3	40.4	28.63	265.00	160.00
2010	9	LCAFZ03AB0_01	石玉9号	6	202	93	2.0	5.9	16.1	16.1	4.9	15.7	37.3	28.19	278.33	153.33
2010	9	LCAFZ03AB0_01	石玉9号	6	208	98	1.8	0.0	15.3	15.3	4.7	13.7	34.4	29.89	253.33	123.33
2010	9	LCAFZ03AB0_01	石玉9号	6	171	78	5.3	2.0	13.9	13.9	4.7	14.8	32.4	24.72	181.67	88.33
2010	9	LCAZQ01AB0_01	先玉335	6	242	85	2.0	4.6	17.2	16.8	5.1	16.7	36.0	30.65	313.33	163.33
2010	9	LCAZQ01AB0_01	先玉335	6	212	82	2.2	1.7	17.8	16.6	5.1	16.3	33.7	32.87	315.33	160.00
2010	9	LCAZQ01AB0_01	先玉335	6	244	84	2.1	1.7	17.7	16.3	4.9	15.3	32.7	30.70	295.00	143.33
2010	9	LCAZQ01AB0_01	先玉335	6	208	80	1.9	3.2	16.0	15.6	5.1	15.3	33.2	29.64	280.00	141.67
2010	9	LCAZQ01AB0_01	先玉335	6	227	73	1.9	0.0	19.7	18.7	5.0	15.7	36.2	33.22	306.67	171.67
2010	9	LCAZQ02AB0_01	先玉335	6	222	76	6.6	0.0	15.9	15.3	4.9	15.1	33.0	28.26	263.33	140.00
2010	9	LCAZQ02AB0_01	永玉8号	6	242	117	1.8	3.8	16.1	15.5	5.0	15.0	32.4	29.01	263.33	133.3
2010	9	LCAZQ02AB0_01	永玉8号	6	250	105	2.0	2.0	17.2	15.9	4.8	15.3	32.4	30.71	275.00	143.33
2010	9	LCAZQ02AB0_01	永玉8号	6	256	98	2.0	4.5	17.8	17.2	5.0	15.7	35.1	33.49	328.33	173.33
2010	9	LCAZQ02AB0_01	永玉8号	6	243	122	1.7	1.9	15.6	15.4	5.2	16.8	35.3	24.53	251.67	131.67
2010	9	LCAZQ02AB0_01	永玉8号	6	256	107	1.7	4.2	18.3	17.3	4.9	14.7	36.8	30.97	300.00	156.67
2010	9	LCAZQ02AB0_01	永玉8号	6	263	114	1.8	1.9	17.7	16.8	5.0	16.3	35.5	29.64	345.00	158.33
2010	9	LCAZQ03AB0_01	先玉335	6	261	85	2.0	1.8	17.8	16.1	5.0	15.3	31.7	37.8	341.67	168.33

（续）

年份	月份	样地代码	作物品种	考种调查株数	群体株高(cm)	结穗高度(cm)	茎粗(cm)	空秆率(%)	果穗长度(cm)	果穗结实长度(cm)	穗粗(cm)	穗行数	行粒数	百粒重(g)	总干重 地上部(g/株)	籽粒干重(g/株)
2010	9	LCAZQ03AB0_01	先玉335	6	242	96	2.1	1.6	17.6	15.9	5.0	15.7	33.4	37.34	348.33	183.33
2010	9	LCAZQ03AB0_01	先玉335	6	247	90	1.9	4.3	16.1	14.7	5.0	14.7	30.2	38.33	291.67	153.33
2010	9	LCAZQ03AB0_01	先玉335	6	239	91	1.9	4.3	17.9	16.3	4.9	15.0	33.6	37.34	321.67	173.33
2010	9	LCAZQ03AB0_01	先玉335	6	248	91	2.0	3.6	17.6	16.3	5.3	15.7	32.1	38.50	336.67	181.67
2010	9	LCAZQ03AB0_01	先玉335	6	236	84	6.4	0.0	18.6	17.6	5.2	15.7	34.9	36.13	338.33	183.33
2011	9	LCAZH01ABC_01	先玉335	6	280	85	2.3	2.17	19.3	17.8	4.8	17.0	36.22	26.30	363.33	156.67
2011	9	LCAZH01ABC_01	先玉335	6	275	87	2	4.44	21.2	19.9	4.8	15.7	41.78	28.42	481.67	180.00
2011	9	LCAZH01ABC_01	先玉335	6	281	89	2.3	0.00	18.8	17.7	4.8	15.7	38.67	28.87	403.33	166.67
2011	9	LCAZH01ABC_01	先玉335	6	267	88	2	2.27	20.3	19.3	5.1	16.7	39.83	28.13	446.67	176.67
2011	9	LCAZH01ABC_01	先玉335	6	263	83	2.2	2.44	21.1	20.0	4.9	16.3	41.22	28.53	405.00	183.33
2011	9	LCAZH01ABC_01	先玉335	6	268	83	2.2	0.00	18.0	17.4	4.7	16.0	34.89	28.60	368.33	153.33
2011	9	LCAFZ01AB0_01	郑单958	6	145	43	1.3	8.46	14.4	12.5	4.4	13.0	30.39	28.27	151.67	95.00
2011	9	LCAFZ01AB0_01	郑单958	6	155	47	1.2	6.17	12.7	11.1	3.9	12.7	24.22	19.01	116.67	60.00
2011	9	LCAFZ01AB0_01	郑单958	6	146	38	1.3	9.78	12.6	11.1	4.2	12.7	26.33	24.51	133.33	75.00
2011	9	LCAFZ02AB0_01	郑单958	6	216	79	2	3.24	15.8	14.6	4.8	14.7	33.83	27.53	273.33	138.33
2011	9	LCAFZ02AB0_01	郑单958	6	198	74	1.9	2.18	16.2	15.0	4.9	15.0	35.83	28.37	261.67	145.00
2011	9	LCAFZ02AB0_01	郑单958	6	194	70	1.7	0.00	16.0	15.3	4.9	15.7	35.22	28.75	250.00	150.00
2011	9	LCAFZ03AB0_01	郑单958	6	182	62	1.6	1.37	15.8	14.6	4.8	14.0	33.56	26.57	213.33	125.00
2011	9	LCAFZ03AB0_01	郑单958	6	175	58	1.7	0.00	15.2	13.7	4.5	13.3	31.00	26.78	191.67	111.67
2011	9	LCAFZ03AB0_01	郑单958	6	180	59	1.5	3.35	16.4	15.3	4.9	14.7	34.22	28.94	230.00	141.67
2011	9	LCAZQ01AB0_01	先玉335	6	264	88	2.1	0.00	17.6	16.2	4.9	15.7	33.22	33.92	341.67	165.00
2011	9	LCAZQ01AB0_01	先玉335	6	241	92	2.2	4.17	16.8	15.7	4.8	16.0	33.56	29.50	326.67	141.67

（续）

年份	月份	样地代码	作物品种	考种调查株数	群体株高 (cm)	结穗高度 (cm)	茎粗 (cm)	空秆率 (%)	果穗长度 (cm)	果穗结实长度 (cm)	穗粗 (cm)	穗行数	行粒数	百粒重 (g)	地上部总干重 (g/株)	籽粒干重 (g/株)
2011	9	LCAZQ01AB0_01	先玉335	6	262	84	2.1	0.00	17.2	15.5	4.9	16.3	31.50	30.63	318.33	143.33
2011	9	LCAZQ01AB0_01	先玉335	6	243	95	2.0	0.00	17.9	17.1	5.0	17.0	35.44	30.15	310.00	171.67
2011	9	LCAZQ01AB0_01	先玉335	6	261	101	1.9	4.26	17.3	16.2	4.9	16.7	33.94	33.07	296.67	158.33
2011	9	LCAZQ02AB0_01	先玉335	6	252	95	2.0	4.17	17.3	16.1	4.9	15.7	35.56	29.90	308.33	158.33
2011	9	LCAZQ02AB0_01	先玉335	6	271	70	2.1	0.00	19.2	18.2	5.1	16.0	33.56	36.56	370.00	186.67
2011	9	LCAZQ02AB0_01	先玉335	6	258	71	1.9	2.08	19.3	17.5	5.1	16.3	33.67	35.38	361.67	188.33
2011	9	LCAZQ02AB0_01	先玉335	6	258	67	1.9	2.13	19.3	17.8	5.1	15.7	34.44	36.04	351.67	193.33
2011	9	LCAZQ02AB0_01	先玉335	6	246	70	2.2	2.27	19.9	18.8	5.2	15.3	35.19	37.32	376.67	198.33
2011	9	LCAZQ02AB0_01	先玉335	6	259	67	2.1	4.65	17.8	16.8	5.2	16.7	33.00	35.86	361.67	181.67
2011	9	LCAZQ02AB0_01	先玉335	6	261	69	2.2	9.09	20.1	19.2	5.0	15.7	38.22	33.57	405.00	200.00
2011	9	LCAZQ03AB0_01	先玉335	6	274	73	2.0	8.16	18.9	17.9	4.8	14.7	34.33	38.20	353.33	181.67
2011	9	LCAZQ03AB0_01	先玉335	6	230	99	2.0	6.25	16.4	16.0	5.0	18.0	34.11	30.15	311.67	161.67
2011	9	LCAZQ03AB0_01	先玉335	6	279	84	2.2	4.17	19.6	18.8	4.9	16.3	34.50	38.30	388.33	198.33
2011	9	LCAZQ03AB0_01	先玉335	6	227	96	2.2	4.44	17.8	17.7	5.1	16.7	38.94	30.63	380.00	186.67
2011	9	LCAZQ03AB0_01	先玉335	6	256	72	2.0	4.08	17.6	16.4	4.8	14.7	31.78	34.31	306.67	163.33
2011	9	LCAZQ03AB0_01	先玉335	6	222	80	2.0	4.08	15.0	14.2	4.6	15.0	32.39	27.50	283.33	128.33
2012	9	LCAZH01ABC_01	336和雷奥1号	6	297	96	1.9	0.00	16.7	16.2	5.4	18.4	34.7	32.79	390.50	195.33
2012	9	LCAZH01ABC_01	336和雷奥1号	6	301	115	2	5.45	17.0	16.6	5.0	15.7	34.4	35.57	325.00	177.00
2012	9	LCAZH01ABC_01	336和雷奥1号	6	291	120	1.8	11.48	18.3	17.3	5.2	16.3	36.3	32.83	384.50	204.67

（续）

年份	月份	样地代码	作物品种	考种调查株数	群体株高 (cm)	结穗高度 (cm)	茎粗 (cm)	空秆率 (%)	果穗长度 (cm)	果穗结实长度 (cm)	穗粗 (cm)	穗行数	行粒数	百粒重 (g)	地上部总干重 (g/株)	籽粒干重 (g/株)
2012	9	LCAZH01ABC_01	336和雷奥1号	6	292	119	2	5.26	17.6	16.3	4.9	15.3	34.3	31.73	311.17	154.00
2012	9	LCAZH01ABC_01	336和雷奥1号	6	285	114	1.6	3.17	17.2	16.9	5.2	17.3	37.1	33.62	376.83	202.83
2012	9	LCAZH01ABC_01	336和雷奥1号	6	302	114	1.7	3.51	17.3	16.4	5.3	16.0	34.8	34.66	333.50	174.33
2012	9	LCAFZ01AB0_01	新亚2号	6	190	84	1.3	5.36	15.3	14.4	4.6	13.0	33.6	27.0	193.2	116.7
2012	9	LCAFZ01AB0_01	新亚2号	6	188	88	1.2	7.69	15.8	15.1	4.8	14.3	34.8	28.39	220.67	135.00
2012	9	LCAFZ01AB0_01	新亚2号	6	203	77	1.3	5.45	14.8	13.5	4.7	14.0	32.1	28.69	203.50	119.83
2012	9	LCAFZ02AB0_01	新亚2号	6	228	105	1.3	4.44	16.9	16.3	5.1	15.3	36.6	35.23	309.50	176.00
2012	9	LCAFZ02AB0_01	新亚2号	6	227	94	1.5	1.96	18.5	18.2	5.2	14.7	41.2	34.6	299.67	190.33
2012	9	LCAFZ02AB0_01	新亚2号	6	227	102	1.6	0.00	17.5	17.3	5.2	15.7	39.1	33.60	345.67	193.67
2012	9	LCAFZ03AB0_01	新亚2号	6	230	91	1.3	6.38	17.5	17.3	5.2	15.0	38.6	34.2	311.33	196.50
2012	9	LCAFZ03AB0_01	新亚2号	6	199	87	1.4	1.85	16.8	16.5	5.1	14.7	37.0	33.43	267.67	171.83
2012	9	LCAFZ03AB0_01	新亚2号	6	208	86	1.5	7.84	16.0	15.4	4.9	13.7	34.0	32.8	255.50	144.33
2012	9	LCAZQ01AB0_01	先玉335	6	295	144	1.9	0.00	19.9	18.2	5.0	15.7	35.9	38.34	377.83	205.17
2012	9	LCAZQ01AB0_01	先玉335	6	291	113	1.8	0.00	19.4	18.3	4.9	16.0	37.6	37.43	420.00	206.83
2012	9	LCAZQ01AB0_01	先玉335	6	280	97	1.8	0.00	19.8	19.1	5.0	15.3	39.2	39.42	395.67	222.50
2012	9	LCAZQ01AB0_01	先玉335	6	282	113	2.0	0.00	19.8	19.2	5.0	16.0	41.1	38.45	424.50	228.50
2012	9	LCAZQ01AB0_01	先玉335	6	285	112	2.1	2.08	19.7	18.7	5.0	15.7	40.2	36.51	395.00	221.67
2012	9	LCAZQ04AB0_01	先玉335	6	288	108	1.9	0.00	20.3	19.1	4.9	16.8	40.0	37.36	392.50	214.00
2012	9	LCAZQ04AB0_01	先玉335和三北21	6	229	98	1.7	0.00	19.3	18.8	5.0	16.3	40.6	34.23	329.17	183.67

（续）

年份	月份	样地代码	作物品种	考种调查株数	群体株高 (cm)	结穗高度 (cm)	茎粗 (cm)	空秆率 (%)	果穗长度 (cm)	果穗结实长度 (cm)	穗粗 (cm)	穗行数	行粒数	百粒重 (g)	地上部总干重 (g/株)	籽粒干重 (g/株)
2012	9	LCAZQ04AB0_01	先玉335和三北21	6	253	98	1.7	0.00	18.4	17.8	5.6	15.3	36.9	40.37	371.17	215.17
2012	9	LCAZQ04AB0_01	先玉335和三北21	6	264	103	1.9	0.00	17.3	16.3	4.9	17.0	35.5	32.78	373.50	190.00
2012	9	LCAZQ04AB0_01	先玉335和三北21	6	229	94	1.8	0.00	17.1	16.7	5.8	16.0	31.7	37.94	322.00	181.33
2012	9	LCAZQ04AB0_01	先玉335和三北21	6	263	105	2.1	0.00	18.7	18.2	5.1	16.3	39.7	32.79	374.00	189.67
2012	9	LCAZQ05AB0_01	先玉335和三北21	6	220	98	1.6	0.00	17.9	17.9	5.4	14.0	35.7	40.1	336.67	200.33
2012	9	LCAZQ05AB0_01	先玉335	6	275	99	1.6	1.64	15.0	14.6	5.0	16.0	31.4	32.81	287.50	151.33
2012	9	LCAZQ05AB0_01	先玉335	6	281	98	1.6	3.45	16.9	16.9	5.1	16.3	35.0	31.72	292.67	167.83
2012	9	LCAZQ05AB0_01	先玉335	6	275	106	1.5	3.39	17.1	16.6	5.0	16.7	36.7	32.17	301.67	181.17
2012	9	LCAZQ05AB0_01	先玉335	6	282	110	1.5	5.17	16.8	16.0	4.9	16.0	34.8	33.1	320.83	171.17
2012	9	LCAZQ05AB0_01	先玉335	6	284	109	1.7	1.67	17.3	16.8	5.0	16.7	37.1	31.18	351.83	179.83
2012	9	LCAZQ05AB0_01	先玉335	6	266	96	1.6	3.33	17.0	16.5	4.9	16.0	37.1	32.4	309.17	176.67
2013	9	LCAZH01ABC_01	伟科702	6	226	104	2.1	3.45	18.8	17.0	5.1	15.0	39.1	33.43	355.00	165.00
2013	9	LCAZH01ABC_01	伟科702	6	227	108	2	1.79	19.4	19.0	5.5	16.7	40.3	33.56	436.67	216.67
2013	9	LCAZH01ABC_01	伟科702	6	229	109	2.3	1.92	19.5	19.2	5.2	15.7	42.6	33.42	420.00	200.00
2013	9	LCAZH01ABC_01	伟科702	6	241	118	2	0.00	18.7	17.6	5.2	15.3	37.5	33.48	345.00	171.67
2013	9	LCAZH01ABC_01	伟科702	6	216	100	1.8	0.00	18.0	16.5	5.0	15.0	35.2	31.24	281.67	148.33
2013	9	LCAZH01ABC_01	伟科702	6	228	109	2.0	0.00	18.7	18.1	5.1	16.0	38.7	32.37	360.00	183.33
2013	9	LCAFZ01AB0_01	兆丰208	6	173	67	1.6	4.36	14.6	13.0	4.4	13.7	31.2	25.31	195.00	105.00

（续）

年份	月份	样地代码	作物品种	考种调查株数	群体株高 (cm)	结穗高度 (cm)	茎粗 (cm)	空秆率 (%)	果穗长度 (cm)	果穗结实长度 (cm)	穗粗 (cm)	穗行数	行粒数	百粒重 (g)	地上部总干重 (g/株)	籽粒干重 (g/株)
2013	9	LCAFZ01AB0_01	兆丰208	6	177	68	1.5	2.47	14.7	14.3	4.4	14.0	32.6	28.82	188.33	105.00
2013	9	LCAFZ01AB0_01	兆丰208	6	171	69	1.6	0.00	15.1	13.5	4.3	14.0	30.7	26.04	208.33	123.33
2013	9	LCAFZ02AB0_01	兆丰208	6	193	101	2.2	1.89	18.3	18.3	4.9	14.3	38.4	34.58	380.00	181.67
2013	9	LCAFZ02AB0_01	兆丰208	6	202	98	2.1	2.41	15.8	15.5	4.9	15.3	35.0	31.67	318.33	160.00
2013	9	LCAFZ02AB0_01	兆丰208	6	218	103	1.8	0.97	16.1	15.6	4.8	14.3	35.3	32.67	308.33	145.00
2013	9	LCAFZ03AB0_01	兆丰208	6	196	86	1.7	0.00	16.7	16.2	4.5	13.0	35.1	33.33	255.00	148.33
2013	9	LCAFZ03AB0_01	兆丰208	6	199	96	1.7	0.00	15.1	14.8	4.5	13.3	31.7	31.63	220.48	131.67
2013	9	LCAFZ03AB0_01	兆丰208	6	188	85	4.9	1.84	15.8	15.0	4.6	13.3	33.4	33.02	241.67	136.67
2013	9	LCAZQ01AB0_01	登海605	6	253	103	2.2	0.00	21.1	20.5	5.0	16.7	40.0	36.96	397.50	220.00
2013	9	LCAZQ01AB0_01	登海605	6	256	106	2.3	0.00	21.3	20.8	5.0	16.7	40.4	36.48	448.33	223.33
2013	9	LCAZQ01AB0_01	登海605	6	246	101	2.2	3.28	20.7	20.2	5.0	16.0	39.6	37.27	410.00	210.00
2013	9	LCAZQ01AB0_01	登海605	6	246	103	1.9	1.49	16.8	16.5	4.9	15.7	31.5	33.93	308.33	150.00
2013	9	LCAZQ01AB0_01	登海605	6	238	99	2.1	0.00	21.5	20.4	4.8	15.3	38.6	37.38	356.67	205.00
2013	9	LCAZQ04AB0_01	登海605	6	248	107	2.2	2.90	21.8	21.8	4.9	16.0	44.2	35.68	463.33	225.00
2013	9	LCAZQ04AB0_01	先玉335和三北21	6	261	98	2.1	3.17	20.8	19.8	4.8	15.7	38.3	32.78	379.17	181.67
2013	9	LCAZQ04AB0_01	先玉335和三北21	6	270	103	2.1	0.00	19.7	18.0	4.7	16.7	35.4	32.78	370.00	181.67
2013	9	LCAZQ04AB0_01	先玉335和三北21	6	260	98	2.2	1.52	20.8	19.7	4.9	16.0	39.2	35.61	408.33	205.00
2013	9	LCAZQ04AB0_01	先玉335和三北21	6	273	104	1.9	1.59	18.7	16.8	4.7	15.7	34.7	32.53	303.33	163.33

（续）

年份	月份	样地代码	作物品种	考种调查株数	群体株高 (cm)	结穗高度 (cm)	茎粗 (cm)	空秆率 (%)	果穗长度 (cm)	果穗结实长度 (cm)	穗粗 (cm)	穗行数	行粒数	百粒重 (g)	地上部总干重 (g/株)	籽粒干重 (g/株)
2013	9	LCAZQ04AB0_01	先玉335 和 三北21	6	248	92	2.2	0.00	20.4	19.8	4.9	15.7	39.9	34.62	425.00	208.33
2013	9	LCAZQ05AB0_01	先玉335 和 三北21	6	253	101	1.9	0.00	19.4	18.1	4.8	16.0	36.7	34.06	363.33	183.33
2013	9	LCAZQ05AB0_01	先玉335	6	264	103	1.9	2.82	18.7	17.3	4.6	14.3	35.5	34.77	311.67	165.00
2013	9	LCAZQ05AB0_01	先玉335	6	251	93	1.8	1.54	18.8	16.9	4.5	15.7	35.9	29.58	315.00	156.67
2013	9	LCAZQ05AB0_01	先玉335	6	249	96	1.8	4.76	19.2	17.8	4.6	14.7	36.1	32.00	328.33	161.67
2013	9	LCAZQ05AB0_01	先玉335	6	237	96	1.9	3.03	18.3	17.1	4.6	15.7	35.1	29.46	301.67	153.33
2013	9	LCAZQ05AB0_01	先玉335	6	243	95	1.8	4.55	18.3	17.1	4.7	15.3	34.9	31.61	298.33	160.00
2013	9	LCAZQ05AB0_01	先玉335	6	256	99	1.8	2.99	18.5	17.3	4.5	15.0	34.8	28.45	321.67	155.00
2014	9	LCAZH01ABC_01	农华101	6	288	105	2.0	1.4	17.4	17.4	5.1	16.0	33.1	33.4	448.33	176.67
2014	9	LCAZH01ABC_01	农华101	6	279	96	1.9	3.2	17.5	16.8	5.1	16.7	33.4	35.11	395.00	183.33
2014	9	LCAZH01ABC_01	农华101	6	281	103	2.0	4.4	17.3	16.5	4.9	16.0	31.9	30.28	316.67	148.33
2014	9	LCAZH01ABC_01	农华101	6	280	88	1.8	1.7	16.8	15.5	5.1	16.0	30.3	32.16	330.00	156.67
2014	9	LCAZH01ABC_01	农华101	6	293	101	1.7	6.7	16.3	15.6	5.0	16.0	30.0	32.03	316.67	148.33
2014	9	LCAZH01ABC_01	农华101	6	263	100	1.9	1.4	18.0	16.8	5.1	15.3	33.9	33.43	366.67	170.00
2014	9	LCAFZ01AB0_01	屯玉808	6	205	76	1.5	4.6	13.8	11.3	4.3	12.3	22.9	24.87	186.67	78.33
2014	9	LCAFZ01AB0_01	屯玉808	6	221	79	1.4	5.3	13.4	11.4	4.1	11.3	24.1	23.99	190.00	68.33
2014	9	LCAFZ01AB0_01	屯玉808	6	208	78	1.3	2.7	12.5	10.7	4.0	11.7	20.8	22.89	151.67	60.00
2014	9	LCAFZ02AB0_01	屯玉808	6	255	111	2.1	3.9	19.4	19.2	5.1	14.7	44.9	30.18	393.33	185.00
2014	9	LCAFZ02AB0_01	屯玉808	6	249	117	2.0	4.2	18.5	17.8	5.1	15.3	40.7	28.19	336.67	170.00
2014	9	LCAFZ02AB0_01	屯玉808	6	273	124	1.9	2.1	19.0	18.6	5.0	13.0	41.4	30.28	348.33	170.00

（续）

年份	月份	样地代码	作物品种	考种调查株数	群体株高 (cm)	结穗高度 (cm)	茎粗 (cm)	空秆率 (%)	果穗长度 (cm)	果穗结实长度 (cm)	穗粗 (cm)	穗行数	行粒数	百粒重 (g)	地上部总干重 (g/株)	籽粒干重 (g/株)
2014	9	LCAFZ03AB0_01	屯玉808	6	251	95	2.0	0.0	19.1	18.2	5.0	14.0	40.3	29.86	348.33	175.00
2014	9	LCAFZ03AB0_01	屯玉808	6	242	99	1.9	2.3	17.1	16.0	4.8	13.7	37.1	26.95	278.33	140.00
2014	9	LCAFZ03AB0_01	屯玉808	6	246	102	1.7	3.0	17.5	16.8	5.0	14.0	37.1	27.72	303.33	155.00
2014	9	LCAZQ06AB0_01	先玉335	6	297	106	1.8	0.0	20.0	19.3	4.8	14.7	39.2	35.56	391.67	208.33
2014	9	LCAZQ06AB0_01	先玉335	6	296	112	2.1	5.1	20.4	19.6	4.9	15.7	38.7	37.40	438.33	216.67
2014	9	LCAZQ06AB0_01	先玉335	6	296	93	2.0	3.6	19.4	18.7	4.8	15.3	37.5	33.86	396.67	206.67
2014	9	LCAZQ06AB0_01	先玉335	6	291	106	1.8	3.2	19.6	18.9	5.0	15.3	38.8	35.97	360.00	211.67
2014	9	LCAZQ06AB0_01	先玉335	6	298	110	2.2	0.0	21.2	20.4	5.1	15.7	42.9	36.68	511.67	245.00
2014	9	LCAZQ06AB0_01	先玉335	6	303	119	2.1	1.6	20.5	19.4	5.1	16.0	41.3	14.81	431.67	223.33
2014	9	LCAZQ07AB0_01	先玉335	6	296	120	1.7	1.5	16.6	19.3	5.0	16.7	39.9	36.17	385.00	215.00
2014	9	LCAZQ07AB0_01	先玉335	6	304	106	2.0	4.3	20.3	16.6	5.0	15.3	39.8	36.81	436.67	231.67
2014	9	LCAZQ07AB0_01	先玉335	6	284	100	2.2	3.3	21.4	21.0	5.3	16.7	43.0	37.14	458.33	251.67
2014	9	LCAZQ07AB0_01	先玉335	6	274	99	1.9	3.2	20.5	20.3	5.0	16.2	41.4	34.06	410.00	230.00
2014	9	LCAZQ07AB0_01	先玉335	6	294	107	1.9	3.0	20.1	19.6	5.0	15.3	41.2	37.13	393.33	215.00
2014	9	LCAZQ07AB0_01	先玉335	6	276	86	1.9	2.9	19.3	18.5	5.0	16.0	39.7	36.11	388.33	206.67
2014	9	LCAZQ08AB0_01	先玉335	6	290	116	1.8	4.8	20.1	19.3	4.7	14.7	37.9	34.18	365.00	191.67
2014	9	LCAZQ08AB0_01	先玉335	6	311	113	2.0	5.2	21.2	20.2	4.9	15.7	41.7	35.84	425.00	216.67
2014	9	LCAZQ08AB0_01	先玉335	6	297	105	1.9	0.0	19.8	17.8	4.9	16.0	37.1	33.71	356.67	188.33
2014	9	LCAZQ08AB0_01	先玉335	6	306	106	1.9	3.4	19.3	17.8	4.9	15.7	35.2	32.76	351.67	183.33
2014	9	LCAZQ08AB0_01	先玉335	6	315	116	1.8	1.5	20.0	18.8	4.9	17.5	38.8	32.54	385.00	196.67
2014	9	LCAZQ08AB0_01	先玉335	6	319	113	2.1	0.0	21.8	21.8	4.9	16.0	44.2	35.68	381.67	196.67
2015	9	LCAZH01ABC_01	先玉335	6	268	108	1.8	0	19.1	18.5	4.9	15.0	36.7	37.5	368.6	195.00

（续）

年份	月份	样地代码	作物品种	考种调查株数	群体株高 (cm)	结穗高度 (cm)	茎粗 (cm)	空秆率 (%)	果穗长度 (cm)	果穗结实长度 (cm)	穗粗 (cm)	穗行数	行粒数	百粒重 (g)	地上部总干重 (g/株)	籽粒干重 (g/株)
2015	9	LCAZH01ABC_01	先玉335	6	287	126	2.3	6	19.4	18.8	4.8	14.5	35.1	38.2	369.38	173.33
2015	9	LCAZH01ABC_01	先玉335	6	259	119	2.0	5.3	19.3	18.1	5.0	17.0	35.1	36.8	399.80	195.00
2015	9	LCAZH01ABC_01	先玉335	6	263	110	2.1	11.0	16.6	15.5	4.8	16.0	28.4	36.8	310.83	153.33
2015	9	LCAZH01ABC_01	先玉335	6	261	120	2.3	25.0	19.5	18.8	4.7	15.3	33.6	37.8	382.22	168.33
2015	9	LCAZH01ABC_01	先玉335	6	287	115	2.1	9.7	17.6	16.7	4.2	15.7	30.5	35.2	298.11	161.67
2015	9	LCAFZ01AB0_01	蠡玉51	6	192	69	1.5	0.0	14.4	12.9	4.5	15.0	29.7	24.1	196.94	106.67
2015	9	LCAFZ01AB0_01	蠡玉51	6	227	91	1.7	16.2	13.6	12.0	4.5	14.3	26.3	27.0	205.73	103.33
2015	9	LCAFZ01AB0_01	蠡玉51	6	190	78	1.5	13.0	13.2	11.4	4.3	14.0	25.6	24.8	164.49	86.67
2015	9	LCAFZ02AB0_01	蠡玉51	6	238	105	2.2	1.4	18.3	18.3	5.2	16.3	41.1	32.8	400.21	213.33
2015	9	LCAFZ02AB0_01	蠡玉51	6	237	108	2.1	12.5	18.3	18.8	5.2	15.0	40.9	35.0	435.96	223.33
2015	9	LCAFZ02AB0_01	蠡玉51	6	232	93	2.1	0.0	17.4	16.8	5.0	15.3	37.8	33.0	319.61	181.67
2015	9	LCAFZ03AB0_01	蠡玉51	6	227	89	2.1	2.8	17.6	17.5	4.9	14.3	38.2	32.1	332.59	178.33
2015	9	LCAFZ03AB0_01	蠡玉51	6	227	89	2.1	0.0	17.7	17.5	4.9	14.3	38.2	32.1	332.59	178.33
2015	9	LCAFZ03AB0_01	蠡玉51	6	210	78	1.9	0.0	17.2	17.1	5.0	14.0	37.2	32.2	303.06	171.67
2015	9	LCAZQ06AB0_01	先玉335	6	298	127	2.7	3.6	21.5	20.6	5.0	16.0	39.2	39.8	533.89	233.33
2015	9	LCAZQ06AB0_01	先玉335	6	311	131	2.6	10.2	21.0	20.1	4.9	15.3	40.0	39.6	515.58	228.33
2015	9	LCAZQ06AB0_01	先玉335	6	259	118	2.2	3.3	21.3	20.8	5.0	16.0	42.1	38.5	504.00	236.67
2015	9	LCAZQ06AB0_01	先玉335	6	293	125	2.6	5.1	21.6	20.9	5.0	16.3	39.2	37.9	503.14	238.33
2015	9	LCAZQ06AB0_01	先玉335	6	292	128	2.7	3.3	21.5	20.1	4.8	15.3	39.0	38.0	505.96	216.67
2015	9	LCAZQ06AB0_01	先玉335	6	278	124	2.7	4.6	19.1	18.3	4.8	16.7	33.6	37.2	476.67	190.00
2015	9	LCAZQ07AB0_01	先玉335	6	282	104	2.1	9.1	20.5	19.3	4.9	16.3	39.1	38.6	454.58	223.33
2015	9	LCAZQ07AB0_01	先玉335	6	290	97	2.5	2.9	18.7	18.5	4.9	16.0	37.3	38.5	383.81	215.00

（续）

年份	月份	样地代码	作物品种	考种调查株数	群体株高(cm)	结穗高度(cm)	茎粗(cm)	空秆率(%)	果穗长度(cm)	果穗结实长度(cm)	穗粗(cm)	穗行数	行粒数	百粒重(g)	地上部总干重(g/株)	籽粒干重(g/株)
2015	9	LCAZQ07AB0_01	先玉335	6	265	82	2.7	6.3	20.1	18.9	5.0	16.3	38.0	38.3	444.47	231.67
2015	9	LCAZQ07AB0_01	先玉335	6	275	88	2.2	11.5	18.3	17.4	5.0	15.7	38.1	36.6	353.33	203.33
2015	9	LCAZQ07AB0_01	先玉335	6	256	108	2.4	6.3	20.8	19.3	5.1	16.3	39.3	38.5	428.57	231.67
2015	9	LCAZQ07AB0_01	先玉335	6	283	98	2.4	1.4	20.1	18.5	5.0	16.3	39.9	38.9	452.89	233.33
2016	9	LCAZH01ABC_01	北丰268	6	244.3	105.7	1.6	2.5	15.8	13.8	15.8	15.3	32.0	28.69	225.26	130.50
2016	9	LCAZH01ABC_01	北丰268	6	262.7	113.5	1.7	3.0	16.6	16.2	15.5	14.7	34.4	28.80	266.03	144.33
2016	9	LCAZH01ABC_01	北丰268	6	256.0	108.0	1.8	2.5	17.7	17.0	15.8	15.0	35.3	29.22	268.91	146.83
2016	9	LCAZH01ABC_01	北丰268	6	250.0	106.2	1.9	0.0	17.3	15.9	15.6	15.3	31.8	29.22	265.36	140.67
2016	9	LCAZH01ABC_01	北丰268	6	259.5	118.0	1.8	8.3	17.6	16.5	16.3	16.0	36.4	28.59	283.94	160.00
2016	9	LCAZH01ABC_01	北丰268	6	253.0	107.8	1.8	0.0	18.5	17.1	16.1	16.0	34.3	30.18	303.07	157.00
2016	9	LCAFZ01AB0_01	蠡玉20	6	224.5	86.3	1.4		14.8	13.8	14.6	14.7	30.5	25.28	189.75	112.50
2016	9	LCAFZ01AB0_01	蠡玉20	6	217.0	83.2	1.6		16.6	16.5	15.3	14.7	35.2	28.14	238.50	146.50
2016	9	LCAFZ01AB0_01	蠡玉20	6	229.3	88.5	1.4		14.4	13.6	14.6	14.0	29.9	26.02	190.40	105.17
2016	9	LCAFZ02AB0_01	蠡玉20	6	244.8	104.5	1.7		16.9	15.8	16.5	14.3	35.3	31.62	266.18	156.00
2016	9	LCAFZ02AB0_01	蠡玉20	6	240.7	97.7	1.9		19.8	19.4	16.8	14.3	40.3	36.46	342.51	213.50
2016	9	LCAFZ02AB0_01	蠡玉20	6	248.5	98.3	2.2		18.3	16.9	17.5	16.3	37.2	33.38	330.18	191.67
2016	9	LCAFZ03AB0_01	蠡玉20	6	245.5	106.5	1.8		17.9	16.5	17.0	15.7	34.2	32.41	283.37	173.00
2016	9	LCAFZ03AB0_01	蠡玉20	6	245.3	93.0	1.8		19.3	17.6	17.4	16.0	37.9	33.13	305.50	192.67
2016	9	LCAFZ03AB0_01	蠡玉20	6	254.8	104.3	2.1		19.5	18.4	17.1	16.0	37.9	33.48	347.61	202.67
2016	9	LCAZQ06AB0_01	先玉335、先玉688	6	294.0	102.3	2.1	1.5	19.7	17.6	15.7	17.0	28.9	35.61	280.62	163.00
2016	9	LCAZQ06AB0_01	先玉335、先玉688	6	288.2	101.0	2.2	1.5	19.3	18.3	15.3	17.0	32.2	35.09	307.45	185.00

（续）

年份	月份	样地代码	作物品种	考种调查株数	群体株高 (cm)	结穗高度 (cm)	茎粗 (cm)	空秆率 (%)	果穗长度 (cm)	果穗结实长度 (cm)	穗粗 (cm)	穗行数	行粒数	百粒重 (g)	地上部总干重 (g/株)	籽粒干重 (g/株)
2016	9	LCAZQ06AB0_01	先玉335、先玉688	6	280.7	87.0	2.2	7.9	20.9	19.2	14.8	15.3	35.4	33.72	287.19	170.33
2016	9	LCAZQ06AB0_01	先玉335、先玉688	6	271.3	84.8	2.0	8.2	19.9	17.4	14.8	15.0	30.8	34.83	248.88	146.50
2016	9	LCAZQ06AB0_01	先玉335、先玉688	6	282.2	87.5	2.1	3.1	20.9	18.7	15.1	15.7	34.8	34.64	285.62	174.83
2016	9	LCAZQ06AB0_01	先玉335、先玉688	6	266.0	80.3	1.9	1.5	17.3	15.7	15.2	15.7	26.3	34.43	233.32	132.00
2016	9	LCAZQ07AB0_01	先玉335	6	296.8	80.2	2.2	0.0	19.3	17.5	15.2	15.0	30.8	35.84	289.30	161.00
2016	9	LCAZQ07AB0_01	先玉335	6	308.2	101.7	2.1	0.0	18.5	16.1	15.6	16.0	30.7	35.49	287.46	160.67
2016	9	LCAZQ07AB0_01	先玉335	6	291.7	87.3	2.0	1.3	17.8	15.2	15.2	15.7	26.2	34.29	243.27	131.83
2016	9	LCAZQ07AB0_01	先玉335	6	284.0	81.3	2.9	1.4	17.6	15.8	15.3	15.3	29.3	32.99	246.59	139.17
2016	9	LCAZQ07AB0_01	先玉335	6	300.3	84.7	2.1	0.0	19.8	17.3	15.5	16.0	32.3	34.79	308.01	175.67
2016	9	LCAZQ07AB0_01	先玉335	6	289.8	82.2	2.0	0.0	18.7	16.1	15.2	14.7	30.3	34.39	277.29	153.50
2016	9	LCAZQ08AB0_01	先玉335	6	284.7	89.5	2.0	0.0	16.2	11.4	17.7	16.0	29.1	34.55	249.46	130.67
2016	9	LCAZQ08AB0_01	先玉335	6	297.3	88.2	2.1	1.3	19.3	17.2	16.3	15.7	34.4	34.88	324.52	180.67
2016	9	LCAZQ08AB0_01	先玉335	6	300.8	102.0	2.1	2.6	18.5	16.3	15.7	16.0	29.1	34.52	284.40	156.33
2016	9	LCAZQ08AB0_01	先玉335	6	297.2	109.8	2.2	0.0	18.1	17.0	16.2	16.3	31.9	34.39	316.41	170.00
2016	9	LCAZQ08AB0_01	先玉335	6	290.5	95.5	3.3	0.0	19.8	16.8	15.5	16.0	31.9	35.92	317.53	178.17

（续）

年份	月份	样地代码	作物品种	考种调查株数	群体株高 (cm)	结穗高度 (cm)	茎粗 (cm)	空秆率 (%)	果穗长度 (cm)	果穗结实长度 (cm)	穗粗 (cm)	穗行数	行粒数	百粒重 (g)	地上部总干重 (g/株)	籽粒干重 (g/株)
2016	9	LCAZQ08AB0_01	先玉335	6	283.5	103.7	2.0	2.9	16.4	14.8	17.2	15.0	31.1	35.55	268.1	156.5
2017	9	LCAZH01ABC_01	登海685	6	260.8	93.2	2.3	0.0	18.1	17.3	6.3	16.3	30.5	35.25	380.00	177.83
2017	9	LCAZH01ABC_01	登海685	6	267.7	99.0	2.2	1.4	17.3	17.1	5.8	17.0	31.9	32.78	349.67	174.83
2017	9	LCAZH01ABC_01	登海685	6	260.8	95.8	2.0	0.0	18.1	16.6	6.7	14.8	32.3	35.32	360.33	180.17
2017	9	LCAZH01ABC_01	登海685	6	277.8	101.0	2.0	1.7	18.0	17.2	6.6	17.0	33.7	34.46	394.00	197.00
2017	9	LCAZH01ABC_01	登海685	6	253.8	94.0	1.9	1.5	17.0	15.7	6.5	17.7	30.0	31.70	340.33	170.17
2017	9	LCAZH01ABC_01	登海685	6	278.8	97.0	2.3	3.1	17.5	15.8	6.1	17.0	31.3	35.31	357.33	178.67
2017	9	LCAFZ01AB0_01	蠡玉52	6	208.8	83.2	1.5	3.5	13.3	11.7	13.5	13.7	25.3	26.18	173.17	80.33
2017	9	LCAFZ01AB0_01	蠡玉52	6	204.5	78.0	1.6	4.4	13.3	12.0	13.7	13.3	21.0	28.44	169.17	77.83
2017	9	LCAFZ01AB0_01	蠡玉20	6	205.2	84.2	1.3	0.0	13.5	12.9	12.6	11.3	26.2	24.66	135.00	62.33
2017	9	LCAFZ02AB0_01	蠡玉20	6	252.2	116.8	1.9	2.7	18.0	14.9	16.6	15.6	36.5	33.95	352.83	167.17
2017	9	LCAFZ02AB0_01	蠡玉20	6	257.8	111.2	2.0	0.0	18.7	18.7	17.0	16.0	35.9	33.17	360.50	165.25
2017	9	LCAFZ02AB0_01	蠡玉20	6	240.2	108.7	2.0	0.0	17.7	17.7	16.3	15.3	35.9	31.66	371.17	176.50
2017	9	LCAFZ03AB0_01	蠡玉20	6	247.2	101.3	2.1	0.0	18.0	17.4	16.2	14.0	36.7	35.85	379.67	179.83
2017	9	LCAFZ03AB0_01	蠡玉20	6	235.5	94.7	2.1	0.0	17.0	16.5	16.4	15.0	35.2	33.47	378.67	178.67
2017	9	LCAFZ03AB0_01	蠡玉20	6	241.3	107.8	1.7	0.0	16.0	15.0	15.7	14.7	33.2	31.36	305.83	144.83
2017	9	LCAZQ07AB0_01	先玉335	6	241.0	99.0	2.1	1.5	17.5	17.4	6.6	16.0	36.5	35.24	394.83	224.17

（续）

年份	月份	样地代码	作物品种	考种调查株数	群体株高 (cm)	结穗高度 (cm)	茎粗 (cm)	空秆率 (%)	果穗长度 (cm)	果穗结实长度 (cm)	穗粗 (cm)	穗行数	行粒数	百粒重 (g)	地上部总干重 (g/株)	籽粒干重 (g/株)
2017	9	LCAZQ07AB0_01	先玉335	6	247.7	108.0	1.9	1.4	16.8	16.7	6.3	15.0	35.6	31.51	370.83	196.00
2017	9	LCAZQ07AB0_01	先玉335	6	256.2	110.2	2.2	0.0	17.1	16.5	6.5	15.7	36.7	33.17	400.83	211.17
2017	9	LCAZQ07AB0_01	先玉335	6	247.0	108.2	2.2	1.5	18.0	17.3	6.6	15.3	37.4	33.52	386.33	203.50
2017	9	LCAZQ07AB0_01	先玉335	6	247.7	100.0	2.3	0.0	17.1	16.9	6.4	15.0	36.6	31.73	380.00	199.50
2017	9	LCAZQ07AB0_01	先玉335	6	256.7	116.8	1.9	0.0	16.7	16.4	6.6	15.3	36.4	31.58	382.33	200.83
2017	9	LCAZQ07AB0_01	先玉335	6	253.0	87.0	2.0	1.3	19.8	18.4	15.3	14.7	36.1	35.85	406.67	216.17
2017	9	LCAZQ08AB0_01	先玉335	6	263.7	89.7	2.0	4.9	17.7	17.0	14.7	14.7	34.0	32.37	351.33	187.67
2017	9	LCAZQ08AB0_01	先玉335	6	263.7	75.7	2.1	6.6	18.7	17.1	14.9	14.3	35.8	34.90	358.17	191.50
2017	9	LCAZQ08AB0_01	先玉335	6	260.3	89.2	1.8	2.6	17.6	16.0	1.6	14.0	35.3	32.43	333.17	177.50
2017	9	LCAZQ08AB0_01	先玉335	6	265.5	78.3	1.9	5.4	17.2	15.8	15.0	15.0	33.1	33.26	354.17	188.67
2017	9	LCAZQ08AB0_01	先玉335	6	292.8	93.3	1.7	4.1	17.8	15.9	15.2	16.0	32.8	30.46	343.3	182.7
2017	9	LCAZQ09AB0_01	先玉335	6	313.7	122.3	2.2	3.3	19.6	18.1	15.5	15.0	38.0	35.64	431.50	227.83
2017	9	LCAZQ09AB0_01	先玉335	6	319.5	128.5	2.1	2.6	19.1	18.0	15.7	16.7	37.8	36.25	446.33	235.33
2017	9	LCAZQ09AB0_01	先玉335	6	313.3	121.8	1.9	1.4	20.5	19.3	15.3	15.3	38.6	34.99	438.83	231.33
2017	9	LCAZQ09AB0_01	先玉335	6	322.7	125.5	2.0	1.5	19.8	19.0	15.4	15.0	39.8	36.50	455.17	240.33
2017	9	LCAZQ09AB0_01	先玉335	6	328.5	120.5	1.8	0.0	19.3	18.3	15.3	15.3	36.8	36.46	428.17	227.17
2017	9	LCAZQ09AB0_01	先玉336	6	330.8	121.3	2.0	0.0	18.9	17.5	15.7	15.7	36.4	33.65	382.17	188.33

三类观测场地玉米收获期群体株高在 2012—2013 年有所下降，2014 年整体表现提高，此后至
2017 年均表现较稳定（图 3-4）。

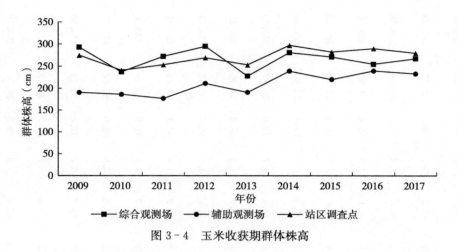

图 3-4　玉米收获期群体株高

2009—2011 年，玉米收获期结穗高度呈现降低趋势，2012 年增加。综合观测场和站区调查点的
结穗高度 2012 年后变化波动不大；辅助观测场玉米收获期的结穗高度相较于综合观测场和站区调查
点值偏低，在 2012 年后较稳定（图 3-5）。

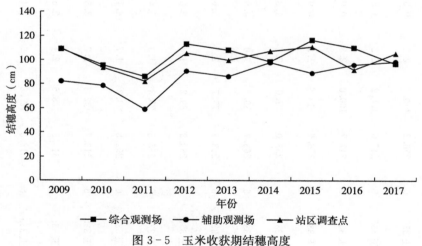

图 3-5　玉米收获期结穗高度

玉米收获期茎粗表现，综合观测场在 2009—2012 年波动明显，先降低后升高再下降，2012 年以
后较稳定，有略微升高。2009—2012 年辅助观测场和站区调查点变化一致，均先升高后降低；辅助
观测场在 2012—2013 年增幅最大，2013 年后较稳定；站区调查点 2012—2017 年整体呈现增加趋势，
2014—2015 年增幅最大（图 3-6）。

2010—2017 年综合观测场的玉米收获期空秆率先略降后升高再降低，再升高再降低的趋势；辅
助观测场的空秆率 2010—2012 年变化不大，此后至 2017 年表现出先降低后升高再降低的趋势；站区
调查点的空秆率在 2010—2017 年表现出先增后降，再升高再降低的趋势。三类观测场点的空秆率均
在 2015 年达到最高（图 3-7）。

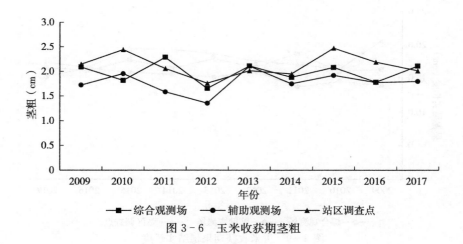

图 3 - 6　玉米收获期茎粗

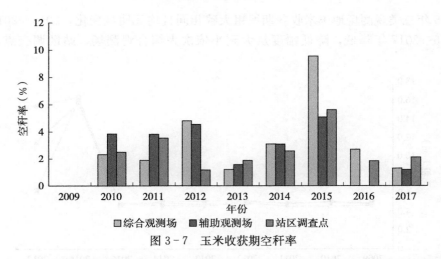

图 3 - 7　玉米收获期空秆率

除 2010—2011 年综合观测场的果穗长度有明显增加外，三类观测场地玉米收获期果穗长度在
2009—2017 年变化均不明显（图 3 - 8）。

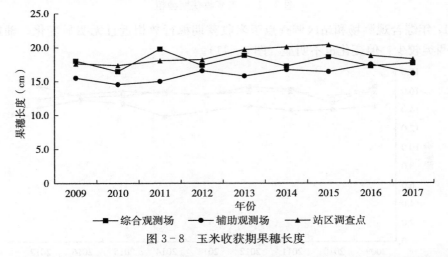

图 3 - 8　玉米收获期果穗长度

除 2009—2010 年站区调查点玉米收获期果穗结实长度有明显降低外，三类观测场地的果穗结实
长度变化均不明显（图 3 - 9）。

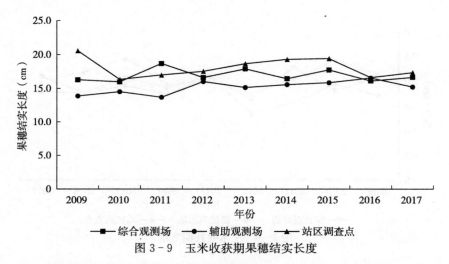

图 3-9　玉米收获期果穗结实长度

2009—2015 年三类观测场地玉米收获期穗粗大致相同且均无明显变化，2015—2016 年出现明显增加趋势，2016—2017 年降低，降低幅度从大到小依次为综合观测场、站区调查点、辅助观测场（图 3-10）。

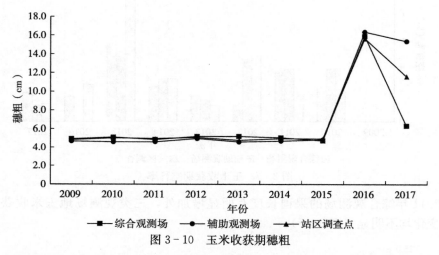

图 3-10　玉米收获期穗粗

2009—2017 年综合观测场和站区调查点玉米收获期穗行数相近且无明显变化，辅助观测场的穗行数相较另外两类较少，但变化也不明显（图 3-11）。

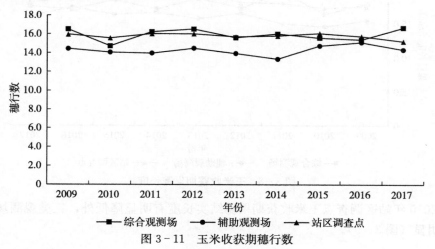

图 3-11　玉米收获期穗行数

　　综合观测场的玉米收获期行粒数 2009—2013 年变化不大，2014 年有明显下降，2014—2017 年变化不明显；辅助观测场 2009—2017 年行粒数变化不大；站区调查点行粒数在 2009—2015 年变化不明显，2016 年有明显下降表现，2017 年再上升（图 3-12）。

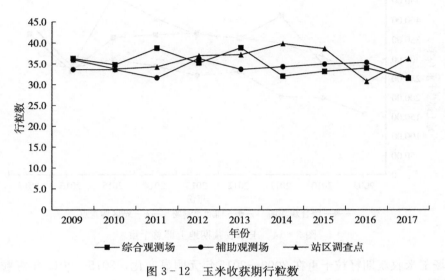

图 3-12　玉米收获期行粒数

　　综合观测场玉米收获期百粒重在 2011 年下降，2011—2015 年整体呈缓慢上升趋势，2016 年明显下降，2017 年再回升；辅助观测场的百粒重略低于综合观测场和站区调查点，在 2009—2017 年呈缓慢上升趋势；站区调查点观测的玉米收获期百粒重呈缓慢上升趋势（图 3-13）。

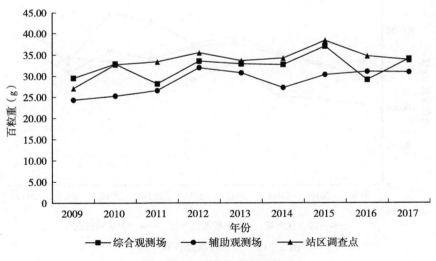

图 3-13　玉米收获期百粒重

　　综合观测场玉米收获期地上部总干重在 2011 年大幅增加，2012 年略有降低，在 2012—2015 年变化不大，2016 年明显降低，2017 年回升；辅助观测场玉米收获期地上部总干重在 2009—2017 年呈逐渐增加的趋势，但都低于综合观测场和站区调查点；站区调查点玉米收获期地上部总干重在 2009—2015 年呈上升趋势，与综合观测场类似的是 2016 年下降明显，2017 年回升

（图 3 - 14）。

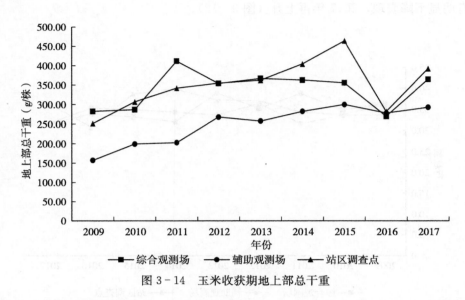

图 3 - 14　玉米收获期地上部总干重

综合观测场玉米收获期籽粒干重在 2009—2015 年无明显变化，2015—2017 年籽粒干重先减少后增加；辅助观测场玉米收获期籽粒干重在 2009—2017 年呈增加趋势，其中 2011—2012 年增长幅度大，且辅助观测场的籽粒干重低于综合观测场与站区调查点；站区调查点玉米收获期籽粒干重在 2009—2015 年呈增加趋势，2016 年明显减少，2017 年继续回升（图 3 - 15）。

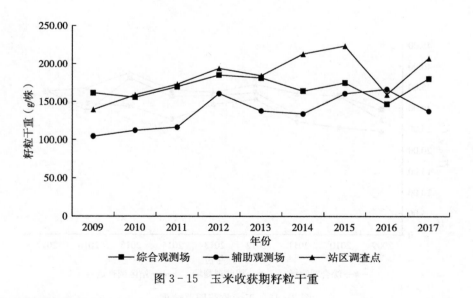

图 3 - 15　玉米收获期籽粒干重

小麦的收获期植株性状见表 3 - 4。

表 3-4　小麦收获期植株性状

年份	月份	样地代码	作物品种	调查株数	株高(cm)	单株总茎数	单株总穗数	每穗小穗数	每穗结实小穗数	每穗粒数	千粒重(g)	地上部总干重(g/株)	籽粒干重(g/株)
2009	6	LCAZH01ABC_01	科农199	10	62.5	1.9	1.9	14.6	11.2	30.4	41.08	4.66	2.47
2009	6	LCAZH01ABC_01	科农199	10	65.3	2.0	2.0	15.6	12.9	34.8	37.04	5.21	2.73
2009	6	LCAZH01ABC_01	科农199	10	68.2	2.4	2.4	15.5	13.0	34.2	40.22	6.89	3.48
2009	6	LCAZH01ABC_01	科农199	10	69.5	2.2	2.2	15.4	12.4	29.8	40.10	6.18	3.18
2009	6	LCAZH01ABC_01	科农199	10	71.7	1.6	1.6	14.6	10.2	27.5	40.55	3.71	1.77
2009	6	LCAZH01ABC_01	科农199	10	68.3	2.0	2.0	15.9	13.5	37.2	40.77	5.90	3.15
2009	6	LCAFZ01AB0_01	科农199	10	53.5	1.0	1.0	10.7	5.9	10.9	41.84	1.05	0.42
2009	6	LCAFZ01AB0_01	科农199	10	57.2	1.2	1.2	11.0	6.5	22.6	39.73	1.79	0.82
2009	6	LCAFZ01AB0_01	科农199	10	56.9	1.0	1.0	11.1	6.4	16.0	37.59	1.44	0.65
2009	6	LCAFZ02AB0_01	科农199	10	73.9	2.2	2.2	14.7	11.6	30.2	41.26	5.27	2.75
2009	6	LCAFZ02AB0_01	科农199	10	73.2	1.8	1.8	15.7	13.0	35.7	40.59	5.13	2.70
2009	6	LCAFZ02AB0_01	科农199	10	67.3	2.2	2.2	15.9	13.7	34.9	41.60	5.95	3.15
2009	6	LCAFZ03AB0_01	科农199	10	75.1	1.8	1.8	15.6	12.9	30.8	39.41	4.64	1.99
2009	6	LCAFZ03AB0_01	科农199	10	71.5	1.9	1.9	15.1	12.2	31.9	38.47	4.51	2.34
2009	6	LCAFZ03AB0_01	科农199	10	70.4	1.8	1.8	15.0	11.9	29.7	38.92	4.25	2.17
2009	6	LCAZQ01AB0_01	科农199	10	76.8	2.1	2.1	14.6	10.6	29.5	43.27	5.51	2.74
2009	6	LCAZQ01AB0_01	科农199	10	76.6	2.4	2.4	15.0	12.0	33.6	43.30	7.35	3.61
2009	6	LCAZQ01AB0_01	科农199	10	75.1	2.4	2.4	15.6	11.8	33.2	43.07	6.91	3.45
2009	6	LCAZQ01AB0_01	科农199	10	75.4	2.3	2.3	15.0	11.9	32.4	43.81	6.41	3.17
2009	6	LCAZQ01AB0_01	科农199	10	74.5	2.1	2.1	15.4	11.8	30.8	45.21	6.14	3.04
2009	6	LCAZQ01AB0_01	科农199	10	69.5	2.0	2.0	15.6	12.5	33.3	41.78	5.81	2.93
2009	6	LCAZQ02AB0_01	科农199	10	69.7	1.9	1.9	14.5	11.1	28.1	42.32	4.34	2.31

（续）

年份	月份	样地代码	作物品种	调查株数	株高(cm)	单株总茎数	单株总穗数	每穗小穗数	每穗结实小穗数	每穗粒数	千粒重(g)	地上部总干重(g/株)	籽粒干重(g/株)
2009	6	LCAZQ02AB0_01	科农199	10	71.1	1.9	1.9	15.8	13.0	34.5	41.06	5.58	2.96
2009	6	LCAZQ02AB0_01	科农199	10	70.9	2.1	2.1	15.2	12.1	33.0	41.12	5.46	2.88
2009	6	LCAZQ02AB0_01	科农199	10	73.2	2.1	2.1	15.7	12.4	33.7	42.48	5.72	3.04
2009	6	LCAZQ02AB0_01	科农199	10	68.8	2.0	2.0	14.2	10.6	29.1	43.06	4.81	2.56
2009	6	LCAZQ02AB0_01	科农199	10	70.7	1.7	1.7	14.7	10.9	29.9	41.97	3.83	2.09
2009	6	LCAZQ03AB0_01	科农199	10	64.1	2.0	2.0	13.3	10.3	28.2	42.19	4.91	2.50
2009	6	LCAZQ03AB0_01	科农199	10	69.1	2.2	2.2	14.5	11.0	29.3	44.64	5.45	2.86
2009	6	LCAZQ03AB0_01	科农199	10	67.4	2.2	2.2	14.2	11.2	29.8	42.12	5.75	2.95
2009	6	LCAZQ03AB0_01	科农199	10	69.6	2.2	2.2	14.7	11.2	31.2	41.39	5.90	3.03
2009	6	LCAZQ03AB0_01	科农199	10	69.1	2.2	2.2	14.5	11.3	29.8	40.94	5.43	2.82
2009	6	LCAZQ03AB0_01	科农199	10	67.2	2.1	2.1	14.4	11.3	30.5	41.44	5.48	2.91
2010	6	LCAZH01ABC_01	科农199	10	68.7	1.4	1.4	18.5	15.8	37.4	44.7	4.38	2.20
2010	6	LCAZH01ABC_01	科农199	10	66.2	1.7	1.7	17.7	15.8	39.1	44.83	5.32	2.74
2010	6	LCAZH01ABC_01	科农199	10	62.4	1.4	1.4	17.4	15.7	38.7	43.53	4.07	2.09
2010	6	LCAZH01ABC_01	科农199	10	67.7	1.6	1.6	18.4	16.2	33.3	44.16	4.63	2.09
2010	6	LCAZH01ABC_01	科农199	10	63.6	1.7	1.7	17.9	16.1	40.8	42.33	5.41	2.80
2010	6	LCAZH01ABC_01	科农199	10	63.9	1.7	1.7	18.5	16.1	32.2	44.55	4.44	1.97
2010	6	LCAFZ01AB0_01	石麦18	10	55.8	1.0	1.0	15.3	11.8	21.3	36.16	1.59	0.75
2010	6	LCAFZ01AB0_01	石麦18	10	57.5	1.1	1.1	16.0	14.0	28.8	36.31	2.33	1.15
2010	6	LCAFZ01AB0_01	石麦18	10	46.4	1.0	1.0	13.6	9.8	11.5	35.75	1.02	0.49
2010	6	LCAFZ02AB0_01	石麦18	10	67.8	1.5	1.5	18.1	16.7	40.0	43.01	5.05	2.48
2010	6	LCAFZ02AB0_01	石麦18	10	69.5	1.7	1.7	18.1	16.4	37.4	41.59	5.04	2.48

（续）

年份	月份	样地代码	作物品种	调查株数	株高(cm)	单株总茎数	单株总穗数	每穗小穗数	每穗结实小穗数	每穗粒数	千粒重(g)	地上部总干重(g/株)	籽粒干重(g/株)
2010	6	LCAFZ02AB0_01	石麦 18	10	65.5	1.2	1.2	18.1	15.9	28.8	42.21	3.09	1.41
2010	6	LCAFZ03AB0_01	石麦 18	10	64.4	1.7	1.7	17.0	15.0	30.2	43.57	4.51	2.09
2010	6	LCAFZ03AB0_01	石麦 18	10	64.0	2.1	2.1	18.0	16.8	38.7	43.58	6.10	3.12
2010	6	LCAFZ03AB0_01	石麦 18	10	65.3	1.7	1.7	17.9	15.8	30.7	43.16	4.06	1.89
2010	6	LCAZQ01AB0_01	石新 828	10	67.2	2.0	2.0	15.6	12.8	34.0	42.97	5.61	2.48
2010	6	LCAZQ01AB0_01	石新 828	10	67.2	1.7	1.7	15.9	13.5	41.9	40.91	5.4	2.54
2010	6	LCAZQ01AB0_01	石新 828	10	63.3	1.5	1.5	14.8	12.4	31.8	40.35	3.77	1.68
2010	6	LCAZQ01AB0_01	石新 828	10	65.1	1.8	1.8	16.3	14.2	39.2	40.91	5.99	2.55
2010	6	LCAZQ01AB0_01	石新 828	10	66.2	1.8	1.8	16.1	14.4	42.7	40.73	5.23	2.96
2010	6	LCAZQ01AB0_01	石新 828	10	69.9	1.8	1.8	16.4	14.1	34.3	42.24	5.21	2.47
2010	6	LCAZQ02AB0_01	科农 199	10	63.3	1.6	1.6	18.7	16.4	33.5	45.80	4.45	2.21
2010	6	LCAZQ02AB0_01	科农 199	10	62.2	1.5	1.5	19.2	16.9	37.7	44.27	4.86	2.30
2010	6	LCAZQ02AB0_01	科农 199	10	64.7	1.8	1.8	18.2	15.7	33.5	44.8	5.35	2.64
2010	6	LCAZQ02AB0_01	科农 199	10	63.3	1.6	1.6	17.5	16.1	43.6	46.04	5.34	2.78
2010	6	LCAZQ02AB0_01	科农 199	10	65.1	1.5	1.5	19.1	17.3	42.7	45.88	5.39	2.73
2010	6	LCAZQ02AB0_01	科农 199	10	64.5	1.8	1.8	18.7	16.9	42.5	44.72	6.05	3.12
2010	6	LCAZQ03AB0_01	石新 828	10	57.2	1.5	1.5	15.8	13.8	41.4	40.99	4.55	2.48
2010	6	LCAZQ03AB0_01	石新 828	10	54.7	1.6	1.6	15.2	12.4	32.9	40.73	4.04	2.14
2010	6	LCAZQ03AB0_01	石新 828	10	60.1	1.4	1.4	15.3	13.3	36.8	41.51	3.84	1.99
2010	6	LCAZQ03AB0_01	石新 828	10	57.6	1.2	1.2	14.6	12.6	31.1	41.50	3.33	1.63
2010	6	LCAZQ03AB0_01	石新 828	10	59.7	1.6	1.6	16.0	13.8	39.3	41.07	4.54	2.42
2010	6	LCAZQ03AB0_01	石新 828	10	60.7	1.8	1.8	16.2	14.4	43.6	41.62	6.14	3.09

（续）

年份	月份	样地代码	作物品种	调查株数	株高(cm)	单株总茎数	单株总穗数	每穗小穗数	每穗结实小穗数	每穗粒数	千粒重(g)	地上部总干重(g/株)	籽粒干重(g/株)
2011	6	LCAZH01ABC_01	1066	10	63.3	2.0	2.0	13.1	15.9	29.9	21.23	5.52	2.57
2011	6	LCAZH01ABC_01	1066	10	65.8	2.0	2.0	16.0	13.3	33.6	21.71	5.99	2.95
2011	6	LCAZH01ABC_01	1066	10	67.3	2.4	2.4	16.3	13.6	33.8	20.77	7.11	3.42
2011	6	LCAZH01ABC_01	1066	10	66.0	2.1	2.1	15.2	12.4	26.6	20.64	5.57	2.46
2011	6	LCAZH01ABC_01	1066	10	64.4	2.0	2.0	15.8	13.3	29.5	21.75	5.46	2.51
2011	6	LCAZH01ABC_01	1066	10	63.7	2.0	2.0	15.6	12.6	27.9	20.90	5.35	2.46
2011	6	LCAFZ01AB0_01	科农199	10	58.2	1.0	1.0	15.4	12.4	19.5	20.12	1.72	0.78
2011	6	LCAFZ01AB0_01	科农199	10	58.2	1.0	1.0	15.4	12.4	19.5	19.54	1.72	0.78
2011	6	LCAFZ01AB0_01	科农199	10	53.8	1.0	1.0	15.6	11.0	22.1	19.47	1.99	0.92
2011	6	LCAFZ02AB0_01	科农199	10	66.4	2.3	2.3	16.5	13.3	29.3	18.45	5.56	2.69
2011	6	LCAFZ02AB0_01	科农199	10	69.1	1.6	1.6	17.1	14.2	29.7	18.83	4.58	2.16
2011	6	LCAFZ02AB0_01	科农199	10	71.2	2.6	2.6	16.4	13.4	32.3	20.11	7.38	3.72
2011	6	LCAFZ03AB0_01	科农199	10	67.0	1.9	1.9	17.2	14.3	37.3	19.76	6.04	3.00
2011	6	LCAFZ03AB0_01	科农199	10	67.6	2.0	2.0	16.9	14.1	34.2	19.66	5.29	2.62
2011	6	LCAFZ03AB0_01	科农199	10	66.1	1.8	1.8	17.3	14.6	34.2	20.30	4.76	2.45
2011	6	LCAZQ01AB0_01	石新828	10	72.9	2.7	2.7	14.9	11.3	31.0	21.10	8.18	3.67
2011	6	LCAZQ01AB0_01	石新828	10	71.4	2.2	2.2	16.0	12.4	34.0	21.52	6.74	3.18
2011	6	LCAZQ01AB0_01	石新828	10	71.8	2.8	2.8	15.2	11.5	30.4	21.25	8.05	3.96
2011	6	LCAZQ01AB0_01	石新828	10	72.0	2.2	2.2	15.3	11.5	31.7	19.62	6.14	2.82
2011	6	LCAZQ01AB0_01	石新828	10	74.8	2.4	2.4	14.7	11.1	28.8	21.78	6.58	2.91
2011	6	LCAZQ01AB0_01	石新828	10	66.1	2.4	2.4	15.2	11.6	31.1	20.69	6.54	2.83
2011	6	LCAZQ02AB0_01	科农199	10	71.3	2.6	2.6	16.3	13.0	32.6	20.60	7.62	3.47

（续）

年份	月份	样地代码	作物品种	调查株数	株高(cm)	单株总茎数	单株总穗数	每穗小穗数	每穗结实小穗数	每穗粒数	千粒重(g)	地上部总干重(g/株)	籽粒干重(g/株)
2011	6	LCAZQ02AB0_01	科农199	10	70.0	2.4	2.4	17.2	14.3	44.4	19.68	8.49	4.37
2011	6	LCAZQ02AB0_01	科农199	10	71.6	2.5	2.5	16.8	14.0	33.6	20.51	7.60	3.41
2011	6	LCAZQ02AB0_01	科农199	10	72.3	2.2	2.2	16.7	13.6	32.5	19.17	6.42	2.97
2011	6	LCAZQ02AB0_01	科农199	10	68.9	1.7	1.7	17.6	14.6	36.7	19.94	5.12	2.08
2011	6	LCAZQ02AB0_01	科农199	10	73.0	2.4	2.4	16.7	13.9	39.2	19.46	8.08	3.95
2011	6	LCAZQ03AB0_01	良星66	10	68.1	1.7	1.7	15.7	14.7	35.1	19.74	4.97	1.93
2011	6	LCAZQ03AB0_01	良星66	10	68.5	1.7	1.7	16.5	15.6	36.4	20.72	5.24	2.50
2011	6	LCAZQ03AB0_01	良星66	10	66.1	2.1	2.1	15.8	14.4	30.5	19.61	5.47	2.56
2011	6	LCAZQ03AB0_01	良星66	10	66.6	1.7	1.2	16.3	15.5	34.4	19.90	5.21	2.34
2011	6	LCAZQ03AB0_01	良星66	10	66.2	1.8	1.8	16.5	15.1	32.2	19.59	5.08	2.34
2011	6	LCAZQ03AB0_01	良星66	10	68.0	1.8	1.8	16.6	15.3	35.0	19.95	5.50	2.52
2012	6	LCAZH01ABC_01	科农1066	10	62.6	1.6	1.6	14.0	10.6	29.0	42.96	3.95	2.05
2012	6	LCAZH01ABC_01	科农1066	10	62.9	2.1	2.1	13.8	10.4	29.1	43.66	5.15	2.67
2012	6	LCAZH01ABC_01	科农1066	10	61.1	1.5	1.5	14.1	11.2	30.4	41.03	3.64	1.86
2012	6	LCAZH01ABC_01	科农1066	10	60.0	1.8	1.8	13.5	11.7	28.3	42.62	4.44	2.16
2012	6	LCAZH01ABC_01	科农1066	10	63.1	2.0	2.0	14.1	10.6	28.2	42.78	4.73	2.51
2012	6	LCAZH01ABC_01	科农1066	10	60.1	1.6	1.6	14.1	10.7	26.0	44.70	3.60	1.75
2012	6	LCAFZ01AB0_01	科农1066	10	52.1	1.0	1.0	11.2	5.6	15.2	35.10	1.36	0.54
2012	6	LCAFZ01AB0_01	科农1066	10	53.4	1.0	1.0	11.6	6.1	16.7	38.25	1.51	0.65
2012	6	LCAFZ01AB0_01	科农1066	10	52.8	1.0	1.0	10.9	5.3	14.6	35.89	1.32	0.53
2012	6	LCAFZ02AB0_01	科农1066	10	63.5	2.1	2.1	14.8	11.4	30.9	43.83	5.56	2.87
2012	6	LCAFZ02AB0_01	科农1066	10	64.3	2.2	2.2	14.3	10.9	30.6	44.16	6.11	3.12

（续）

年份	月份	样地代码	作物品种	调查株数	株高(cm)	单株总茎数	单株总穗数	每穗小穗数	每穗结实小穗数	每穗粒数	千粒重(g)	地上部总干重(g/株)	籽粒干重(g/株)
2012	6	LCAFZ02AB0_01	科农1066	10	63.2	1.9	1.9	14.5	10.9	26.8	43.52	4.69	2.36
2012	6	LCAFZ03AB0_01	科农1066	10	62.7	1.7	1.7	15.0	11.0	26.8	43.72	4.02	2.04
2012	6	LCAFZ03AB0_01	科农1066	10	61.1	2.0	2.0	14.7	11.3	27.5	44.87	5.89	2.48
2012	6	LCAFZ03AB0_01	科农1066	10	61.3	2.0	2.0	14.9	11.5	29.4	44.85	7.52	2.70
2012	6	LCAZQ01AB0_01	石新828	10	65.3	2.2	2.2	15.9	13.7	32.3	45.41	6.98	3.23
2012	6	LCAZQ01AB0_01	石新828	10	63.1	1.8	1.8	15.1	11.4	26.8	44.87	4.67	2.29
2012	6	LCAZQ01AB0_01	石新828	10	63.1	1.8	1.8	15.1	11.4	26.8	46.10	4.67	2.29
2012	6	LCAZQ01AB0_01	石新828	10	66.7	1.9	1.9	15.0	11.4	27.6	46.45	5.35	2.52
2012	6	LCAZQ01AB0_01	石新828	10	65.6	1.9	1.9	14.9	11.6	29.0	44.72	5.19	2.59
2012	6	LCAZQ01AB0_01	石新828	10	63.5	1.9	1.9	15.5	13.5	31.9	46.01	5.54	2.73
2012	6	LCAZQ04AB0_01	石新828	10	68.5	1.5	1.5	13.3	10.7	28.8	42.83	4.82	2.43
2012	6	LCAZQ04AB0_01	石新828	10	64.7	1.3	1.3	12.7	10.3	33.2	44.01	3.90	1.95
2012	6	LCAZQ04AB0_01	石新828	10	66.5	1.5	1.5	12.4	9.4	35.7	44.54	4.58	2.45
2012	6	LCAZQ04AB0_01	石新828	10	64.1	1.4	1.4	12.5	10.1	37.3	42.19	4.13	2.25
2012	6	LCAZQ04AB0_01	石新828	10	64.4	1.5	1.5	12.4	11.7	34.8	43.69	3.93	2.08
2012	6	LCAZQ04AB0_01	石新828	10	63.5	1.3	1.3	12.7	10.4	34.1	44.85	3.86	2.05
2012	6	LCAZQ05AB0_01	科农199	10	63.3	2.0	2.0	17.5	14.9	28.5	44.47	4.67	2.55
2012	6	LCAZQ05AB0_01	科农199	10	64.4	2.3	2.3	15.8	13.4	32.3	43.26	6.35	3.43
2012	6	LCAZQ05AB0_01	科农199	10	65.5	1.8	1.8	15.3	12.9	31.3	43.77	4.66	2.53
2012	6	LCAZQ05AB0_01	科农199	10	67.8	1.9	1.9	15.2	12.5	32.2	44.37	5.17	2.80
2012	6	LCAZQ05AB0_01	科农199	10	62.3	1.9	1.9	15.0	12.9	32.3	45.57	4.89	2.80
2012	6	LCAZQ05AB0_01	科农199	10	65.0	1.9	1.9	15.1	12.5	29.6	43.05	4.67	2.44

（续）

年份	月份	样地代码	作物品种	调查株数	株高(cm)	单株总茎数	单株总穗数	每穗小穗数	每穗结实小穗数	每穗粒数	千粒重(g)	地上部总干重(g/株)	籽粒干重(g/株)
2013	6	LCAZH01ABC_01	科农1066	10	67.9	2.1	2.1	17.4	15.2	33.4	35.63	5.97	2.76
2013	6	LCAZH01ABC_01	科农1066	10	65.8	2.0	2.0	17.3	14.4	28.4	35.56	4.58	1.98
2013	6	LCAZH01ABC_01	科农1066	10	67.2	1.5	1.5	17.0	15.0	37.8	37.04	4.62	2.27
2013	6	LCAZH01ABC_01	科农1066	10	65.8	1.9	1.9	17.1	14.8	33.8	35.07	5.18	2.41
2013	6	LCAZH01ABC_01	科农1066	10	69.8	1.8	1.8	17.4	14.5	32.0	35.46	4.20	2.00
2013	6	LCAZH01ABC_01	科农1066	10	64.6	2.1	2.1	17.4	15.1	35.5	35.57	5.51	2.58
2013	6	LCAFZ01AB0_01	科农1066	10	46.8	1.0	1.0	12.8	9.5	15.8	32.81	1.22	0.52
2013	6	LCAFZ01AB0_01	科农1066	10	48.4	1.0	1.0	11.3	9.2	17.2	33.95	1.24	0.55
2013	6	LCAFZ01AB0_01	科农1066	10	52.2	1.0	1.0	13.1	11.0	23.5	32.05	1.81	0.82
2013	6	LCAFZ02AB0_01	科农1066	10	65.9	2.2	2.2	17.9	14.9	33.0	29.82	4.85	2.06
2013	6	LCAFZ02AB0_01	科农1066	10	69.2	2.0	2.0	16.3	14.3	34.4	30.99	4.88	2.18
2013	6	LCAFZ02AB0_01	科农1066	10	67.0	2.1	2.1	16.1	13.9	33.1	29.31	4.56	2.01
2013	6	LCAFZ03AB0_01	科农1066	10	64.6	1.8	1.8	16.2	14.2	34.1	28.66	4.00	1.83
2013	6	LCAFZ03AB0_01	科农1066	10	61.7	1.9	1.9	17.8	15.2	36.2	30.52	4.44	2.09
2013	6	LCAFZ03AB0_01	科农1066	10	64.8	1.6	1.6	15.2	13.1	28.1	28.43	3.10	1.42
2013	6	LCAZQ01AB0_01	科农1066	10	67.1	2.3	2.3	17.6	14.4	33.0	34.96	5.54	2.52
2013	6	LCAZQ01AB0_01	科农1066	10	71.2	2.2	2.2	18.4	15.0	33.3	34.35	5.50	2.27
2013	6	LCAZQ01AB0_01	科农1066	10	68.3	1.7	1.7	18.0	14.5	32.2	32.20	4.25	1.91
2013	6	LCAZQ01AB0_01	科农1066	10	70.9	2.2	2.2	18.2	15.3	34.8	34.60	5.88	2.40
2013	6	LCAZQ01AB0_01	科农1066	10	72.5	1.8	1.8	18.5	15.8	38.9	33.13	5.61	2.55
2013	6	LCAZQ01AB0_01	科农1066	10	67.8	2.0	2.0	18.5	14.8	30.2	34.73	4.67	1.90
2013	6	LCAZQ04AB0_01	石新828	10	74.8	2.3	2.3	16.7	14.4	43.9	29.66	7.07	3.17

（续）

年份	月份	样地代码	作物品种	调查株数	株高(cm)	单株总茎数	单株总穗数	每穗小穗数	每穗结实小穗数	每穗粒数	千粒重(g)	地上部总干重(g/株)	籽粒干重(g/株)
2013	6	LCAZQ04AB0_01	石新828	10	75.8	2.0	2.0	15.5	13.5	38.0	28.91	5.59	2.35
2013	6	LCAZQ04AB0_01	石新828	10	76.2	2.1	2.1	16.6	13.8	41.3	28.64	6.20	2.65
2013	6	LCAZQ04AB0_01	石新828	10	76.7	1.9	1.9	17.0	14.5	42.0	30.08	5.90	2.60
2013	6	LCAZQ04AB0_01	石新828	10	71.3	1.8	1.8	16.5	14.2	39.6	31.85	5.27	2.43
2013	6	LCAZQ04AB0_01	石新828	10	71.85	2.1	2.1	16.9	14.7	41.8	31.42	6.49	2.90
2013	6	LCAZQ05AB0_01	科农1066	10	68.9	2.2	2.2	16.1	14.2	35.7	27.32	5.45	2.45
2013	6	LCAZQ05AB0_01	科农1066	10	70.2	2.3	2.3	16.0	14.0	33.3	27.79	5.14	2.25
2013	6	LCAZQ05AB0_01	科农1066	10	66.3	2.1	2.1	16.5	14.4	33.4	29.63	5.12	2.39
2013	6	LCAZQ05AB0_01	科农1066	10	69.7	1.8	1.8	15.6	13.8	35.0	29.64	4.46	1.96
2013	6	LCAZQ05AB0_01	科农1066	10	62.6	1.8	1.8	16.1	14.1	35.7	26.20	4.10	1.86
2013	6	LCAZQ05AB0_01	科农1066	10	71.5	1.8	1.8	16.8	14.9	36.7	28.37	4.64	2.08
2014	6	LCAZH01ABC_01	科农1066	10	76.3	2.9	2.9	16.4	14.2	27.9	44.42	8.57	3.63
2014	6	LCAZH01ABC_01	科农1066	10	74.2	3.0	3.0	17.2	13.8	32.5	43.06	9.05	3.75
2014	6	LCAZH01ABC_01	科农1066	10	77.4	2.7	2.7	16.5	13.6	30.5	43.27	8.34	3.79
2014	6	LCAZH01ABC_01	科农1066	10	78.7	3.1	3.1	16.2	13.9	29.6	43.73	5.79	2.57
2014	6	LCAZH01ABC_01	科农1066	10	80.8	2.9	2.9	17.2	14.3	33.1	43.06	5.84	2.58
2014	6	LCAZH01ABC_01	科农1066	10	76.2	2.9	2.9	16.2	13.9	31.2	43.81	6.05	2.82
2014	6	LCAFZ01AB0_01	科农1066	10	50.1	1.0	1.0	11.1	7.1	9.5	34.17	0.96	0.33
2014	6	LCAFZ01AB0_01	科农1066	10	61.7	1.0	1.0	15.2	11.3	20.1	39.45	2.04	0.84
2014	6	LCAFZ01AB0_01	科农1066	10	59.6	1.0	1.0	15.1	11.0	21.2	34.32	1.90	0.80
2014	6	LCAFZ02AB0_01	科农1066	10	74.7	3.0	3.0	15.9	12.5	28.4	41.37	8.05	3.98
2014	6	LCAFZ02AB0_01	科农1066	10	71.7	3.2	3.2	17.2	13.7	31.3	44.09	9.14	4.43

（续）

年份	月份	样地代码	作物品种	调查株数	株高 (cm)	单株总茎数	单株总穗数	每穗小穗数	每穗结实小穗数	每穗粒数	千粒重 (g)	地上部总干重 (g/株)	籽粒干重 (g/株)
2014	6	LCAFZ02AB0_01	科农1066	10	72.4	2.9	2.9	16.5	12.9	29.2	44.56	7.46	3.79
2014	6	LCAFZ03AB0_01	科农1066	10	68.9	2.5	2.5	16.5	13.4	28.4	44.99	6.85	3.38
2014	6	LCAFZ03AB0_01	科农1066	10	66.2	2.6	2.6	16.3	16.3	31.6	43.14	6.99	3.66
2014	6	LCAFZ03AB0_01	科农1066	10	68.6	2.8	2.8	16.5	13.2	29.5	44.73	7.54	3.82
2014	6	LCAZQ06AB0_01	石新828	10	80.4	2.8	2.8	15.0	11.6	31.2	43.65	8.39	3.93
2014	6	LCAZQ06AB0_01	石新828	10	78.5	3.1	3.1	14.9	12.0	36.4	41.17	10.19	5.03
2014	6	LCAZQ06AB0_01	石新828	10	77.0	3.0	3.0	15.6	12.8	39.1	42.45	10.47	0.57
2014	6	LCAZQ06AB0_01	石新828	10	76.8	2.9	2.9	14.6	10.3	31.8	41.18	8.62	4.25
2014	6	LCAZQ06AB0_01	石新828	10	75.5	1.9	1.9	15.4	12.5	33.8	42.72	5.93	2.89
2014	6	LCAZQ06AB0_01	石新828	10	74.5	2.4	2.4	15.4	12.3	34.2	43.80	7.35	3.40
2014	6	LCAZQ05AB0_01	科农1066	10	77.1	2.5	2.5	16.25	12.9	31.0	40.75	6.33	3.08
2014	6	LCAZQ05AB0_01	科农1066	10	67.3	2.7	2.7	15.4	12.2	26.9	42.70	6.65	3.33
2014	6	LCAZQ05AB0_01	科农1066	10	66.3	2.1	2.1	16.5	14.4	29.2	42.39	5.41	2.65
2014	6	LCAZQ05AB0_01	科农1066	10	66.8	2.9	2.9	16.1	13.3	28.7	42.87	7.60	3.72
2014	6	LCAZQ05AB0_01	科农1066	10	68.6	2.5	2.5	15.8	13.8	27.1	43.37	6.28	3.05
2014	6	LCAZQ05AB0_01	科农1066	10	72.4	4.3	4.3	15.9	12.4	26.5	44.05	10.61	4.88
2014	6	LCAZQ08AB0_01	科农2009	10	75.5	3.0	3.0	17.1	13.9	40.4	33.78	9.17	4.29
2014	6	LCAZQ08AB0_01	科农2009	10	79.1	2.7	2.7	16.0	13.4	44.6	33.48	8.76	4.12
2014	6	LCAZQ08AB0_01	科农2009	10	75.5	2.7	2.7	16.8	14.1	40.4	35.08	8.32	3.75
2014	6	LCAZQ08AB0_01	科农2009	10	79.6	2.8	2.8	16.2	13.8	46.8	32.73	9.84	4.31
2014	6	LCAZQ08AB0_01	科农2009	10	76.6	2.6	2.6	17.8	15.5	44.0	33.16	8.45	2.79
2014	6	LCAZQ08AB0_01	科农2009	10	73.7	2.7	2.7	15.7	13.6	44.3	33.99	9.59	4.36

（续）

年份	月份	样地代码	作物品种	调查株数	株高(cm)	单株总茎数	单株总穗数	每穗小穗数	每穗结实小穗数	每穗粒数	千粒重(g)	总干重 地上部(g/株)	籽粒干重(g/株)
2015	6	LCAZH01ABC_01	科农2011	10	77.4	2.8	2.8	18.4	14.9	31.5	42.2	8.78	4.13
2015	6	LCAZH01ABC_01	科农2011	10	75.0	2.9	2.9	19.3	16.8	39.4	43.4	10.94	5.37
2015	6	LCAZH01ABC_01	科农2011	10	73.8	2.9	2.9	18.2	16.1	35.1	41.6	9.63	4.37
2015	6	LCAZH01ABC_01	科农2011	10	72.5	3.2	3.2	18.4	15.3	34.4	43.3	9.74	4.79
2015	6	LCAZH01ABC_01	科农2011	10	72.6	2.9	2.9	20.5	17.4	33.2	43.2	8.82	4.29
2015	6	LCAZH01ABC_01	科农2011	10	71.6	2.5	2.5	18.8	16.2	36.8	40.8	8.22	4.07
2015	6	LCAFZ01AB0_01	科农2011	10	52.1	1.0	1.0	15.4	11.3	18.1	36.9	1.52	0.64
2015	6	LCAFZ01AB0_01	科农2011	10	57.2	1.0	1.0	17.2	13.2	21.7	37.0	1.92	0.84
2015	6	LCAFZ01AB0_01	科农2011	10	54.1	1.0	1.0	16.2	12.8	17.9	37.3	1.85	0.68
2015	6	LCAFZ02AB0_01	科农2011	10	73.3	2.9	2.9	18.6	16.3	40.1	42.1	10.26	5.17
2015	6	LCAFZ02AB0_01	科农2011	10	74.5	3.0	3.0	18.9	16.5	39.1	39.9	9.95	4.92
2015	6	LCAFZ02AB0_01	科农2011	10	75.6	2.9	2.9	19.2	16.7	40.4	41.4	10.67	5.03
2015	6	LCAFZ03AB0_01	科农2011	10	66.4	2.7	2.7	18.6	16.4	37.4	40.4	8.16	4.13
2015	6	LCAFZ03AB0_01	科农2011	10	71.4	2.7	2.7	18.8	16.7	38.5	40.7	8.65	4.21
2015	6	LCAFZ03AB0_01	科农2011	10	68.8	2.7	2.7	18.1	16.1	35.7	39.8	8.07	4.19
2015	6	LCAZQ06AB0_01	石新828	10	71.6	2.9	2.9	16.9	12.8	34.3	35.7	6.70	2.99
2015	6	LCAZQ06AB0_01	石新828	10	72.1	2.8	2.8	15.6	11.9	28.7	34.3	6.37	3.11
2015	6	LCAZQ06AB0_01	石新828	10	75.8	2.6	2.6	16.3	12.5	33.0	37.5	6.96	3.36
2015	6	LCAZQ06AB0_01	石新828	10	73.5	2.6	2.6	16.1	12.9	32.9	34.4	7.03	3.74
2015	6	LCAZQ06AB0_01	石新828	10	78.0	2.5	2.5	16.9	13.4	34.7	37.0	7.49	3.75
2015	6	LCAZQ06AB0_01	石新828	10	77.4	2.5	2.5	15.8	12.3	31.1	38.1	6.84	3.43
2015	6	LCAZQ07AB0_01	科农2009	10	78.3	2.9	2.9	18.6	16.15	44.7	34.4	9.29	4.76

（续）

年份	月份	样地代码	作物品种	调查株数	株高(cm)	单株总茎数	单株总穗数	每穗小穗数	每穗结实小穗数	每穗粒数	千粒重(g)	地上部总干重(g/株)	籽粒干重(g/株)
2015	6	LCAZQ07AB0_01	科农2009	10	71.0	2.8	2.8	19.7	17.4	53.8	34.5	9.30	4.98
2015	6	LCAZQ07AB0_01	科农2009	10	70.9	3.0	3.0	18.6	16.3	49.8	34.4	9.78	5.48
2015	6	LCAZQ07AB0_01	科农2009	10	65.5	2.8	2.8	18.4	16.3	49.1	34.1	8.88	4.91
2015	6	LCAZQ07AB0_01	科农2009	10	72.4	2.7	2.7	19.3	17.2	53.6	35.5	9.45	5.23
2015	6	LCAZQ07AB0_01	科农2009	10	66.4	3.0	3.0	18.4	15.9	47.7	34.1	9.47	5.15
2015	6	LCAZQ08AB0_01	科农2009	10	77.5	2.8	2.8	18.5	17.6	51.3	31.2	9.81	4.77
2015	6	LCAZQ08AB0_01	科农2009	10	76.4	2.6	2.6	18.9	17.3	38.1	33.0	8.43	4.38
2015	6	LCAZQ08AB0_01	科农2009	10	76.6	2.7	2.7	19.7	17.3	49.6	33.6	8.67	5.04
2015	6	LCAZQ08AB0_01	科农2009	10	70.5	2.9	2.9	18.5	17.0	46.9	34.6	9.74	5.06
2015	6	LCAZQ08AB0_01	科农2009	10	78.8	2.6	2.6	18.6	17.1	49.4	34.0	8.92	4.47
2015	6	LCAZQ08AB0_01	科农2009	10	72.7	3.1	3.1	19.0	16.9	46.1	34.6	10.06	5.12
2016	6	LCAZH01ABC_01	婴泊700	20	68.2	2.0	2.0	18.8	18.2	41.9	44.2	7.3	3.8
2016	6	LCAZH01ABC_01	婴泊700	20	71.3	1.4	1.4	16.9	16.3	35.8	45.9	4.7	2.3
2016	6	LCAZH01ABC_01	婴泊700	20	61.5	1.8	1.8	16.2	15.7	37.3	42.3	5.7	2.9
2016	6	LCAZH01ABC_01	婴泊700	20	65.5	2.1	2.1	17.5	16.4	34.0	45.7	6.7	3.4
2016	6	LCAZH01ABC_01	婴泊700	20	68.0	1.7	1.7	16.6	15.9	34.4	46.0	5.6	2.6
2016	6	LCAZH01ABC_01	婴泊700	20	59.5	1.9	1.9	15.5	14.6	31.3	46.8	5.3	2.9
2016	6	LCAFZ01AB0_01	科农2011	20	52.5	1.1	1.1	14.9	12.3	17.7	35.9	1.7	0.7
2016	6	LCAFZ01AB0_01	科农2011	20	50.4	1.0	1.0	13.1	11.1	14.4	37.3	1.5	0.6
2016	6	LCAFZ01AB0_01	科农2011	20	46.1	1.1	1.1	11.9	9.9	15.4	31.5	1.3	0.6
2016	6	LCAFZ02AB0_01	科农2011	20	66.2	1.9	1.9	19.0	18.3	39.7	42.7	6.7	3.3
2016	6	LCAFZ02AB0_01	科农2011	20	64.9	1.8	1.8	18.4	17.6	39.2	43.0	5.9	2.9

（续）

年份	月份	样地代码	作物品种	调查株数	株高(cm)	单株总茎数	单株总穗数	每穗小穗数	每穗结实小穗数	每穗粒数	千粒重(g)	地上部总干重(g/株)	籽粒干重(g/株)
2016	6	LCAFZ02AB0_01	科农2011	20	69.1	2.0	2.0	18.9	18.5	42.7	43.0	7.1	3.5
2016	6	LCAFZ03AB0_01	科农2011	20	62.0	1.7	1.7	17.5	16.2	35.3	41.6	4.3	2.0
2016	6	LCAFZ03AB0_01	科农2011	20	64.1	1.5	1.5	18.0	17.2	38.2	41.6	4.7	2.5
2016	6	LCAFZ03AB0_01	科农2011	20	64.7	1.6	1.6	18.9	18.7	43.3	41.2	5.9	3.0
2016	6	LCAZQ06AB0_01	科农2011	20	75.1	2.0	2.0	17.7	15.0	29.8	45.6	6.2	2.7
2016	6	LCAZQ06AB0_01	科农2011	20	72.3	1.8	1.8	18.8	15.4	30.0	45.1	5.6	2.5
2016	6	LCAZQ06AB0_01	科农2011	20	74.0	2.1	2.1	18.0	15.5	33.2	45.3	7.0	3.2
2016	6	LCAZQ06AB0_01	科农2011	20	75.6	2.0	2.0	17.8	15.1	30.5	44.6	2.8	1.4
2016	6	LCAZQ06AB0_01	科农2011	20	77.4	2.1	2.1	18.0	15.2	31.1	45.0	6.2	3.0
2016	6	LCAZQ06AB0_01	科农2011	20	75.3	2.0	2.0	17.6	14.8	30.1	44.7	5.6	2.8
2016	6	LCAZQ07AB0_01	科农2011	20	67.8	1.6	1.6	17.8	15.5	34.8	46.7	4.9	2.6
2016	6	LCAZQ07AB0_01	科农2011	20	65.3	2.3	2.3	17.9	15.7	35.9	46.4	7.5	3.9
2016	6	LCAZQ07AB0_01	科农2011	20	67.2	1.9	1.9	17.5	16.3	44.7	45.6	7.3	7.5
2016	6	LCAZQ07AB0_01	科农2011	20	65.1	1.8	1.8	17.9	15.0	32.8	46.5	5.0	2.6
2016	6	LCAZQ07AB0_01	科农2011	20	70.5	1.9	1.9	18.5	16.4	39.6	46.0	6.2	3.6
2016	6	LCAZQ07AB0_01	科农2011	20	64.1	1.5	1.5	17.7	15.4	31.9	45.7	4.2	2.1
2016	6	LCAZQ08AB0_01	科农2011	20	65.0	1.9	1.5	17.6	16.5	49.3	35.0	6.3	2.7
2016	6	LCAZQ08AB0_01	科农2011	20	68.3	1.7	1.7	17.9	16.6	46.0	36.5	5.1	2.6
2016	6	LCAZQ08AB0_01	科农2011	20	58.9	1.8	1.8	15.3	14.2	39.0	37.5	4.8	2.6
2016	6	LCAZQ08AB0_01	科农2011	20	67.3	1.6	1.6	17.3	16.2	49.1	36.0	5.1	2.7
2016	6	LCAZQ08AB0_01	科农2011	20	64.2	1.8	1.8	15.8	14.9	48.0	36.9	5.5	3.0
2016	6	LCAZQ08AB0_01	科农2011	20	61.4	1.8	1.8	17.1	16.1	52.6	36.3	6.5	3.6

（续）

年份	月份	样地代码	作物品种	调查株数	株高(cm)	单株总茎数	单株总穗数	每穗小穗数	每穗结实小穗数	每穗粒数	千粒重(g)	地上部总干重(g/株)	籽粒干重(g/株)
2017	6	LCAZH01ABC_01	科农2009	20	73.0	2.1	2.1	18.0	16.1	39.7	31.8	6.0	2.6
2017	6	LCAZH01ABC_01	科农2009	20	78.3	2.1	2.1	18.8	16.4	39.7	36.2	6.9	2.9
2017	6	LCAZH01ABC_01	科农2009	20	73.6	2.4	1.7	17.9	15.4	38.9	37.6	7.7	3.2
2017	6	LCAZH01ABC_01	科农2009	20	73.0	2.2	1.4	17.7	15.7	39.6	30.9	6.1	2.5
2017	6	LCAZH01ABC_01	科农2009	20	74.3	2.4	1.8	18.0	15.9	35.3	35.5	7.5	2.8
2017	6	LCAZH01ABC_01	科农2009	20	70.0	2.0	2.0	17.3	15.3	38.9	33.7	6.0	2.4
2017	6	LCAFZ01AB0_01	科农2011	20	52.2	1.1	1.1	15.0	10.9	13.4	35.9	1.6	0.7
2017	6	LCAFZ01AB0_01	科农2011	21	56.3	1.0	1.0	16.5	12.4	20.9	37.3	2.0	0.8
2017	6	LCAFZ01AB0_01	科农2011	20	55.4	1.0	1.0	16.0	12.2	17.3	31.5	1.8	0.8
2017	6	LCAFZ02AB0_01	科农2011	20	73.3	2.8	2.8	18.4	16.3	50.0	41.6	9.1	4.0
2017	6	LCAFZ02AB0_01	科农2011	20	73.7	2.7	2.7	17.5	15.9	46.0	41.6	8.6	3.6
2017	6	LCAFZ02AB0_01	科农2011	20	69.2	2.4	2.4	17.6	15.3	44.0	41.2	6.7	2.5
2017	6	LCAFZ03AB0_01	科农2011	20	67.9	2.6	2.6	16.9	13.9	30.3	42.7	6.2	1.9
2017	6	LCAFZ03AB0_01	科农2011	20	68.4	2.8	2.8	17.6	15.1	41.3	43.0	7.6	3.3
2017	6	LCAFZ03AB0_01	科农2011	20	67.5	2.9	2.9	17.9	14.8	31.0	43.0	7.4	3.4
2017	6	LCAZQ06AB0_01	科农2011	20	83.2	2.6	2.0	19.4	17.3	38.7	42.3	10.6	4.0
2017	6	LCAZQ06AB0_01	科农2011	20	80.1	2.9	1.8	18.8	15.9	33.6	41.7	9.7	3.8
2017	6	LCAZQ06AB0_01	科农2011	20	78.4	2.8	2.1	18.0	15.5	32.6	43.2	9.4	3.7
2017	6	LCAZQ06AB0_01	科农2011	20	77.1	2.8	2.0	18.8	16.1	37.2	41.5	9.2	3.7

（续）

年份	月份	样地代码	作物品种	调查株数	株高(cm)	单株总茎数	单株总穗数	每穗小穗数	每穗结实小穗数	每穗粒数	千粒重(g)	总干重 地上部(g/株)	籽粒干重(g/株)
2017	6	LCAZQ06AB0_01	科农2011	20	77.6	3.1	2.1	18.7	16.2	40.0	41.9	12.0	4.8
2017	6	LCAZQ06AB0_01	科农2011	20	79.3	2.9	2.0	17.6	15.4	31.9	41.1	9.5	3.9
2017	6	LCAZQ07AB0_01	科农2011	20	70.7	3.0	1.6	18.3	16.0	36.3	46.7	9.9	2.3
2017	6	LCAZQ07AB0_01	科农2011	20	69.7	2.7	2.3	17.0	14.7	31.7	46.4	7.1	2.7
2017	6	LCAZQ07AB0_01	科农2011	20	67.2	2.5	1.9	17.4	15.6	35.4	45.6	8.1	2.6
2017	6	LCAZQ07AB0_01	科农2011	20	70.8	2.7	1.8	17.1	15.3	35.0	46.5	8.1	2.4
2017	6	LCAZQ07AB0_01	科农2011	20	70.1	2.6	1.9	18.4	15.8	39.4	46.0	8.6	3.0
2017	6	LCAZQ07AB0_01	科农2011	20	69.7	2.5	1.5	16.7	13.9	28.9	45.7	6.4	1.7
2017	6	LCAZQ08AB0_01	科农2009	20	69.9	2.0	1.5	16.0	13.3	29.9	35.0	4.5	1.5
2017	6	LCAZQ08AB0_01	科农2009	20	72.5	2.2	2.2	18.6	16.3	43.3	36.5	7.3	3.3
2017	6	LCAZQ08AB0_01	科农2009	20	71.8	2.3	2.3	18.1	16.5	46.5	37.5	7.9	3.7
2017	6	LCAZQ08AB0_01	科农2009	20	75.4	2.7	2.7	19.7	17.5	48.4	36.0	10.6	4.7
2017	6	LCAZQ08AB0_01	科农2009	20	64.9	1.9	1.9	17.0	15.2	37.7	36.9	5.3	2.3
2017	6	LCAZQ08AB0_01	科农2009	20	71.4	2.2	2.2	19.5	17.2	45.7	36.3	7.9	3.6

2009—2017 年综合观测场、辅助观测场和站区调查点小麦收获期株高均无明显变化，且三类观测场地差别不大（图 3 - 16）。

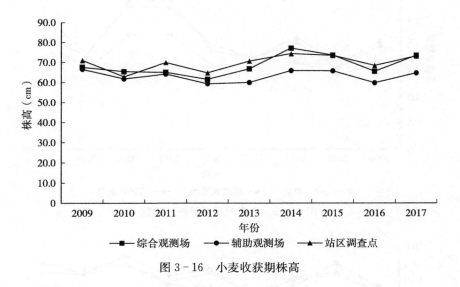

图 3 - 16　小麦收获期株高

综合观测场、辅助观测场与站区调查点小麦收获期单株总茎数在 2009—2017 年变化较一致，2009—2013 年变化不明显，2013—2017 年呈先增加后减少再增加的趋势（图 3 - 17）。

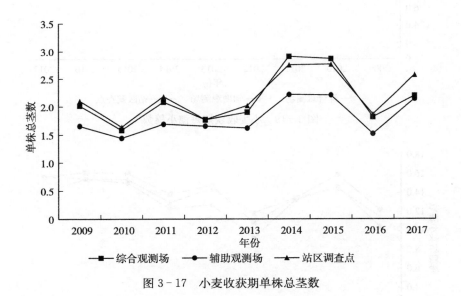

图 3 - 17　小麦收获期单株总茎数

综合观测场、辅助观测场与站区调查点小麦收获期单株总穗数在 2009—2017 年变化较一致，2009—2013 年变化不明显，2013—2017 年呈先增加后减少再增加的趋势（图 3 - 18）。

综合观测场、辅助观测场和站区调查点小麦收获期每穗小穗数在 2009—2017 年变化较一致，均表现为 2009—2010 年增加，2010—2012 年减少，2012—2017 年缓慢增加（图 3 - 19）。

综合观测场、辅助观测场和站区调查点的小麦收获期每穗结实小穗数在 2009—2017 年变化表现一致，整体呈现先增加后减少再逐渐增加的趋势（图 3 - 20）。

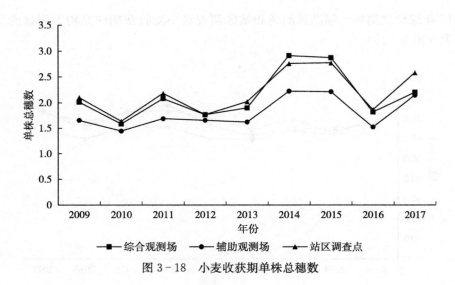

图 3-18　小麦收获期单株总穗数

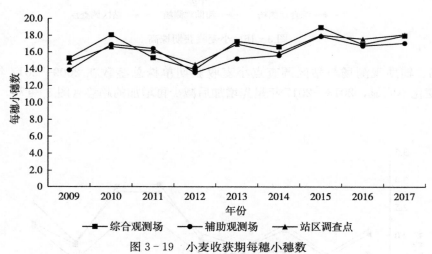

图 3-19　小麦收获期每穗小穗数

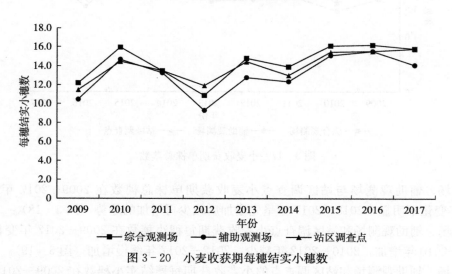

图 3-20　小麦收获期每穗结实小穗数

　　综合观测场、辅助观测场和站区调查点的小麦收获期每穗粒数在 2009—2017 年变化较为一致，整体呈现先增加后减少再逐渐增加的趋势（图 3-21）。

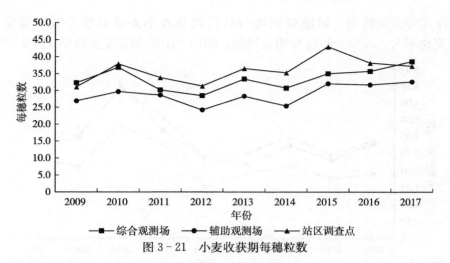

图 3-21 小麦收获期每穗粒数

综合观测场、辅助观测场与站区调查点小麦收获期千粒重在 2009—2010 年变化不大；2011—
2014 年变化大，呈现出先明显减少再回升，再减少最后增加的变化趋势；2014—2016 年相对变化小；
2017 年综合观测场千粒重再次减少，另两类观测场无明显变化（图 3-22）。

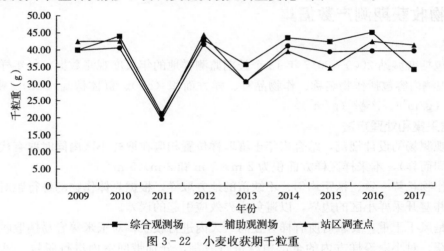

图 3-22 小麦收获期千粒重

综合观测场、辅助观测场与站区调查点小麦收获期地上部总干重在 2009—2013 年的变化不大，
2013—2015 年明显增加，2016 年减少幅度较大，2017 年回升（图 3-23）。

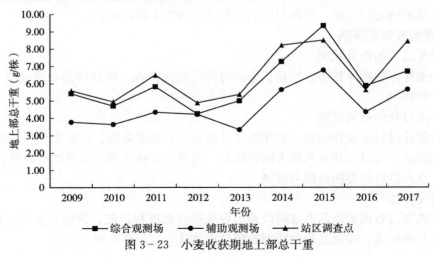

图 3-23 小麦收获期地上部总干重

2009—2017 年综合观测场、辅助观测场与站区调查点小麦收获期籽粒干重变化较为一致，2009—2013 年变化不大，2013—2015 年明显增加，2015—2017 年呈减少趋势（图 3 - 24）。

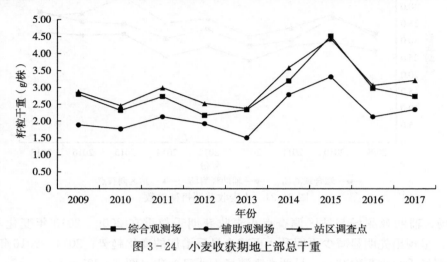

图 3 - 24　小麦收获期地上部总干重

3.1.4　作物收获期测产数据集

3.1.4.1　概述

本数据集包括栾城站 2009—2017 年 13 个长期监测样地的年尺度观测数据，每年样地以小麦、玉米轮作种植，观测内容包括作物名称、作物品种、样方面积（m^2）、群体株高（cm）、密度（株/m^2）、地上部总干重（g/m^2）、产量（g/m^2）。

3.1.4.2　数据采集和处理方法

根据每个观测场的设计规范，结合当年土壤取样位置相应在取样小区内同时取有代表性样品（数量根据作物不同而异），本采样区样方面积为 2 m×1 m 和 2 m×5 m。

要求选取作物长势一致、株距均匀、不缺苗的地方取样。根据具体作物的株行距对样方大小和形状进行调整，并避开采样小区的边界，以避免边界效应引起的误差。

产量要求是风干干重，要求对所有样方在同一天内进行收获，对玉米等容易摘取收获的作物，可以当场进行收获；对小麦等样方内的全部植株进行收割，分别带回室内进行脱粒、风干、称量等处理。脱粒采用人工精细脱粒，籽粒和秸秆准确称重。

本数据集的观测频度为 1 次/作物季，在长期监测过程中，对每一次采样点的地理位置、采样情况和采样条件做详细的定位记录，并在相应的土壤或地形图上做出标识。

3.1.4.3　数据质量控制和评估

（1）田间取样过程的质量控制

要根据每个采样点的整体长势，选择长势均匀的代表性植株。注意样品保存地点的通风、湿度、鼠害等环境因子的控制。

（2）数据录入过程的质量控制

及时记录数据并进行审核和检查，运用统计分析方法对观测数据进行初步分析，以便及时发现监测工作中存在的问题，及时与质量负责人取得联系，以进一步核实测定结果的准确性。发现数据缺失和可疑数据时，及时进行必要的补测和重测。

（3）数据质量评估

将所获取的数据与各项辅助信息数据以及历史数据信息进行比较，评价数据的正确性、一致性、完整性、可比性和连续性，经过站长和数据管理员审核认定，批准上报。

3.1.4.4　数据使用方法和建议

　　作物产量是在单位面积上收获的有经济价值的主产品数量。产值是指以货币表现农产品的总量。产量和产值不仅是衡量农业生产成果的重要方面，也是我国经济发展重要的基础数据。

　　本数据集提供了华北平原农田长期定位区作物的产量数据及地上部生物量数据（13 年），监测华北平原农田主要作物产量变化情况，提供长期稳定的监测数据，为农业科研人员提供数据基础。

3.1.4.5　数据

　　冬小麦-夏玉米收获测产数据见表 3-5。

表 3-5　冬小麦-夏玉米收获测产数据

年份	月份	样地代码	作物名称	作物品种	样方面积（m×m）	群体株高（cm）	密度（株/m²）	地上部总干重（g/m²）	产量（g/m²）
2009	6	LCAZH01ABC_01	冬小麦	科农 199	2×1	62.5	347	1 457.61	740.94
2009	6	LCAZH01ABC_01	冬小麦	科农 199	2×1	65.3	285	1 483.43	719.49
2009	6	LCAZH01ABC_01	冬小麦	科农 199	2×1	68.2	231	1 588.62	718.57
2009	6	LCAZH01ABC_01	冬小麦	科农 199	2×1	69.5	298	1 843.59	661.98
2009	6	LCAZH01ABC_01	冬小麦	科农 199	2×1	71.7	383	1 421.40	680.58
2009	6	LCAZH01ABC_01	冬小麦	科农 199	2×1	68.3	243	1 434.69	616.67
2009	6	LCAFZ01AB0_01	冬小麦	科农 199	2×1	53.5	340	357.34	223.80
2009	6	LCAFZ01AB0_01	冬小麦	科农 199	2×1	57.2	314	562.36	251.40
2009	6	LCAFZ01AB0_01	冬小麦	科农 199	2×1	56.9	313	450.10	209.54
2009	6	LCAFZ02AB0_01	冬小麦	科农 199	2×1	73.9	308	1 620.28	592.65
2009	6	LCAFZ02AB0_01	冬小麦	科农 199	2×1	73.2	320	1 642.64	639.06
2009	6	LCAFZ02AB0_01	冬小麦	科农 199	2×1	67.3	212	1 262.10	631.33
2009	6	LCAFZ03AB0_01	冬小麦	科农 199	2×1	75.1	394	1 828.61	711.27
2009	6	LCAFZ03AB0_01	冬小麦	科农 199	2×1	71.5	316	1 424.10	621.70
2009	6	LCAFZ03AB0_01	冬小麦	科农 199	2×1	70.4	293	1 243.20	559.09
2009	6	LCAZQ01AB0_01	冬小麦	科农 199	2×1	76.8	283	1 555.42	702.70
2009	6	LCAZQ01AB0_01	冬小麦	科农 199	2×1	76.6	261	1 919.17	688.26
2009	6	LCAZQ01AB0_01	冬小麦	科农 199	2×1	75.1	311	2 140.32	724.58
2009	6	LCAZQ01AB0_01	冬小麦	科农 199	2×1	75.4	222	1 422.39	681.48
2009	6	LCAZQ01AB0_01	冬小麦	科农 199	2×1	74.5	346	2 123.32	763.93
2009	6	LCAZQ01AB0_01	冬小麦	科农 199	2×1	69.5	315	1 841.49	846.96
2009	6	LCAZQ02AB0_01	冬小麦	科农 199	2×1	69.7	349	1 515.72	644.72
2009	6	LCAZQ02AB0_01	冬小麦	科农 199	2×1	71.1	363	2 027.91	544.35
2009	6	LCAZQ02AB0_01	冬小麦	科农 199	2×1	70.9	244	1 333.64	682.54
2009	6	LCAZQ02AB0_01	冬小麦	科农 199	2×1	73.2	327	1 868.76	654.65
2009	6	LCAZQ02AB0_01	冬小麦	科农 199	2×1	68.8	257	1 234.57	692.25
2009	6	LCAZQ02AB0_01	冬小麦	科农 199	2×1	70.7	396	1 517.69	717.83

（续）

年份	月份	样地代码	作物名称	作物品种	样方面积（m×m）	群体株高（cm）	密度（株/m²）	地上部总干重（g/m²）	产量（g/m²）
2009	6	LCAZQ03AB0_01	冬小麦	科农199	2×1	64.1	303	1 490.58	593.78
2009	6	LCAZQ03AB0_01	冬小麦	科农199	2×1	69.1	315	1 719.12	616.45
2009	6	LCAZQ03AB0_01	冬小麦	科农199	2×1	67.4	294	1 690.39	578.74
2009	6	LCAZQ03AB0_01	冬小麦	科农199	2×1	69.6	241	1 422.26	498.55
2009	6	LCAZQ03AB0_01	冬小麦	科农199	2×1	69.1	233	1 266.65	583.91
2009	6	LCAZQ03AB0_01	冬小麦	科农199	2×1	67.2	317	1 738.67	536.43
2009	9	LCAZH01ABC_01	夏玉米	先玉335	2×5	290.0	5.1	1 234.21	682.56
2009	9	LCAZH01ABC_01	夏玉米	先玉335	2×5	285.0	6.1	1 484.09	785.77
2009	9	LCAZH01ABC_01	夏玉米	先玉335	2×5	290.0	5.2	1 099.76	575.53
2009	9	LCAZH01ABC_01	夏玉米	先玉335	2×5	286.7	6.3	1 439.42	749.71
2009	9	LCAZH01ABC_01	夏玉米	先玉335	2×5	300.0	5.4	1 394.57	720.51
2009	9	LCAZH01ABC_01	夏玉米	先玉335	2×5	307.5	4.2	1 161.51	598.35
2009	9	LCAFZ01AB0_01	夏玉米	浚单20	2×5	160.1	5.6	514.91	310.10
2009	9	LCAFZ01AB0_01	夏玉米	浚单20	2×5	157.5	6.9	487.35	325.18
2009	9	LCAFZ01AB0_01	夏玉米	浚单20	2×5	167.5	5.3	519.44	243.34
2009	9	LCAFZ02AB0_01	夏玉米	浚单20	2×5	210.0	4.3	857.66	565.65
2009	9	LCAFZ02AB0_01	夏玉米	浚单20	2×5	206.0	6.2	860.65	519.65
2009	9	LCAFZ02AB0_01	夏玉米	浚单20	2×5	200.0	5.4	894.65	442.96
2009	9	LCAFZ03AB0_01	夏玉米	浚单20	2×5	208.0	6.1	764.51	372.38
2009	9	LCAFZ03AB0_01	夏玉米	浚单20	2×5	200.0	4.4	608.71	402.83
2009	9	LCAFZ03AB0_01	夏玉米	浚单20	2×5	205.0	5.1	667.36	342.05
2009	9	LCAZQ01AB0_01	夏玉米	先玉335	2×5	318.5	6.6	1 567.12	859.96
2009	9	LCAZQ01AB0_01	夏玉米	先玉335	2×5	272.5	5.5	1 184.58	525.92
2009	9	LCAZQ01AB0_01	夏玉米	先玉335	2×5	287.7	5.0	1 170.89	647.00
2009	9	LCAZQ01AB0_01	夏玉米	先玉335	2×5	275.0	6.8	1 805.85	847.01
2009	9	LCAZQ01AB0_01	夏玉米	先玉335	2×5	287.0	4.9	1 371.30	649.01
2009	9	LCAZQ02AB0_01	夏玉米	先玉335	2×5	276.7	6.0	1 464.98	723.80
2009	9	LCAZQ02AB0_01	夏玉米	豫玉23	2×5	240.0	3.8	810.08	439.84
2009	9	LCAZQ02AB0_01	夏玉米	豫玉23	2×5	247.5	5.7	1 468.80	698.14
2009	9	LCAZQ02AB0_01	夏玉米	豫玉23	2×5	255.0	6.9	1 933.43	846.82
2009	9	LCAZQ02AB0_01	夏玉米	豫玉23	2×5	250.0	5.6	1 440.40	653.56
2009	9	LCAZQ02AB0_01	夏玉米	豫玉23	2×5	235.0	6.1	1 585.32	757.15

（续）

年份	月份	样地代码	作物名称	作物品种	样方面积（m×m）	群体株高（cm）	密度（株/m²）	地上部总干重（g/m²）	产量（g/m²）
2009	9	LCAZQ02AB0_01	夏玉米	豫玉 23	2×5	240.0	5.9	1 093.18	666.70
2009	9	LCAZQ03AB0_01	夏玉米	先玉 335	2×5	305.8	6.2	1 776.16	1 132.17
2009	9	LCAZQ03AB0_01	夏玉米	先玉 335	2×5	287.5	6.5	1 704.52	838.85
2009	9	LCAZQ03AB0_01	夏玉米	先玉 335	2×5	305.0	6.0	1 567.16	825.96
2009	9	LCAZQ03AB0_01	夏玉米	先玉 335	2×5	299.0	6.1	1 629.50	957.63
2009	9	LCAZQ03AB0_01	夏玉米	先玉 335	2×5	280.8	4.8	1 158.48	638.87
2009	9	LCAZQ03AB0_01	夏玉米	先玉 335	2×5	285.0	5.3	1 233.03	656.20
2010	6	LCAZH01ABC_01	冬小麦	科农 199	2×1	68.7	600	1 877.68	471.35
2010	6	LCAZH01ABC_01	冬小麦	科农 199	2×1	66.2	487	1 522.54	495.24
2010	6	LCAZH01ABC_01	冬小麦	科农 199	2×1	62.4	470	1 434.21	593.25
2010	6	LCAZH01ABC_01	冬小麦	科农 199	2×1	67.7	423	1 225.13	640.52
2010	6	LCAZH01ABC_01	冬小麦	科农 199	2×1	63.6	373	1 187.76	450.26
2010	6	LCAZH01ABC_01	冬小麦	科农 199	2×1	63.9	520	1 435.46	500.00
2010	6	LCAFZ01AB0_01	冬小麦	石麦 18	2×1	55.8	267	424.67	139.05
2010	6	LCAFZ01AB0_01	冬小麦	石麦 18	2×1	57.5	313	328.37	182.94
2010	6	LCAFZ01AB0_01	冬小麦	石麦 18	2×1	46.4	270	276.21	143.39
2010	6	LCAFZ02AB0_01	冬小麦	石麦 18	2×1	67.8	423	1 426.00	703.44
2010	6	LCAFZ02AB0_01	冬小麦	石麦 18	2×1	69.5	483	1 432.46	573.01
2010	6	LCAFZ02AB0_01	冬小麦	石麦 18	2×1	65.5	427	1 098.67	521.03
2010	6	LCAFZ03AB0_01	冬小麦	石麦 18	2×1	64.4	433	1 205.75	504.44
2010	6	LCAFZ03AB0_01	冬小麦	石麦 18	2×1	64.0	403	1 170.68	575.19
2010	6	LCAFZ03AB0_01	冬小麦	石麦 18	2×1	65.3	393	940.26	492.03
2010	6	LCAZQ01AB0_01	冬小麦	石新 828	2×1	67.2	787	2 206.60	577.46
2010	6	LCAZQ01AB0_01	冬小麦	石新 828	2×1	67.2	647	2 025.36	687.96
2010	6	LCAZQ01AB0_01	冬小麦	石新 828	2×1	63.3	500	1 257.25	680.77
2010	6	LCAZQ01AB0_01	冬小麦	石新 828	2×1	65.1	593	1 973.43	640.37
2010	6	LCAZQ01AB0_01	冬小麦	石新 828	2×1	66.2	447	1 297.79	643.16
2010	6	LCAZQ01AB0_01	冬小麦	石新 828	2×1	69.9	633	1 832.87	627.61
2010	6	LCAZQ02AB0_01	冬小麦	科农 199	2×1	63.3	507	1 409.04	599.33
2010	6	LCAZQ02AB0_01	冬小麦	科农 199	2×1	62.2	533	1 729.68	580.95
2010	6	LCAZQ02AB0_01	冬小麦	科农 199	2×1	64.7	507	1 505.31	620.23
2010	6	LCAZQ02AB0_01	冬小麦	科农 199	2×1	63.3	470	1 568.23	654.04

（续）

年份	月份	样地代码	作物名称	作物品种	样方面积（m×m）	群体株高（cm）	密度（株/m²）	地上部总干重（g/m²）	产量（g/m²）
2010	6	LCAZQ02AB0_01	冬小麦	科农 199	2×1	65.1	503	1 807.47	600.50
2010	6	LCAZQ02AB0_01	冬小麦	科农 199	2×1	64.5	423	1 422.80	581.81
2010	6	LCAZQ03AB0_01	冬小麦	石新 828	2×1	57.2	433	1 310.91	510.83
2010	6	LCAZQ03AB0_01	冬小麦	石新 828	2×1	54.7	420	1 060.29	505.59
2010	6	LCAZQ03AB0_01	冬小麦	石新 828	2×1	60.1	390	1 069.38	519.75
2010	6	LCAZQ03AB0_01	冬小麦	石新 828	2×1	57.6	418	1 159.72	390.28
2010	6	LCAZQ03AB0_01	冬小麦	石新 828	2×1	59.7	295	836.47	430.08
2010	6	LCAZQ03AB0_01	冬小麦	石新 828	2×1	60.7	390	1 331.27	498.00
2010	9	LCAZH01ABC_01	夏玉米	先玉 335 和中科 11	2×5	247.5	6.9	1 283.03	682.81
2010	9	LCAZH01ABC_01	夏玉米	先玉 335 和中科 11	2×5	233.5	7.1	1 696.75	1 129.77
2010	9	LCAZH01ABC_01	夏玉米	先玉 335 和中科 11	2×5	252.2	5.5	1 159.66	674.64
2010	9	LCAZH01ABC_01	夏玉米	先玉 335 和中科 11	2×5	245.2	5.0	1 335.23	609.14
2010	9	LCAZH01ABC_01	夏玉米	先玉 335 和中科 11	2×5	227.2	5.7	1 553.23	794.87
2010	9	LCAZH01ABC_01	夏玉米	先玉 335 和中科 11	2×5	217.3	4.7	1 678.29	944.25
2010	9	LCAFZ01AB0_01	夏玉米	石玉 9 号	2×5	136.0	5.8	349.94	177.56
2010	9	LCAFZ01AB0_01	夏玉米	石玉 9 号	2×5	163.6	6.9	498.23	255.35
2010	9	LCAFZ01AB0_01	夏玉米	石玉 9 号	2×5	131.3	5.4	459.12	270.85
2010	9	LCAFZ02AB0_01	夏玉米	石玉 9 号	2×5	221.2	5.0	1 004.70	545.93
2010	9	LCAFZ02AB0_01	夏玉米	石玉 9 号	2×5	229.0	5.9	970.20	460.66
2010	9	LCAFZ02AB0_01	夏玉米	石玉 9 号	2×5	213.7	4.8	1 056.59	638.56
2010	9	LCAFZ03AB0_01	夏玉米	石玉 9 号	2×5	201.7	6.3	1 177.20	569.67
2010	9	LCAFZ03AB0_01	夏玉米	石玉 9 号	2×5	208.0	5.4	1 078.59	591.80
2010	9	LCAFZ03AB0_01	夏玉米	石玉 9 号	2×5	170.7	5.2	898.07	478.67
2010	9	LCAZQ01AB0_01	夏玉米	先玉 335	2×5	241.7	4.4	1 083.71	584.18
2010	9	LCAZQ01AB0_01	夏玉米	先玉 335	2×5	211.7	4.5	1 179.14	602.12
2010	9	LCAZQ01AB0_01	夏玉米	先玉 335	2×5	244.1	5.4	1 454.72	768.19
2010	9	LCAZQ01AB0_01	夏玉米	先玉 335	2×5	208.2	4.6	1 080.15	594.97
2010	9	LCAZQ01AB0_01	夏玉米	先玉 335	2×5	226.7	6.0	1 573.27	868.12

（续）

年份	月份	样地代码	作物名称	作物品种	样方面积（m×m）	群体株高（cm）	密度（株/m²）	地上部总干重（g/m²）	产量（g/m²）
2010	9	LCAZQ02AB0_01	夏玉米	先玉 335	2×5	222.2	4.9	1 268.94	691.28
2010	9	LCAZQ02AB0_01	夏玉米	永玉 8 号	2×5	242.2	7.3	1 813.88	897.28
2010	9	LCAZQ02AB0_01	夏玉米	永玉 8 号	2×5	250.3	7.9	1 761.18	713.99
2010	9	LCAZQ02AB0_01	夏玉米	永玉 8 号	2×5	255.7	5.5	1 696.68	785.88
2010	9	LCAZQ02AB0_01	夏玉米	永玉 8 号	2×5	243.4	8.8	1 747.40	868.54
2010	9	LCAZQ02AB0_01	夏玉米	永玉 8 号	2×5	255.6	7.6	1 735.38	761.06
2010	9	LCAZQ02AB0_01	夏玉米	永玉 8 号	2×5	262.5	5.6	1 392.93	740.67
2010	9	LCAZQ03AB0_01	夏玉米	先玉 335	2×5	260.8	6.6	1 507.48	611.68
2010	9	LCAZQ03AB0_01	夏玉米	先玉 335	2×5	242.0	6.3	1 505.75	630.75
2010	9	LCAZQ03AB0_01	夏玉米	先玉 335	2×5	247.0	7.1	1 502.61	681.18
2010	9	LCAZQ03AB0_01	夏玉米	先玉 335	2×5	239.3	6.1	1 365.62	662.84
2010	9	LCAZQ03AB0_01	夏玉米	先玉 335	2×5	247.7	5.6	1 318.84	599.89
2010	9	LCAZQ03AB0_01	夏玉米	先玉 335	2×5	235.8	6.4	1 502.63	712.99
2011	6	LCAZH01ABC_01	冬小麦	1066	2×1	63.3	797	2 198.00	814.81
2011	6	LCAZH01ABC_01	冬小麦	1066	2×1	65.8	683	2 045.22	691.36
2011	6	LCAZH01ABC_01	冬小麦	1066	2×1	67.3	890	2 636.63	1 036.68
2011	6	LCAZH01ABC_01	冬小麦	1066	2×1	66.0	800	2 096.40	794.42
2011	6	LCAZH01ABC_01	冬小麦	1066	2×1	64.4	833	2 275.83	781.95
2011	6	LCAZH01ABC_01	冬小麦	1066	2×1	63.7	750	2 005.88	792.79
2011	6	LCAFZ01AB0_01	冬小麦	科农 199	2×1	58.2	343	589.68	171.64
2011	6	LCAFZ01AB0_01	冬小麦	科农 199	2×1	58.2	293	503.80	173.70
2011	6	LCAFZ01AB0_01	冬小麦	科农 199	2×1	53.8	367	730.95	166.17
2011	6	LCAFZ02AB0_01	冬小麦	科农 199	2×1	66.4	757	1 828.49	751.79
2011	6	LCAFZ02AB0_01	冬小麦	科农 199	2×1	69.1	940	2 691.22	756.66
2011	6	LCAFZ02AB0_01	冬小麦	科农 199	2×1	71.2	593	1 684.77	687.52
2011	6	LCAFZ03AB0_01	冬小麦	科农 199	2×1	67.0	820	2 605.55	703.56
2011	6	LCAFZ03AB0_01	冬小麦	科农 199	2×1	67.6	627	1 618.05	547.79
2011	6	LCAFZ03AB0_01	冬小麦	科农 199	2×1	66.1	693	1 834.91	668.58
2011	6	LCAZQ01AB0_01	冬小麦	石新 828	2×1	72.9	613	1 857.79	829.81
2011	6	LCAZQ01AB0_01	冬小麦	石新 828	2×1	71.4	763	2 338.09	664.89
2011	6	LCAZQ01AB0_01	冬小麦	石新 828	2×1	71.8	693	1 993.68	801.10
2011	6	LCAZQ01AB0_01	冬小麦	石新 828	2×1	72.0	680	1 899.24	1 215.52

（续）

年份	月份	样地代码	作物名称	作物品种	样方面积（m×m）	群体株高（cm）	密度（株/m²）	地上部总干重（g/m²）	产量（g/m²）
2011	6	LCAZQ01AB0_01	冬小麦	石新828	2×1	74.8	723	1 983.02	912.96
2011	6	LCAZQ01AB0_01	冬小麦	石新828	2×1	66.1	583	1 588.42	757.16
2011	6	LCAZQ02AB0_01	冬小麦	科农199	2×1	71.3	763	2 236.57	734.13
2011	6	LCAZQ02AB0_01	冬小麦	科农199	2×1	70.0	640	2 263.68	773.81
2011	6	LCAZQ02AB0_01	冬小麦	科农199	2×1	71.6	657	1 996.60	721.42
2011	6	LCAZQ02AB0_01	冬小麦	科农199	2×1	72.3	740	2 158.95	830.69
2011	6	LCAZQ02AB0_01	冬小麦	科农199	2×1	68.9	823	2 481.94	994.95
2011	6	LCAZQ02AB0_01	冬小麦	科农199	2×1	73.0	617	2 076.32	698.65
2011	6	LCAZQ03AB0_01	冬小麦	良星66	2×1	68.1	470	1 373.81	708.99
2011	6	LCAZQ03AB0_01	冬小麦	良星66	2×1	68.5	498	1 533.79	650.72
2011	6	LCAZQ03AB0_01	冬小麦	良星66	2×1	66.1	520	1 355.12	626.48
2011	6	LCAZQ03AB0_01	冬小麦	良星66	2×1	66.6	423	1 293.91	732.91
2011	6	LCAZQ03AB0_01	冬小麦	良星66	2×1	66.2	470	1 326.58	622.43
2011	6	LCAZQ03AB0_01	冬小麦	良星66	2×1	68.0	445	1 359.25	739.58
2011	9	LCAZH01ABC_01	夏玉米	先玉335	2×5	247.5	6.9	1 507.72	746.77
2011	9	LCAZH01ABC_01	夏玉米	先玉336	2×5	233.5	7.1	1 609.62	622.01
2011	9	LCAZH01ABC_01	夏玉米	先玉337	2×5	252.2	5.5	1 341.24	628.04
2011	9	LCAZH01ABC_01	夏玉米	先玉338	2×5	245.2	5.0	1 176.70	615.83
2011	9	LCAZH01ABC_01	夏玉米	先玉339	2×5	227.2	5.7	1 389.22	619.46
2011	9	LCAZH01ABC_01	夏玉米	先玉340	2×5	217.3	4.7	1 794.86	801.17
2011	9	LCAFZ01AB0_01	夏玉米	郑单958	2×5	136.0	5.8	572.25	313.42
2011	9	LCAFZ01AB0_01	夏玉米	郑单958	2×5	163.6	6.9	576.50	306.59
2011	9	LCAFZ01AB0_01	夏玉米	郑单958	2×5	131.3	5.4	663.01	356.06
2011	9	LCAFZ02AB0_01	夏玉米	郑单958	2×5	221.2	5.0	1 264.98	675.91
2011	9	LCAFZ02AB0_01	夏玉米	郑单958	2×5	229.0	5.9	1 416.89	738.34
2011	9	LCAFZ02AB0_01	夏玉米	郑单958	2×5	213.7	4.8	1 186.98	650.42
2011	9	LCAFZ03AB0_01	夏玉米	郑单958	2×5	201.7	6.3	1 065.25	637.93
2011	9	LCAFZ03AB0_01	夏玉米	郑单958	2×5	208.0	5.4	954.88	516.98
2011	9	LCAFZ03AB0_01	夏玉米	郑单958	2×5	170.7	5.2	834.94	534.36
2011	9	LCAZQ01AB0_01	夏玉米	先玉335	2×5	241.7	4.4	1 937.50	931.57
2011	9	LCAZQ01AB0_01	夏玉米	先玉335	2×5	211.7	4.5	1 538.50	694.77
2011	9	LCAZQ01AB0_01	夏玉米	先玉335	2×5	244.1	5.4	1 641.88	782.08

（续）

年份	月份	样地代码	作物名称	作物品种	样方面积（m×m）	群体株高（cm）	密度（株/m²）	地上部总干重（g/m²）	产量（g/m²）
2011	9	LCAZQ01AB0_01	夏玉米	先玉335	2×5	208.2	4.6	1 630.49	804.97
2011	9	LCAZQ01AB0_01	夏玉米	先玉335	2×5	226.7	6.0	1 487.00	824.39
2011	9	LCAZQ02AB0_01	夏玉米	先玉335	2×5	222.2	4.9	1 688.66	807.25
2011	9	LCAZQ02AB0_01	夏玉米	先玉335	2×5	242.2	7.3	1 511.92	843.13
2011	9	LCAZQ02AB0_01	夏玉米	先玉335	2×5	250.3	7.9	1 970.56	1 033.65
2011	9	LCAZQ02AB0_01	夏玉米	先玉335	2×5	255.7	5.5	1 835.49	994.23
2011	9	LCAZQ02AB0_01	夏玉米	先玉335	2×5	243.4	8.8	1 573.42	884.68
2011	9	LCAZQ02AB0_01	夏玉米	先玉335	2×5	255.6	7.6	1 496.37	816.22
2011	9	LCAZQ02AB0_01	夏玉米	先玉335	2×5	262.5	5.6	1 342.66	675.68
2011	9	LCAZQ03AB0_01	夏玉米	先玉335	2×5	260.8	6.6	1 415.95	736.54
2011	9	LCAZQ03AB0_01	夏玉米	先玉335	2×5	242.0	6.3	1 750.14	878.21
2011	9	LCAZQ03AB0_01	夏玉米	先玉335	2×5	247.0	7.1	1 792.88	922.77
2011	9	LCAZQ03AB0_01	夏玉米	先玉335	2×5	239.3	6.1	1 886.58	908.40
2011	9	LCAZQ03AB0_01	夏玉米	先玉335	2×5	247.7	5.6	1 673.11	869.54
2011	9	LCAZQ03AB0_01	夏玉米	先玉335	2×5	235.8	6.4	1 725.02	888.64
2012	6	LCAZH01ABC_01	冬小麦	科农1066	2×1	62.6	593	1 359.88	654.11
2012	6	LCAZH01ABC_01	冬小麦	科农1066	2×1	62.9	545	1 237.65	633.51
2012	6	LCAZH01ABC_01	冬小麦	科农1066	2×1	61.1	610	1 347.43	626.10
2012	6	LCAZH01ABC_01	冬小麦	科农1066	2×1	60.0	635	1 343.05	593.75
2012	6	LCAZH01ABC_01	冬小麦	科农1066	2×1	63.1	608	1 515.51	745.05
2012	6	LCAZH01ABC_01	冬小麦	科农1066	2×1	60.1	567	1 358.30	704.94
2012	6	LCAFZ01AB0_01	冬小麦	科农1066	2×1	52.1	400	404.59	78.79
2012	6	LCAFZ01AB0_01	冬小麦	科农1066	2×1	53.4	273	355.86	119.29
2012	6	LCAFZ01AB0_01	冬小麦	科农1066	2×1	52.8	340	387.14	118.88
2012	6	LCAFZ02AB0_01	冬小麦	科农1066	2×1	63.6	593	1 332.70	572.64
2012	6	LCAFZ02AB0_01	冬小麦	科农1066	2×1	64.3	580	1 316.56	528.63
2012	6	LCAFZ02AB0_01	冬小麦	科农1066	2×1	63.2	707	1 473.68	605.89
2012	6	LCAFZ03AB0_01	冬小麦	科农1066	2×1	62.7	757	1 433.88	554.63
2012	6	LCAFZ03AB0_01	冬小麦	科农1066	2×1	61.1	520	1 475.46	588.08
2012	6	LCAFZ03AB0_01	冬小麦	科农1066	2×1	61.3	630	1 399.63	510.39
2012	6	LCAZQ01AB0_01	冬小麦	石新828	2×1	65.3	970	2 409.37	755.52
2012	6	LCAZQ01AB0_01	冬小麦	石新828	2×1	63.1	777	1 640.29	571.59

（续）

年份	月份	样地代码	作物名称	作物品种	样方面积（m×m）	群体株高（cm）	密度（株/m²）	地上部总干重（g/m²）	产量（g/m²）
2012	6	LCAZQ01AB0_01	冬小麦	石新 828	2×1	66.7	780	1 759.50	594.96
2012	6	LCAZQ01AB0_01	冬小麦	石新 828	2×1	65.4	807	1 729.23	571.67
2012	6	LCAZQ01AB0_01	冬小麦	石新 828	2×1	65.6	850	1 794.05	633.80
2012	6	LCAZQ01AB0_01	冬小麦	石新 828	2×1	63.5	547	1 406.64	535.26
2012	6	LCAZQ04AB0_01	冬小麦	石新 828	2×1	68.5	690	1 809.18	776.25
2012	6	LCAZQ04AB0_01	冬小麦	石新 828	2×1	64.7	597	1 507.78	659.03
2012	6	LCAZQ04AB0_01	冬小麦	石新 828	2×1	66.5	640	1 483.14	622.34
2012	6	LCAZQ04AB0_01	冬小麦	石新 828	2×1	64.1	627	1 474.19	643.54
2012	6	LCAZQ04AB0_01	冬小麦	石新 828	2×1	64.4	567	1 451.07	661.42
2012	6	LCAZQ04AB0_01	冬小麦	石新 828	2×1	63.5	870	1 912.84	628.72
2012	6	LCAZQ05AB0_01	冬小麦	科农 199	2×1	63.3	693	1 463.05	725.69
2012	6	LCAZQ05AB0_01	冬小麦	科农 199	2×1	64.4	673	1 572.59	719.14
2012	6	LCAZQ05AB0_01	冬小麦	科农 199	2×1	65.5	840	1 694.90	703.70
2012	6	LCAZQ05AB0_01	冬小麦	科农 199	2×1	67.8	763	1 724.09	769.93
2012	6	LCAZQ05AB0_01	冬小麦	科农 199	2×1	62.3	717	1 404.01	613.53
2012	6	LCAZQ05AB0_01	冬小麦	科农 199	2×1	64.9	777	1 556.45	626.67
2012	9	LCAZH01ABC_01	夏玉米	336 和雷奥 1 号	2×5	295.3	5.8	1 798.56	947.07
2012	9	LCAZH01ABC_01	夏玉米	336 和雷奥 1 号	2×5	300.8	6.0	1 809.58	922.72
2012	9	LCAZH01ABC_01	夏玉米	336 和雷奥 1 号	2×5	291.0	5.2	1 467.56	863.22
2012	9	LCAZH01ABC_01	夏玉米	336 和雷奥 1 号	2×5	292.0	6.3	1 691.80	842.52
2012	9	LCAZH01ABC_01	夏玉米	336 和雷奥 1 号	2×5	285.2	4.4	1 486.82	827.82
2012	9	LCAZH01ABC_01	夏玉米	336 和雷奥 1 号	2×5	301.8	6.3	1 736.19	985.43
2012	9	LCAFZ01AB0_01	夏玉米	新亚 2 号	2×5	189.8	5.6	928.23	601.28
2012	9	LCAFZ01AB0_01	夏玉米	新亚 2 号	2×5	188.3	6.0	936.86	584.30
2012	9	LCAFZ01AB0_01	夏玉米	新亚 2 号	2×5	202.7	6.1	962.81	608.02
2012	9	LCAFZ02AB0_01	夏玉米	新亚 2 号	2×5	227.5	6.1	1 480.83	829.78
2012	9	LCAFZ02AB0_01	夏玉米	新亚 2 号	2×5	227.2	6.5	1 437.24	746.73
2012	9	LCAFZ02AB0_01	夏玉米	新亚 2 号	2×5	227.3	5.2	1 351.26	752.36
2012	9	LCAFZ03AB0_01	夏玉米	新亚 2 号	2×5	230.2	5.4	1 273.23	796.49
2012	9	LCAFZ03AB0_01	夏玉米	新亚 2 号	2×5	199.0	6.0	1 235.73	707.27
2012	9	LCAFZ03AB0_01	夏玉米	新亚 2 号	2×5	207.5	5.4	1 148.20	667.54
2012	9	LCAZQ01AB0_01	夏玉米	先玉 335	2×5	294.8	4.7	1 998.98	935.96

（续）

年份	月份	样地代码	作物名称	作物品种	样方面积（m×m）	群体株高（cm）	密度（株/m²）	地上部总干重（g/m²）	产量（g/m²）
2012	9	LCAZQ01AB0_01	夏玉米	先玉 335	2×5	290.8	4.8	2 384.43	931.82
2012	9	LCAZQ01AB0_01	夏玉米	先玉 335	2×5	280.0	4.9	1 773.70	998.97
2012	9	LCAZQ01AB0_01	夏玉米	先玉 335	2×5	281.5	4.8	2 163.23	953.32
2012	9	LCAZQ01AB0_01	夏玉米	先玉 335	2×5	285.2	5.2	1 958.83	1 018.37
2012	9	LCAZQ01AB0_01	夏玉米	先玉 335	2×5	288.3	5.2	1 748.59	991.18
2012	9	LCAZQ04AB0_01	夏玉米	先玉 335 和三北 21	2×5	228.8	4.4	1 377.64	787.90
2012	9	LCAZQ04AB0_01	夏玉米	先玉 335 和三北 21	2×5	252.8	5.2	1 736.82	990.18
2012	9	LCAZQ04AB0_01	夏玉米	先玉 335 和三北 21	2×5	263.7	5.8	1 769.25	1 005.29
2012	9	LCAZQ04AB0_01	夏玉米	先玉 335 和三北 21	2×5	228.8	5.2	1 578.94	824.24
2012	9	LCAZQ04AB0_01	夏玉米	先玉 335 和三北 21	2×5	263.0	4.9	1 552.55	854.72
2012	9	LCAZQ04AB0_01	夏玉米	先玉 335 和三北 21	2×5	220.2	5.6	1 292.58	810.26
2012	9	LCAZQ05AB0_01	夏玉米	先玉 335	2×5	274.7	7.0	1 474.61	983.22
2012	9	LCAZQ05AB0_01	夏玉米	先玉 335	2×5	281.3	6.6	1 459.81	933.94
2012	9	LCAZQ05AB0_01	夏玉米	先玉 335	2×5	275.0	6.6	1 403.94	956.20
2012	9	LCAZQ05AB0_01	夏玉米	先玉 335	2×5	281.5	6.5	1 768.68	997.21
2012	9	LCAZQ05AB0_01	夏玉米	先玉 335	2×5	284.0	6.8	1 756.01	974.36
2012	9	LCAZQ05AB0_01	夏玉米	先玉 335	2×5	266.3	6.3	1 706.48	973.51
2013	6	LCAZH01ABC_01	冬小麦	科农 1066	2×1	67.9	407	1 382.28	639.45
2013	6	LCAZH01ABC_01	冬小麦	科农 1066	2×1	65.8	385	1 497.03	645.97
2013	6	LCAZH01ABC_01	冬小麦	科农 1066	2×1	67.2	305	1 119.77	556.43
2013	6	LCAZH01ABC_01	冬小麦	科农 1066	2×1	65.8	372	1 253.66	583.94
2013	6	LCAZH01ABC_01	冬小麦	科农 1066	2×1	69.8	297	1 318.45	631.43
2013	6	LCAZH01ABC_01	冬小麦	科农 1066	2×1	64.6	243	1 316.22	616.81
2013	6	LCAFZ01AB0_01	冬小麦	科农 1066	2×1	46.8	147	349.44	150.42
2013	6	LCAFZ01AB0_01	冬小麦	科农 1066	2×1	48.4	142	412.80	181.31
2013	6	LCAFZ01AB0_01	冬小麦	科农 1066	2×1	52.2	147	488.73	222.22
2013	6	LCAFZ02AB0_01	冬小麦	科农 1066	2×1	65.9	375	1 476.88	627.92
2013	6	LCAFZ02AB0_01	冬小麦	科农 1066	2×1	69.2	457	1 653.50	738.62

（续）

年份	月份	样地代码	作物名称	作物品种	样方面积（m×m）	群体株高（cm）	密度（株/m²）	地上部总干重（g/m²）	产量（g/m²）
2013	6	LCAFZ02AB0_01	冬小麦	科农1066	2×1	67.0	438	1 638.04	723.03
2013	6	LCAFZ03AB0_01	冬小麦	科农1066	2×1	64.6	408	1 555.72	711.25
2013	6	LCAFZ03AB0_01	冬小麦	科农1066	2×1	61.7	327	1 269.09	597.99
2013	6	LCAFZ03AB0_01	冬小麦	科农1066	2×1	64.8	457	1 366.59	625.83
2013	6	LCAZQ01AB0_01	冬小麦	科农1066	2×1	67.1	507	1 294.89	588.49
2013	6	LCAZQ01AB0_01	冬小麦	科农1066	2×1	71.2	500	1 518.69	688.55
2013	6	LCAZQ01AB0_01	冬小麦	科农1066	2×1	68.3	507	1 645.12	737.67
2013	6	LCAZQ01AB0_01	冬小麦	科农1066	2×1	70.9	590	1 799.19	734.96
2013	6	LCAZQ01AB0_01	冬小麦	科农1066	2×1	72.5	497	1 436.86	653.52
2013	6	LCAZQ01AB0_01	冬小麦	科农1066	2×1	67.8	427	1 463.26	595.89
2013	6	LCAZQ04AB0_01	冬小麦	石新828	2×1	74.8	517	1 514.87	690.56
2013	6	LCAZQ04AB0_01	冬小麦	石新828	2×1	75.8	338	1 551.76	651.08
2013	6	LCAZQ04AB0_01	冬小麦	石新828	2×1	76.2	375	1 486.99	636.89
2013	6	LCAZQ04AB0_01	冬小麦	石新828	2×1	76.7	398	1 456.63	643.27
2013	6	LCAZQ04AB0_01	冬小麦	石新828	2×1	71.3	425	1 378.98	635.94
2013	6	LCAZQ04AB0_01	冬小麦	石新828	2×1	71.9	423	1 796.91	803.64
2013	6	LCAZQ05AB0_01	冬小麦	科农1066	2×1	68.9	427	1 602.14	720.61
2013	6	LCAZQ05AB0_01	冬小麦	科农1066	2×1	70.2	483	1 779.68	777.04
2013	6	LCAZQ05AB0_01	冬小麦	科农1066	2×1	66.3	417	1 304.11	609.65
2013	6	LCAZQ05AB0_01	冬小麦	科农1066	2×1	69.7	412	1 554.43	683.33
2013	6	LCAZQ05AB0_01	冬小麦	科农1066	2×1	62.6	550	1 470.95	668.06
2013	6	LCAZQ05AB0_01	冬小麦	科农1066	2×1	71.5	558	1 499.52	671.30
2013	9	LCAZH01ABC_01	夏玉米	伟科702	2×5	225.5	5.2	1 793.33	949.43
2013	9	LCAZH01ABC_01	夏玉米	伟科702	2×5	226.7	5.0	2 048.70	1 116.30
2013	9	LCAZH01ABC_01	夏玉米	伟科702	2×5	229.3	4.7	1 747.22	865.82
2013	9	LCAZH01ABC_01	夏玉米	伟科702	2×5	240.8	6.2	1 874.51	963.71
2013	9	LCAZH01ABC_01	夏玉米	伟科702	2×5	215.8	5.0	1 253.86	707.86
2013	9	LCAZH01ABC_01	夏玉米	伟科702	2×5	227.8	5.9	1 683.31	805.81
2013	9	LCAFZ01AB0_01	夏玉米	兆丰208	2×5	172.5	5.9	895.48	505.30
2013	9	LCAFZ01AB0_01	夏玉米	兆丰208	2×5	177.0	6.1	910.29	556.50
2013	9	LCAFZ01AB0_01	夏玉米	兆丰208	2×5	170.8	5.1	836.68	522.27
2013	9	LCAFZ02AB0_01	夏玉米	兆丰208	2×5	193.3	4.1	1 313.58	621.44

（续）

年份	月份	样地代码	作物名称	作物品种	样方面积（m×m）	群体株高（cm）	密度（株/m²）	地上部总干重（g/m²）	产量（g/m²）
2013	9	LCAFZ02AB0_01	夏玉米	兆丰208	2×5	201.7	5.5	1 527.97	800.33
2013	9	LCAFZ02AB0_01	夏玉米	兆丰208	2×5	217.5	6.2	1 706.70	841.31
2013	9	LCAFZ03AB0_01	夏玉米	兆丰208	2×5	196.0	6.0	1 321.17	832.29
2013	9	LCAFZ03AB0_01	夏玉米	兆丰208	2×5	198.6	6.8	1 395.16	860.87
2013	9	LCAFZ03AB0_01	夏玉米	兆丰208	2×5	188.3	6.7	1 369.35	832.07
2013	9	LCAZQ01AB0_01	夏玉米	登海605	2×5	253.0	6.3	2 038.82	1 146.32
2013	9	LCAZQ01AB0_01	夏玉米	登海605	2×5	255.8	5.9	2 127.75	1 055.25
2013	9	LCAZQ01AB0_01	夏玉米	登海605	2×5	245.5	5.5	1 942.69	1 027.69
2013	9	LCAZQ01AB0_01	夏玉米	登海605	2×5	245.8	6.0	1 902.88	1 108.93
2013	9	LCAZQ01AB0_01	夏玉米	登海605	2×5	238.3	5.9	1 726.84	1 044.34
2013	9	LCAZQ01AB0_01	夏玉米	登海605	2×5	248.3	6.2	2 286.90	1 044.90
2013	9	LCAZQ04AB0_01	夏玉米	先玉335	2×5	260.8	5.7	1 758.13	954.88
2013	9	LCAZQ04AB0_01	夏玉米	先玉335	2×5	270.0	6.2	1 898.73	936.18
2013	9	LCAZQ04AB0_01	夏玉米	先玉335	2×5	260.0	5.9	2 025.03	1 044.93
2013	9	LCAZQ04AB0_01	夏玉米	先玉335	2×5	273.3	5.7	1 467.01	852.76
2013	9	LCAZQ04AB0_01	夏玉米	先玉335	2×5	247.7	5.9	2 047.01	1 013.51
2013	9	LCAZQ04AB0_01	夏玉米	先玉335	2×5	253.3	6.0	1 844.50	980.20
2013	9	LCAZQ05AB0_01	夏玉米	先玉335	2×5	264.2	6.4	1 466.88	823.15
2013	9	LCAZQ05AB0_01	夏玉米	先玉335	2×5	250.8	5.9	1 287.91	689.91
2013	9	LCAZQ05AB0_01	夏玉米	先玉335	2×5	249.2	5.7	1 457.44	793.84
2013	9	LCAZQ05AB0_01	夏玉米	先玉335	2×5	236.7	5.9	1 503.09	799.09
2013	9	LCAZQ05AB0_01	夏玉米	先玉335	2×5	242.6	5.9	1 410.54	812.14
2013	9	LCAZQ05AB0_01	夏玉米	先玉335	2×5	255.8	6.0	1 401.72	829.99
2014	6	LCAZH01ABC_01	冬小麦	科农1066	2×1	76.3	750	1 801.03	761.90
2014	6	LCAZH01ABC_01	冬小麦	科农1066	2×1	74.2	707	2 078.03	861.11
2014	6	LCAZH01ABC_01	冬小麦	科农1066	2×1	77.4	923	1 453.18	660.00
2014	6	LCAZH01ABC_01	冬小麦	科农1066	2×1	78.7	873	1 564.21	695.83
2014	6	LCAZH01ABC_01	冬小麦	科农1066	2×1	80.8	840	1 409.43	622.46
2014	6	LCAZH01ABC_01	冬小麦	科农1066	2×1	76.2	720	1 302.74	606.73
2014	6	LCAFZ01AB0_01	冬小麦	科农1066	2×1	50.1	340	366.41	124.76
2014	6	LCAFZ01AB0_01	冬小麦	科农1066	2×1	61.7	393	439.19	181.45
2014	6	LCAFZ01AB0_01	冬小麦	科农1066	2×1	59.6	343	343.69	145.83

（续）

年份	月份	样地代码	作物名称	作物品种	样方面积（m×m）	群体株高（cm）	密度（株/m²）	地上部总干重（g/m²）	产量（g/m²）
2014	6	LCAFZ02AB0_01	冬小麦	科农1066	2×1	74.7	832	1 640.30	811.29
2014	6	LCAFZ02AB0_01	冬小麦	科农1066	2×1	71.7	873	1 834.30	888.89
2014	6	LCAFZ02AB0_01	冬小麦	科农1066	2×1	72.4	590	1 705.94	866.40
2014	6	LCAFZ03AB0_01	冬小麦	科农1066	2×1	68.9	700	1 156.16	571.43
2014	6	LCAFZ03AB0_01	冬小麦	科农1066	2×1	66.2	693	1 518.27	795.83
2014	6	LCAFZ03AB0_01	冬小麦	科农1066	2×1	68.6	850	1 476.80	748.00
2014	6	LCAZQ06AB0_01	冬小麦	石新828	2×1	80.4	860	1 875.05	878.05
2014	6	LCAZQ06AB0_01	冬小麦	石新828	2×1	78.5	773	1 749.29	864.00
2014	6	LCAZQ06AB0_01	冬小麦	石新828	2×1	77.0	653	1 726.45	846.15
2014	6	LCAZQ06AB0_01	冬小麦	石新828	2×1	76.8	750	1 650.26	800.00
2014	6	LCAZQ06AB0_01	冬小麦	石新828	2×1	75.5	777	1 809.58	882.16
2014	6	LCAZQ06AB0_01	冬小麦	石新828	2×1	74.5	870	1 778.99	824.00
2014	6	LCAZQ05AB0_01	冬小麦	科农1066	2×1	77.1	820	1 899.27	925.44
2014	6	LCAZQ05AB0_01	冬小麦	科农1066	2×1	67.3	870	1 754.28	871.58
2014	6	LCAZQ05AB0_01	冬小麦	科农1066	2×1	66.3	1 050	1 836.71	901.05
2014	6	LCAZQ05AB0_01	冬小麦	科农1066	2×1	66.8	863	1 675.08	819.00
2014	6	LCAZQ05AB0_01	冬小麦	科农1066	2×1	68.6	960	1 835.19	889.81
2014	6	LCAZQ05AB0_01	冬小麦	科农1066	2×1	72.4	927	1 901.54	874.49
2014	6	LCAZQ08AB0_01	冬小麦	科农2009	2×1	75.5	687	1 283.16	600.00
2014	6	LCAZQ08AB0_01	冬小麦	科农2009	2×1	79.1	667	2 041.62	961.04
2014	6	LCAZQ08AB0_01	冬小麦	科农2009	2×1	75.5	433	1 791.87	807.69
2014	6	LCAZQ08AB0_01	冬小麦	科农2009	2×1	79.6	520	1 993.23	872.43
2014	6	LCAZQ08AB0_01	冬小麦	科农2009	2×1	76.6	647	2 708.23	893.16
2014	6	LCAZQ08AB0_01	冬小麦	科农2009	2×1	73.7	733	1 737.59	796.15
2014	9	LCAZH01ABC_01	夏玉米	农华101	2×5	287.5	5.9	2 293.38	902.96
2014	9	LCAZH01ABC_01	夏玉米	农华101	2×5	279.3	5.3	1 861.14	933.64
2014	9	LCAZH01ABC_01	夏玉米	农华101	2×5	280.7	5.7	1 625.18	860.18
2014	9	LCAZH01ABC_01	夏玉米	农华101	2×5	279.8	4.8	1 400.51	731.90
2014	9	LCAZH01ABC_01	夏玉米	农华101	2×5	292.5	5.0	1 554.30	879.30
2014	9	LCAZH01ABC_01	夏玉米	农华101	2×5	262.7	5.8	1 820.40	896.79
2014	9	LCAFZ01AB0_01	夏玉米	屯玉808	2×5	204.8	4.2	704.02	330.89
2014	9	LCAFZ01AB0_01	夏玉米	屯玉808	2×5	220.7	5.2	891.67	354.94

（续）

年份	月份	样地代码	作物名称	作物品种	样方面积（m×m）	群体株高（cm）	密度（株/m²）	地上部总干重（g/m²）	产量（g/m²）
2014	9	LCAFZ01AB0_01	夏玉米	屯玉808	2×5	208.2	6.8	921.77	409.68
2014	9	LCAFZ02AB0_01	夏玉米	屯玉808	2×5	255.0	4.8	1 739.50	893.91
2014	9	LCAFZ02AB0_01	夏玉米	屯玉808	2×5	249.2	4.8	1 464.93	807.69
2014	9	LCAFZ02AB0_01	夏玉米	屯玉808	2×5	273.2	5.2	1 657.99	885.42
2014	9	LCAFZ03AB0_01	夏玉米	屯玉808	2×5	250.7	4.6	1 471.24	813.05
2014	9	LCAFZ03AB0_01	夏玉米	屯玉808	2×5	241.5	5.3	1 324.56	736.84
2014	9	LCAFZ03AB0_01	夏玉米	屯玉808	2×5	245.8	4.6	1 256.01	707.93
2014	9	LCAZQ06AB0_01	夏玉米	先玉335	2×5	296.7	5.6	1 991.24	1 144.43
2014	9	LCAZQ06AB0_01	夏玉米	先玉335	2×5	296.3	4.9	1 962.15	1 060.76
2014	9	LCAZQ06AB0_01	夏玉米	先玉335	2×5	295.5	4.7	1 702.04	978.71
2014	9	LCAZQ06AB0_01	夏玉米	先玉335	2×5	291.0	5.3	1 941.44	1 118.94
2014	9	LCAZQ06AB0_01	夏玉米	先玉335	2×5	297.8	5.3	2 372.10	1 154.33
2014	9	LCAZQ06AB0_01	夏玉米	先玉335	2×5	303.0	5.2	2 045.07	1 149.51
2014	9	LCAZQ07AB0_01	夏玉米	先玉335	2×5	295.7	5.5	1 907.83	1 156.17
2014	9	LCAZQ07AB0_01	夏玉米	先玉335	2×5	304.2	5.8	2 058.91	1 076.96
2014	9	LCAZQ07AB0_01	夏玉米	先玉335	2×5	283.7	5.1	1 801.07	928.44
2014	9	LCAZQ07AB0_01	夏玉米	先玉335	2×5	273.8	5.2	1 744.18	986.40
2014	9	LCAZQ07AB0_01	夏玉米	先玉335	2×5	294.0	5.5	1 919.91	1 131.58
2014	9	LCAZQ07AB0_01	夏玉米	先玉335	2×5	275.5	5.8	1 919.86	1 057.36
2014	9	LCAZQ08AB0_01	夏玉米	先玉335	2×5	289.5	5.2	1 717.06	976.50
2014	9	LCAZQ05AB0_01	夏玉米	先玉335	2×5	311.3	4.8	1 813.80	959.92
2014	9	LCAZQ05AB0_01	夏玉米	先玉335	2×5	296.5	5.8	1 824.44	1 038.60
2014	9	LCAZQ05AB0_01	夏玉米	先玉335	2×5	305.7	4.8	1 564.00	903.45
2014	9	LCAZQ05AB0_01	夏玉米	先玉335	2×5	315.3	5.6	2 045.36	1 170.60
2014	9	LCAZQ08AB0_01	夏玉米	先玉335	2×5	318.7	5.3	1 725.81	908.03
2015	6	LCAZH01ABC_01	冬小麦	科农2011	2×1	77.4	813	1 119.15	549.49
2015	6	LCAZH01ABC_01	冬小麦	科农2011	2×1	75.0	718	1 518.57	608.89
2015	6	LCAZH01ABC_01	冬小麦	科农2011	2×1	73.8	663	1 342.35	753.05
2015	6	LCAZH01ABC_01	冬小麦	科农2011	2×1	72.5	638	1 405.91	691.06
2015	6	LCAZH01ABC_01	冬小麦	科农2011	2×1	72.6	470	1 847.57	868.99
2015	6	LCAZH01ABC_01	冬小麦	科农2011	2×1	77.6	848	1 659.57	807.82
2015	6	LCAFZ01AB0_01	冬小麦	科农2011	2×1	52.1	153	233.93	98.22

（续）

年份	月份	样地代码	作物名称	作物品种	样方面积（m×m）	群体株高（cm）	密度（株/m²）	地上部总干重（g/m²）	产量（g/m²）
2015	6	LCAFZ01AB0_01	冬小麦	科农 2011	2×1	57.2	250	271.17	119.23
2015	6	LCAFZ01AB0_01	冬小麦	科农 2011	2×1	54.1	243	320.81	118.58
2015	6	LCAFZ02AB0_01	冬小麦	科农 2011	2×1	73.3	573	1 609.60	811.29
2015	6	LCAFZ02AB0_01	冬小麦	科农 2011	2×1	74.5	600	1 883.16	930.65
2015	6	LCAFZ02AB0_01	冬小麦	科农 2011	2×1	75.6	640	1 674.39	789.86
2015	6	LCAFZ03AB0_01	冬小麦	科农 2011	2×1	66.4	467	1 381.75	699.79
2015	6	LCAFZ03AB0_01	冬小麦	科农 2011	2×1	71.4	583	1 530.18	744.19
2015	6	LCAFZ03AB0_01	冬小麦	科农 2011	2×1	68.8	547	1 629.31	844.77
2015	6	LCAZQ06AB0_01	冬小麦	石新 828	2×1	71.6	727	1 648.75	734.88
2015	6	LCAZQ06AB0_01	冬小麦	石新 828	2×1	72.1	820	1 651.42	803.84
2015	6	LCAZQ06AB0_01	冬小麦	石新 828	2×1	75.8	890	1 559.62	752.29
2015	6	LCAZQ06AB0_01	冬小麦	石新 828	2×1	73.5	823	1 283.39	682.88
2015	6	LCAZQ06AB0_01	冬小麦	石新 828	2×1	78.0	977	1 727.05	863.10
2015	6	LCAZQ06AB0_01	冬小麦	石新 828	2×1	77.4	843	1 645.51	824.56
2015	6	LCAZQ07AB0_01	冬小麦	科农 2009	2×1	78.3	673	1 623.01	831.38
2015	6	LCAZQ07AB0_01	冬小麦	科农 2009	2×1	70.0	637	1 464.84	783.67
2015	6	LCAZQ07AB0_01	冬小麦	科农 2009	2×1	71.0	807	1 279.54	717.37
2015	6	LCAZQ07AB0_01	冬小麦	科农 2009	2×1	70.9	433	1 300.12	718.28
2015	6	LCAZQ07AB0_01	冬小麦	科农 2009	2×1	65.5	560	1 397.29	773.12
2015	6	LCAZQ07AB0_01	冬小麦	科农 2009	2×1	72.4	537	1 448.10	787.71
2015	6	LCAZQ08AB0_01	冬小麦	科农 2009	2×1	66.4	520	1 649.07	801.23
2015	6	LCAZQ08AB0_01	冬小麦	科农 2009	2×1	77.5	587	1 692.22	879.91
2015	6	LCAZQ08AB0_01	冬小麦	科农 2009	2×1	76.4	703	1 487.41	865.47
2015	6	LCAZQ08AB0_01	冬小麦	科农 2009	2×1	76.6	560	1 616.33	840.43
2015	6	LCAZQ08AB0_01	冬小麦	科农 2009	2×1	70.5	723	2 125.28	1 063.88
2015	6	LCAZQ08AB0_01	冬小麦	科农 2009	2×1	78.8	643	2 093.11	1 064.94
2015	9	LCAZH01ABC_01	夏玉米	先玉 335	2×5	267.5	4.8	1 736.56	964.91
2015	9	LCAZH01ABC_01	夏玉米	先玉 335	2×5	287.3	5.2	1 941.45	776.79
2015	9	LCAZH01ABC_01	夏玉米	先玉 335	2×5	258.5	6.3	2 268.79	1 010.12
2015	9	LCAZH01ABC_01	夏玉米	先玉 335	2×5	263.0	4.0	1 178.96	557.99
2015	9	LCAZH01ABC_01	夏玉米	先玉 335	2×5	261.2	5.3	1 911.57	792.68
2015	9	LCAZH01ABC_01	夏玉米	先玉 335	2×5	286.8	5.2	1 710.53	796.66

（续）

年份	月份	样地代码	作物名称	作物品种	样方面积（m×m）	群体株高（cm）	密度（株/m²）	地上部总干重（g/m²）	产量（g/m²）
2015	9	LCAFZ01AB0＿01	夏玉米	蠡玉51	2×5	191.8	4.4	870.09	473.37
2015	9	LCAFZ01AB0＿01	夏玉米	蠡玉51	2×5	226.8	2.8	809.75	492.69
2015	9	LCAFZ01AB0＿01	夏玉米	蠡玉51	2×5	190.2	4.2	741.99	411.76
2015	9	LCAFZ02AB0＿01	夏玉米	蠡玉51	2×5	237.5	5.3	1 779.59	823.86
2015	9	LCAFZ02AB0＿01	夏玉米	蠡玉51	2×5	237.2	4.9	1 708.86	813.77
2015	9	LCAFZ02AB0＿01	夏玉米	蠡玉51	2×5	232.2	4.5	1 305.91	704.14
2015	9	LCAFZ03AB0＿01	夏玉米	蠡玉51	2×5	226.8	5.5	1 557.44	736.02
2015	9	LCAFZ03AB0＿01	夏玉米	蠡玉51	2×5	226.8	5.8	1 672.93	809.01
2015	9	LCAFZ03AB0＿01	夏玉米	蠡玉51	2×5	209.8	4.6	1 131.73	557.27
2015	9	LCAZQ06AB0＿01	夏玉米	先玉335	2×5	298.0	3.1	1 520.44	608.73
2015	9	LCAZQ06AB0＿01	夏玉米	先玉335	2×5	310.7	2.8	1 314.45	535.36
2015	9	LCAZQ06AB0＿01	夏玉米	先玉335	2×5	258.7	3.4	1 539.59	644.63
2015	9	LCAZQ06AB0＿01	夏玉米	先玉335	2×5	293.3	3.3	1 413.23	566.21
2015	9	LCAZQ06AB0＿01	夏玉米	先玉335	2×5	292.0	3.4	1 695.01	719.32
2015	9	LCAZQ06AB0＿01	夏玉米	先玉335	2×5	277.7	3.7	1 893.17	834.24
2015	9	LCAZQ07AB0＿01	夏玉米	先玉335	2×5	281.5	5.5	2 151.32	930.56
2015	9	LCAZQ07AB0＿01	夏玉米	先玉335	2×5	289.5	5.8	2 002.07	1 047.75
2015	9	LCAZQ07AB0＿01	夏玉米	先玉335	2×5	265.0	5.3	1 858.31	803.44
2015	9	LCAZQ07AB0＿01	夏玉米	先玉335	2×5	274.5	5.1	1 576.53	840.89
2015	9	LCAZQ07AB0＿01	夏玉米	先玉335	2×5	256.3	5.3	1 903.82	915.78
2015	9	LCAZQ07AB0＿01	夏玉米	先玉335	2×5	282.5	6.0	2 213.92	962.25
2016	6	LCAZH01ABC＿01	冬小麦	婴泊700	2×1	68.2	660	1 423.19	740.73
2016	6	LCAZH01ABC＿01	冬小麦	婴泊700	2×1	71.3	563	1 596.30	768.33
2016	6	LCAZH01ABC＿01	冬小麦	婴泊700	2×1	61.5	563	1 391.28	723.03
2016	6	LCAZH01ABC＿01	冬小麦	婴泊700	2×1	65.5	613	1 579.35	800.83
2016	6	LCAZH01ABC＿01	冬小麦	婴泊700	2×1	68.0	543	1 416.13	653.42
2016	6	LCAZH01ABC＿01	冬小麦	婴泊700	2×1	59.5	557	1 111.14	628.11
2016	6	LCAFZ01AB0＿01	冬小麦	科农2011	2×1	52.5	267	260.15	110.51
2016	6	LCAFZ01AB0＿01	冬小麦	科农2011	2×1	50.4	258	354.66	136.75
2016	6	LCAFZ01AB0＿01	冬小麦	科农2011	2×1	46.1	272	250.72	114.22
2016	6	LCAFZ02AB0＿01	冬小麦	科农2011	2×1	66.2	420	1 546.92	733.09
2016	6	LCAFZ02AB0＿01	冬小麦	科农2011	2×1	64.9	470	1 255.02	663.38

（续）

年份	月份	样地代码	作物名称	作物品种	样方面积（m×m）	群体株高（cm）	密度（株/m²）	地上部总干重（g/m²）	产量（g/m²）
2016	6	LCAFZ02AB0_01	冬小麦	科农2011	2×1	69.1	433	1 540.96	771.00
2016	6	LCAFZ03AB0_01	冬小麦	科农2011	2×1	62.0	418	1 263.66	616.18
2016	6	LCAFZ03AB0_01	冬小麦	科农2011	2×1	64.1	470	1 254.68	622.67
2016	6	LCAFZ03AB0_01	冬小麦	科农2011	2×1	64.7	362	1 219.06	599.83
2016	6	LCAZQ06AB0_01	冬小麦	科农2011	2×1	75.1	560	1 750.50	766.61
2016	6	LCAZQ06AB0_01	冬小麦	科农2011	2×1	72.3	600	2 069.04	922.22
2016	6	LCAZQ06AB0_01	冬小麦	科农2011	2×1	74.0	553	1 461.62	672.12
2016	6	LCAZQ06AB0_01	冬小麦	科农2011	2×1	75.6	687	1 616.20	777.26
2016	6	LCAZQ06AB0_01	冬小麦	科农2011	2×1	77.4	567	1 657.92	783.33
2016	6	LCAZQ06AB0_01	冬小麦	科农2011	2×1	75.3	640	1 670.04	817.04
2016	6	LCAZQ07AB0_01	冬小麦	科农2011	2×1	67.8	503	1 315.37	686.51
2016	6	LCAZQ07AB0_01	冬小麦	科农2011	2×1	65.3	473	1 122.37	583.68
2016	6	LCAZQ07AB0_01	冬小麦	科农2011	2×1	67.2	453	1 271.47	655.20
2016	6	LCAZQ07AB0_01	冬小麦	科农2011	2×1	65.1	447	1 088.45	568.67
2016	6	LCAZQ07AB0_01	冬小麦	科农2011	2×1	70.5	427	1 288.14	740.29
2016	6	LCAZQ07AB0_01	冬小麦	科农2011	2×1	64.1	467	1 344.53	685.09
2016	6	LCAZQ08AB0_01	冬小麦	科农2011	2×1	65.0	620	1 239.41	671.20
2016	6	LCAZQ08AB0_01	冬小麦	科农2011	2×1	68.3	507	1 577.87	814.86
2016	6	LCAZQ08AB0_01	冬小麦	科农2011	2×1	58.9	500	1 569.12	860.00
2016	6	LCAZQ08AB0_01	冬小麦	科农2011	2×1	67.3	590	1 518.30	802.60
2016	6	LCAZQ08AB0_01	冬小麦	科农2011	2×1	64.2	547	1 409.94	776.00
2016	6	LCAZQ08AB0_01	冬小麦	科农2011	2×1	61.4	633	1 399.69	775.56
2016	9	LCAZH01ABC_01	夏玉米	北丰268	2×5	244.3	6.4	1 538.70	851.97
2016	9	LCAZH01ABC_01	夏玉米	北丰268	2×5	262.7	5.2	1 471.76	752.07
2016	9	LCAZH01ABC_01	夏玉米	北丰268	2×5	256.0	6.3	1 799.56	874.39
2016	9	LCAZH01ABC_01	夏玉米	北丰268	2×5	250.0	5.2	1 468.29	738.76
2016	9	LCAZH01ABC_01	夏玉米	北丰268	2×5	259.5	5.3	1 586.34	758.16
2016	9	LCAZH01ABC_01	夏玉米	北丰268	2×5	253.0	5.5	1 777.83	725.81
2016	9	LCAFZ01AB0_01	夏玉米	蠡玉20	2×5	224.5	5.2	1 057.01	465.14
2016	9	LCAFZ01AB0_01	夏玉米	蠡玉20	2×5	217.0	5.8	1 508.01	585.62
2016	9	LCAFZ01AB0_01	夏玉米	蠡玉20	2×5	229.3	5.0	1 030.05	382.31
2016	9	LCAFZ02AB0_01	夏玉米	蠡玉20	2×5	244.8	4.6	1 306.61	754.43

（续）

年份	月份	样地代码	作物名称	作物品种	样方面积（m×m）	群体株高（cm）	密度（株/m²）	地上部总干重（g/m²）	产量（g/m²）
2016	9	LCAFZ02AB0_01	夏玉米	蠡玉 20	2×5	240.7	4.9	1 773.39	888.40
2016	9	LCAFZ02AB0_01	夏玉米	蠡玉 20	2×5	248.5	5.4	1 897.80	869.96
2016	9	LCAFZ03AB0_01	夏玉米	蠡玉 20	2×5	245.5	5.3	1 607.40	805.90
2016	9	LCAFZ03AB0_01	夏玉米	蠡玉 20	2×5	245.3	5.6	1 825.37	949.60
2016	9	LCAFZ03AB0_01	夏玉米	蠡玉 20	2×5	254.8	5.0	1 835.30	837.76
2016	9	LCAZQ06AB0_01	夏玉米	先玉 335、先玉 688	2×5	294.0	5.6	1 698.95	920.16
2016	9	LCAZQ06AB0_01	夏玉米	先玉 335、先玉 688	2×5	288.2	5.5	1 803.73	906.12
2016	9	LCAZQ06AB0_01	夏玉米	先玉 335、先玉 688	2×5	280.7	4.9	1 525.10	926.79
2016	9	LCAZQ06AB0_01	夏玉米	先玉 335、先玉 688	2×5	271.3	5.4	1 455.84	882.65
2016	9	LCAZQ06AB0_01	夏玉米	先玉 335、先玉 688	2×5	282.2	5.3	1 621.15	802.81
2016	9	LCAZQ06AB0_01	夏玉米	先玉 335、先玉 688	2×5	266.0	5.5	1 379.12	739.67
2016	9	LCAZQ07AB0_01	夏玉米	先玉 335	2×5	296.8	6.4	2 023.52	932.28
2016	9	LCAZQ07AB0_01	夏玉米	先玉 335	2×5	308.2	6.0	1 862.76	888.29
2016	9	LCAZQ07AB0_01*	夏玉米	先玉 335	2×5	291.7	6.7	1 788.46	797.22
2016	9	LCAZQ07AB0_01	夏玉米	先玉 335	2×5	284.0	6.3	1 677.43	875.74
2016	9	LCAZQ07AB0_01	夏玉米	先玉 335	2×5	300.3	6.3	2 091.18	800.25
2016	9	LCAZQ07AB0_01	夏玉米	先玉 335	2×5	289.8	6.3	1 918.90	594.80
2016	9	LCAZQ08AB0_01	夏玉米	先玉 335	2×1	284.7	6.8	1 802.00	772.64
2016	9	LCAZQ08AB0_01	夏玉米	先玉 335	2×1	297.3	6.2	2 152.29	932.19
2016	9	LCAZQ08AB0_01	夏玉米	先玉 335	2×1	300.8	6.3	1 910.83	845.64
2016	9	LCAZQ08AB0_01	夏玉米	先玉 335	2×1	297.2	6.3	2 140.07	913.26
2016	9	LCAZQ08AB0_01	夏玉米	先玉 335	2×1	290.5	6.0	2 055.20	937.96
2016	9	LCAZQ08AB0_01	夏玉米	先玉 335	2×1	283.5	5.7	1 619.08	902.02
2017	6	LCAZH01ABC_01	冬小麦	科农 2009	2×1	73	533	1 150	598
2017	6	LCAZH01ABC_01	冬小麦	科农 2009	2×1	78	743	1 624	782
2017	6	LCAZH01ABC_01	冬小麦	科农 2009	2×1	74	593	1 553	807
2017	6	LCAZH01ABC_01	冬小麦	科农 2009	2×1	73	653	1 255	636
2017	6	LCAZH01ABC_01	冬小麦	科农 2009	2×1	74	703	1 643	758
2017	6	LCAZH01ABC_01	冬小麦	科农 2009	2×1	70	620	1 281	724
2017	6	LCAFZ01AB0_01	冬小麦	科农 2011	2×1	52	220	269	114
2017	6	LCAFZ01AB0_01	冬小麦	科农 2011	2×1	56	223	241	93

（续）

年份	月份	样地代码	作物名称	作物品种	样方面积（m×m）	群体株高（cm）	密度（株/m²）	地上部总干重（g/m²）	产量（g/m²）
2017	6	LCAFZ01AB0_01	冬小麦	科农2011	2×1	55	200	277	126
2017	6	LCAFZ02AB0_01	冬小麦	科农2011	2×1	73	760	1 460	692
2017	6	LCAFZ02AB0_01	冬小麦	科农2011	2×1	74	727	1 447	765
2017	6	LCAFZ02AB0_01	冬小麦	科农2011	2×1	69	907	1 449	725
2017	6	LCAFZ03AB0_01	冬小麦	科农2011	2×1	68	757	1 508	735
2017	6	LCAFZ03AB0_01	冬小麦	科农2011	2×1	68	610	1 346	668
2017	6	LCAFZ03AB0_01	冬小麦	科农2011	2×1	68	760	1 591	783
2017	6	LCAZQ06AB0_01	冬小麦	科农2011	2×1	83	643	1 662	728
2017	6	LCAZQ06AB0_01	冬小麦	科农2011	2×1	80	630	1 306	582
2017	6	LCAZQ06AB0_01	冬小麦	科农2011	2×1	78	583	1 685	775
2017	6	LCAZQ06AB0_01	冬小麦	科农2011	2×1	77	683	1 265	608
2017	6	LCAZQ06AB0_01	冬小麦	科农2011	2×1	78	603	1 803	852
2017	6	LCAZQ06AB0_01	冬小麦	科农2011	2×1	79	560	1 420	694
2017	6	LCAZQ07AB0_01	冬小麦	科农2011	2×1	71	723	1 438	751
2017	6	LCAZQ07AB0_01	冬小麦	科农2011	2×1	70	533	1 361	708
2017	6	LCAZQ07AB0_01	冬小麦	科农2011	2×1	67	663	1 418	730
2017	6	LCAZQ07AB0_01	冬小麦	科农2011	2×1	71	737	1 513	791
2017	6	LCAZQ07AB0_01	冬小麦	科农2011	2×1	70	567	1 277	734
2017	6	LCAZQ07AB0_01	冬小麦	科农2011	2×1	70	633	1 293	659
2017	6	LCAZQ08AB0_01	冬小麦	科农2009	2×1	70	597	1 632	884
2017	6	LCAZQ08AB0_01	冬小麦	科农2009	2×1	73	487	1 521	786
2017	6	LCAZQ08AB0_01	冬小麦	科农2009	2×1	72	660	1 275	699
2017	6	LCAZQ08AB0_01	冬小麦	科农2009	2×1	75	610	1 432	757
2017	6	LCAZQ08AB0_01	冬小麦	科农2009	2×1	65	573	1 440	793
2017	6	LCAZQ08AB0_01	冬小麦	科农2009	2×1	71	453	1 235	684
2017	9	LCAZH01ABC_01	夏玉米	登海685	2×5	261	5	1 854	697
2017	9	LCAZH01ABC_01	夏玉米	登海685	2×5	268	6	2 042	743
2017	9	LCAZH01ABC_01	夏玉米	登海685	2×5	261	6	2 072	729
2017	9	LCAZH01ABC_01	夏玉米	登海685	2×5	278	5	1 823	659
2017	9	LCAZH01ABC_01	夏玉米	登海685	2×5	254	6	1 929	879
2017	9	LCAZH01ABC_01	夏玉米	登海685	2×5	279	5	1 794	799
2017	9	LCAFZ01AB0_01	夏玉米	蠡玉52	2×5	209	7	1 250	441
2017	9	LCAFZ01AB0_01	夏玉米	蠡玉52	2×5	205	6	956	470
2017	9	LCAFZ01AB0_01	夏玉米	蠡玉52	2×5	205	7	927	437
2017	9	LCAFZ02AB0_01	夏玉米	蠡玉52	2×5	252	6	2 209	969
2017	9	LCAFZ02AB0_01	夏玉米	蠡玉52	2×5	258	6	2 163	742
2017	9	LCAFZ02AB0_01	夏玉米	蠡玉52	2×5	240	6	2 130	944
2017	9	LCAFZ03AB0_01	夏玉米	蠡玉52	2×5	247	6	2 245	914

（续）

年份	月份	样地代码	作物名称	作物品种	样方面积（m×m）	群体株高（cm）	密度（株/m²）	地上部总干重（g/m²）	产量（g/m²）
2017	9	LCAFZ03AB0_01	夏玉米	蠡玉 52	2×5	236	7	2 470	896
2017	9	LCAFZ03AB0_01	夏玉米	蠡玉 52	2×5	241	6	1 729	851
2017	9	LCAZQ06AB0_01	夏玉米	先玉 335	2×5	241	6	2 499	810
2017	9	LCAZQ06AB0_01	夏玉米	先玉 335	2×5	248	6	2 227	983
2017	9	LCAZQ06AB0_01	夏玉米	先玉 335	2×5	256	5	2 151	905
2017	9	LCAZQ06AB0_01	夏玉米	先玉 335	2×5	247	6	2 160	884
2017	9	LCAZQ06AB0_01	夏玉米	先玉 335	2×5	248	6	2 247	958
2017	9	LCAZQ06AB0_01	夏玉米	先玉 335	2×5	257	5	1 993	890
2017	9	LCAZQ07AB0_01	夏玉米	先玉 335	2×5	253	6	2 407	1 062
2017	9	LCAZQ07AB0_01	夏玉米	先玉 335	2×5	264	6	2 081	938
2017	9	LCAZQ07AB0_01	夏玉米	先玉 335	2×5	264	6	2 034	772
2017	9	LCAZQ07AB0_01	夏玉米	先玉 335	2×5	260	6	1 922	806
2017	9	LCAZQ07AB0_01	夏玉米	先玉 335	2×5	266	6	1 983	855
2017	9	LCAZQ07AB0_01	夏玉米	先玉 335	2×5	293	5	1 875	850
2017	9	LCAZQ09AB0_01	夏玉米	先玉 335	2×5	314	6	2 771	1 098
2017	9	LCAZQ09AB0_01	夏玉米	先玉 335	2×5	320	7	3 084	1 099
2017	9	LCAZQ09AB0_01	夏玉米	先玉 335	2×5	313	6	2 832	1 048
2017	9	LCAZQ09AB0_01	夏玉米	先玉 335	2×5	323	6	2 690	1 034
2017	9	LCAZQ09AB0_01	夏玉米	先玉 335	2×5	329	7	2 919	1 123
2017	9	LCAZQ09AB0_01	夏玉米	先玉 335	2×5	331	6	2 436	1 031

综合观测场与站区调查点玉米收获期测产密度在 2009—2017 年较稳定，变化不大；辅助观测场测产密度在 2009—2013 年无明显变化，2013—2017 年呈现先减少后增加的趋势（图 3-25）。

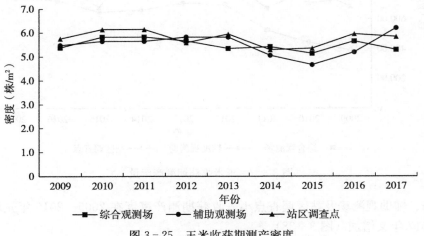

图 3-25 玉米收获期测产密度

综合观测场玉米收获期测产地上部总干重在 2009—2017 年呈缓慢增加趋势；辅助观测场玉米收获期测产地上部总干重在 2009—2017 年呈增加趋势，且增幅高于综合观测场；站区调查点玉米收获期测产地上部总干重在 2009—2014 年呈缓慢增加趋势，2014—2017 年呈先减少后增加趋势（图 3-26）。

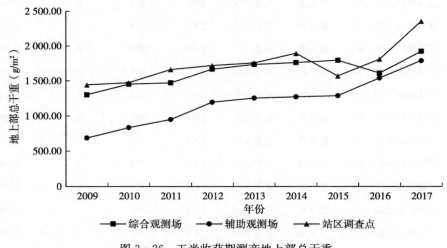

图 3-26 玉米收获期测产地上部总干重

综合观测场玉米收获期测产产量在 2009—2012 年呈先增加后减少再增加趋势，2012—2017 年呈缓慢减少趋势；辅助观测场玉米收获期测产产量在 2009—2012 年呈上升趋势，2012—2017 年无明显变化；站区调查点玉米收获期测产产量在 2009—2014 年先减少后逐渐增加，2015 年明显减少，此后至 2017 年逐渐回升（图 3-27）。

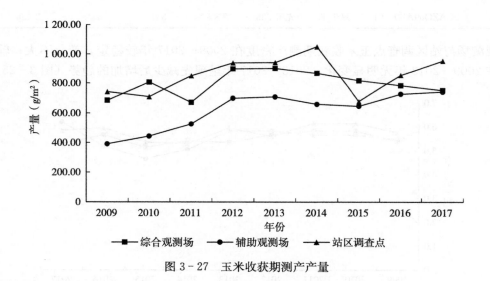

图 3-27 玉米收获期测产产量

综合观测场、辅助观测场及站区调查点小麦收获期测产密度在 2009—2016 年先增加后减少，再增加再减少，2017 年又增加（图 3-28）。

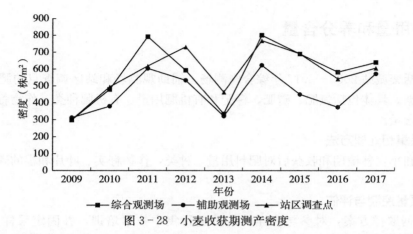

图 3-28　小麦收获期测产密度

综合观测场、辅助观测场的小麦收获期测产地上部总干重在 2009—2010 年略微减少，2011 年明显增加，2012 年明显减少，2012—2017 年无明显变化；站区调查点小麦收获期测产地上部总干重在 2009—2017 年变化幅度小（图 3-29）。

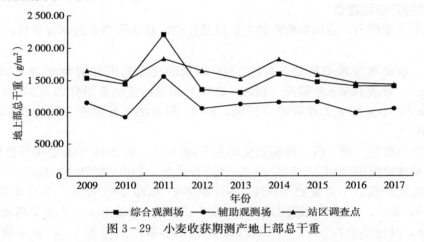

图 3-29　小麦收获期测产地上部总干重

综合观测场小麦收获期测产产量 2009—2013 年呈先减少后增加再减少趋势，2013—2017 年缓慢上升；辅助观测场小麦收获期测产产量 2009—2012 年呈先减少后增加再减少趋势，2012—2015 年缓慢增加，2015—2017 年略微减少；站区调查点小麦收获期测产产量 2009—2012 年呈先减少后增加再减少趋势，2012—2014 年逐渐增加，2014—2017 年逐渐减少（图 3-30）。

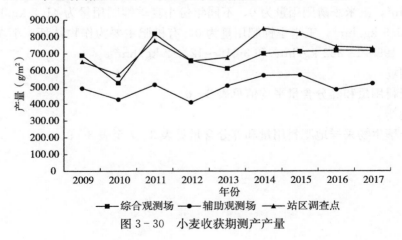

图 3-30　小麦收获期测产产量

3.1.5 肥料用量和养分含量

3.1.5.1 概述

本数据集包括栾城站 2009—2017 年综合观测场、辅助观测场和站区调查点的肥料用量、作物产量和养分含量数据。具体包括氮肥、磷肥、钾肥和有机肥用量、有机肥种类；作物籽实、秸秆和叶片养分碳、磷、钾含量。

3.1.5.2 数据采集和处理方法

在每年玉米和小麦种植期和收获后对肥料用量、种类，作物籽实、叶片和根的磷、氮、磷、钾养分含量进行测量。

3.1.5.3 数据质量控制与评估

取样前，根据取样方案，对参与取样的人员进行集中技术培训，并固定采样人员，减少人为误差。取样后，调查人和记录人及时对原始记录进行核查，发现错误及时纠正。室内实验采用标准的测量方法、专业的实验人员进行实验操作，实验数据交接的时候，进行数据核查，保证数据质量。

3.1.5.4 数据使用方法和建议

肥料用量关系土壤肥力，进而影响作物生长以及作物产量和作物中的养分含量。

3.1.5.5 数据

综合观测场，小麦和玉米季氮肥（折纯，N）用量的变化范围分别为 65.9～332.72 kg/hm² 和 108～335.3 kg/hm²，小麦和玉米季磷肥（折纯，P_2O_5）用量的变化范围分别为 13.09～182.9 kg/hm² 和 0～57.6 kg/hm²，小麦和玉米季钾肥（折纯，K_2O）用量的变化范围分别为 0～106.3 kg/hm² 和 0～269.98 kg/hm²。

辅助观测场空白处理，氮、磷、钾施肥量均为 0 kg/hm²，从 2010 年开始进行秸秆还田处理，小麦季和玉米季用量变化范围分别为 1 521～4 376 kg/hm² 和 2 012～7 270 kg/hm²。

辅助观测场化肥处理，小麦氮肥（折纯，N）除 2011 年和 2015 年外，其他年份均为 105～150 kg/hm² 或者 75 kg/hm²，玉米季氮肥用量为 75 kg/hm² 或 150 kg/hm²，小麦季磷肥（折纯，P_2O_5）用量除 2019 年外，其他年份均在 52～53 kg/hm²，玉米季磷肥用量为 0，小麦季钾肥（折纯，纯，K_2O）用量在 65 kg/hm² 左右，玉米季钾肥用量为 0。有机肥主要为作物秸秆，小麦季和玉米季用量变化范围分别为 5 817～13 795 kg/hm² 和 3 886～9 501 kg/hm²。

辅助观测场化肥＋秸秆还田处理，小麦氮肥除 2011 年和 2018 年外，其他年份均为 75 kg/hm² 或 150 kg/hm²，玉米季氮肥用量为 75 kg/hm² 或 150 kg/hm²，小麦季磷肥用量除 2009 年外，其他年份均在 52～53 kg/hm²，玉米季磷肥用量为 0，不同年份小麦季钾肥用量为 41.2 kg/hm²、53 kg/hm²、62.5 kg/hm² 和 65.5 kg/hm²，玉米季钾肥用量为 0。有机肥主要为作物秸秆，小麦季和玉米季用量变化范围分别为 7 199～13 362 kg/hm² 和 3 616～12 822 kg/hm²。

（1）综合观测场

综合观测场肥料用量和养分含量平均值见表 3-6。

（2）辅助观测场

辅助观测场土壤生物采样地肥料用量和养分含量见表 3-7 至表 3-9。

表 3-6　综合观测场肥料用量和养分含量平均值

年份	2009		2010		2011		2012		2013		2014		2015		2016		2017	
作物	小麦	玉米	小麦	玉米	小麦	玉米	小麦	玉米	小麦	玉米	小麦	玉米	小麦	玉米	小麦	玉米	小麦	玉米
氮肥用量（折纯，N kg/hm²）	172.25	300.15	313.12	335.31	332.72	261.1	95.5	126	79.8	175.5	130.5	168	108	180	70.17	150	75	150
磷肥用量（折纯，P₂O₅ kg/hm²）	48.38	0	88.9	6.38	182.9	12.97	67.73	11.61	68.73	17.7	79.73	15.81	52	36	61.86	20.95	52	13
钾肥用量（折纯，K₂O kg/hm²）	43.58	0	75.11	269.98	106.3	225.44		29.88		44.83	65	39.84	30	31	—	34.85	25	50
有机肥用量	8 485	6 169	9 220	6 451.2	13 910	7 977	7 007	9 137	7 022	8 320	9 000	1 759	7 690	9 748	7 005	8 236	7 001	11 680
有机肥种类	秸秆	秸秆	秸秆	秸秆	秸秆	秸秆	秸秆	秸秆	秸秆	秸秆	秸秆	秸秆	秸秆	秸秆	秸秆	秸秆	秸秆	秸秆
作物籽实碳含量（g/kg）	—	—	397.3	440	—	—	424	430	410	443	395	430	395	429	412	421	400	413
作物籽实氮含量（g/kg）	22.88	14.88	23.08	13.09	22.08	13.38	26.71	13.11	22.8	1.43	22.8	14.35	19.45	15.4	19	13.2	23	15
作物籽实磷含量（g/kg）	3.28	2.94	3.34	3.4	3.26	2.81	4.13	3.52	3.91	3.17	3.8	3.6	3.4	3	2.8	2.2	2.9	2.6
作物籽实钾含量（g/kg）	3.51	3.86	3.99	4.98	3.56	4.2	4.07	5.02	5.29	4.1	3.67	5.05	3.8	3.75	4	3	3.2	3.6
作物秸秆碳含量（g/kg）	—	414.75	409.81	—	—	390	394	401	400	392	402	410	424	396	398	410	412	—
作物秸秆氮含量（g/kg）	4.75	1.13	3.68	5.65	4.59	12.64	5.97	5.46	4.88	12.53	5	9.64	3.6	5.45	4.54	12	6	10
作物秸秆磷含量（g/kg）	0.31	0.77	0.22	0.48	0.47	1.59	0.58	0.48	0.32	3	0.57	1	0.4	0.5	0.35	1.8	0.4	0.4
作物秸秆钾含量（g/kg）	16.53	10.69	23.34	13.4	16.73	10.15	16.8	12.45	17.83	5.3	12.3	10.64	14.6	5.7	20	14.6	13.2	13.8

表 3-7　辅助观测场土壤生物采样地（空白）肥料用量和养分含量

年份	2009		2010		2011		2012		2013		2014		2015		2016		2017	
作物	小麦	玉米	小麦	玉米	小麦	玉米	小麦	玉米	小麦	玉米	小麦	玉米	小麦	玉米	小麦	玉米	小麦	玉米
氮肥用量（折纯，N kg/hm²）	—	—	—	—	—	—	—	—	—	—	—	—	—	—	—	—	—	—
磷肥用量（折纯，P₂O₅ kg/hm²）	—	—	—	—	—	—	—	—	—	—	—	—	—	—	—	—	—	—
钾肥用量（折纯，K₂O kg/hm²）	—	—	—	—	—	—	—	—	—	—	—	—	—	—	—	—	—	—
有机肥用量	0	0	1 880	2 012	4 376	2 786	2 769	4 297	2 323	3 528	2 324	4 740	1 633	3 480	1 680	7 207	1 512	5 950

（续）

年份（作物）	2009 小麦	2009 玉米	2010 小麦	2010 玉米	2011 小麦	2011 玉米	2012 小麦	2012 玉米	2013 小麦	2013 玉米	2014 小麦	2014 玉米	2015 小麦	2015 玉米	2016 小麦	2016 玉米	2017 小麦	2017 玉米
有机肥种类	—	—	—	—	—	—	—	—	—	—	—	—	—	—	—	—	—	—
作物籽实碳含量 (g/kg)	—	418.32	425.76	—	—	427	432	417.39	437	396	429	385	423	412	413	399	409	—
作物籽实氮含量 (g/kg)	22.1	12.33	21.06	10.82	17.61	10.94	25.13	9.91	24.09	13	23.9	11.3	22.5	10.6	20.76	9.9	23	11
作物籽实磷含量 (g/kg)	3.4	2.02	2.69	2.5	2.41	1.8	2.97	1.85	34.2	3.6	2.8	1.94	2.6	1.4	2.15	1.3	2.2	1.4
作物籽实钾含量 (g/kg)	3.54	4.5	3.85	4.91	3.66	2.85	3.6	4.6	5.93	5.3	3.9	4.6	3.6	2.6	3.9	2	3.2	2.6
作物秸秆碳含量 (g/kg)	—	—	400.21	400.83	—	—	387	395	403.76	397	391	408	411	416	409	398	409	422
作物秸秆氮含量 (g/kg)	3.49	6.36	3.01	6.42	2.25	9.82	6.01	6.37	3.93	14.4	4	6.3	3.23	5.3	3.62	7	5	7
作物秸秆磷含量 (g/kg)	0.23	0.44	0.3	0.37	0.41	1.23	0.58	0.63	0.33	4.3	0.32	0.6	0.3	0.55	0.2	0.53	0.4	0.3
作物秸秆钾含量 (g/kg)	10.64	7.96	14.16	11.34	10.43	7.54	9.71	11.76	11.58	5	10	7.6	11	7	13.2	7.3	9.8	5.7

表 3 - 8　辅助观测场土壤生物采样地（化肥）肥料用量和养分含量

年份（作物）	2009 小麦	2009 玉米	2010 小麦	2010 玉米	2011 小麦	2011 玉米	2012 小麦	2012 玉米	2013 小麦	2013 玉米	2014 小麦	2014 玉米	2015 小麦	2015 玉米	2016 小麦	2016 玉米	2017 小麦	2017 玉米
氮肥用量（折纯，N kg/hm²)	150	150	150	150	373.93	75	75	75	75	75	75	150	162.5	150	75	150	105	150
磷肥用量（折纯，P_2O_5 kg/hm²)	62	0	52.39	52.39	52.39	—	52.39	—	52.37	—	52.37	—	52.37	—	52.37	—	52.37	—
钾肥用量（折纯，K_2O kg/hm²)	53	0	41.20	41.20	41.20	—	41.2	—	65.44	—	62.56	—	65.56	—	65.56	—	65.56	—
有机肥用量	—	—	5 816	5 046	13 795	3 886	8 853	5 783	7 521	5 201	6 786	5 980	7 508	7 533	6 128	8 644	7 530	12 604
有机肥种类	—	—	—	—	—	—	—	—	—	—	—	—	—	—	—	—	—	—
作物籽实碳含量 (g/kg)	—	—	434.31	438.38	—	—	427.36	440.69	411.31	443.28	393.90	442.83	379.16	426.61	—	—	397.59	414.92
作物籽实氮含量 (g/kg)	22.27	14.32	22.71	11.98	22.23	9.49	26.20	11.36	25.30	14.35	22.55	13.30	20.79	12.53	19.79	11.99	21.44	12.60
作物籽实磷含量 (g/kg)	3.51	2.93	3.42	3.26	3.38	2.13	3.67	2.95	4.20	4.51	3.81	3.50	2.84	2.16	—	—	2.80	2.13
作物籽实钾含量 (g/kg)	4.1	4.86	4.12	5.71	4.41	3.74	3.66	4.70	6.00	5.78	4.24	5.72	3.70	2.88	3.72	3.05	—	—
作物秸秆碳含量 (g/kg)	—	—	415.77	405.33	—	—	393.93	414.73	415.18	412.74	387.32	420.17	402.01	418.28	—	—	408.78	420.76
作物秸秆氮含量 (g/kg)	4.54	9.1	3.68	5.53	3.59	11.37	7.04	6.45	5.27	14.08	4.80	11.99	4.45	5.95	4.42	10.38	5.96	11.36
作物秸秆磷含量 (g/kg)	0.29	0.71	0.14	0.57	0.49	1.22	0.69	0.72	0.34	4.16	0.47	1.19	0.41	0.61	—	—	0.43	0.63

表 3 - 9　辅助观测场土壤生物采样地（化肥＋秸秆还田）肥料用量和养分含量

年份	2009	2009	2010	2010	2011	2011	2012	2012	2013	2013	2014	2014	2015	2015	2016	2016	2017	2017
作物	小麦	玉米	小麦	玉米	小麦	玉米	小麦	玉米	小麦	玉米	小麦	玉米	小麦	玉米	小麦	玉米	小麦	玉米
作物秸秆钾含量 (g/kg)	14.22	6.4	17.89	9.49	13.39	3.88	14.26	9.19	14.49	5.70	12.85	7.14	11.73	7.73	21.50	10.43	—	—
氮肥用量 (折纯, N kg/hm²)	150	150	150	150	374	75	75	75	75	75	75	150	163	150	162	150	105	150
磷肥用量 (折纯, P_2O_5 kg/hm²)	63.00	0.00	52.39	0.00	52.39	0.00	52.39	0.00	52.37	0.00	52.37	0.00	52.37	0.00	52.37	0.00	52.37	0.00
钾肥用量 (折纯, K_2O kg/hm²)	53.00	0.00	41.20	0.00	41.20	0.00	41.20	0.00	65.44	0.00	62.56	0.00	65.56	0.00	65.56	0.00	65.56	0.00
有机肥用量	8 873	3 616	7 199	4 621	13 362	6 014	8 053	7 279	8 929	7 617	8 713	7 585	8 785	8 175	7 225	8 376	7 247	12 822
有机肥种类	秸秆	秸秆	秸秆	秸秆	秸秆	秸秆	秸秆	秸秆	秸秆	秸秆	秸秆	秸秆	秸秆	秸秆	秸秆	秸秆	秸秆	秸秆
作物籽实碳含量 (g/kg)	—	—	439.95	431.66	—	—	429.06	448.25	411.27	446.63	388.33	443.00	391.45	427.66	—	—	397.67	414.33
作物籽实氮含量 (g/kg)	21.75	14.26	22.79	11.30	23.46	9.03	26.05	11.64	26.18	14.38	22.65	13.57	21.62	13.32	20.73	12.66	22.14	13.46
作物籽实磷含量 (g/kg)	3.24	2.64	3.64	3.31	3.60	2.12	4.07	3.21	4.75	4.06	3.47	3.61	2.98	2.28	—	—	2.89	2.18
作物籽实钾含量 (g/kg)	3.67	4.53	4.74	4.30	4.87	3.11	3.86	5.02	7.89	5.38	4.03	5.68	3.93	3.22	4.40	3.02	1.26	—
作物秸秆碳含量 (g/kg)	—	—	417.28	402.23	—	—	397.26	413.12	399.76	408.93	383.71	413.85	403.24	409.83	—	—	407.37	416.89
作物秸秆氮含量 (g/kg)	4.78	8.46	3.66	5.94	3.38	12.50	6.20	8.54	5.17	14.42	5.62	11.11	5.18	6.26	4.12	10.79	6.78	12.41
作物秸秆磷含量 (g/kg)	0.27	0.46	0.14	0.50	0.39	1.29	0.65	0.87	0.40	4.78	0.53	1.21	0.45	0.67	—	—	0.47	0.61
作物秸秆钾含量 (g/kg)	16.79	9.73	15.43	16.16	11.53	11.58	17.72	15.43	18.02	5.82	16.86	14.85	18.33	12.43	15.47	9.70	—	—

（3）站区调查点

站区调查点采样地肥料用量和养分含量见表3-10至表3-15。

表3-10　聂家庄西站区调查点土壤生物采样地肥料用量和养分含量

年份	2009	2009	2010	2010	2011	2011	2012	2012	2013	2013
作物	小麦	玉米	小麦	玉米	小麦	玉米	小麦	玉米	小麦	玉米
氮肥用量（折纯，N kg/hm²）	343.5	298.2	105.75	276	114.19	276	114.5	276	103	108
磷肥用量（折纯，P_2O_5 kg/hm²）	56.76	23.74	70.95	—	70.95	—	75.32	—	75.28	52.37
钾肥用量（折纯，K_2O kg/hm²）	56.03	0	52.29	—	49.8	—	74.7	—	37.35	34.86
有机肥用量	10 990	7 187	11 227	5 907	10 798	8 395	11 794	11 696	8 598	9 331
有机肥种类	—	—	—	—	—	—	—	—	—	—
作物籽实碳含量（g/kg）	—	—	403.65	429.39	—	—	412.24	420.81	412.75	447.26
作物籽实氮含量（g/kg）	24	15	21.46	14.01	23.46	13.76	25.28	13.78	27.43	4.55
作物籽实磷含量（g/kg）	3.5	3	2.92	4.25	3.47	2.72	3.73	3.77	4.49	0.73
作物籽实钾含量（g/kg）	3.7	3.72	4.03	4.88	4.09	3.55	4.22	5	6.61	16.97
作物秸秆碳含量（g/kg）	—	—	394.55	403.6	—	—	399.6	389.77	394.11	388.51
作物秸秆氮含量（g/kg）	5.76	9.96	3.31	5.57	4.91	10.7	5.89	6.13	7.03	7.76
作物秸秆磷含量（g/kg）	0.33	1.17	0.21	0.52	0.59	0.99	0.52	0.45	0.41	0.69
作物秸秆钾含量（g/kg）	19.25	15.99	24.35	21.42	20.44	11.61	25.43	11.76	24.42	9.11

表3-11　聂家庄东站区调查点土壤生物采样地肥料用量和养分含量

年份	2009	2009	2010	2010	2011	2011	2012	2012	2013	2013
作物	小麦	玉米	小麦	玉米	小麦	玉米	小麦	玉米	小麦	玉米
氮肥用量（折纯，N kg/hm²）	170.4	207	80	276	69.81	241.5	74.25	241.5	120.75	138
磷肥用量（折纯，P_2O_5 kg/hm²）	35.6	0	74.18	—	74.18	—	29.03	—	39.28	31.42
钾肥用量（折纯，K_2O kg/hm²）	0						46.69		37.53	25.02
有机肥用量	9 270	7 115	9 676	8 511	14 101	7 829	9 412	7 903	8 541	8 763
有机肥种类	—	—	—	—	—	—	—	—	—	—
作物籽实碳含量（g/kg）	—	—	391.98	428.79	—	—	406.57	440.15	422.36	434.97
作物籽实氮含量（g/kg）	23	15	23.68	13.63	19.86	13.58	23.77	12.64	25.73	11.51
作物籽实磷含量（g/kg）	3.2	2.9	3.62	3.8	3.44	2.5	3.33	3.32	4.07	1.41
作物籽实钾含量（g/kg）	3.89	4	3.95	4.49	5.06	3.82	3.69	5.08	6.29	10.94

（续）

年份	2009	2009	2010	2010	2011	2011	2012	2012	2013	2013
作物	小麦	玉米	小麦	玉米	小麦	玉米	小麦	玉米	小麦	玉米
作物秸秆碳含量（g/kg）	—	—	401.14	438.64	—	—	394.85	374.88	399.76	396.62
作物秸秆氮含量（g/kg）	6.72	10.53	4.49	6.82	—	12.95	5.13	6.95	6.53	6.53
作物秸秆磷含量（g/kg）	0.48	1.04	0.28	0.56	—	1.2	0.42	0.56	0.36	0.81
作物秸秆钾含量（g/kg）	16.4	16.72	16.03	12.94	—	12.43	25.69	18.04	21.01	21.38

表 3-12　聂家庄北调查点土壤生物采样地肥料用量和养分含量

年份	2011	2011	2012	2012	2013	2013	2014	2014
作物	小麦	玉米	小麦	玉米	小麦	玉米	小麦	玉米
氮肥用量（折纯，N kg/hm²）	—	207	89.25	207	87.75	168	102.75	156
磷肥用量（折纯，P₂O₅ kg/hm²）	—	—	66.76	—	68.73	15.71	82.48	15.71
钾肥用量（折纯，K₂O kg/hm²）	—	—	—	—	—	30.03	—	39.84
有机肥用量	—	8 152	8 761	7 707	8 468	6 299	9 368	—
有机肥种类	—	—	—	—	—	—	—	—
作物籽实碳含量（g/kg）	—	—	406.29	428.52	408.9	442.97	398.37	
作物籽实氮含量（g/kg）	24.57	12.42	22.53	12.83	28.96	6.5	22.71	
作物籽实磷含量（g/kg）	4.04	2.54	3.63	3.31	4.76	0.78	3.66	
作物籽实钾含量（g/kg）	5.21	4.6	4.36	4.94	7.85	14	4.07	
作物秸秆碳含量（g/kg）	—	—	394.73	398.68	395.53	402.94	385.07	
作物秸秆氮含量（g/kg）	5.39	13.49	7.01	5.5	6.5	4.55	6.41	
作物秸秆磷含量（g/kg）	0.52	1.34	0.64	0.48	0.37	0.84	0.58	
作物秸秆钾含量（g/kg）	15.04	16.08	21.67	7.44	16.48	7.06	13.01	

表 3-13　聂家庄窑坑调查点土壤生物采样地肥料用量和养分含量

年份	2014	2014	2015	2015	2016	2016	2017	2017
作物	小麦	玉米	小麦	玉米	小麦	玉米	小麦	玉米
氮肥用量（折纯，N kg/hm²）	61.5	168	89.7	144	98.85	144	90	—
磷肥用量（折纯，P₂O₅ kg/hm²）	60.22	20.95	—	31.42	57.6	31.42	39.28	—
钾肥用量（折纯，K₂O kg/hm²）	—	39.84	—	50.18	79.66	50.18	74.71	—
有机肥用量	9 159	9 012	8 090	9 112	9 145	7 176	8 168	13 075
有机肥种类	—	—	—	—	—	—	—	—
作物籽实碳含量（g/kg）	404.52	430.3	403.25	416.88	407.05	415.18	397.78	—
作物籽实氮含量（g/kg）	22.21	14.19	20.07	15.78	18.25	13.85	21.34	—
作物籽实磷含量（g/kg）	3.34	3.68	3.45	3.22	3.34	2.72	3.62	—
作物籽实钾含量（g/kg）	3.62	4.86	3.48	3.5	3.77	3.27	3.33	—
作物秸秆碳含量（g/kg）	387.53	409.58	389.46	423.02	399.75	402.6	399.94	—
作物秸秆氮含量（g/kg）	5.96	9.8	4.04	5.72	4.63	8.83	7.53	—
作物秸秆磷含量（g/kg）	0.44	0.83	0.46	0.96	0.54	0.74	0.53	—
作物秸秆钾含量（g/kg）	20.24	10.56	29.72	10.65	25.68	14.32	18.7	—

表 3 - 14　聂家庄牛场调查点土壤生物采样地肥料用量和养分含量

年份	2014	2015	2015	2016	2016	2017	2017
作物	玉米	小麦	玉米	小麦	玉米	小麦	玉米
氮肥用量（折纯，N kg/hm²）	156	106.75	120	93.5	150	76.88	156
磷肥用量（折纯，P_2O_5 kg/hm²）	15.71	96.23	52.37	57.6	15.71	75.28	14.4
钾肥用量（折纯，K_2O kg/hm²）	39.84	—	24.9	79.66	39.83	—	44.83
有机肥用量	8 358	6 502	10 342	5 851	10 789	6 546	11 701
有机肥种类	—	—	—	—	—	—	—
作物籽实碳含量（g/kg）	434.7	399.75	418.35	403.8	417.72	399.07	411.52
作物籽实氮含量（g/kg）	13.51	23.23	17.37	22.48	14.26	23.42	14
作物籽实磷含量（g/kg）	3.49	3.39	3.26	3.11	2.48	3.26	2.43
作物籽实钾含量（g/kg）	5	3.34	4.81	3.7	2.73	3.41	3.09
作物秸秆碳含量（g/kg）	408.92	410.08	415.43	400.69	411.62	413.67	421.9
作物秸秆氮含量（g/kg）	7.47	5.03	13.94	5.39	8.85	7.08	9.2
作物秸秆磷含量（g/kg）	0.75	0.41	2.59	0.39	0.87	0.38	0.6
作物秸秆钾含量（g/kg）	9.11	17.58	2.88	17.92	8.65	12.93	9.9

表 3 - 15　聂家庄东北调查点土壤生物采样地肥料用量和养分含量

年份	2014	2014	2015	2015	2016	2016	2017	2017
作物	小麦	玉米	小麦	玉米	小麦	玉米	小麦	玉米
氮肥用量（折纯，N kg/hm²）	79.88	156	79.88	—	93.5	156	76.88	156
磷肥用量（折纯，P_2O_5 kg/hm²）	68.73	15.71	68.73		57.6	13.09	75.28	14.4
钾肥用量（折纯，K_2O kg/hm²）	—	39.84			79.66	16.09	—	44.83
有机肥用量	11 042	7 889	8 579		6 690	10 626	6 555	—
有机肥种类								
作物籽实碳含量（g/kg）	398.97	429.08	405.7		406.7	415.34	400.94	410.67
作物籽实氮含量（g/kg）	25.51	14.59	23.34		22.56	14.56	22.84	12.41
作物籽实磷含量（g/kg）	3.5	3.24	3.21		2.92	2.62	2.87	2.27
作物籽实钾含量（g/kg）	3.83	4.39	3.54		3.67	3.22	3.02	3.13
作物秸秆碳含量（g/kg）	384.08	408.88	390.69		394.53	403.77	403.3	416.31
作物秸秆氮含量（g/kg）	6.88	10.35	5.3		5.18	8.12	4.78	11.5
作物秸秆磷含量（g/kg）	0.41	0.63	0.38		0.38	0.74	0.29	0.81
作物秸秆钾含量（g/kg）	25.27	13.88	30.29		26.85	12.58	20.67	13.65

3.1.6　主要生育期动态数据集

3.1.6.1　概述

　　本数据集包括栾城站 2009—2017 年 1 个长期监测样地的年度观测数据，每年样地以小麦、玉米轮作种植，小麦的生育期动态数据项包括作物品种、播种期（月/日/年）、出苗期（月/日/年）、三叶期（月/日/年）、分蘖期（月/日/年）、返青期（月/日/年）、拔节期（月/日/年）、抽穗期（月/日/年）、蜡熟期（月/日/年）、收获期（月/日/年）；玉米的生育期动态数据项包括作物品种、播种期

（月/日/年）、出苗期（月/日/年）、五叶期（月/日/年）、拔节期（月/日/年）、抽雄期（月/日/年）、吐丝期（月/日/年）、成熟期（月/日/年）、收获期（月/日/年）。数据采集地点：LCAZH01ABC_01（综合观测场土壤生物长期观测采样地）。

3.1.6.2　数据采集和处理方法

观测地点主要在综合观测场。选择具有代表性、作物植株生长较一致的地块进行多点观测。观测的具体时间宜随季节和观测对象灵活掌握，一般在下午观测。两次观测的时间间隔针对不同作物及其不同生长时期而不同，可以每隔 3 d、5 d、7 d、10 d 等观测一次。

（1）玉米

播种期为实际播种的开始日期。出苗期为 50％以上植株的幼苗出土达 2 cm 左右的日期。五叶期为 50％以上植株第五叶片完全展开的日期。拔节期为 50％以上植株的茎基部第一节伸出地面 1～2 cm 的日期。抽雄期为 50％以上植株的雄穗顶端露出叶鞘的日期。吐丝期为 50％以上植株雌蕊花丝露出苞叶的日期。成熟期为 50％以上植株苞叶变黄蓬松、籽粒变硬的日期。收获期为实际最终收获的日期。

（2）小麦

播种期为实际播种的开始日期。出苗期为 50％以上植株的幼苗出土达 2 cm 左右的日期。三叶期为 50％以上植株第三叶片完全展开的日期。分蘖期为 50％以上植株第一蘖叶片露出叶鞘的日期。返青期为 50％以上植株叶片转鲜绿、开始生长的日期。拔节期为 50％以上植株的主茎第一节露出地面 1～2 cm 的日期。抽穗期为 50％以上植株的穗自旗叶叶鞘顶端露出 1/2 穗长的日期。蜡熟期为 50％以上植株转黄，胚乳呈蜡状的日期。收获期为实际最终收获的日期。

3.1.6.3　数据质量控制和评估

（1）调查过程的质量控制

采用人工观测，随作物的各个生育期进行动态观测，并根据作物外部形态的变化特征，及时记录作物各个生育期开始出现的日期。生育动态观测由专人负责，平时须培训补充人员，避免记录中断。定时定点观测，在综合观测场长期采样地内或周围，选择具有代表性、作物植株生长较一致的地块，进行多点、定位观测和记录。观测时应随看随记，不要凭记忆进行事后补记。观测的时间间隔因作物种类及其所需观测的物候期而异，在具体调查时可根据作物生育阶段的出现规律进行把握。每个时期只记载一次。观测时，应靠近植株，不要在远处看，把所有的观测植株做一个总的估计。

（2）数据录入过程的质量控制

及时记录数据并进行审核和检查，运用统计分析方法对观测数据进行初步分析，以便及时发现监测工作中存在的问题，及时与质量负责人取得联系，以进一步核实测定结果的准确性。发现数据缺失和可疑数据时，及时进行必要的补测和重测。

（3）数据质量评估

将所获取的数据与各项辅助信息数据以及历史数据信息进行比较，评价数据的正确性、一致性、完整性、可比性和连续性，经过站长和数据管理员审核认定，批准上报。

3.1.6.4　数据使用方法和建议

作物从出苗到成熟期间的总天数，称为作物的全生育期。作物在全生育期各个阶段其外部形态呈现显著变化，将其称为某个生育时期或阶段。作物生育时期随时间而呈现的变化称为生育动态。

作物生育动态观测不仅有利于了解作物从播种到成熟的重要发育过程规律和生理变化，还有利于研究作物对全球变化背景下的响应对策，此外，对于引种、茬口安排、品种布局、产量预测以及品种选育等也具有重要的实践意义。

本数据集体现了较长时间尺度（9 年）下，年际间作物生育时期的变化情况，为相关生育时期的科研工作提供数据基础。

3.1.6.5 数据

冬小麦生育动态见表 3-16。夏玉米生育动态见表 3-17。

表 3-16 冬小麦生育动态

作物品种与生育期	2008—2009 年	2010 年	2011 年	2012 年	2013 年	2014 年	2015 年	2016 年	2017 年
作物品种	科农 199	科农 199	1066	科农 1066	科农 1066	科农 1066	科农 2011	婴泊 700	科农 2009
播种期	2008-10-11	2009-10-09	2010-10-10	2011-10-07	2012-10-09	2013-10-08	2014-10-08	2015-10-18	2016-10-06
出苗期	2008-10-19	2009-10-18	2010-10-19	2011-10-14	2012-10-17	2013-10-15	2014-10-16	2015-10-25	2016-10-13
三叶期	2008-10-31	2009-10-30	2010-10-29	2011-10-29	2012-10-30	2013-10-28	2014-10-29	2015-11-05	2015-11-01
分蘖期	2008-11-07	2009-11-08	2011-11-04	2012-11-03	2012-11-05	2013-11-03	2014-11-03	2015-11-09	2016-11-05
返青期	2009-03-05	2010-02-28	2011-03-01	2012-03-01	2013-03-01	2014-02-26	2010-02-25	2016-03-07	2017-03-06
拔节期	2009-04-07	2010-04-18	2011-04-13	2012-04-13	2013-04-09	2014-04-06	2015-04-07	2016-04-06	2017-04-05
抽穗期	2009-05-01	2010-05-10	2011-05-05	2012-05-02	2013-05-04	2014-04-26	2015-04-29	2016-04-27	2017-04-25
蜡熟期	2009-06-10	2010-06-15	2011-06-13	2012-06-11	2013-06-12	2014-06-08	2015-06-08	2016-06-10	2017-06-05
收获期	2009-06-11	2010-06-17	2011-06-14	2012-06-12	2013-06-13	2014-06-10	2015-06-09	2016-06-11	2017-06-06

表 3-17 夏玉米生育动态

作物品种与生育期	2009 年	2010 年	2011 年	2012 年	2013 年	2014 年	2015 年	2016 年	2017 年
作物品种	先玉 335	先玉 335 和中科 11	先玉 335	336 和雷奥 1 号	伟科 702	农华 101	先玉 335	北丰 268	登海 685
播种期	2009-06-14	2010-06-06	2011-06-15	2012-06-14	2013-06-17	2014-06-11	2015-06-14	2016-06-16	2017-06-13
出苗期	2009-06-20	2010-06-15	2011-06-23	2012-06-21	2013-06-24	2013-06-21	2015-06-21	2016-06-23	2017-06-20
五叶期	2009-07-01	2010-07-01	2011-07-06	2012-07-03	2013-07-06	2014-07-02	2015-07-04	2016-07-05	2017-07-02
拔节期	2009-07-10	2010-07-11	2011-07-16	2012-07-13	2013-07-13	2014-07-12	2015-07-14	2016-07-14	2017-07-10
抽雄期	2009-08-01	2010-08-02	2011-08-14	2012-08-06	2013-08-08	2014-08-10	2015-08-09	2016-08-05	2017-08-03
吐丝期	2009-08-05	2010-08-06	2011-08-22	2012-08-11	2013-08-13	2014-08-14	2015-08-12	2016-08-10	2017-08-09
成熟期	2009-09-23	2010-09-025	2011-09-26	2012-09-28	2013-09-29	2014-09-29	2015-09-29	2016-09-22	2017-09-22
收获期	2009-09-23	2010-09-27	2011-09-27	2012-09-28	2013-09-30	2014-09-29	2015-09-29	2016-09-22	2017-09-23

3.1.7 元素含量数据集

3.1.7.1 概述

本数据集包括栾城站 2009—2017 年 15 个长期监测样地的年度观测数据，每年样地以小麦、玉米轮作种植，元素含量包括作物名称、作物品种、采样部位、全碳（g/kg）、全氮（g/kg）、全磷（g/kg）、全钾（g/kg）、全硫（g/kg）、全钙（g/kg）、全镁（g/kg）、全锰（mg/kg）、全铜（mg/kg）、全锌（mg/kg）、全钼（mg/kg）、全硼（mg/kg）、全硅（g/kg）、干重热值、灰分。

3.1.7.2 数据采集和处理方法

元素与热值含量分析的样品来自收获期作物性状调查的样品。样品采集的器官或部位一般有：茎、叶、籽粒、根，或者茎秆地上部等混合样。茎秆样品轧碎、混匀，多点取样备用。尽可能用粗粉碎的粉碎机将所取茎秆样品全部粉碎，混合均匀后用分样器或四分法采集适量的粗粉碎样品，再用杯式粉碎机或球磨仪进行细粉碎，取适量样品进行分析测试。

本数据集的观测频度为每年一次（作物收获期），在长期监测过程中，对每一次采样点的地理位置、采样情况和采样条件做详细的定位记录，并在相应的土壤或地形图上做出标识。

3.1.7.3　数据质量控制和评估

（1）室内分析环节的质量控制

严格检查实验环境条件、仪器和各种实验耗材的性能和状态、试剂和药品纯度、分析人员的实验素质、所采取的分析方法等，同时对室内的分析方法以及每一个环节进行详细记录（鲍士旦，1999；鲁如坤，1999）。

（2）数据录入过程的质量控制

及时记录数据并进行审核和检查，运用统计分析方法对观测数据进行初步分析，以便及时发现监测工作中存在的问题，及时与质量负责人取得联系，以进一步核实测定结果的准确性。发现数据缺失和可疑数据时，及时进行必要的补测和重测。

（3）数据质量评估

将所获取的数据与各项辅助信息数据以及历史数据信息进行比较，评价数据的正确性、一致性、完整性、可比性和连续性，经过站长和数据管理员审核认定，批准上报。

3.1.7.4　数据使用方法和建议

作物正常生长发育所必需的大量元素、微量元素，以及表征初级能量贮存的热值和灰分，不仅是植物生命活动不可缺少的，也是生态系统物质循环和能量流动研究中必须观测的内容。

因此，研究和评价作物中微量元素的含量水平具有重要意义，本数据集提供每 5 年一次的作物体内微量元素监测分析数据，为有志于相关研究的科研人员提供数据基础。

3.1.7.5　数据

作物大量元素含量情况见表 3-18。

表 3-18　作物大量元素含量

年份	月份	样地代码	作物名称	作物品种	采样部位	全碳（g/kg）	全氮（g/kg）	全磷（g/kg）	全钾（g/kg）
2009	6	LCAZH01ABC_01	冬小麦	科农199	籽粒	23.20	3.31	3.82
2009	6	LCAZH01ABC_01	冬小麦	科农199	籽粒	22.41	3.14	3.22
2009	6	LCAZH01ABC_01	冬小麦	科农199	籽粒	23.11	3.02	3.36
2009	6	LCAZH01ABC_01	冬小麦	科农199	籽粒	22.14	3.18	3.29
2009	6	LCAZH01ABC_01	冬小麦	科农199	籽粒	23.02	3.66	3.73
2009	6	LCAZH01ABC_01	冬小麦	科农199	籽粒	23.42	3.37	3.62
2009	6	LCAZH01ABC_01	冬小麦	科农199	秸秆	4.29	0.30	15.72
2009	6	LCAZH01ABC_01	冬小麦	科农199	秸秆	5.17	0.36	17.19
2009	6	LCAZH01ABC_01	冬小麦	科农199	秸秆	4.14	0.20	15.66
2009	6	LCAZH01ABC_01	冬小麦	科农199	秸秆	5.20	0.44	16.13
2009	6	LCAZH01ABC_01	冬小麦	科农199	秸秆	4.99	0.30	16.24
2009	6	LCAZH01ABC_01	冬小麦	科农199	秸秆	4.67	0.26	18.27
2009	6	LCAFZ01AB0_01	冬小麦	科农199	籽粒	24.49	3.78	3.62
2009	6	LCAFZ01AB0_01	冬小麦	科农199	籽粒	19.85	3.08	3.80
2009	6	LCAFZ01AB0_01	冬小麦	科农199	籽粒	21.96	3.35	3.25
2009	6	LCAFZ02AB0_01	冬小麦	科农199	籽粒	21.73	3.50	4.83

（续）

年份	月份	样地代码	作物名称	作物品种	采样部位	全碳（g/kg）	全氮（g/kg）	全磷（g/kg）	全钾（g/kg）
2009	6	LCAFZ02AB0_01	冬小麦	科农199	籽粒		21.69	3.05	3.81
2009	6	LCAFZ02AB0_01	冬小麦	科农199	籽粒		21.84	3.18	3.38
2009	6	LCAFZ03AB0_01	冬小麦	科农199	籽粒		22.56	3.60	3.56
2009	6	LCAFZ03AB0_01	冬小麦	科农199	籽粒		21.66	3.24	3.98
2009	6	LCAFZ03AB0_01	冬小麦	科农199	籽粒		22.59	3.69	3.50
2009	6	LCAFZ01AB0_01	冬小麦	科农199	秸秆		3.73	0.23	10.47
2009	6	LCAFZ01AB0_01	冬小麦	科农199	秸秆		3.54	0.28	11.95
2009	6	LCAFZ01AB0_01	冬小麦	科农199	秸秆		3.18	0.19	9.51
2009	6	LCAFZ02AB0_01	冬小麦	科农199	秸秆		5.02	0.29	14.39
2009	6	LCAFZ02AB0_01	冬小麦	科农199	秸秆		4.74	0.29	13.26
2009	6	LCAFZ02AB0_01	冬小麦	科农199	秸秆		4.56	0.22	15.02
2009	6	LCAFZ03AB0_01	冬小麦	科农199	秸秆		3.91	0.30	16.48
2009	6	LCAFZ03AB0_01	冬小麦	科农199	秸秆		4.68	0.33	16.98
2009	6	LCAFZ03AB0_01	冬小麦	科农199	秸秆		4.99	0.22	16.91
2009	6	LCAZQ01AB0_01	冬小麦	科农199	籽粒		23.4	3.30	3.80
2009	6	LCAZQ01AB0_01	冬小麦	科农199	籽粒		24.1	3.38	3.54
2009	6	LCAZQ01AB0_01	冬小麦	科农199	籽粒		24.4	3.66	3.48
2009	6	LCAZQ01AB0_01	冬小麦	科农199	籽粒		24.5	3.60	4.26
2009	6	LCAZQ01AB0_01	冬小麦	科农199	籽粒		24.5	3.65	3.94
2009	6	LCAZQ01AB0_01	冬小麦	科农199	籽粒		24.1	3.19	3.55
2009	6	LCAZQ01AB0_01	冬小麦	科农199	秸秆		4.82	0.22	18.07
2009	6	LCAZQ01AB0_01	冬小麦	科农199	秸秆		5.88	0.29	19.16
2009	6	LCAZQ01AB0_01	冬小麦	科农199	秸秆		6.41	0.39	22.36
2009	6	LCAZQ01AB0_01	冬小麦	科农199	秸秆		5.68	0.38	17.78
2009	6	LCAZQ01AB0_01	冬小麦	科农199	秸秆		5.71	0.32	19.83
2009	6	LCAZQ01AB0_01	冬小麦	科农199	秸秆		6.03	0.36	18.28
2009	6	LCAZQ02AB0_01	冬小麦	科农199	籽粒		22.5	3.25	4.25
2009	6	LCAZQ02AB0_01	冬小麦	科农199	籽粒		22.6	3.47	4.22
2009	6	LCAZQ02AB0_01	冬小麦	科农199	籽粒		22.5	3.30	3.96
2009	6	LCAZQ02AB0_01	冬小麦	科农199	籽粒		22.7	3.12	3.67
2009	6	LCAZQ02AB0_01	冬小麦	科农199	籽粒		22.6	2.93	3.42
2009	6	LCAZQ02AB0_01	冬小麦	科农199	籽粒		23.1	3.19	3.82

（续）

年份	月份	样地代码	作物名称	作物品种	采样部位	全碳（g/kg）	全氮（g/kg）	全磷（g/kg）	全钾（g/kg）
2009	6	LCAZQ02AB0＿01	冬小麦	科农199	秸秆		5.95	0.38	16.36
2009	6	LCAZQ02AB0＿01	冬小麦	科农199	秸秆		6.10	0.57	14.86
2009	6	LCAZQ02AB0＿01	冬小麦	科农199	秸秆		6.63	0.42	14.24
2009	6	LCAZQ02AB0＿01	冬小麦	科农199	秸秆		6.71	0.52	17.12
2009	6	LCAZQ02AB0＿01	冬小麦	科农199	秸秆		7.73	0.58	17.50
2009	6	LCAZQ02AB0＿01	冬小麦	科农199	秸秆		7.16	0.44	18.29
2009	6	LCAZQ03AB0＿01	冬小麦	科农199	籽粒		22.7	3.47	3.97
2009	6	LCAZQ03AB0＿01	冬小麦	科农199	籽粒		22.6	3.37	3.77
2009	6	LCAZQ03AB0＿01	冬小麦	科农199	籽粒		23.6	3.22	3.92
2009	6	LCAZQ03AB0＿01	冬小麦	科农199	籽粒		22.5	3.37	4.31
2009	6	LCAZQ03AB0＿01	冬小麦	科农199	籽粒		23.8	3.25	4.45
2009	6	LCAZQ03AB0＿01	冬小麦	科农199	籽粒		22.5	3.25	3.80
2009	6	LCAZQ03AB0＿01	冬小麦	科农199	秸秆		4.74	0.39	14.05
2009	6	LCAZQ03AB0＿01	冬小麦	科农199	秸秆		5.80	0.55	16.26
2009	6	LCAZQ03AB0＿01	冬小麦	科农199	秸秆		4.93	0.39	14.95
2009	6	LCAZQ03AB0＿01	冬小麦	科农199	秸秆		5.09	0.41	12.85
2009	6	LCAZQ03AB0＿01	冬小麦	科农199	秸秆		4.59	0.26	15.19
2009	6	LCAZQ03AB0＿01	冬小麦	科农199	秸秆		5.23	2.22	16.09
2009	9	LCAZH01ABC＿01	夏玉米	先玉335	籽粒		14.8	2.61	3.62
2009	9	LCAZH01ABC＿01	夏玉米	先玉335	籽粒		15.0	3.22	4.23
2009	9	LCAZH01ABC＿01	夏玉米	先玉335	籽粒		14.9	2.80	3.96
2009	9	LCAZH01ABC＿01	夏玉米	先玉335	籽粒		14.7	2.64	3.16
2009	9	LCAZH01ABC＿01	夏玉米	先玉335	籽粒		14.8	2.90	3.91
2009	9	LCAZH01ABC＿01	夏玉米	先玉335	籽粒		15.1	3.47	4.27
2009	9	LCAZH01ABC＿01	夏玉米	先玉335	秸秆		8.52	1.02	18.00
2009	9	LCAZH01ABC＿01	夏玉米	先玉335	秸秆		8.03	0.70	10.22
2009	9	LCAZH01ABC＿01	夏玉米	先玉335	秸秆		7.10	0.70	8.32
2009	9	LCAZH01ABC＿01	夏玉米	先玉335	秸秆		10.33	1.02	6.63
2009	9	LCAZH01ABC＿01	夏玉米	先玉335	秸秆		6.78	0.48	12.65
2009	9	LCAZH01ABC＿01	夏玉米	先玉335	秸秆		9.85	0.73	8.30
2009	9	LCAFZ01AB0＿01	夏玉米	浚单20	籽粒		11.7	1.95	4.01
2009	9	LCAFZ01AB0＿01	夏玉米	浚单20	籽粒		12.7	2.12	5.26

（续）

年份	月份	样地代码	作物名称	作物品种	采样部位	全碳（g/kg）	全氮（g/kg）	全磷（g/kg）	全钾（g/kg）
2009	9	LCAFZ01AB0_01	夏玉米	浚单20	籽粒	12.6	1.99	4.22	
2009	9	LCAFZ02AB0_01	夏玉米	浚单20	籽粒	14.1	2.63	4.29	
2009	9	LCAFZ02AB0_01	夏玉米	浚单20	籽粒	14.3	2.61	5.50	
2009	9	LCAFZ02AB0_01	夏玉米	浚单20	籽粒	14.4	2.69	4.81	
2009	9	LCAFZ03AB0_01	夏玉米	浚单20	籽粒	13.8	2.51	4.37	
2009	9	LCAFZ03AB0_01	夏玉米	浚单20	籽粒	14.2	3.09	4.59	
2009	9	LCAFZ03AB0_01	夏玉米	浚单20	籽粒	15.0	3.19	4.62	
2009	9	LCAFZ01AB0_01	夏玉米	浚单20	秸秆	7.16	0.46	7.27	
2009	9	LCAFZ01AB0_01	夏玉米	浚单20	秸秆	6.10	0.44	7.53	
2009	9	LCAFZ01AB0_01	夏玉米	浚单20	秸秆	5.80	0.41	9.09	
2009	9	LCAFZ02AB0_01	夏玉米	浚单20	秸秆	8.76	0.61	8.34	
2009	9	LCAFZ02AB0_01	夏玉米	浚单20	秸秆	8.07	0.35	5.60	
2009	9	LCAFZ02AB0_01	夏玉米	浚单20	秸秆	8.52	0.44	15.24	
2009	9	LCAFZ03AB0_01	夏玉米	浚单20	秸秆	8.14	0.61	7.64	
2009	9	LCAFZ03AB0_01	夏玉米	浚单20	秸秆	9.70	0.89	5.38	
2009	9	LCAFZ03AB0_01	夏玉米	浚单20	秸秆	9.42	0.62	6.18	
2009	9	LCAZQ01AB0_01	夏玉米	先玉335	籽粒	15.0	3.17	3.55	
2009	9	LCAZQ01AB0_01	夏玉米	先玉335	籽粒	14.1	2.67	3.24	
2009	9	LCAZQ01AB0_01	夏玉米	先玉335	籽粒	15.1	3.11	4.04	
2009	9	LCAZQ01AB0_01	夏玉米	先玉335	籽粒	14.5	3.08	3.81	
2009	9	LCAZQ01AB0_01	夏玉米	先玉335	籽粒	14.9	3.28	4.48	
2009	9	LCAZQ01AB0_01	夏玉米	先玉335	籽粒	15.1	2.70	3.18	
2009	9	LCAZQ01AB0_01	夏玉米	先玉335	秸秆	11.08	1.03	18.28	
2009	9	LCAZQ01AB0_01	夏玉米	先玉335	秸秆	8.37	0.96	20.55	
2009	9	LCAZQ01AB0_01	夏玉米	先玉335	秸秆	11.08	1.07	16.96	
2009	9	LCAZQ01AB0_01	夏玉米	先玉335	秸秆	8.90	1.23	13.25	
2009	9	LCAZQ01AB0_01	夏玉米	先玉335	秸秆	9.12	1.25	13.93	
2009	9	LCAZQ01AB0_01	夏玉米	先玉335	秸秆	11.16	1.47	12.97	
2009	6	LCAZQ02AB0_01	夏玉米	豫玉23	籽粒	14.90	2.89	4.38	
2009	6	LCAZQ02AB0_01	夏玉米	豫玉23	籽粒	14.41	3.02	4.40	
2009	6	LCAZQ02AB0_01	夏玉米	豫玉23	籽粒	15.73	2.98	3.84	
2009	6	LCAZQ02AB0_01	夏玉米	豫玉23	籽粒	15.54	2.96	4.23	

（续）

年份	月份	样地代码	作物名称	作物品种	采样部位	全碳（g/kg）	全氮（g/kg）	全磷（g/kg）	全钾（g/kg）
2009	6	LCAZQ02AB0_01	夏玉米	豫玉 23	籽粒		14.56	3.18	4.16
2009	6	LCAZQ02AB0_01	夏玉米	豫玉 23	籽粒		15.50	2.57	3.00
2009	6	LCAZQ02AB0_01	夏玉米	豫玉 23	秸秆		11.46	1.19	16.19
2009	6	LCAZQ02AB0_01	夏玉米	豫玉 23	秸秆		11.46	1.23	16.86
2009	6	LCAZQ02AB0_01	夏玉米	豫玉 23	秸秆		12.59	1.37	16.59
2009	6	LCAZQ02AB0_01	夏玉米	豫玉 23	秸秆		8.00	0.64	18.39
2009	6	LCAZQ02AB0_01	夏玉米	豫玉 23	秸秆		9.33	0.65	17.44
2009	6	LCAZQ02AB0_01	夏玉米	豫玉 23	秸秆		10.30	1.15	14.86
2009	9	LCAZQ03AB0_01	夏玉米	先玉 335	籽粒		14.5	3.01	3.76
2009	9	LCAZQ03AB0_01	夏玉米	先玉 335	籽粒		14.6	2.93	3.23
2009	9	LCAZQ03AB0_01	夏玉米	先玉 335	籽粒		14.8	3.21	3.86
2009	9	LCAZQ03AB0_01	夏玉米	先玉 335	籽粒		14.3	2.40	3.20
2009	9	LCAZQ03AB0_01	夏玉米	先玉 335	籽粒		14.9	2.67	3.55
2009	9	LCAZQ03AB0_01	夏玉米	先玉 335	籽粒		15.1	2.77	3.79
2009	9	LCAZQ03AB0_01	夏玉米	先玉 335	秸秆		6.33	0.52	5.15
2009	9	LCAZQ03AB0_01	夏玉米	先玉 335	秸秆		9.12	0.97	5.92
2009	9	LCAZQ03AB0_01	夏玉米	先玉 335	秸秆		8.74	0.86	10.42
2009	9	LCAZQ03AB0_01	夏玉米	先玉 335	秸秆		7.91	0.64	6.09
2009	9	LCAZQ03AB0_01	夏玉米	先玉 335	秸秆		9.03	0.80	11.19
2009	9	LCAZQ03AB0_01	夏玉米	先玉 335	秸秆		9.36	0.71	6.93
2010	6	LCAZH01ABC_01	冬小麦	科农 199	籽粒	394.90	23.23	3.54	3.86
2010	6	LCAZH01ABC_01	冬小麦	科农 199	籽粒	404.69	22.84	3.50	3.86
2010	6	LCAZH01ABC_01	冬小麦	科农 199	籽粒	388.01	22.13	2.98	3.56
2010	6	LCAZH01ABC_01	冬小麦	科农 199	籽粒	402.86	22.96	3.62	3.93
2010	6	LCAZH01ABC_01	冬小麦	科农 199	籽粒	396.12	23.20	3.00	4.47
2010	6	LCAZH01ABC_01	冬小麦	科农 199	籽粒	397.19	24.14	3.44	4.27
2010	6	LCAZH01ABC_01	冬小麦	科农 199	茎	411.82	4.46	0.32	21.42
2010	6	LCAZH01ABC_01	冬小麦	科农 199	茎	413.64	3.66	0.23	21.39
2010	6	LCAZH01ABC_01	冬小麦	科农 199	茎	414.79	3.35	0.21	22.23
2010	6	LCAZH01ABC_01	冬小麦	科农 199	茎	417.12	3.08	0.17	27.69
2010	6	LCAZH01ABC_01	冬小麦	科农 199	茎	418.68	3.73	0.23	25.70
2010	6	LCAZH01ABC_01	冬小麦	科农 199	茎	412.45	3.82	0.20	21.62

（续）

年份	月份	样地代码	作物名称	作物品种	采样部位	全碳（g/kg）	全氮（g/kg）	全磷（g/kg）	全钾（g/kg）
2010	6	LCAZH01ABC_01	冬小麦	科农199	叶	386.77	12.79	0.95	19.85
2010	6	LCAZH01ABC_01	冬小麦	科农199	叶	386.77	12.61	0.95	23.41
2010	6	LCAZH01ABC_01	冬小麦	科农199	叶	388.33	11.93	0.98	26.89
2010	6	LCAZH01ABC_01	冬小麦	科农199	叶	390.51	12.99	0.89	21.45
2010	6	LCAZH01ABC_01	冬小麦	科农199	叶	380.54	10.15	0.66	19.77
2010	6	LCAZH01ABC_01	冬小麦	科农199	叶	385.21	11.10	0.45	13.05
2010	6	LCAZH01ABC_01	冬小麦	科农199	根	375.44	11.81	0.87	4.78
2010	6	LCAFZ01AB0_01	冬小麦	石麦18	籽粒	394.90	21.15	2.64	3.82
2010	6	LCAFZ01AB0_01	冬小麦	石麦18	籽粒	430.81	20.88	2.76	3.88
2010	6	LCAFZ01AB0_01	冬小麦	石麦18	籽粒	429.24	21.15	2.67	3.84
2010	6	LCAFZ02AB0_01	冬小麦	石麦18	籽粒	437.86	23.90	3.87	4.25
2010	6	LCAFZ02AB0_01	冬小麦	石麦18	籽粒	444.91	21.90	3.50	4.97
2010	6	LCAFZ02AB0_01	冬小麦	石麦18	籽粒	437.08	22.58	3.54	5.01
2010	6	LCAFZ03AB0_01	冬小麦	石麦18	籽粒	447.57	23.26	3.34	3.93
2010	6	LCAFZ03AB0_01	冬小麦	石麦18	籽粒	426.11	22.81	3.25	3.77
2010	6	LCAFZ03AB0_01	冬小麦	石麦18	籽粒	429.24	22.05	3.65	4.66
2010	6	LCAFZ01AB0_01	冬小麦	石麦18	茎	407.00	2.72	0.20	14.32
2010	6	LCAFZ01AB0_01	冬小麦	石麦18	茎	402.33	2.69	0.57	14.27
2010	6	LCAFZ01AB0_01	冬小麦	石麦18	茎	391.28	3.63	0.12	13.90
2010	6	LCAFZ02AB0_01	冬小麦	石麦18	茎	419.46	3.47	0.06	15.67
2010	6	LCAFZ02AB0_01	冬小麦	石麦18	茎	410.89	4.03	0.09	15.59
2010	6	LCAFZ02AB0_01	冬小麦	石麦18	茎	421.48	3.47	0.26	15.02
2010	6	LCAFZ03AB0_01	冬小麦	石麦18	茎	421.17	3.85	0.17	16.51
2010	6	LCAFZ03AB0_01	冬小麦	石麦18	茎	418.37	3.60	0.11	21.88
2010	6	LCAFZ03AB0_01	冬小麦	石麦18	茎	407.78	3.60	0.14	15.27
2010	6	LCAFZ01AB0_01	冬小麦	石麦18	叶	392.22	8.46	0.17	13.05
2010	6	LCAFZ01AB0_01	冬小麦	石麦18	叶	387.22	8.73	0.12	13.27
2010	6	LCAFZ01AB0_01	冬小麦	石麦18	叶	393.71	8.10	0.20	14.64
2010	6	LCAFZ02AB0_01	冬小麦	石麦18	叶	382.58	14.35	0.90	20.46
2010	6	LCAFZ02AB0_01	冬小麦	石麦18	叶	378.71	14.23	0.66	17.95
2010	6	LCAFZ02AB0_01	冬小麦	石麦18	叶	362.47	13.34	0.74	16.12
2010	6	LCAFZ03AB0_01	冬小麦	石麦18	叶	390.31	13.29	0.87	14.31

（续）

年份	月份	样地代码	作物名称	作物品种	采样部位	全碳（g/kg）	全氮（g/kg）	全磷（g/kg）	全钾（g/kg）
2010	6	LCAFZ03AB0_01	冬小麦	石麦18	叶	389.07	12.05	1.02	17.23
2010	6	LCAFZ03AB0_01	冬小麦	石新828	叶	382.58	11.15	0.80	16.48
2010	6	LCAZQ01AB0_01	冬小麦	石新828	籽粒	404.85	21.90	2.88	3.78
2010	6	LCAZQ01AB0_01	冬小麦	石新828	籽粒	398.72	21.37	2.82	4.62
2010	6	LCAZQ01AB0_01	冬小麦	石新828	籽粒	410.20	21.21	2.76	3.76
2010	6	LCAZQ01AB0_01	冬小麦	石新828	籽粒	410.20	21.37	2.95	3.70
2010	6	LCAZQ01AB0_01	冬小麦	石新828	籽粒	403.78	21.60	3.18	3.78
2010	6	LCAZQ01AB0_01	冬小麦	石新828	籽粒	394.13	21.27	2.95	4.52
2010	6	LCAZQ01AB0_01	冬小麦	石新828	茎	395.15	3.17	0.21	19.86
2010	6	LCAZQ01AB0_01	冬小麦	石新828	茎	389.85	3.26	0.20	24.02
2010	6	LCAZQ01AB0_01	冬小麦	石新828	茎	399.24	3.26	0.20	22.94
2010	6	LCAZQ01AB0_01	冬小麦	石新828	茎	391.36	3.22	0.18	27.21
2010	6	LCAZQ01AB0_01	冬小麦	石新828	茎	398.48	3.93	0.29	23.79
2010	6	LCAZQ01AB0_01	冬小麦	石新828	茎	393.18	2.99	0.21	28.28
2010	6	LCAZQ01AB0_01	冬小麦	石新828	叶	356.89	12.08	0.89	33.60
2010	6	LCAZQ01AB0_01	冬小麦	石新828	叶	360.16	9.82	0.71	34.04
2010	6	LCAZQ01AB0_01	冬小麦	石新828	叶	347.86	11.06	0.90	31.17
2010	6	LCAZQ01AB0_01	冬小麦	石新828	叶	354.09	11.37	0.96	32.41
2010	6	LCAZQ01AB0_01	冬小麦	石新828	叶	354.09	10.42	0.90	33.68
2010	6	LCAZQ01AB0_01	冬小麦	石新828	叶	367.32	10.15	0.84	30.55
2010	6	LCAZQ02AB0_01	冬小麦	科农199	籽粒	391.08	23.75	3.78	4.21
2010	6	LCAZQ02AB0_01	冬小麦	科农199	籽粒	396.49	23.50	3.59	3.95
2010	6	LCAZQ02AB0_01	冬小麦	科农199	籽粒	390.31	22.96	3.83	4.06
2010	6	LCAZQ02AB0_01	冬小麦	科农199	籽粒	390.31	23.69	3.33	3.76
2010	6	LCAZQ02AB0_01	冬小麦	科农199	籽粒	391.86	24.37	3.72	4.00
2010	6	LCAZQ02AB0_01	冬小麦	科农199	籽粒	391.86	23.79	3.50	3.71
2010	6	LCAZQ02AB0_01	冬小麦	科农199	茎	406.82	4.43	0.26	13.74
2010	6	LCAZQ02AB0_01	冬小麦	科农199	茎	404.55	4.43	0.21	15.31
2010	6	LCAZQ02AB0_01	冬小麦	科农199	茎	405.30	4.53	0.33	15.65
2010	6	LCAZQ02AB0_01	冬小麦	科农199	茎	394.70	4.83	0.30	17.93
2010	6	LCAZQ02AB0_01	冬小麦	科农199	茎	401.52	4.23	0.26	16.84
2010	6	LCAZQ02AB0_01	冬小麦	科农199	茎	393.94	4.50	0.30	16.69

（续）

年份	月份	样地代码	作物名称	作物品种	采样部位	全碳（g/kg）	全氮（g/kg）	全磷（g/kg）	全钾（g/kg）
2010	6	LCAZQ02AB0_01	冬小麦	科农199	叶	390.97	11.90	0.77	24.64
2010	6	LCAZQ02AB0_01	冬小麦	科农199	叶	384.44	13.63	0.89	21.92
2010	6	LCAZQ02AB0_01	冬小麦	科农199	叶	394.55	13.29	0.96	25.58
2010	6	LCAZQ02AB0_01	冬小麦	科农199	叶	391.91	13.29	1.01	20.57
2010	6	LCAZQ02AB0_01	冬小麦	科农199	叶	395.02	14.12	0.95	21.11
2010	6	LCAZQ02AB0_01	冬小麦	科农199	叶	377.28	14.14	1.18	18.70
2010	6	LCAZQ03AB0_01	冬小麦	石新828	籽粒	401.33	22.36	2.74	3.43
2010	6	LCAZQ03AB0_01	冬小麦	石新828	籽粒	398.27	23.54	2.65	3.58
2010	6	LCAZQ03AB0_01	冬小麦	石新828	籽粒	403.32	22.72	2.74	3.69
2010	6	LCAZQ03AB0_01	冬小麦	石新828	籽粒	394.59	23.79	2.89	3.27
2010	6	LCAZQ03AB0_01	冬小麦	石新828	籽粒	390.77	23.08	2.47	3.45
2010	6	LCAZQ03AB0_01	冬小麦	石新828	籽粒	402.86	23.61	2.68	3.89
2010	6	LCAZQ03AB0_01	冬小麦	石新828	茎	398.48	3.29	0.21	21.42
2010	6	LCAZQ03AB0_01	冬小麦	石新828	茎	393.64	3.02	0.23	18.98
2010	6	LCAZQ03AB0_01	冬小麦	石新828	茎	393.64	3.35	0.23	15.26
2010	6	LCAZQ03AB0_01	冬小麦	石新828	茎	385.30	3.29	0.18	23.35
2010	6	LCAZQ03AB0_01	冬小麦	石新828	茎	390.61	3.25	0.18	17.68
2010	6	LCAZQ03AB0_01	冬小麦	石新828	茎	411.06	4.08	0.20	16.04
2010	6	LCAZQ03AB0_01	冬小麦	石新828	叶	380.54	12.19	0.75	22.53
2010	6	LCAZQ03AB0_01	冬小麦	石新828	叶	370.43	10.88	0.75	24.26
2010	6	LCAZQ03AB0_01	冬小麦	石新828	叶	362.96	11.56	0.65	20.85
2010	6	LCAZQ03AB0_01	冬小麦	石新828	叶	362.65	10.50	0.54	25.87
2010	6	LCAZQ03AB0_01	冬小麦	石新828	叶	363.74	11.45	0.66	23.70
2010	6	LCAZQ03AB0_01	冬小麦	石新828	叶	356.73	11.30	0.84	26.39
2010	9	LCAZH01ABC_01	夏玉米	先玉335和中科11	籽粒	436.06	14.02	3.44	4.46
2010	9	LCAZH01ABC_01	夏玉米	先玉335和中科11	籽粒	446.97	13.60	3.80	4.73
2010	9	LCAZH01ABC_01	夏玉米	先玉335和中科11	籽粒	435.61	12.81	3.28	6.18
2010	9	LCAZH01ABC_01	夏玉米	先玉335和中科11	籽粒	437.88	12.63	3.69	4.96
2010	9	LCAZH01ABC_01	夏玉米	先玉335和中科11	籽粒	434.85	13.10	2.88	4.79

（续）

年份	月份	样地代码	作物名称	作物品种	采样部位	全碳 (g/kg)	全氮 (g/kg)	全磷 (g/kg)	全钾 (g/kg)
2010	9	LCAZH01ABC_01	夏玉米	先玉 335 和中科 11	籽粒	449.24	12.39	3.27	4.74
2010	9	LCAZH01ABC_01	夏玉米	先玉 335 和中科 11	茎	404.81	4.91	0.41	6.32
2010	9	LCAZH01ABC_01	夏玉米	先玉 335 和中科 11	茎	421.89	4.98	0.47	11.23
2010	9	LCAZH01ABC_01	夏玉米	先玉 335 和中科 11	茎	410.25	6.10	0.53	6.21
2010	9	LCAZH01ABC_01	夏玉米	先玉 335 和中科 11	茎	406.37	6.12	0.42	16.26
2010	9	LCAZH01ABC_01	夏玉米	先玉 335 和中科 11	茎	409.47	5.82	0.57	21.27
2010	9	LCAZH01ABC_01	夏玉米	先玉 335 和中科 11	茎	406.06	5.98	0.50	19.11
2010	9	LCAZH01ABC_01	夏玉米	先玉 335 和中科 11	叶	409.80	14.55	0.98	6.01
2010	9	LCAZH01ABC_01	夏玉米	先玉 335 和中科 11	叶	399.00	17.90	1.25	10.86
2010	9	LCAZH01ABC_01	夏玉米	先玉 335 和中科 11	叶	411.17	16.27	1.25	10.02
2010	9	LCAZH01ABC_01	夏玉米	先玉 335 和中科 11	叶	416.50	15.33	1.11	9.53
2010	9	LCAZH01ABC_01	夏玉米	先玉 335 和中科 11	叶	415.74	18.73	1.11	6.11
2010	9	LCAZH01ABC_01	夏玉米	先玉 335 和中科 11	叶	402.64	20.97	1.61	8.54
2010	9	LCAZH01ABC_01	夏玉米	先玉 335 和中科 11	根	390.59	8.44	0.66	4.26
2010	9	LCAZH01ABC_01	夏玉米	先玉 335 和中科 11	根	394.50	9.28	0.60	4.34
2010	9	LCAZH01ABC_01	夏玉米	先玉 335 和中科 11	根	386.64	8.19	0.69	3.96
2010	9	LCAFZ01AB0_01	夏玉米	石玉 9 号	籽粒	428.03	12.39	2.05	5.26
2010	9	LCAFZ01AB0_01	夏玉米	石玉 9 号	籽粒	423.48	10.12	2.23	4.77
2010	9	LCAFZ01AB0_01	夏玉米	石玉 9 号	籽粒	425.76	9.94	3.22	4.71
2010	9	LCAFZ02AB0_01	夏玉米	石玉 9 号	籽粒	432.66	9.40	3.62	4.56
2010	9	LCAFZ02AB0_01	夏玉米	石玉 9 号	籽粒	429.65	12.45	2.79	3.81

（续）

年份	月份	样地代码	作物名称	作物品种	采样部位	全碳（g/kg）	全氮（g/kg）	全磷（g/kg）	全钾（g/kg）
2010	9	LCAFZ02AB0_01	夏玉米	石玉9号	籽粒	432.66	12.05	3.54	4.52
2010	9	LCAFZ03AB0_01	夏玉米	石玉9号	籽粒	447.73	11.84	3.66	6.16
2010	9	LCAFZ03AB0_01	夏玉米	石玉9号	籽粒	440.15	12.08	3.04	5.33
2010	9	LCAFZ03AB0_01	夏玉米	石玉9号	籽粒	427.27	12.01	3.07	5.65
2010	9	LCAFZ01AB0_01	夏玉米	石玉9号	茎	400.93	11.37	0.35	19.89
2010	9	LCAFZ01AB0_01	夏玉米	石玉9号	茎	403.73	3.87	0.39	7.03
2010	9	LCAFZ01AB0_01	夏玉米	石玉9号	茎	397.83	4.00	0.38	7.08
2010	9	LCAFZ02AB0_01	夏玉米	石玉9号	茎	394.72	5.77	0.47	13.09
2010	9	LCAFZ02AB0_01	夏玉米	石玉9号	茎	409.47	6.31	0.51	16.70
2010	9	LCAFZ02AB0_01	夏玉米	石玉9号	茎	402.48	5.74	0.51	18.71
2010	9	LCAFZ03AB0_01	夏玉米	石玉9号	茎	407.14	6.31	0.59	9.00
2010	9	LCAFZ03AB0_01	夏玉米	石玉9号	茎	407.92	3.90	0.77	9.41
2010	9	LCAFZ03AB0_01	夏玉米	石玉9号	茎	400.93	6.37	0.36	10.05
2010	9	LCAFZ01AB0_01	夏玉米	石玉9号	叶	404.77	12.63	0.71	3.27
2010	9	LCAFZ01AB0_01	夏玉米	石玉9号	叶	408.12	13.87	0.83	3.23
2010	9	LCAFZ01AB0_01	夏玉米	石玉9号	叶	385.28	12.61	0.62	4.21
2010	9	LCAFZ02AB0_01	夏玉米	石玉9号	叶	401.52	17.22	1.08	5.93
2010	9	LCAFZ02AB0_01	夏玉米	石玉9号	叶	399.24	18.52	1.16	3.80
2010	9	LCAFZ02AB0_01	夏玉米	石玉9号	叶	399.70	19.26	1.45	7.41
2010	9	LCAFZ03AB0_01	夏玉米	石玉9号	叶	423.35	16.31	1.31	4.79
2010	9	LCAFZ03AB0_01	夏玉米	石玉9号	叶	405.08	16.99	1.16	4.89
2010	9	LCAFZ03AB0_01	夏玉米	石玉9号	叶	418.18	16.81	1.11	2.92
2010	9	LCAZQ01AB0_01	夏玉米	先玉335	籽粒	429.09	14.05	4.32	5.88
2010	9	LCAZQ01AB0_01	夏玉米	先玉335	籽粒	422.73	14.58	4.60	4.86
2010	9	LCAZQ01AB0_01	夏玉米	先玉335	籽粒	423.48	14.80	4.55	4.60
2010	9	LCAZQ01AB0_01	夏玉米	先玉335	籽粒	427.58	13.60	3.75	4.54
2010	9	LCAZQ01AB0_01	夏玉米	先玉335	籽粒	433.33	13.63	4.31	4.27
2010	9	LCAZQ01AB0_01	夏玉米	先玉335	籽粒	440.15	13.41	3.99	5.13
2010	9	LCAZQ01AB0_01	夏玉米	先玉335	茎	399.07	4.94	0.39	18.39
2010	9	LCAZQ01AB0_01	夏玉米	先玉335	茎	412.58	5.77	0.65	21.77
2010	9	LCAZQ01AB0_01	夏玉米	先玉335	茎	408.70	5.11	0.60	19.85
2010	9	LCAZQ01AB0_01	夏玉米	先玉335	茎	398.60	5.11	0.45	23.57

（续）

年份	月份	样地代码	作物名称	作物品种	采样部位	全碳（g/kg）	全氮（g/kg）	全磷（g/kg）	全钾（g/kg）
2010	9	LCAZQ01AB0_01	夏玉米	先玉335	茎	408.70	5.59	0.38	23.87
2010	9	LCAZQ01AB0_01	夏玉米	先玉335	茎	393.94	6.92	0.68	21.06
2010	9	LCAZQ01AB0_01	夏玉米	先玉335	叶	399.60	18.08	1.75	18.76
2010	9	LCAZQ01AB0_01	夏玉米	先玉335	叶	399.00	17.07	1.22	18.54
2010	9	LCAZQ01AB0_01	夏玉米	先玉335	叶	397.95	17.95	1.31	18.48
2010	9	LCAZQ01AB0_01	夏玉米	先玉335	叶	405.75	14.80	1.37	22.92
2010	9	LCAZQ01AB0_01	夏玉米	先玉335	叶	405.00	17.18	1.37	19.13
2010	9	LCAZQ01AB0_01	夏玉米	先玉335	叶	400.50	15.71	1.37	22.56
2010	9	LCAZQ02AB0_01	夏玉米	永玉8号	籽粒	425.76	13.32	3.72	4.71
2010	9	LCAZQ02AB0_01	夏玉米	永玉8号	籽粒	412.88	13.60	4.02	4.17
2010	9	LCAZQ02AB0_01	夏玉米	永玉8号	籽粒	426.52	13.93	3.98	4.71
2010	9	LCAZQ02AB0_01	夏玉米	永玉8号	籽粒	430.30	13.41	3.68	4.64
2010	9	LCAZQ02AB0_01	夏玉米	永玉8号	籽粒	439.39	13.60	3.59	4.19
2010	9	LCAZQ02AB0_01	夏玉米	永玉8号	籽粒	437.88	13.90	3.84	4.51
2010	9	LCAZQ02AB0_01	夏玉米	永玉8号	茎	437.39	5.59	0.41	10.92
2010	9	LCAZQ02AB0_01	夏玉米	永玉8号	茎	440.21	5.62	0.54	11.08
2010	9	LCAZQ02AB0_01	夏玉米	永玉8号	茎	440.21	7.43	0.81	10.23
2010	9	LCAZQ02AB0_01	夏玉米	永玉8号	茎	441.46	7.78	0.59	14.15
2010	9	LCAZQ02AB0_01	夏玉米	永玉8号	茎	443.66	8.16	0.53	16.05
2010	9	LCAZQ02AB0_01	夏玉米	永玉8号	茎	428.93	6.34	0.51	15.20
2010	9	LCAZQ02AB0_01	夏玉米	永玉8号	叶	410.95	16.62	1.02	6.99
2010	9	LCAZQ02AB0_01	夏玉米	永玉8号	叶	413.97	23.11	1.87	12.39
2010	9	LCAZQ02AB0_01	夏玉米	永玉8号	叶	402.66	19.34	1.43	7.73
2010	9	LCAZQ02AB0_01	夏玉米	永玉8号	叶	415.48	18.73	1.22	9.03
2010	9	LCAZQ02AB0_01	夏玉米	永玉8号	叶	400.10	19.94	1.30	16.03
2010	9	LCAZQ02AB0_01	夏玉米	永玉8号	叶	414.72	18.28	1.25	9.33
2010	9	LCAZQ03AB0_01	夏玉米	先玉335	籽粒	435.61	14.89	4.05	4.44
2010	9	LCAZQ03AB0_01	夏玉米	先玉335	籽粒	431.06	14.92	4.01	4.12
2010	9	LCAZQ03AB0_01	夏玉米	先玉335	籽粒	431.06	15.35	4.26	4.94
2010	9	LCAZQ03AB0_01	夏玉米	先玉335	籽粒	430.30	14.47	3.72	4.59
2010	9	LCAZQ03AB0_01	夏玉米	先玉335	籽粒	431.06	15.53	4.22	4.30
2010	9	LCAZQ03AB0_01	夏玉米	先玉335	籽粒	434.09	14.95	4.05	4.39

（续）

年份	月份	样地代码	作物名称	作物品种	采样部位	全碳（g/kg）	全氮（g/kg）	全磷（g/kg）	全钾（g/kg）
2010	9	LCAZQ03AB0_01	夏玉米	先玉335	茎	451.49	4.83	0.51	7.95
2010	9	LCAZQ03AB0_01	夏玉米	先玉335	茎	453.52	5.47	0.57	6.49
2010	9	LCAZQ03AB0_01	夏玉米	先玉335	茎	448.83	5.98	0.53	6.21
2010	9	LCAZQ03AB0_01	夏玉米	先玉335	茎	459.01	5.77	0.54	7.67
2010	9	LCAZQ03AB0_01	夏玉米	先玉335	茎	405.59	5.26	0.53	7.31
2010	9	LCAZQ03AB0_01	夏玉米	先玉335	茎	421.89	3.75	0.30	6.24
2010	9	LCAZQ03AB0_01	夏玉米	先玉335	叶	397.39	16.31	1.43	9.93
2010	9	LCAZQ03AB0_01	夏玉米	先玉335	叶	412.46	19.18	1.52	12.15
2010	9	LCAZQ03AB0_01	夏玉米	先玉335	叶	416.98	18.88	1.61	13.09
2010	9	LCAZQ03AB0_01	夏玉米	先玉335	叶	411.60	17.48	1.02	11.44
2010	9	LCAZQ03AB0_01	夏玉米	先玉335	叶	409.20	18.10	1.33	8.36
2010	9	LCAZQ03AB0_01	夏玉米	先玉335	叶	404.55	16.04	0.99	8.53
2011	6	LCAZH01ABC_01	冬小麦	1066	籽粒		22.24	3.42	3.29
2011	6	LCAZH01ABC_01	冬小麦	1066	籽粒		22.30	3.25	3.58
2011	6	LCAZH01ABC_01	冬小麦	1066	籽粒		21.51	3.18	3.50
2011	6	LCAZH01ABC_01	冬小麦	1066	籽粒		22.39	3.21	3.66
2011	6	LCAZH01ABC_01	冬小麦	1066	籽粒		23.00	3.33	3.68
2011	6	LCAZH01ABC_01	冬小麦	1066	籽粒		21.05	3.16	3.67
2011	6	LCAZH01ABC_01	冬小麦	1066	秸秆		4.55	0.54	18.54
2011	6	LCAZH01ABC_01	冬小麦	1066	秸秆	样品缺失，未测定			
2011	6	LCAZH01ABC_01	冬小麦	1066	秸秆		5.13	0.54	18.92
2011	6	LCAZH01ABC_01	冬小麦	1066	秸秆		4.24	0.45	16.45
2011	6	LCAZH01ABC_01	冬小麦	1066	秸秆		4.55	0.36	12.87
2011	6	LCAZH01ABC_01	冬小麦	1066	秸秆		4.48	0.47	16.88
2011	6	LCAFZ01ABC_01	冬小麦	科农199	籽粒		17.05	2.32	14.22
2011	6	LCAFZ01ABC_01	冬小麦	科农199	籽粒		18.09	2.44	3.81
2011	6	LCAFZ01ABC_01	冬小麦	科农199	籽粒		17.69	2.46	3.60
2011	6	LCAFZ02ABC_01	冬小麦	科农199	籽粒		23.67	3.77	4.81
2011	6	LCAFZ02ABC_01	冬小麦	科农199	籽粒		24.45	3.62	5.14
2011	6	LCAFZ02ABC_01	冬小麦	科农199	籽粒		22.27	3.42	4.65
2011	6	LCAFZ03AB0_01	冬小麦	科农199	籽粒		23.95	3.42	4.34
2011	6	LCAFZ03AB0_01	冬小麦	科农199	籽粒		20.94	3.28	4.45

（续）

年份	月份	样地代码	作物名称	作物品种	采样部位	全碳（g/kg）	全氮（g/kg）	全磷（g/kg）	全钾（g/kg）
2011	6	LCAFZ03AB0_01	冬小麦	科农199	籽粒	21.81	3.44	4.46
2011	6	LCAFZ01AB0_01	冬小麦	科农199	秸秆	2.59	0.54	12.85
2011	6	LCAFZ01AB0_01	冬小麦	科农199	秸秆	2.06	0.35	8.78
2011	6	LCAFZ01AB0_01	冬小麦	科农199	秸秆	2.10	0.35	9.66
2011	6	LCAFZ02AB0_01	冬小麦	科农199	秸秆	4.26	0.36	9.82
2011	6	LCAFZ02AB0_01	冬小麦	科农199	秸秆	2.75	0.36	12.50
2011	6	LCAFZ02AB0_01	冬小麦	科农199	秸秆	3.14	0.44	12.25
2011	6	LCAFZ03AB0_01	冬小麦	科农199	秸秆	3.94	0.59	15.63
2011	6	LCAFZ03AB0_01	冬小麦	科农199	秸秆	3.51	0.41	11.11
2011	6	LCAFZ03AB0_01	冬小麦	科农199	秸秆	3.34	0.47	13.43
2011	6	LCAZQ01AB0_01	冬小麦	石新828	籽粒	22.60	3.37	3.91
2011	6	LCAZQ01AB0_01	冬小麦	石新828	籽粒	22.39	3.25	3.75
2011	6	LCAZQ01AB0_01	冬小麦	石新828	籽粒	24.74	3.83	4.89
2011	6	LCAZQ01AB0_01	冬小麦	石新828	籽粒	28.19	4.13	4.63
2011	6	LCAZQ01AB0_01	冬小麦	石新828	籽粒	21.48	3.13	4.03
2011	6	LCAZQ01AB0_01	冬小麦	石新828	籽粒	21.38	3.07	3.30
2011	6	LCAZQ01AB0_01	冬小麦	石新828	秸秆	5.02	0.53	24.71
2011	6	LCAZQ01AB0_01	冬小麦	石新828	秸秆	4.88	0.53	19.10
2011	6	LCAZQ01AB0_01	冬小麦	石新828	秸秆	4.73	0.47	19.71
2011	6	LCAZQ01AB0_01	冬小麦	石新828	秸秆	4.64	0.66	19.47
2011	6	LCAZQ01AB0_01	冬小麦	石新828	秸秆	5.52	0.75	21.27
2011	6	LCAZQ01AB0_01	冬小麦	石新828	秸秆	4.70	0.62	18.41
2011	6	LCAZQ02AB0_01	冬小麦	科农199	籽粒	24.65	3.96	5.81
2011	6	LCAZQ02AB0_01	冬小麦	科农199	籽粒	25.87	4.38	5.46
2011	6	LCAZQ02AB0_01	冬小麦	科农199	籽粒	24.88	3.89	5.48
2011	6	LCAZQ02AB0_01	冬小麦	科农199	籽粒	23.79	4.08	4.75
2011	6	LCAZQ02AB0_01	冬小麦	科农199	籽粒	22.76	3.63	4.31
2011	6	LCAZQ02AB0_01	冬小麦	科农199	籽粒	25.47	4.26	5.46
2011	6	LCAZQ02AB0_01	冬小麦	科农199	秸秆	6.07	0.57	16.67
2011	6	LCAZQ02AB0_01	冬小麦	科农199	秸秆	5.37	0.54	17.68
2011	6	LCAZQ02AB0_01	冬小麦	科农199	秸秆	5.23	0.50	13.31
2011	6	LCAZQ02AB0_01	冬小麦	科农199	秸秆	5.16	0.50	14.54

（续）

年份	月份	样地代码	作物名称	作物品种	采样部位	全碳（g/kg）	全氮（g/kg）	全磷（g/kg）	全钾（g/kg）
2011	6	LCAZQ02AB0_01	冬小麦	科农199	秸秆		5.77	0.57	13.25
2011	6	LCAZQ02AB0_01	冬小麦	科农199	秸秆		4.77	0.42	14.80
2011	6	LCAZQ03AB0_01	冬小麦	良星66	籽粒		19.86	3.44	5.06
2011	6	LCAZQ03AB0_01	冬小麦	良星66	籽粒		19.65	2.95	4.32
2011	6	LCAZQ03AB0_01	冬小麦	良星66	籽粒		19.34	3.39	4.46
2011	6	LCAZQ03AB0_01	冬小麦	良星66	籽粒		19.55	3.34	4.61
2011	6	LCAZQ03AB0_01	冬小麦	良星66	籽粒		22.42	3.72	5.44
2011	6	LCAZQ03AB0_01	冬小麦	良星66	籽粒		19.57	3.15	4.58
2011	6	LCAZQ03AB0_01	冬小麦	良星66	秸秆		4.00	0.41	16.03
2011	6	LCAZQ03AB0_01	冬小麦	良星66	秸秆		3.94	0.26	16.03
2011	6	LCAZQ03AB0_01	冬小麦	良星66	秸秆		4.27	0.53	18.98
2011	6	LCAZQ03AB0_01	冬小麦	良星66	秸秆		3.94	0.41	16.93
2011	6	LCAZQ03AB0_01	冬小麦	良星66	秸秆		4.00	0.56	18.15
2011	6	LCAZQ03AB0_01	冬小麦	良星66	秸秆	样品缺失，未测定			
2011	9	LCAZH01ABC_01	夏玉米	先玉335	籽粒		12.75	2.77	4.70
2011	9	LCAZH01ABC_01	夏玉米	先玉335	籽粒		13.27	2.94	5.36
2011	9	LCAZH01ABC_01	夏玉米	先玉335	籽粒		13.54	2.86	4.30
2011	9	LCAZH01ABC_01	夏玉米	先玉335	籽粒		13.36	2.82	3.27
2011	9	LCAZH01ABC_01	夏玉米	先玉335	籽粒		14.08	2.85	4.31
2011	9	LCAZH01ABC_01	夏玉米	先玉335	籽粒		13.27	2.65	3.24
2011	9	LCAZH01ABC_01	夏玉米	先玉335	秸秆		9.55	1.07	11.40
2011	9	LCAZH01ABC_01	夏玉米	先玉335	秸秆		13.85	1.55	11.80
2011	9	LCAZH01ABC_01	夏玉米	先玉335	秸秆		16.50	1.76	7.90
2011	9	LCAZH01ABC_01	夏玉米	先玉335	秸秆		12.32	1.78	10.49
2011	9	LCAZH01ABC_01	夏玉米	先玉335	秸秆		10.37	1.60	9.68
2011	9	LCAZH01ABC_01	夏玉米	先玉335	秸秆		13.24	1.78	9.61
2011	9	LCAFZ01AB0_01	夏玉米	郑单958	籽粒		11.94	1.84	2.92
2011	9	LCAFZ01AB0_01	夏玉米	郑单958	籽粒		10.95	1.90	3.03
2011	9	LCAFZ01AB0_01	夏玉米	郑单958	籽粒		9.91	1.67	2.61
2011	9	LCAFZ02AB0_01	夏玉米	郑单958	籽粒		5.00	2.12	3.01
2011	9	LCAFZ02AB0_01	夏玉米	郑单958	籽粒		10.92	2.00	3.04
2011	9	LCAFZ02AB0_01	夏玉米	郑单958	籽粒		11.18	2.24	3.29

（续）

年份	月份	样地代码	作物 名称	作物品种	采样 部位	全碳 (g/kg)	全氮 (g/kg)	全磷 (g/kg)	全钾 (g/kg)
2011	9	LCAFZ03AB0_01	夏玉米	郑单 958	籽粒		6.83	2.05	3.04
2011	9	LCAFZ03AB0_01	夏玉米	郑单 958	籽粒		10.56	2.14	4.99
2011	9	LCAFZ03AB0_01	夏玉米	郑单 958	籽粒		11.07	2.21	3.21
2011	9	LCAFZ01AB0_01	夏玉米	郑单 958	秸秆		9.96	1.34	7.15
2011	9	LCAFZ01AB0_01	夏玉米	郑单 958	秸秆		9.58	1.21	7.09
2011	9	LCAFZ01AB0_01	夏玉米	郑单 958	秸秆		9.91	1.15	8.37
2011	9	LCAFZ02AB0_01	夏玉米	郑单 958	秸秆		12.05	1.27	13.96
2011	9	LCAFZ02AB0_01	夏玉米	郑单 958	秸秆		12.35	1.30	9.31
2011	9	LCAFZ02AB0_01	夏玉米	郑单 958	秸秆		13.09	1.30	11.48
2011	9	LCAFZ03AB0_01	夏玉米	郑单 958	秸秆		12.29	1.36	3.89
2011	9	LCAFZ03AB0_01	夏玉米	郑单 958	秸秆		11.56	1.25	3.60
2011	9	LCAFZ03AB0_01	夏玉米	郑单 958	秸秆		10.25	1.04	4.13
2011	9	LCAZQ01AB0_01	夏玉米	先玉 335	籽粒		13.88	2.83	4.54
2011	9	LCAZQ01AB0_01	夏玉米	先玉 335	籽粒		13.90	2.50	4.00
2011	9	LCAZQ01AB0_01	夏玉米	先玉 335	籽粒		13.80	2.82	3.34
2011	9	LCAZQ01AB0_01	夏玉米	先玉 335	籽粒		13.85	2.64	3.10
2011	9	LCAZQ01AB0_01	夏玉米	先玉 335	籽粒		13.27	2.73	3.26
2011	9	LCAZQ01AB0_01	夏玉米	先玉 335	籽粒		13.85	2.80	3.10
2011	9	LCAZQ01AB0_01	夏玉米	先玉 335	秸秆		13.32	1.11	12.37
2011	9	LCAZQ01AB0_01	夏玉米	先玉 335	秸秆		14.19	1.24	12.36
2011	9	LCAZQ01AB0_01	夏玉米	先玉 335	秸秆		10.56	0.93	11.84
2011	9	LCAZQ01AB0_01	夏玉米	先玉 335	秸秆		7.96	0.69	12.47
2011	9	LCAZQ01AB0_01	夏玉米	先玉 335	秸秆		9.58	1.02	10.50
2011	9	LCAZQ01AB0_01	夏玉米	先玉 335	秸秆		8.60	0.93	10.14
2011	9	LCAZQ02AB0_01	夏玉米	先玉 335	籽粒		15.07	2.89	5.44
2011	9	LCAZQ02AB0_01	夏玉米	先玉 335	籽粒		10.98	2.32	4.31
2011	9	LCAZQ02AB0_01	夏玉米	先玉 335	籽粒		14.09	2.92	3.64
2011	9	LCAZQ02AB0_01	夏玉米	先玉 335	籽粒		10.83	2.35	4.36
2011	9	LCAZQ02AB0_01	夏玉米	先玉 335	籽粒		13.18	2.73	4.93
2011	9	LCAZQ02AB0_01	夏玉米	先玉 335	籽粒		10.37	2.00	4.93
2011	9	LCAZQ02AB0_01	夏玉米	先玉 335	秸秆		14.20	1.51	10.90
2011	9	LCAZQ02AB0_01	夏玉米	先玉 335	秸秆		14.64	1.36	15.53

（续）

年份	月份	样地代码	作物名称	作物品种	采样部位	全碳（g/kg）	全氮（g/kg）	全磷（g/kg）	全钾（g/kg）
2011	9	LCAZQ02AB0_01	夏玉米	先玉335	秸秆		13.22	1.34	13.74
2011	9	LCAZQ02AB0_01	夏玉米	先玉335	秸秆		12.69	1.37	17.94
2011	9	LCAZQ02AB0_01	夏玉米	先玉335	秸秆		12.10	1.16	20.38
2011	9	LCAZQ02AB0_01	夏玉米	先玉335	秸秆		14.06	1.33	17.97
2011	9	LCAZQ03AB0_01	夏玉米	先玉335	籽粒		13.54	2.86	3.43
2011	9	LCAZQ03AB0_01	夏玉米	先玉335	籽粒		13.45	2.52	3.28
2011	9	LCAZQ03AB0_01	夏玉米	先玉335	籽粒		13.94	2.76	4.44
2011	9	LCAZQ03AB0_01	夏玉米	先玉335	籽粒		13.51	2.29	4.25
2011	9	LCAZQ03AB0_01	夏玉米	先玉335	籽粒		13.74	2.26	3.10
2011	9	LCAZQ03AB0_01	夏玉米	先玉335	籽粒		13.27	2.29	4.39
2011	9	LCAZQ03AB0_01	夏玉米	先玉335	秸秆		15.25	1.36	10.70
2011	9	LCAZQ03AB0_01	夏玉米	先玉335	秸秆		15.59	1.28	12.13
2011	9	LCAZQ03AB0_01	夏玉米	先玉335	秸秆		11.58	1.18	12.04
2011	9	LCAZQ03AB0_01	夏玉米	先玉335	秸秆		12.97	1.25	17.24
2011	9	LCAZQ03AB0_01	夏玉米	先玉335	秸秆		11.59	0.99	8.85
2011	9	LCAZQ03AB0_01	夏玉米	先玉335	秸秆		10.71	1.15	13.65
2012	6	LCAZH01ABC_01	冬小麦	科农1066	籽粒	419.24	28.70	4.63	3.82
2012	6	LCAZH01ABC_01	冬小麦	科农1066	籽粒	418.20	27.48	4.11	4.45
2012	6	LCAZH01ABC_01	冬小麦	科农1066	籽粒	420.00	23.99	3.54	3.82
2012	6	LCAZH01ABC_01	冬小麦	科农1066	籽粒	430.18	29.01	4.70	4.45
2012	6	LCAZH01ABC_01	冬小麦	科农1066	籽粒	433.37	24.49	3.72	3.66
2012	6	LCAZH01ABC_01	冬小麦	科农1066	籽粒	425.32	26.59	4.08	4.23
2012	6	LCAZH01ABC_01	冬小麦	科农1066	秸秆	398.70	6.88	0.77	16.00
2012	6	LCAZH01ABC_01	冬小麦	科农1066	秸秆	408.45	6.88	0.53	17.94
2012	6	LCAZH01ABC_01	冬小麦	科农1066	秸秆	377.61	5.03	0.39	18.32
2012	6	LCAZH01ABC_01	冬小麦	科农1066	秸秆	382.76	4.38	0.63	15.59
2012	6	LCAZH01ABC_01	冬小麦	科农1066	秸秆	374.63	7.11	0.62	18.03
2012	6	LCAZH01ABC_01	冬小麦	科农1066	秸秆	397.66	6.98	0.51	14.86
2012	6	LCAFZ01ABC_01	冬小麦	科农1066	籽粒	420.76	5.45	2.98	3.63
2012	6	LCAFZ01ABC_01	冬小麦	科农1066	籽粒	435.49	23.88	3.01	3.51
2012	6	LCAFZ01ABC_01	冬小麦	科农1066	籽粒	425.32	25.55	2.91	3.65
2012	6	LCAFZ02ABC_01	冬小麦	科农1066	籽粒	433.22	27.48	4.29	4.22

（续）

年份	月份	样地代码	作物名称	作物品种	采样部位	全碳 (g/kg)	全氮 (g/kg)	全磷 (g/kg)	全钾 (g/kg)
2012	6	LCAFZ02ABC_01	冬小麦	科农1066	籽粒	428.66	25.03	3.87	3.77
2012	6	LCAFZ02ABC_01	冬小麦	科农1066	籽粒	425.32	25.64	4.04	3.58
2012	6	LCAFZ03AB0_01	冬小麦	科农1066	籽粒	430.63	24.88	3.83	3.75
2012	6	LCAFZ03AB0_01	冬小麦	科农1066	籽粒	424.92	28.40	3.42	3.73
2012	6	LCAFZ03AB0_01	冬小麦	科农1066	籽粒	426.54	25.34	3.75	3.50
2012	6	LCAFZ01AB0_01	冬小麦	科农1066	秸秆	373.13	6.36	0.60	9.50
2012	6	LCAFZ01AB0_01	冬小麦	科农1066	秸秆	389.55	4.30	0.44	10.52
2012	6	LCAFZ01AB0_01	冬小麦	科农1066	秸秆	397.01	7.36	0.71	9.10
2012	6	LCAFZ02AB0_01	冬小麦	科农1066	秸秆	400.75	6.55	0.65	18.65
2012	6	LCAFZ02AB0_01	冬小麦	科农1066	秸秆	388.06	6.75	0.77	17.99
2012	6	LCAFZ02AB0_01	冬小麦	科农1066	秸秆	402.99	5.29	0.54	16.50
2012	6	LCAFZ03AB0_01	冬小麦	科农1066	秸秆	399.25	7.47	0.69	15.38
2012	6	LCAFZ03AB0_01	冬小麦	科农1066	秸秆	393.28	6.98	0.63	14.30
2012	6	LCAFZ03AB0_01	冬小麦	科农1066	秸秆	389.25	6.67	0.75	13.09
2012	6	LCAZQ01AB0_01	冬小麦	石麦18	籽粒	403.81	25.80	3.78	4.25
2012	6	LCAZQ01AB0_01	冬小麦	石麦18	籽粒	414.76	25.75	3.60	3.73
2012	6	LCAZQ01AB0_01	冬小麦	石麦18	籽粒	412.48	24.76	3.87	4.24
2012	6	LCAZQ01AB0_01	冬小麦	石麦18	籽粒	414.46	25.34	3.63	4.26
2012	6	LCAZQ01AB0_01	冬小麦	石麦18	籽粒	412.02	24.85	3.83	4.65
2012	6	LCAZQ01AB0_01	冬小麦	石麦18	籽粒	415.90	25.18	3.69	4.20
2012	6	LCAZQ01AB0_01	冬小麦	石麦18	秸秆	405.75	5.75	0.50	26.94
2012	6	LCAZQ01AB0_01	冬小麦	石麦18	秸秆	402.00	6.98	0.57	24.36
2012	6	LCAZQ01AB0_01	冬小麦	石麦18	秸秆	397.50	5.75	0.48	21.50
2012	6	LCAZQ01AB0_01	冬小麦	石麦18	秸秆	407.70	4.99	0.45	25.14
2012	6	LCAZQ01AB0_01	冬小麦	石麦18	秸秆	396.75	6.55	0.59	27.10
2012	6	LCAZQ01AB0_01	冬小麦	石麦18	秸秆	387.92	5.29	0.51	27.52
2012	6	LCAZQ04AB0_01	冬小麦	石新828	籽粒	404.87	23.19	3.24	3.74
2012	6	LCAZQ04AB0_01	冬小麦	石新828	籽粒	401.07	24.04	3.27	3.48
2012	6	LCAZQ04AB0_01	冬小麦	石新828	籽粒	422.37	23.84	3.24	3.71
2012	6	LCAZQ04AB0_01	冬小麦	石新828	籽粒	394.52	23.50	3.42	3.43
2012	6	LCAZQ04AB0_01	冬小麦	石新828	籽粒	399.54	23.88	3.33	3.36
2012	6	LCAZQ04AB0_01	冬小麦	石新828	籽粒	417.05	24.19	3.48	4.43

（续）

年份	月份	样地代码	作物名称	作物品种	采样部位	全碳（g/kg）	全氮（g/kg）	全磷（g/kg）	全钾（g/kg）
2012	6	LCAZQ04AB0_01	冬小麦	石新828	秸秆	387.94	5.75	0.44	28.32
2012	6	LCAZQ04AB0_01	冬小麦	石新828	秸秆	399.60	4.76	0.36	27.08
2012	6	LCAZQ04AB0_01	冬小麦	石新828	秸秆	389.51	4.53	0.42	23.39
2012	6	LCAZQ04AB0_01	冬小麦	石新828	秸秆	393.94	5.45	0.44	27.33
2012	6	LCAZQ04AB0_01	冬小麦	石新828	秸秆	401.56	5.75	0.50	26.25
2012	6	LCAZQ04AB0_01	冬小麦	石新828	秸秆	396.57	4.53	0.39	21.75
2012	6	LCAZQ05AB0_01	冬小麦	科农199	籽粒	410.96	21.97	3.68	3.89
2012	6	LCAZQ05AB0_01	冬小麦	科农199	籽粒	396.04	22.51	3.50	4.67
2012	6	LCAZQ05AB0_01	冬小麦	科农199	籽粒	411.87	22.77	3.71	4.69
2012	6	LCAZQ05AB0_01	冬小麦	科农199	籽粒	404.11	22.74	3.66	4.60
2012	6	LCAZQ05AB0_01	冬小麦	科农199	籽粒	412.18	22.38	3.53	4.22
2012	6	LCAZQ05AB0_01	冬小麦	科农199	籽粒	402.59	22.80	3.69	4.09
2012	6	LCAZQ05AB0_01	冬小麦	科农199	秸秆	400.60	7.05	0.68	19.70
2012	6	LCAZQ05AB0_01	冬小麦	科农199	秸秆	392.04	6.82	0.59	19.33
2012	6	LCAZQ05AB0_01	冬小麦	科农199	秸秆	395.35	6.98	0.65	25.33
2012	6	LCAZQ05AB0_01	冬小麦	科农199	秸秆	381.83	7.47	0.68	22.02
2012	6	LCAZQ05AB0_01	冬小麦	科农199	秸秆	395.80	5.45	0.56	24.52
2012	6	LCAZQ05AB0_01	冬小麦	科农199	秸秆	402.75	8.31	0.66	19.10
2012	9	LCAZQ05AB0_01	夏玉米	336和雷奥1号	籽粒	428.57	13.48	3.27	5.27
2012	9	LCAZH01ABC_01	夏玉米	336和雷奥1号	籽粒	414.81	12.48	3.15	4.62
2012	9	LCAZH01ABC_01	夏玉米	336和雷奥1号	籽粒	445.19	13.56	3.86	5.06
2012	9	LCAZH01ABC_01	夏玉米	336和雷奥1号	籽粒	433.78	12.03	3.15	4.61
2012	9	LCAZH01ABC_01	夏玉米	336和雷奥1号	籽粒	432.30	14.01	4.07	5.58
2012	9	LCAZH01ABC_01	夏玉米	336和雷奥1号	籽粒	424.89	13.10	3.65	4.97
2012	9	LCAZH01ABC_01	夏玉米	336和雷奥1号	秸秆	396.38	4.61	0.51	12.45
2012	9	LCAZH01ABC_01	夏玉米	336和雷奥1号	秸秆	405.05	6.82	0.87	8.73
2012	9	LCAZH01ABC_01	夏玉米	336和雷奥1号	秸秆	402.38	5.25	0.35	14.88
2012	9	LCAZH01ABC_01	夏玉米	336和雷奥1号	秸秆	369.53	4.76	0.48	14.00
2012	9	LCAZH01ABC_01	夏玉米	336和雷奥1号	秸秆	389.00	6.29	0.66	15.26
2012	9	LCAZH01ABC_01	夏玉米	336和雷奥1号	秸秆	402.33	5.06	0.38	9.40
2012	9	LCAFZ01AB0_01	夏玉米	新亚2号	籽粒	438.52	10.19	1.87	4.20
2012	9	LCAFZ01AB0_01	夏玉米	新亚2号	籽粒	427.86	9.81	1.99	4.45

（续）

年份	月份	样地代码	作物名称	作物品种	采样部位	全碳(g/kg)	全氮(g/kg)	全磷(g/kg)	全钾(g/kg)
2012	9	LCAFZ01AB0_01	夏玉米	新亚2号	籽粒	429.63	9.73	1.70	5.13
2012	9	LCAFZ02AB0_01	夏玉米	新亚2号	籽粒	447.41	11.92	3.31	4.99
2012	9	LCAFZ02AB0_01	夏玉米	新亚2号	籽粒	451.85	11.60	3.00	4.97
2012	9	LCAFZ02AB0_01	夏玉米	新亚2号	籽粒	445.48	11.41	3.31	5.11
2012	9	LCAFZ03AB0_01	夏玉米	新亚2号	籽粒	428.15	11.03	2.71	4.71
2012	9	LCAFZ03AB0_01	夏玉米	新亚2号	籽粒	446.81	11.78	3.01	4.64
2012	9	LCAFZ03AB0_01	夏玉米	新亚2号	籽粒	447.11	11.26	3.13	4.76
2012	9	LCAFZ01AB0_01	夏玉米	新亚2号	秸秆	388.88	6.21	0.44	10.12
2012	9	LCAFZ01AB0_01	夏玉米	新亚2号	秸秆	400.89	6.85	0.66	12.57
2012	9	LCAFZ01AB0_01	夏玉米	新亚2号	秸秆	396.03	6.06	0.80	12.57
2012	9	LCAFZ02AB0_01	夏玉米	新亚2号	秸秆	426.24	7.44	0.90	13.84
2012	9	LCAFZ02AB0_01	夏玉米	新亚2号	秸秆	403.96	10.53	1.19	16.42
2012	9	LCAFZ02AB0_01	夏玉米	新亚2号	秸秆	409.16	7.65	0.89	16.04
2012	9	LCAFZ03AB0_01	夏玉米	新亚2号	秸秆	405.71	7.28	0.75	9.30
2012	9	LCAFZ03AB0_01	夏玉米	新亚2号	秸秆	407.49	5.94	0.72	12.19
2012	9	LCAFZ03AB0_01	夏玉米	新亚2号	秸秆	430.99	6.14	0.69	6.07
2012	9	LCAZQ01AB0_01	夏玉米	先玉335	籽粒	426.35	14.05	3.93	5.22
2012	9	LCAZQ01AB0_01	夏玉米	先玉335	籽粒	416.75	14.20	3.87	5.21
2012	9	LCAZQ01AB0_01	夏玉米	先玉335	籽粒	424.14	13.66	3.62	4.56
2012	9	LCAZQ01AB0_01	夏玉米	先玉335	籽粒	418.23	14.32	4.02	5.68
2012	9	LCAZQ01AB0_01	夏玉米	先玉335	籽粒	418.23	13.00	3.50	4.50
2012	9	LCAZQ01AB0_01	夏玉米	先玉335	籽粒	421.18	13.43	3.69	4.83
2012	9	LCAZQ01AB0_01	夏玉米	先玉335	秸秆	395.29	6.62	0.35	12.43
2012	9	LCAZQ01AB0_01	夏玉米	先玉335	秸秆	400.00	6.67	0.56	15.18
2012	9	LCAZQ01AB0_01	夏玉米	先玉335	秸秆	386.65	5.60	0.32	8.04
2012	9	LCAZQ01AB0_01	夏玉米	先玉335	秸秆	381.89	6.21	0.36	11.42
2012	9	LCAZQ01AB0_01	夏玉米	先玉335	秸秆	391.86	5.83	0.69	11.76
2012	9	LCAZQ01AB0_01	夏玉米	先玉335	秸秆	382.93	5.84	0.44	11.77
2012	9	LCAZQ04AB0_01	夏玉米	先玉335和三北21	籽粒	441.87	13.79	4.32	5.52
2012	9	LCAZQ04AB0_01	夏玉米	先玉335和三北21	籽粒	447.78	12.18	3.16	4.85

（续）

年份	月份	样地代码	作物名称	作物品种	采样部位	全碳 (g/kg)	全氮 (g/kg)	全磷 (g/kg)	全钾 (g/kg)
2012	9	LCAZQ04AB0_01	夏玉米	先玉 335 和三北 21	籽粒	424.14	12.94	3.36	4.91
2012	9	LCAZQ04AB0_01	夏玉米	先玉 335 和三北 21	籽粒	435.22	12.06	2.73	5.04
2012	9	LCAZQ04AB0_01	夏玉米	先玉 335 和三北 21	籽粒	438.92	12.87	3.45	4.76
2012	9	LCAZQ04AB0_01	夏玉米	先玉 335 和三北 21	籽粒	452.96	12.03	2.91	5.43
2012	9	LCAZQ04AB0_01	夏玉米	先玉 335 和三北 21	秸秆	373.53	8.05	0.62	14.94
2012	9	LCAZQ04AB0_01	夏玉米	先玉 335 和三北 21	秸秆	361.76	7.25	0.59	23.85
2012	9	LCAZQ04AB0_01	夏玉米	先玉 335 和三北 21	秸秆	382.35	7.28	0.57	15.06
2012	9	LCAZQ04AB0_01	夏玉米	先玉 335 和三北 21	秸秆	369.12	7.28	0.54	21.90
2012	9	LCAZQ04AB0_01	夏玉米	先玉 335 和三北 21	秸秆	379.41	5.29	0.51	11.92
2012	9	LCAZQ04AB0_01	夏玉米	先玉 335 和三北 21	秸秆	383.09	6.52	0.54	20.57
2012	9	LCAZQ05AB0_01	夏玉米	先玉 335	籽粒	430.05	12.48	3.12	4.77
2012	9	LCAZQ05AB0_01	夏玉米	先玉 335	籽粒	424.14	12.59	3.21	4.72
2012	9	LCAZQ05AB0_01	夏玉米	先玉 335	籽粒	430.79	12.94	3.36	4.71
2012	9	LCAZQ05AB0_01	夏玉米	先玉 335	籽粒	438.62	13.40	3.89	5.23
2012	9	LCAZQ05AB0_01	夏玉米	先玉 335	籽粒	426.35	13.13	3.15	5.18
2012	9	LCAZQ05AB0_01	夏玉米	先玉 335	籽粒	421.18	12.41	3.13	5.03
2012	9	LCAZQ05AB0_01	夏玉米	先玉 335	秸秆	377.65	4.96	0.41	5.64
2012	9	LCAZQ05AB0_01	夏玉米	先玉 335	秸秆	397.35	6.06	0.44	7.60
2012	9	LCAZQ05AB0_01	夏玉米	先玉 335	秸秆	398.53	4.53	0.45	7.02
2012	9	LCAZQ05AB0_01	夏玉米	先玉 335	秸秆	405.59	5.81	0.56	8.22
2012	9	LCAZQ05AB0_01	夏玉米	先玉 335	秸秆	404.12	5.83	0.50	8.22
2012	9	LCAZQ05AB0_01	夏玉米	先玉 335	秸秆	408.82	5.83	0.56	7.93
2013	6	LCAZH01ABC_01	冬小麦	科农 1066	籽粒	411.87	22.98	3.707 223	4.91
2013	6	LCAZH01ABC_01	冬小麦	科农 1066	籽粒	407.98	23.47	4.052 43	5.44
2013	6	LCAZH01ABC_01	冬小麦	科农 1066	籽粒	409.41	22.86	3.872 322	4.53

（续）

年份	月份	样地代码	作物名称	作物品种	采样部位	全碳（g/kg）	全氮（g/kg）	全磷（g/kg）	全钾（g/kg）
2013	6	LCAZH01ABC_01	冬小麦	科农1066	籽粒	411.05	22.86	4.427 655	6.59
2013	6	LCAZH01ABC_01	冬小麦	科农1066	籽粒	406.14	21.89	3.286 971	4.54
2013	6	LCAZH01ABC_01	冬小麦	科农1066	籽粒	413.30	22.72	4.142 484	5.74
2013	6	LCAZH01ABC_01	冬小麦	科农1066	秸秆	400.62	4.38	0.285 171	17.02
2013	6	LCAZH01ABC_01	冬小麦	科农1066	秸秆	395.27	5.75	0.345 207	23.44
2013	6	LCAZH01ABC_01	冬小麦	科农1066	秸秆	407.61	3.86	0.360 216	16.37
2013	6	LCAZH01ABC_01	冬小麦	科农1066	秸秆	398.15	4.69	0.300 18	16.90
2013	6	LCAZH01ABC_01	冬小麦	科农1066	秸秆	403.50	5.75	0.390 234	14.63
2013	6	LCAZH01ABC_01	冬小麦	科农1066	秸秆	400.93	4.88	0.255 153	18.60
2013	6	LCAFZ01AB0_01	冬小麦	科农1066	籽粒	404.81	25.10	3.27	5.14
2013	6	LCAFZ01AB0_01	冬小麦	科农1066	籽粒	417.39	24.09	3.42	5.93
2013	6	LCAFZ01AB0_01	冬小麦	科农1066	籽粒	412.31	23.94	3.31	5.42
2013	6	LCAFZ02AB0_01	冬小麦	科农1066	籽粒	410.97	24.80	4.097 457	6.86
2013	6	LCAFZ02AB0_01	冬小麦	科农1066	籽粒	417.77	25.55	4.877 925	8.16
2013	6	LCAFZ02AB0_01	冬小麦	科农1066	籽粒	405.08	28.20	5.268 159	8.66
2013	6	LCAFZ03AB0_01	冬小麦	科农1066	籽粒	412.48	25.58	4.112 466	6.12
2013	6	LCAFZ03AB0_01	冬小麦	科农1066	籽粒	416.88	24.95	4.247 547	6.08
2013	6	LCAFZ03AB0_01	冬小麦	科农1066	籽粒	404.57	25.36	4.247 547	5.82
2013	6	LCAFZ01AB0_01	冬小麦	科农1066	茎	396.61	4.29	0.315 189	13.21
2013	6	LCAFZ01AB0_01	冬小麦	科农1066	茎	412.00	3.99	0.345 207	10.35
2013	6	LCAFZ01AB0_01	冬小麦	科农1066	茎	402.67	3.51	0.330 198	11.19
2013	6	LCAFZ02AB0_01	冬小麦	科农1066	茎	401.23	6.11	0.510 306	19.24
2013	6	LCAFZ02AB0_01	冬小麦	科农1066	茎	391.69	4.87	0.345 207	19.63
2013	6	LCAFZ02AB0_01	冬小麦	科农1066	茎	406.36	4.54	0.345 207	15.18
2013	6	LCAFZ03AB0_01	冬小麦	科农1066	茎	412.72	5.67	0.330 198	16.61
2013	6	LCAFZ03AB0_01	冬小麦	科农1066	茎	417.03	4.69	0.405 243	13.37
2013	6	LCAFZ03AB0_01	冬小麦	科农1066	茎	415.79	5.44	0.285 171	13.48
2013	6	LCAFZ01AB0_01	冬小麦	科农1066	叶	403.49	11.99	0.600 36	3.99
2013	6	LCAFZ01AB0_01	冬小麦	科农1066	叶	401.95	9.71	0.555 333	4.67
2013	6	LCAFZ01AB0_01	冬小麦	科农1066	叶	407.59	9.04	0.450 27	4.87
2013	6	LCAFZ02AB0_01	冬小麦	科农1066	叶	409.95	11.97	0.735 441	3.68
2013	6	LCAFZ02AB0_01	冬小麦	科农1066	叶	391.69	11.55	0.690 414	3.99

（续）

年份	月份	样地代码	作物名称	作物品种	采样部位	全碳（g/kg）	全氮（g/kg）	全磷（g/kg）	全钾（g/kg）
2013	6	LCAFZ02AB0_01	冬小麦	科农1066	叶	411.69	11.60	1.305 783	3.53
2013	6	LCAFZ03AB0_01	冬小麦	科农1066	叶	410.36	5.67	0.810 486	4.11
2013	6	LCAFZ03AB0_01	冬小麦	科农1066	叶	412.72	4.69	0.765 459	4.53
2013	6	LCAFZ03AB0_01	冬小麦	科农1066	叶	422.77	5.44	0.855 513	3.64
2013	6	LCAZQ01AB0_01	冬小麦	科农1066	籽粒	408.61	26.19	4.757 853	7.06
2013	6	LCAZQ01AB0_01	冬小麦	科农1066	籽粒	410.67	26.19	3.902 34	6.00
2013	6	LCAZQ01AB0_01	冬小麦	科农1066	籽粒	409.64	36.14	4.922 952	7.31
2013	6	LCAZQ01AB0_01	冬小麦	科农1066	籽粒	415.86	25.55	4.397 637	6.12
2013	6	LCAZQ01AB0_01	冬小麦	科农1066	籽粒	415.35	25.25	4.427 655	6.46
2013	6	LCAZQ01AB0_01	冬小麦	科农1066	籽粒	416.37	25.25	4.532 718	6.70
2013	6	LCAZQ01AB0_01	冬小麦	科农1066	秸秆	392.70	7.03	0.465 279	26.58
2013	6	LCAZQ01AB0_01	冬小麦	科农1066	秸秆	393.73	7.48	0.465 279	26.26
2013	6	LCAZQ01AB0_01	冬小麦	科农1066	秸秆	391.36	7.79	0.420 252	22.34
2013	6	LCAZQ01AB0_01	冬小麦	科农1066	秸秆	391.57	7.48	0.420 252	22.96
2013	6	LCAZQ01AB0_01	冬小麦	科农1066	秸秆	397.94	5.81	0.330 198	26.00
2013	6	LCAZQ01AB0_01	冬小麦	科农1066	秸秆	397.33	6.58	0.375 225	22.36
2013	6	LCAZQ04AB0_01	冬小麦	石新828	籽粒	420.92	25.36	3.872 322	5.60
2013	6	LCAZQ04AB0_01	冬小麦	石新828	籽粒	424.51	26.28	4.142 484	6.32
2013	6	LCAZQ04AB0_01	冬小麦	石新828	籽粒	419.90	25.81	4.112 466	6.60
2013	6	LCAZQ04AB0_01	冬小麦	石新828	籽粒	425.03	25.58	4.187 511	6.88
2013	6	LCAZQ04AB0_01	冬小麦	石新828	籽粒	423.17	24.67	4.13	6.67
2013	6	LCAZQ04AB0_01	冬小麦	石新828	籽粒	421.44	25.61	4.037 421	6.07
2013	6	LCAZQ04AB0_01	冬小麦	石新828	秸秆	405.76	6.35	0.345 207	20.18
2013	6	LCAZQ04AB0_01	冬小麦	石新828	秸秆	399.59	5.81	0.345 207	21.72
2013	6	LCAZQ04AB0_01	冬小麦	石新828	秸秆	400.41	10.81	0.405 243	19.21
2013	6	LCAZQ04AB0_01	冬小麦	石新828	秸秆	402.16	6.53	0.330 198	22.88
2013	6	LCAZQ04AB0_01	冬小麦	石新828	秸秆	394.65	4.94	0.390 234	23.54
2013	6	LCAZQ04AB0_01	冬小麦	石新828	秸秆	395.99	4.76	0.345 207	18.53
2013	6	LCAZQ05AB0_01	冬小麦	科农1066	籽粒	406.77	26.76	4.742 844	7.46
2013	6	LCAZQ05AB0_01	冬小麦	科农1066	籽粒	405.54	26.61	4.727 835	8.57
2013	6	LCAZQ05AB0_01	冬小麦	科农1066	籽粒	413.23	29.03	4.562 736	7.68
2013	6	LCAZQ05AB0_01	冬小麦	科农1066	籽粒	408.59	29.58	4.83	7.47

（续）

年份	月份	样地代码	作物名称	作物品种	采样部位	全碳（g/kg）	全氮（g/kg）	全磷（g/kg）	全钾（g/kg）
2013	6	LCAZQ05AB0_01	冬小麦	科农 1066	籽粒	408.82	35.98	5.148 087	8.26
2013	6	LCAZQ05AB0_01	冬小麦	科农 1066	籽粒	410.15	26.41	4.607 763	7.31
2013	6	LCAZQ05AB0_01	冬小麦	科农 1066	秸秆	407.82	6.35	0.375 225	15.36
2013	6	LCAZQ05AB0_01	冬小麦	科农 1066	秸秆	388.79	6.96	0.360 216	18.08
2013	6	LCAZQ05AB0_01	冬小麦	科农 1066	秸秆	408.23	4.99	0.405 243	12.14
2013	6	LCAZQ05AB0_01	冬小麦	科农 1066	秸秆	382.42	6.73	0.390 234	20.06
2013	6	LCAZQ05AB0_01	冬小麦	科农 1066	秸秆	396.09	6.96	0.360 216	15.73
2013	6	LCAZQ05AB0_01	冬小麦	科农 1066	秸秆	389.82	7.03	0.345 207	17.48
2013	9	LCAZQ05AB0_01	夏玉米	伟科 702	籽粒	444.94	13.48	3.27	5.27
2013	9	LCAZH01ABC_01	夏玉米	伟科 702	籽粒	439.88	12.48	3.15	4.62
2013	9	LCAZH01ABC_01	夏玉米	伟科 702	籽粒	448.08	13.56	3.86	5.06
2013	9	LCAZH01ABC_01	夏玉米	伟科 702	籽粒	440.49	12.03	3.15	4.61
2013	9	LCAZH01ABC_01	夏玉米	伟科 702	籽粒	447.78	14.01	4.07	5.58
2013	9	LCAZH01ABC_01	夏玉米	伟科 702	籽粒	438.36	13.10	3.65	4.97
2013	9	LCAZH01ABC_01	夏玉米	伟科 702	秸秆	393.40	7.82	0.77	17.66
2013	9	LCAZH01ABC_01	夏玉米	伟科 702	秸秆	397.97	10.40	0.93	22.78
2013	9	LCAZH01ABC_01	夏玉米	伟科 702	秸秆	408.33	10.69	0.93	19.83
2013	9	LCAZH01ABC_01	夏玉米	伟科 702	秸秆	404.57	8.74	0.72	19.64
2013	9	LCAZH01ABC_01	夏玉米	伟科 702	秸秆	403.05	8.69	0.80	15.47
2013	9	LCAZH01ABC_01	夏玉米	伟科 702	秸秆	392.49	9.74	0.75	18.37
2013	9	LCAFZ01AB0_01	夏玉米	兆丰 268	籽粒	434.03	11.64	2.22	4.68
2013	9	LCAFZ01AB0_01	夏玉米	兆丰 268	籽粒	445.03	11.19	2.24	4.56
2013	9	LCAFZ01AB0_01	夏玉米	兆丰 268	籽粒	432.46	12.73	2.27	4.86
2013	9	LCAFZ02AB0_01	夏玉米	兆丰 268	籽粒	450.26	13.50	3.78	4.69
2013	9	LCAFZ02AB0_01	夏玉米	兆丰 268	籽粒	443.98	12.20	3.20	5.54
2013	9	LCAFZ02AB0_01	夏玉米	兆丰 268	籽粒	445.65	13.23	3.78	5.78
2013	9	LCAFZ03AB0_01	夏玉米	兆丰 268	籽粒	446.07	14.06	4.53	7.14
2013	9	LCAFZ03AB0_01	夏玉米	兆丰 268	籽粒	442.93	12.47	2.34	3.91
2013	9	LCAFZ03AB0_01	夏玉米	兆丰 268	籽粒	440.84	13.08	4.26	6.69
2013	9	LCAFZ01AB0_01	夏玉米	兆丰 268	茎	399.49	6.38	0.66	9.16
2013	9	LCAFZ01AB0_01	夏玉米	兆丰 268	茎	398.78	5.75	0.53	7.83
2013	9	LCAFZ01AB0_01	夏玉米	兆丰 268	茎	393.91	6.35	0.45	9.71

（续）

年份	月份	样地代码	作物名称	作物品种	采样部位	全碳（g/kg）	全氮（g/kg）	全磷（g/kg）	全钾（g/kg）
2013	9	LCAFZ02AB0_01	夏玉米	兆丰268	茎	410.51	7.23	0.65	12.58
2013	9	LCAFZ02AB0_01	夏玉米	兆丰268	茎	396.64	6.35	0.56	11.97
2013	9	LCAFZ02AB0_01	夏玉米	兆丰268	茎	419.63	7.33	0.72	12.30
2013	9	LCAFZ03AB0_01	夏玉米	兆丰268	茎	402.41	9.00	0.90	22.64
2013	9	LCAFZ03AB0_01	夏玉米	兆丰268	茎	419.63	7.33	0.77	26.24
2013	9	LCAFZ03AB0_01	夏玉米	兆丰268	茎	416.18	9.56	1.08	26.22
2013	9	LCAFZ03AB0_01	夏玉米	兆丰268	叶	390.86	14.55	0.65	4.97
2013	9	LCAFZ01AB0_01	夏玉米	兆丰268	叶	388.83	14.97	0.77	6.48
2013	9	LCAFZ01AB0_01	夏玉米	兆丰268	叶	386.80	14.44	0.80	6.37
2013	9	LCAFZ02AB0_01	夏玉米	兆丰268	叶	397.55	18.14	1.43	5.77
2013	9	LCAFZ02AB0_01	夏玉米	兆丰268	叶	399.98	17.92	1.14	6.04
2013	9	LCAFZ02AB0_01	夏玉米	兆丰268	叶	390.06	17.54	1.25	7.79
2013	9	LCAFZ03AB0_01	夏玉米	兆丰268	叶	399.17	18.22	1.61	12.53
2013	9	LCAFZ03AB0_01	夏玉米	兆丰268	叶	409.81	18.10	1.55	16.49
2013	9	LCAFZ03AB0_01	夏玉米	兆丰268	叶	402.21	17.16	1.50	17.02
2013	9	LCAZQ01AB0_01	夏玉米	登海605	籽粒	452.03	14.59	4.40	5.39
2013	9	LCAZQ01AB0_01	夏玉米	登海605	籽粒	434.31	14.03	3.29	4.52
2013	9	LCAZQ01AB0_01	夏玉米	登海605	籽粒	443.53	14.51	4.50	6.22
2013	9	LCAZQ01AB0_01	夏玉米	登海605	籽粒	447.37	13.96	4.82	6.18
2013	9	LCAZQ01AB0_01	夏玉米	登海605	籽粒	452.23	14.59	4.05	5.16
2013	9	LCAZQ01AB0_01	夏玉米	登海605	籽粒	454.06	14.51	4.65	6.00
2013	9	LCAZQ01AB0_01	夏玉米	登海605	秸秆	385.79	8.32	0.71	17.82
2013	9	LCAZQ01AB0_01	夏玉米	登海605	秸秆	380.51	7.03	0.84	31.12
2013	9	LCAZQ01AB0_01	夏玉米	登海605	秸秆	393.40	10.51	0.96	18.59
2013	9	LCAZQ01AB0_01	夏玉米	登海605	秸秆	397.77	7.86	0.77	20.94
2013	9	LCAZQ01AB0_01	夏玉米	登海605	秸秆	389.04	8.16	0.65	17.30
2013	9	LCAZQ01AB0_01	夏玉米	登海605	秸秆	384.57	7.97	0.93	22.50
2013	9	LCAZQ04AB0_01	夏玉米	先玉335	籽粒	440.69	14.36	4.50	5.28
2013	9	LCAZQ04AB0_01	夏玉米	先玉335	籽粒	434.31	14.97	4.67	5.16
2013	9	LCAZQ04AB0_01	夏玉米	先玉335	籽粒	438.36	13.88	3.83	4.64
2013	9	LCAZQ04AB0_01	夏玉米	先玉335	籽粒	434.11	14.21	4.59	5.65
2013	9	LCAZQ04AB0_01	夏玉米	先玉335	籽粒	430.56	14.85	4.74	5.90

（续）

年份	月份	样地代码	作物名称	作物品种	采样部位	全碳（g/kg）	全氮（g/kg）	全磷（g/kg）	全钾（g/kg）
2013	9	LCAZQ04AB0_01	夏玉米	先玉 335	籽粒	431.78	14.21	5.00	5.90
2013	9	LCAZQ04AB0_01	夏玉米	先玉 335	秸秆	399.49	8.16	0.80	12.40
2013	9	LCAZQ04AB0_01	夏玉米	先玉 335	秸秆	393.91	7.97	0.83	13.06
2013	9	LCAZQ04AB0_01	夏玉米	先玉 335	秸秆	397.97	8.69	0.78	15.75
2013	9	LCAZQ04AB0_01	夏玉米	先玉 335	秸秆	402.03	7.64	0.74	15.02
2013	9	LCAZQ04AB0_01	夏玉米	先玉 335	秸秆	391.88	7.11	0.75	14.66
2013	9	LCAZQ04AB0_01	夏玉米	先玉 335	秸秆	394.42	7.71	0.81	13.09
2013	9	LCAZQ05AB0_01	夏玉米	先玉 335	籽粒	448.49	14.51	4.05	5.66
2013	9	LCAZQ05AB0_01	夏玉米	先玉 335	籽粒	445.75	13.91	4.16	5.64
2013	9	LCAZQ05AB0_01	夏玉米	先玉 335	籽粒	436.84	13.82	4.28	5.80
2013	9	LCAZQ05AB0_01	夏玉米	先玉 335	籽粒	446.97	15.72	4.07	5.18
2013	9	LCAZQ05AB0_01	夏玉米	先玉 335	籽粒	434.31	13.61	3.81	5.64
2013	9	LCAZQ05AB0_01	夏玉米	先玉 335	籽粒	445.45	13.43	4.14	5.54
2013	9	LCAZQ05AB0_01	夏玉米	先玉 335	秸秆	408.12	8.62	1.05	9.97
2013	9	LCAZQ05AB0_01	夏玉米	先玉 335	秸秆	402.03	7.86	0.80	4.16
2013	9	LCAZQ05AB0_01	夏玉米	先玉 335	秸秆	391.68	7.98	0.75	6.18
2013	9	LCAZQ05AB0_01	夏玉米	先玉 335	秸秆	401.83	10.86	1.05	7.35
2013	9	LCAZQ05AB0_01	夏玉米	先玉 335	秸秆	406.60	8.62	0.60	7.35
2013	9	LCAZQ05AB0_01	夏玉米	先玉 335	秸秆	407.41	8.59	0.77	7.36
2014	6	LCAZH01ABC_01	冬小麦	科农 1066	籽粒	397.01	22.41	3.90	3.74
2014	6	LCAZH01ABC_01	冬小麦	科农 1066	籽粒	397.01	23.24	3.54	3.47
2014	6	LCAZH01ABC_01	冬小麦	科农 1066	籽粒	393.02	22.59	3.83	3.42
2014	6	LCAZH01ABC_01	冬小麦	科农 1066	籽粒	395.50	21.88	3.90	3.57
2014	6	LCAZH01ABC_01	冬小麦	科农 1066	籽粒	398.00	23.16	3.90	4.24
2014	6	LCAZH01ABC_01	冬小麦	科农 1066	籽粒	390.00	23.54	3.54	3.55
2014	6	LCAZH01ABC_01	冬小麦	科农 1066	秸秆	390.72	5.78	0.68	14.65
2014	6	LCAZH01ABC_01	冬小麦	科农 1066	秸秆	400.62	4.84	0.50	14.59
2014	6	LCAZH01ABC_01	冬小麦	科农 1066	秸秆	397.94	5.45	0.68	11.20
2014	6	LCAZH01ABC_01	冬小麦	科农 1066	秸秆	375.88	4.47	0.51	11.67
2014	6	LCAZH01ABC_01	冬小麦	科农 1066	秸秆	400.00	4.44	0.53	11.33
2014	6	LCAZH01ABC_01	冬小麦	科农 1066	秸秆	389.69	4.69	0.51	10.62
2014	6	LCAFZ01AB0_01	冬小麦	科农 1066	籽粒	397.00	25.03	2.51	3.65

（续）

年份	月份	样地代码	作物名称	作物品种	采样部位	全碳（g/kg）	全氮（g/kg）	全磷（g/kg）	全钾（g/kg）
2014	6	LCAFZ01AB0_01	冬小麦	科农1066	籽粒	397.50	21.35	3.05	4.04
2014	6	LCAFZ01AB0_01	冬小麦	科农1066	籽粒	392.50	25.28	2.73	4.14
2014	6	LCAFZ02AB0_01	冬小麦	科农1066	籽粒	391.50	23.44	3.03	4.22
2014	6	LCAFZ02AB0_01	冬小麦	科农1066	籽粒	389.00	23.01	3.63	3.82
2014	6	LCAFZ02AB0_01	冬小麦	科农1066	籽粒	384.50	21.50	3.74	4.04
2014	6	LCAFZ03AB0_01	冬小麦	科农1066	籽粒	396.20	22.59	3.87	3.81
2014	6	LCAFZ03AB0_01	冬小麦	科农1066	籽粒	391.50	22.56	3.51	4.03
2014	6	LCAFZ03AB0_01	冬小麦	科农1066	籽粒	394.00	22.51	4.04	4.88
2014	6	LCAFZ01AB0_01	冬小麦	科农1066	秸秆	384.54	5.10	0.42	13.76
2014	6	LCAFZ01AB0_01	冬小麦	科农1066	秸秆	401.03	3.18	0.27	8.35
2014	6	LCAFZ01AB0_01	冬小麦	科农1066	秸秆	388.15	3.56	0.27	8.10
2014	6	LCAFZ02AB0_01	冬小麦	科农1066	秸秆	378.35	5.87	0.48	15.48
2014	6	LCAFZ02AB0_01	冬小麦	科农1066	秸秆	387.22	6.51	0.53	20.66
2014	6	LCAFZ02AB0_01	冬小麦	科农1066	秸秆	385.57	4.48	0.57	14.45
2014	6	LCAFZ03AB0_01	冬小麦	科农1066	秸秆	391.34	4.95	0.42	11.24
2014	6	LCAFZ03AB0_01	冬小麦	科农1066	秸秆	386.08	4.95	0.57	13.43
2014	6	LCAFZ03AB0_01	冬小麦	科农1066	秸秆	384.54	4.51	0.42	13.89
2014	6	LCAZQ06AB0_01	冬小麦	石新828	籽粒	412.47	22.41	3.36	3.39
2014	6	LCAZQ06AB0_01	冬小麦	石新828	籽粒	405.98	22.47	3.38	3.97
2014	6	LCAZQ06AB0_01	冬小麦	石新828	籽粒	412.47	21.95	3.33	3.59
2014	6	LCAZQ06AB0_01	冬小麦	石新828	籽粒	395.01	22.41	3.32	3.89
2014	6	LCAZQ06AB0_01	冬小麦	石新828	籽粒	402.49	22.22	3.35	3.37
2014	6	LCAZQ06AB0_01	冬小麦	石新828	籽粒	398.70	21.80	3.32	3.54
2014	6	LCAZQ06AB0_01	冬小麦	石新828	秸秆	384.50	6.13	0.51	23.78
2014	6	LCAZQ06AB0_01	冬小麦	石新828	秸秆	383.00	6.28	0.45	20.90
2014	6	LCAZQ06AB0_01	冬小麦	石新828	秸秆	384.00	5.87	0.44	20.66
2014	6	LCAZQ06AB0_01	冬小麦	石新828	秸秆	398.70	5.15	0.36	17.96
2014	6	LCAZQ06AB0_01	冬小麦	石新828	秸秆	386.00	5.45	0.41	21.82
2014	6	LCAZQ06AB0_01	冬小麦	石新828	秸秆	389.00	6.89	0.50	16.34
2014	6	LCAZQ05AB0_01	冬小麦	科农1066	籽粒	394.51	22.18	3.54	4.65
2014	6	LCAZQ05AB0_01	冬小麦	科农1066	籽粒	402.19	22.71	3.63	4.18
2014	6	LCAZQ05AB0_01	冬小麦	科农1066	籽粒	396.51	22.51	3.74	4.42

（续）

年份	月份	样地代码	作物名称	作物品种	采样部位	全碳(g/kg)	全氮(g/kg)	全磷(g/kg)	全钾(g/kg)
2014	6	LCAZQ05AB0_01	冬小麦	科农1066	籽粒	401.00	23.01	3.69	3.93
2014	6	LCAZQ05AB0_01	冬小麦	科农1066	籽粒	398.50	22.81	3.71	3.68
2014	6	LCAZQ05AB0_01	冬小麦	科农1066	籽粒	397.51	23.06	3.63	3.58
2014	6	LCAZQ05AB0_01	冬小麦	科农1066	秸秆	386.00	7.27	0.54	13.41
2014	6	LCAZQ05AB0_01	冬小麦	科农1066	秸秆	393.00	6.06	0.57	10.66
2014	6	LCAZQ05AB0_01	冬小麦	科农1066	秸秆	388.15	5.50	0.50	12.47
2014	6	LCAZQ05AB0_01	冬小麦	科农1066	秸秆	381.96	6.16	0.60	13.51
2014	6	LCAZQ05AB0_01	冬小麦	科农1066	秸秆	382.99	6.51	0.62	12.96
2014	6	LCAZQ05AB0_01	冬小麦	科农1066	秸秆	378.35	6.96	0.65	15.05
2014	6	LCAZQ08AB0_01	冬小麦	科农2009	籽粒	393.02	24.86	3.33	3.55
2014	6	LCAZQ08AB0_01	冬小麦	科农2009	籽粒	396.01	25.66	3.71	3.92
2014	6	LCAZQ08AB0_01	冬小麦	科农2009	籽粒	396.01	25.46	3.39	3.95
2014	6	LCAZQ08AB0_01	冬小麦	科农2009	籽粒	402.99	26.15	3.59	4.07
2014	6	LCAZQ08AB0_01	冬小麦	科农2009	籽粒	401.30	25.06	3.47	3.57
2014	6	LCAZQ08AB0_01	冬小麦	科农2009	籽粒	404.49	25.89	3.53	3.91
2014	6	LCAZQ08AB0_01	冬小麦	科农2009	秸秆	388.50	6.21	0.35	21.92
2014	6	LCAZQ08AB0_01	冬小麦	科农2009	秸秆	392.00	6.89	0.38	20.48
2014	6	LCAZQ08AB0_01	冬小麦	科农2009	秸秆	381.00	7.39	0.36	23.42
2014	6	LCAZQ08AB0_01	冬小麦	科农2009	秸秆	377.00	8.33	0.51	33.48
2014	6	LCAZQ08AB0_01	冬小麦	科农2009	秸秆	383.00	6.46	0.50	22.88
2014	6	LCAZQ08AB0_01	冬小麦	科农2009	秸秆	383.00	6.03	0.39	29.42
2014	9	LCAZH01ABC_01	夏玉米	农华101	籽粒	431.00	14.69	4.16	5.36
2014	9	LCAZH01ABC_01	夏玉米	农华101	籽粒	428.50	13.78	3.80	5.07
2014	9	LCAZH01ABC_01	夏玉米	农华101	籽粒	431.20	13.32	3.72	5.06
2014	9	LCAZH01ABC_01	夏玉米	农华101	籽粒	433.80	14.26	3.20	4.70
2014	9	LCAZH01ABC_01	夏玉米	农华101	籽粒	430.00	15.90	3.36	4.96
2014	9	LCAZH01ABC_01	夏玉米	农华101	籽粒	425.00	14.16	3.35	5.19
2014	9	LCAZH01ABC_01	夏玉米	农华101	秸秆	407.00	10.14	1.22	12.05
2014	9	LCAZH01ABC_01	夏玉米	农华101	秸秆	404.00	8.93	1.05	13.22
2014	9	LCAZH01ABC_01	夏玉米	农华101	秸秆	397.46	9.92	1.17	11.97
2014	9	LCAZH01ABC_01	夏玉米	农华101	秸秆	404.09	9.87	0.90	10.67
2014	9	LCAZH01ABC_01	夏玉米	农华101	秸秆	391.88	9.99	0.89	7.37

（续）

年份	月份	样地代码	作物名称	作物品种	采样部位	全碳（g/kg）	全氮（g/kg）	全磷（g/kg）	全钾（g/kg）
2014	9	LCAZH01ABC_01	夏玉米	农华101	秸秆	407.61	9.01	0.77	8.57
2014	9	LCAFZ01AB0_01	夏玉米	屯玉808	籽粒	421.00	11.43	1.38	4.06
2014	9	LCAFZ01AB0_01	夏玉米	屯玉808	籽粒	429.50	10.75	2.31	5.09
2014	9	LCAFZ01AB0_01	夏玉米	屯玉808	籽粒	436.50	11.81	2.13	4.66
2014	9	LCAFZ02AB0_01	夏玉米	屯玉808	籽粒	443.50	13.55	3.84	5.86
2014	9	LCAFZ02AB0_01	夏玉米	屯玉808	籽粒	443.50	13.63	3.30	5.38
2014	9	LCAFZ02AB0_01	夏玉米	屯玉808	籽粒	442.00	13.55	3.68	5.82
2014	9	LCAFZ03AB0_01	夏玉米	屯玉808	籽粒	442.50	13.63	3.60	5.73
2014	9	LCAFZ03AB0_01	夏玉米	屯玉808	籽粒	443.00	13.02	3.44	5.34
2014	9	LCAFZ03AB0_01	夏玉米	屯玉808	籽粒	443.00	13.25	3.45	6.09
2014	9	LCAFZ01AB0_01	夏玉米	屯玉808	秸秆	408.00	6.86	0.65	7.31
2014	9	LCAFZ01AB0_01	夏玉米	屯玉808	秸秆	407.18	6.43	0.62	8.38
2014	9	LCAFZ01AB0_01	夏玉米	屯玉808	秸秆	408.72	5.72	0.48	7.06
2014	9	LCAFZ02AB0_01	夏玉米	屯玉808	秸秆	408.72	13.75	1.62	18.40
2014	9	LCAFZ02AB0_01	夏玉米	屯玉808	秸秆	414.36	9.99	0.92	13.78
2014	9	LCAFZ02AB0_01	夏玉米	屯玉808	秸秆	418.46	9.58	1.10	12.37
2014	9	LCAFZ03AB0_01	夏玉米	屯玉808	秸秆	421.54	13.88	1.43	9.97
2014	9	LCAFZ03AB0_01	夏玉米	屯玉808	秸秆	420.51	9.81	0.95	4.87
2014	9	LCAFZ03AB0_01	夏玉米	屯玉808	秸秆	418.46	12.26	1.19	6.58
2014	9	LCAZQ06AB0_01	夏玉米	先玉335	籽粒	427.00	13.22	3.72	4.69
2014	9	LCAZQ06AB0_01	夏玉米	先玉335	籽粒	426.00	14.76	4.19	5.26
2014	9	LCAZQ06AB0_01	夏玉米	先玉335	籽粒	426.00	13.96	3.56	4.76
2014	9	LCAZQ06AB0_01	夏玉米	先玉335	籽粒	441.00	14.50	3.75	5.04
2014	9	LCAZQ06AB0_01	夏玉米	先玉335	籽粒	420.30	15.06	3.06	4.30
2014	9	LCAZQ06AB0_01	夏玉米	先玉335	籽粒	441.50	13.66	3.80	5.13
2014	9	LCAZQ06AB0_01	夏玉米	先玉335	秸秆	401.50	8.78	0.81	8.76
2014	9	LCAZQ06AB0_01	夏玉米	先玉335	秸秆	418.00	12.52	1.16	13.08
2014	9	LCAZQ06AB0_01	夏玉米	先玉335	秸秆	405.50	8.93	0.71	10.76
2014	9	LCAZQ06AB0_01	夏玉米	先玉335	秸秆	409.00	9.11	0.84	7.96
2014	9	LCAZQ06AB0_01	夏玉米	先玉335	秸秆	412.50	9.90	0.92	11.38
2014	9	LCAZQ06AB0_01	夏玉米	先玉335	秸秆	411.00	9.54	0.53	11.41
2014	9	LCAZQ07AB0_01	夏玉米	先玉335	籽粒	431.50	12.94	3.48	4.30

（续）

年份	月份	样地代码	作物名称	作物品种	采样部位	全碳 (g/kg)	全氮 (g/kg)	全磷 (g/kg)	全钾 (g/kg)
2014	9	LCAZQ07AB0_01	夏玉米	先玉 335	籽粒	436.00	13.25	3.72	4.43
2014	9	LCAZQ07AB0_01	夏玉米	先玉 335	籽粒	434.00	14.17	3.81	6.07
2014	9	LCAZQ07AB0_01	夏玉米	先玉 335	籽粒	438.50	13.13	3.11	5.01
2014	9	LCAZQ07AB0_01	夏玉米	先玉 335	籽粒	430.00	13.63	3.35	4.36
2014	9	LCAZQ07AB0_01	夏玉米	先玉 335	籽粒	438.20	13.97	3.45	5.82
2014	9	LCAZQ07AB0_01	夏玉米	先玉 335	秸秆	417.00	7.87	0.62	9.25
2014	9	LCAZQ07AB0_01	夏玉米	先玉 335	秸秆	414.10	6.89	0.90	9.53
2014	9	LCAZQ07AB0_01	夏玉米	先玉 335	秸秆	408.10	6.51	0.68	12.11
2014	9	LCAZQ07AB0_01	夏玉米	先玉 335	秸秆	409.30	5.57	0.59	10.56
2014	9	LCAZQ07AB0_01	夏玉米	先玉 335	秸秆	407.00	10.29	0.90	8.29
2014	9	LCAZQ07AB0_01	夏玉米	先玉 335	秸秆	398.00	7.68	0.83	4.90
2014	9	LCAZQ08AB0_01	夏玉米	先玉 335	籽粒	432.00	14.61	3.50	4.85
2014	9	LCAZQ08AB0_01	夏玉米	先玉 335	籽粒	429.00	14.87	3.89	5.11
2014	9	LCAZQ08AB0_01	夏玉米	先玉 335	籽粒	434.50	13.85	3.12	4.29
2014	9	LCAZQ08AB0_01	夏玉米	先玉 335	籽粒	428.00	16.99	2.69	3.95
2014	9	LCAZQ08AB0_01	夏玉米	先玉 335	籽粒	431.00	13.73	3.78	4.86
2014	9	LCAZQ08AB0_01	夏玉米	先玉 335	籽粒	420.00	13.47	2.46	3.30
2014	9	LCAZQ08AB0_01	夏玉米	先玉 335	秸秆	418.80	9.01	0.47	11.09
2014	9	LCAZQ08AB0_01	夏玉米	先玉 335	秸秆	405.50	9.39	0.60	13.98
2014	9	LCAZQ08AB0_01	夏玉米	先玉 335	秸秆	415.50	9.01	0.47	13.33
2014	9	LCAZQ08AB0_01	夏玉米	先玉 335	秸秆	397.50	10.90	0.65	16.56
2014	9	LCAZQ08AB0_01	夏玉米	先玉 335	秸秆	406.00	10.45	0.56	13.04
2014	9	LCAZQ08AB0_01	夏玉米	先玉 335	秸秆	410.00	13.32	1.04	15.29
2015	6	LCAZH01ABC_01	冬小麦	科农 2011	籽粒	406.09	20.03	3.69	3.85
2015	6	LCAZH01ABC_01	冬小麦	科农 2011	籽粒	396.45	20.44	3.42	3.50
2015	6	LCAZH01ABC_01	冬小麦	科农 2011	籽粒	405.08	19.53	3.47	4.15
2015	6	LCAZH01ABC_01	冬小麦	科农 2011	籽粒	382.32	18.50	3.60	4.15
2015	6	LCAZH01ABC_01	冬小麦	科农 2011	籽粒	386.87	17.64	3.27	3.40
2015	6	LCAZH01ABC_01	冬小麦	科农 2011	籽粒	390.91	20.59	3.19	3.85
2015	6	LCAZH01ABC_01	冬小麦	科农 2011	茎	404.52	3.75	0.36	16.70
2015	6	LCAZH01ABC_01	冬小麦	科农 2011	茎	412.86	4.31	0.60	14.55
2015	6	LCAZH01ABC_01	冬小麦	科农 2011	茎	412.56	2.95	0.39	10.70

（续）

年份	月份	样地代码	作物名称	作物品种	采样部位	全碳 (g/kg)	全氮 (g/kg)	全磷 (g/kg)	全钾 (g/kg)
2015	6	LCAZH01ABC_01	冬小麦	科农2011	茎	407.04	3.33	0.44	15.80
2015	6	LCAZH01ABC_01	冬小麦	科农2011	茎	413.57	2.91	0.35	16.05
2015	6	LCAZH01ABC_01	冬小麦	科农2011	茎	408.04	4.54	0.45	13.50
2015	6	LCAZH01ABC_01	冬小麦	科农2011	叶	392.73	9.99	0.63	16.70
2015	6	LCAZH01ABC_01	冬小麦	科农2011	叶	389.49	13.93	0.96	13.30
2015	6	LCAZH01ABC_01	冬小麦	科农2011	叶	389.19	9.20	0.80	14.10
2015	6	LCAZH01ABC_01	冬小麦	科农2011	叶	386.87	9.69	0.81	13.60
2015	6	LCAZH01ABC_01	冬小麦	科农2011	叶	385.35	7.34	0.68	15.70
2015	6	LCAZH01ABC_01	冬小麦	科农2011	叶	386.87	12.14	0.84	15.30
2015	6	LCAZH01ABC_01	冬小麦	科农2011	根	389.80	11.66	1.13	2.70
2015	6	LCAZH01ABC_01	冬小麦	科农2011	根	381.11	11.38	1.21	2.85
2015	6	LCAFZ01AB0_01	冬小麦	科农2011	籽粒	389.90	20.89	2.65	3.65
2015	6	LCAFZ01AB0_01	冬小麦	科农2011	籽粒	385.86	22.41	2.64	3.45
2015	6	LCAFZ01AB0_01	冬小麦	科农2011	籽粒	377.98	24.15	2.53	3.70
2015	6	LCAFZ02AB0_01	冬小麦	科农2011	籽粒	383.43	21.04	2.77	3.85
2015	6	LCAFZ02AB0_01	冬小麦	科农2011	籽粒	391.92	22.03	3.22	3.80
2015	6	LCAFZ02AB0_01	冬小麦	科农2011	籽粒	398.99	21.80	2.94	4.15
2015	6	LCAFZ03AB0_01	冬小麦	科农2011	籽粒	383.33	20.89	2.92	3.75
2015	6	LCAFZ03AB0_01	冬小麦	科农2011	籽粒	376.36	20.89	2.73	3.85
2015	6	LCAFZ03AB0_01	冬小麦	科农2011	籽粒	377.78	20.59	2.88	3.50
2015	6	LCAFZ01AB0_01	冬小麦	科农2011	茎	409.12	3.18	0.39	11.10
2015	6	LCAFZ01AB0_01	冬小麦	科农2011	茎	410.13	3.03	0.24	10.50
2015	6	LCAFZ01AB0_01	冬小麦	科农2011	茎	413.03	3.48	0.29	11.50
2015	6	LCAFZ02AB0_01	冬小麦	科农2011	茎	399.20	4.87	0.53	18.50
2015	6	LCAFZ02AB0_01	冬小麦	科农2011	茎	408.02	5.75	0.48	20.50
2015	6	LCAFZ02AB0_01	冬小麦	科农2011	茎	402.51	4.92	0.33	16.00
2015	6	LCAFZ03AB0_01	冬小麦	科农2011	茎	411.03	4.12	0.35	10.90
2015	6	LCAFZ03AB0_01	冬小麦	科农2011	茎	398.20	4.24	0.39	12.40
2015	6	LCAFZ03AB0_01	冬小麦	科农2011	茎	396.79	5.00	0.50	11.90
2015	6	LCAFZ01AB0_01	冬小麦	科农2011	叶	403.64	8.48	0.42	8.20
2015	6	LCAFZ01AB0_01	冬小麦	科农2011	叶	407.37	7.27	0.36	8.40
2015	6	LCAFZ01AB0_01	冬小麦	科农2011	叶	400.71	8.86	0.33	5.70

（续）

年份	月份	样地代码	作物名称	作物品种	采样部位	全碳(g/kg)	全氮(g/kg)	全磷(g/kg)	全钾(g/kg)
2015	6	LCAFZ02AB0 _ 01	冬小麦	科农2011	叶	388.38	12.72	0.93	16.00
2015	6	LCAFZ02AB0 _ 01	冬小麦	科农2011	叶	387.17	14.84	0.96	16.50
2015	6	LCAFZ02AB0 _ 01	冬小麦	科农2011	叶	384.85	9.84	0.66	14.70
2015	6	LCAFZ03AB0 _ 01	冬小麦	科农2011	叶	405.56	12.49	0.89	7.30
2015	6	LCAFZ03AB0 _ 01	冬小麦	科农2011	叶	404.65	10.07	0.69	6.20
2015	6	LCAFZ03AB0 _ 01	冬小麦	科农2011	叶	388.08	13.25	0.89	7.50
2015	6	LCAZQ06AB0 _ 01	冬小麦	石新828	籽粒	405.58	18.77	3.44	3.45
2015	6	LCAZQ06AB0 _ 01	冬小麦	石新828	籽粒	393.91	22.25	3.24	3.55
2015	6	LCAZQ06AB0 _ 01	冬小麦	石新828	籽粒	403.25	18.20	3.60	3.35
2015	6	LCAZQ06AB0 _ 01	冬小麦	石新828	籽粒	403.55	21.53	3.48	3.60
2015	6	LCAZQ06AB0 _ 01	冬小麦	石新828	籽粒	402.03	19.68	3.34	3.30
2015	6	LCAZQ06AB0 _ 01	冬小麦	石新828	籽粒	411.17	19.98	3.57	3.60
2015	6	LCAZQ06AB0 _ 01	冬小麦	石新828	茎	382.63	3.94	0.45	31.70
2015	6	LCAZQ06AB0 _ 01	冬小麦	石新828	茎	397.07	4.84	0.45	26.20
2015	6	LCAZQ06AB0 _ 01	冬小麦	石新828	茎	392.93	3.07	0.41	31.75
2015	6	LCAZQ06AB0 _ 01	冬小麦	石新828	茎	390.91	4.28	0.51	31.00
2015	6	LCAZQ06AB0 _ 01	冬小麦	石新828	茎	387.88	4.24	0.51	31.40
2015	6	LCAZQ06AB0 _ 01	冬小麦	石新828	茎	385.35	3.86	0.41	26.25
2015	6	LCAZQ06AB0 _ 01	冬小麦	石新828	叶	322.81	8.48	1.21	27.40
2015	6	LCAZQ06AB0 _ 01	冬小麦	石新828	叶	330.83	11.51	1.11	21.90
2015	6	LCAZQ06AB0 _ 01	冬小麦	石新828	叶	339.05	8.18	1.19	24.60
2015	6	LCAZQ06AB0 _ 01	冬小麦	石新828	叶	331.83	11.05	1.34	19.90
2015	6	LCAZQ06AB0 _ 01	冬小麦	石新828	叶	336.44	10.52	1.36	23.80
2015	6	LCAZQ06AB0 _ 01	冬小麦	石新828	叶	341.32	10.42	1.22	21.10
2015	6	LCAZQ07AB0 _ 01	冬小麦	科农2009	籽粒	405.08	22.98	3.66	3.60
2015	6	LCAZQ07AB0 _ 01	冬小麦	科农2009	籽粒	393.91	23.24	3.41	3.60
2015	6	LCAZQ07AB0 _ 01	冬小麦	科农2009	籽粒	401.52	23.09	3.25	3.25
2015	6	LCAZQ07AB0 _ 01	冬小麦	科农2009	籽粒	407.11	21.15	3.15	3.10
2015	6	LCAZQ07AB0 _ 01	冬小麦	科农2009	籽粒	398.98	23.95	3.57	3.45
2015	6	LCAZQ07AB0 _ 01	冬小麦	科农2009	籽粒	391.88	24.98	3.28	3.05
2015	6	LCAZQ07AB0 _ 01	冬小麦	科农2009	茎	413.07	5.71	0.39	20.85
2015	6	LCAZQ07AB0 _ 01	冬小麦	科农2009	茎	407.24	5.60	0.41	17.25

（续）

年份	月份	样地代码	作物名称	作物品种	采样部位	全碳(g/kg)	全氮(g/kg)	全磷(g/kg)	全钾(g/kg)
2015	6	LCAZQ07AB0_01	冬小麦	科农 2009	茎	408.04	4.39	0.39	17.10
2015	6	LCAZQ07AB0_01	冬小麦	科农 2009	茎	412.56	4.69	0.33	15.20
2015	6	LCAZQ07AB0_01	冬小麦	科农 2009	茎	404.52	5.15	0.51	18.30
2015	6	LCAZQ07AB0_01	冬小麦	科农 2009	茎	415.08	4.62	0.42	16.80
2015	6	LCAZQ07AB0_01	冬小麦	科农 2009	叶	347.21	10.67	0.93	17.80
2015	6	LCAZQ07AB0_01	冬小麦	科农 2009	叶	369.24	14.53	1.28	12.60
2015	6	LCAZQ07AB0_01	冬小麦	科农 2009	叶	367.11	10.45	0.72	15.10
2015	6	LCAZQ07AB0_01	冬小麦	科农 2009	叶	354.31	10.14	0.65	8.20
2015	6	LCAZQ07AB0_01	冬小麦	科农 2009	叶	363.86	10.90	0.66	10.70
2015	6	LCAZQ07AB0_01	冬小麦	科农 2009	叶	353.30	11.35	0.78	12.20
2015	6	LCAZQ08AB0_01	冬小麦	科农 2009	籽粒	404.06	23.77	3.19	3.15
2015	6	LCAZQ08AB0_01	冬小麦	科农 2009	籽粒	404.06	23.84	3.28	3.50
2015	6	LCAZQ08AB0_01	冬小麦	科农 2009	籽粒	402.54	23.39	3.04	3.10
2015	6	LCAZQ08AB0_01	冬小麦	科农 2009	籽粒	404.06	22.45	3.00	3.95
2015	6	LCAZQ08AB0_01	冬小麦	科农 2009	籽粒	408.12	23.69	3.39	4.20
2015	6	LCAZQ08AB0_01	冬小麦	科农 2009	籽粒	411.37	22.89	3.36	3.35
2015	6	LCAZQ08AB0_01	冬小麦	科农 2009	茎	401.52	5.53	0.41	27.05
2015	6	LCAZQ08AB0_01	冬小麦	科农 2009	茎	387.88	5.45	0.35	31.25
2015	6	LCAZQ08AB0_01	冬小麦	科农 2009	茎	375.88	5.75	0.35	29.85
2015	6	LCAZQ08AB0_01	冬小麦	科农 2009	茎	387.94	4.69	0.30	31.70
2015	6	LCAZQ08AB0_01	冬小麦	科农 2009	茎	391.96	5.53	0.50	32.20
2015	6	LCAZQ08AB0_01	冬小麦	科农 2009	茎	398.99	4.84	0.41	29.70
2015	6	LCAZQ08AB0_01	冬小麦	科农 2009	叶	363.05	10.34	0.66	11.70
2015	6	LCAZQ08AB0_01	冬小麦	科农 2009	叶	369.54	10.07	0.71	18.40
2015	6	LCAZQ08AB0_01	冬小麦	科农 2009	叶	364.26	10.63	0.69	16.80
2015	6	LCAZQ08AB0_01	冬小麦	科农 2009	叶	361.42	9.23	0.45	20.70
2015	6	LCAZQ08AB0_01	冬小麦	科农 2009	叶	366.80	10.75	0.66	20.00
2015	6	LCAZQ08AB0_01	冬小麦	科农 2009	叶	363.05	9.99	0.68	21.40
2015	9	LCAZH01ABC_01	夏玉米	先玉 335	籽粒	427.93	15.26	3.09	3.55
2015	9	LCAZH01ABC_01	夏玉米	先玉 336	籽粒	430.99	16.80	3.27	3.45
2015	9	LCAZH01ABC_01	夏玉米	先玉 337	籽粒	429.66	14.53	2.82	3.40
2015	9	LCAZH01ABC_01	夏玉米	先玉 338	籽粒	422.43	15.85	2.88	3.35

（续）

年份	月份	样地代码	作物名称	作物品种	采样部位	全碳 (g/kg)	全氮 (g/kg)	全磷 (g/kg)	全钾 (g/kg)
2015	9	LCAZH01ABC_01	夏玉米	先玉 339	籽粒	425.59	15.14	2.92	4.75
2015	9	LCAZH01ABC_01	夏玉米	先玉 340	籽粒	435.27	15.06	3.22	3.95
2015	9	LCAZH01ABC_01	夏玉米	先玉 341	茎	419.98	5.53	0.53	5.00
2015	9	LCAZH01ABC_01	夏玉米	先玉 342	茎	428.44	6.81	0.92	8.30
2015	9	LCAZH01ABC_01	夏玉米	先玉 343	茎	430.17	5.00	0.44	4.50
2015	9	LCAZH01ABC_01	夏玉米	先玉 344	茎	424.06	4.69	0.41	6.10
2015	9	LCAZH01ABC_01	夏玉米	先玉 345	茎	426.81	5.75	0.51	4.90
2015	9	LCAZH01ABC_01	夏玉米	先玉 346	茎	411.87	4.92	0.39	5.40
2015	9	LCAZH01ABC_01	夏玉米	先玉 347	叶	398.41	18.95	1.54	9.60
2015	9	LCAZH01ABC_01	夏玉米	先玉 348	叶	402.89	20.29	2.09	13.10
2015	9	LCAZH01ABC_01	夏玉米	先玉 349	叶	387.46	19.38	1.30	6.00
2015	9	LCAZH01ABC_01	夏玉米	先玉 350	叶	405.37	22.25	1.73	12.10
2015	9	LCAZH01ABC_01	夏玉米	先玉 351	叶	406.37	21.35	2.29	9.90
2015	9	LCAZH01ABC_01	夏玉米	先玉 352	叶	390.45	22.01	1.99	12.00
2015	9	LCAZH01ABC_01	夏玉米	先玉 353	根	427.16	9.92	0.95	7.30
2015	9	LCAZH01ABC_01	夏玉米	先玉 354	根	421.93	10.45	1.21	6.60
2015	9	LCAZH01ABC_01	夏玉米	先玉 355	根	416.30	10.26	1.05	4.60
2015	9	LCAFZ01AB0_01	夏玉米	蠡玉 51	籽粒	427.12	11.17	1.36	2.75
2015	9	LCAFZ01AB0_01	夏玉米	蠡玉 51	籽粒	422.22	10.19	1.49	2.50
2015	9	LCAFZ01AB0_01	夏玉米	蠡玉 51	籽粒	420.90	10.42	1.42	2.55
2015	9	LCAFZ02AB0_01	夏玉米	蠡玉 51	籽粒	425.69	13.82	2.43	3.45
2015	9	LCAFZ02AB0_01	夏玉米	蠡玉 51	籽粒	427.62	13.66	2.46	3.25
2015	9	LCAFZ02AB0_01	夏玉米	蠡玉 51	籽粒	429.66	12.49	1.94	2.95
2015	9	LCAFZ03AB0_01	夏玉米	蠡玉 51	籽粒	424.06	12.94	2.38	3.15
2015	9	LCAFZ03AB0_01	夏玉米	蠡玉 51	籽粒	431.50	12.57	2.14	2.85
2015	9	LCAFZ03AB0_01	夏玉米	蠡玉 51	籽粒	424.26	12.07	1.97	2.65
2015	9	LCAFZ01AB0_01	夏玉米	蠡玉 51	茎	415.79	6.06	0.44	7.10
2015	9	LCAFZ01AB0_01	夏玉米	蠡玉 51	茎	414.29	5.37	0.62	7.90
2015	9	LCAFZ01AB0_01	夏玉米	蠡玉 51	茎	416.40	4.31	0.59	6.30
2015	9	LCAFZ02AB0_01	夏玉米	蠡玉 51	茎	407.04	7.54	0.69	14.70
2015	9	LCAFZ02AB0_01	夏玉米	蠡玉 51	茎	414.08	5.27	0.62	10.50
2015	9	LCAFZ02AB0_01	夏玉米	蠡玉 51	茎	408.35	5.98	0.69	12.10

（续）

年份	月份	样地代码	作物名称	作物品种	采样部位	全碳（g/kg）	全氮（g/kg）	全磷（g/kg）	全钾（g/kg）
2015	9	LCAFZ03AB0_01	夏玉米	蠡玉 51	茎	426.66	5.75	0.68	6.80
2015	9	LCAFZ03AB0_01	夏玉米	蠡玉 51	茎	412.07	5.90	0.62	10.50
2015	9	LCAFZ03AB0_01	夏玉米	蠡玉 51	茎	416.10	6.21	0.54	5.90
2015	9	LCAFZ01AB0_01	夏玉米	蠡玉 51	叶	376.52	15.93	0.74	5.30
2015	9	LCAFZ01AB0_01	夏玉米	蠡玉 51	叶	389.45	11.69	0.75	6.50
2015	9	LCAFZ01AB0_01	夏玉米	蠡玉 51	叶	382.49	14.38	0.69	5.40
2015	9	LCAFZ02AB0_01	夏玉米	蠡玉 51	叶	394.43	23.69	1.79	12.70
2015	9	LCAFZ02AB0_01	夏玉米	蠡玉 51	叶	390.45	22.86	1.70	11.00
2015	9	LCAFZ02AB0_01	夏玉米	蠡玉 51	叶	396.22	21.72	1.46	11.70
2015	9	LCAFZ03AB0_01	夏玉米	蠡玉 51	叶	390.95	22.66	1.64	8.90
2015	9	LCAFZ03AB0_01	夏玉米	蠡玉 51	叶	394.93	22.28	1.34	9.80
2015	9	LCAFZ03AB0_01	夏玉米	蠡玉 51	叶	385.47	20.21	1.15	5.40
2015	9	LCAZQ06AB0_01	夏玉米	先玉 335	籽粒	418.89	16.17	3.09	3.15
2015	9	LCAZQ06AB0_01	夏玉米	先玉 335	籽粒	417.98	16.12	3.90	3.85
2015	9	LCAZQ06AB0_01	夏玉米	先玉 335	籽粒	413.13	16.20	2.88	3.00
2015	9	LCAZQ06AB0_01	夏玉米	先玉 335	籽粒	412.53	15.44	3.04	2.95
2015	9	LCAZQ06AB0_01	夏玉米	先玉 335	籽粒	417.47	15.62	3.51	3.90
2015	9	LCAZQ06AB0_01	夏玉米	先玉 335	籽粒	421.30	15.09	2.91	4.15
2015	9	LCAZQ06AB0_01	夏玉米	先玉 335	茎	420.08	6.59	1.22	9.30
2015	9	LCAZQ06AB0_01	夏玉米	先玉 335	茎	418.55	4.97	0.90	10.30
2015	9	LCAZQ06AB0_01	夏玉米	先玉 335	茎	424.46	5.80	0.62	13.10
2015	9	LCAZQ06AB0_01	夏玉米	先玉 335	茎	415.09	5.19	1.04	13.10
2015	9	LCAZQ06AB0_01	夏玉米	先玉 335	茎	434.25	5.60	0.72	9.30
2015	9	LCAZQ06AB0_01	夏玉米	先玉 335	茎	425.69	6.18	1.27	8.80
2015	9	LCAZQ06AB0_01	夏玉米	先玉 335	叶	402.52	22.41	2.21	10.60
2015	9	LCAZQ06AB0_01	夏玉米	先玉 335	叶	390.95	21.35	2.76	15.10
2015	9	LCAZQ06AB0_01	夏玉米	先玉 335	叶	405.43	20.44	1.82	7.60
2015	9	LCAZQ06AB0_01	夏玉米	先玉 335	叶	397.41	18.80	2.53	14.80
2015	9	LCAZQ06AB0_01	夏玉米	先玉 335	叶	404.38	17.03	1.46	8.40
2015	9	LCAZQ06AB0_01	夏玉米	先玉 335	叶	397.71	19.83	2.76	9.60
2015	9	LCAZQ07AB0_01	夏玉米	先玉 335	籽粒	418.14	16.47	3.03	4.50
2015	9	LCAZQ07AB0_01	夏玉米	先玉 335	籽粒	418.96	17.03	3.21	4.85

（续）

年份	月份	样地代码	作物名称	作物品种	采样部位	全碳（g/kg）	全氮（g/kg）	全磷（g/kg）	全钾（g/kg）
2015	9	LCAZQ07AB0_01	夏玉米	先玉 335	籽粒	421.71	18.39	3.75	5.45
2015	9	LCAZQ07AB0_01	夏玉米	先玉 335	籽粒	417.94	17.94	3.12	4.30
2015	9	LCAZQ07AB0_01	夏玉米	先玉 335	籽粒	414.88	17.41	3.13	4.55
2015	9	LCAZQ07AB0_01	夏玉米	先玉 335	籽粒	418.45	16.96	3.33	5.20
2015	9	LCAZQ07AB0_01	夏玉米	先玉 335	茎	421.00	14.69	2.88	3.00
2015	9	LCAZQ07AB0_01	夏玉米	先玉 335	茎	410.60	13.28	2.82	3.00
2015	9	LCAZQ07AB0_01	夏玉米	先玉 335	茎	409.28	14.46	2.53	2.80
2015	9	LCAZQ07AB0_01	夏玉米	先玉 335	茎	408.46	12.97	2.37	3.05
2015	9	LCAZQ07AB0_01	夏玉米	先玉 335	茎	423.04	13.81	2.41	2.80
2015	9	LCAZQ07AB0_01	夏玉米	先玉 335	茎	420.18	14.46	2.53	2.65
2015	9	LCAZQ07AB0_01	夏玉米	先玉 335	叶	422.53	4.84	0.63	5.90
2015	9	LCAZQ07AB0_01	夏玉米	先玉 335	叶	433.74	4.45	0.59	9.90
2015	9	LCAZQ07AB0_01	夏玉米	先玉 335	叶	424.06	5.15	0.50	6.10
2015	9	LCAZQ07AB0_01	夏玉米	先玉 335	叶	429.97	4.42	0.39	6.40
2015	9	LCAZQ07AB0_01	夏玉米	先玉 335	叶	432.21	4.59	0.33	6.90
2015	9	LCAZQ07AB0_01	夏玉米	先玉 335	叶	392.44	16.88	1.45	9.10
2016	6	LCAZH01ABC_01	冬小麦	婴泊 700	籽粒	410.56	19.35	2.81	3.95
2016	6	LCAZH01ABC_01	冬小麦	婴泊 700	籽粒	413.49	18.68	2.87	3.95
2016	6	LCAZH01ABC_01	冬小麦	婴泊 700	籽粒	415.48	19.47	2.68	4.20
2016	6	LCAZH01ABC_01	冬小麦	婴泊 700	籽粒	410.25	19.69	2.91	4.20
2016	6	LCAZH01ABC_01	冬小麦	婴泊 700	籽粒	409.52	18.38	2.75	3.85
2016	6	LCAZH01ABC_01	冬小麦	婴泊 700	籽粒	414.54	18.38	2.79	3.85
2016	6	LCAZH01ABC_01	冬小麦	婴泊 700	秸秆	396.81	4.34	0.41	16.50
2016	6	LCAZH01ABC_01	冬小麦	婴泊 700	秸秆	389.03	4.90	0.38	18.90
2016	6	LCAZH01ABC_01	冬小麦	婴泊 700	秸秆	399.30	4.37	0.28	20.40
2016	6	LCAZH01ABC_01	冬小麦	婴泊 700	秸秆	398.00	4.10	0.35	21.40
2016	6	LCAZH01ABC_01	冬小麦	婴泊 700	秸秆	399.80	4.74	0.32	21.70
2016	6	LCAZH01ABC_01	冬小麦	婴泊 700	秸秆	392.02	4.77	0.35	20.40
2016	6	LCAFZ01AB0_01	冬小麦	科农 2011	籽粒	411.92	21.72	2.28	4.00
2016	6	LCAFZ01AB0_01	冬小麦	科农 2011	籽粒	413.18	20.71	2.14	3.90
2016	6	LCAFZ01AB0_01	冬小麦	科农 2011	籽粒	411.61	19.84	2.03	3.80
2016	6	LCAFZ02AB0_01	冬小麦	科农 2011	籽粒	401.67	20.08	2.72	3.50

（续）

年份	月份	样地代码	作物名称	作物品种	采样部位	全碳（g/kg）	全氮（g/kg）	全磷（g/kg）	全钾（g/kg）
2016	6	LCAFZ02AB0_01	冬小麦	科农2011	籽粒	410.56	21.36	3.56	5.10
2016	6	LCAFZ02AB0_01	冬小麦	科农2011	籽粒	401.67	20.74	3.16	4.60
2016	6	LCAFZ03AB0_01	冬小麦	科农2011	籽粒	400.21	19.91	2.85	3.80
2016	6	LCAFZ03AB0_01	冬小麦	科农2011	籽粒	400.21	19.85	2.79	3.75
2016	6	LCAFZ03AB0_01	冬小麦	科农2011	籽粒	404.97	19.61	2.71	3.60
2016	6	LCAFZ01AB0_01	冬小麦	科农2011	秸秆	409.98	4.04	0.19	12.20
2016	6	LCAFZ01AB0_01	冬小麦	科农2011	秸秆	412.47	3.39	0.19	11.40
2016	6	LCAFZ01AB0_01	冬小麦	科农2011	秸秆	403.49	3.43	0.23	15.90
2016	6	LCAFZ02AB0_01	冬小麦	科农2011	秸秆	396.01	4.04	0.50	14.20
2016	6	LCAFZ02AB0_01	冬小麦	科农2011	秸秆	396.01	4.29	0.35	17.50
2016	6	LCAFZ02AB0_01	冬小麦	科农2011	秸秆	396.01	4.04	0.29	14.70
2016	6	LCAFZ03AB0_01	冬小麦	科农2011	秸秆	403.77	4.40	0.38	21.80
2016	6	LCAFZ03AB0_01	冬小麦	科农2011	秸秆	397.02	4.64	0.35	23.00
2016	6	LCAFZ03AB0_01	冬小麦	科农2011	秸秆	402.98	4.22	0.32	19.70
2016	6	LCAZQ06AB0_01	冬小麦	科农2011	籽粒	411.71	18.65	3.67	3.95
2016	6	LCAZQ06AB0_01	冬小麦	科农2011	籽粒	406.22	19.84	3.06	3.30
2016	6	LCAZQ06AB0_01	冬小麦	科农2011	籽粒	404.66	17.50	3.42	3.80
2016	6	LCAZQ06AB0_01	冬小麦	科农2011	籽粒	403.63	19.38	2.94	3.55
2016	6	LCAZQ06AB0_01	冬小麦	科农2011	籽粒	408.29	16.75	3.56	3.90
2016	6	LCAZQ06AB0_01	冬小麦	科农2011	籽粒	407.77	17.40	3.41	4.10
2016	6	LCAZQ06AB0_01	冬小麦	科农2011	秸秆	394.54	5.20	0.51	27.10
2016	6	LCAZQ06AB0_01	冬小麦	科农2011	秸秆	398.51	5.38	0.61	26.90
2016	6	LCAZQ06AB0_01	冬小麦	科农2011	秸秆	401.49	4.94	0.54	26.10
2016	6	LCAZQ06AB0_01	冬小麦	科农2011	秸秆	404.47	4.22	0.42	28.40
2016	6	LCAZQ06AB0_01	冬小麦	科农2011	秸秆	399.50	4.10	0.63	24.20
2016	6	LCAZQ06AB0_01	冬小麦	科农2011	秸秆	400.00	3.98	0.54	21.40
2016	6	LCAZQ07AB0_01	冬小麦	科农2011	籽粒	403.83	22.44	3.37	3.85
2016	6	LCAZQ07AB0_01	冬小麦	科农2011	籽粒	403.11	22.62	3.28	3.90
2016	6	LCAZQ07AB0_01	冬小麦	科农2011	籽粒	403.73	22.67	3.13	3.90
2016	6	LCAZQ07AB0_01	冬小麦	科农2011	籽粒	405.39	22.55	2.78	3.25
2016	6	LCAZQ07AB0_01	冬小麦	科农2011	籽粒	400.83	22.32	3.09	3.75
2016	6	LCAZQ07AB0_01	冬小麦	科农2011	籽粒	405.91	22.29	3.04	3.55

（续）

年份	月份	样地代码	作物名称	作物品种	采样部位	全碳（g/kg）	全氮（g/kg）	全磷（g/kg）	全钾（g/kg）
2016	6	LCAZQ07AB0_01	冬小麦	科农2011	秸秆	393.05	5.77	0.42	19.30
2016	6	LCAZQ07AB0_01	冬小麦	科农2011	秸秆	400.50	5.68	0.47	18.70
2016	6	LCAZQ07AB0_01	冬小麦	科农2011	秸秆	403.54	4.40	0.32	18.90
2016	6	LCAZQ07AB0_01	冬小麦	科农2011	秸秆	400.00	5.60	0.37	16.70
2016	6	LCAZQ07AB0_01	冬小麦	科农2011	秸秆	408.08	4.88	0.31	15.90
2016	6	LCAZQ07AB0_01	冬小麦	科农2011	秸秆	398.99	5.99	0.42	18.00
2016	6	LCAZQ08AB0_01	冬小麦	科农2011	籽粒	405.39	21.79	2.81	3.60
2016	6	LCAZQ08AB0_01	冬小麦	科农2011	籽粒	406.74	22.59	2.91	3.70
2016	6	LCAZQ08AB0_01	冬小麦	科农2011	籽粒	407.56	22.25	2.74	3.60
2016	6	LCAZQ08AB0_01	冬小麦	科农2011	籽粒	409.33	23.12	3.16	3.95
2016	6	LCAZQ08AB0_01	冬小麦	科农2011	籽粒	407.25	23.07	2.91	3.45
2016	6	LCAZQ08AB0_01	冬小麦	科农2011	籽粒	403.94	22.55	2.98	3.70
2016	6	LCAZQ08AB0_01	冬小麦	科农2011	秸秆	407.07	4.07	0.34	18.90
2016	6	LCAZQ08AB0_01	冬小麦	科农2011	秸秆	396.97	5.60	0.45	22.60
2016	6	LCAZQ08AB0_01	冬小麦	科农2011	秸秆	393.94	5.45	0.35	31.20
2016	6	LCAZQ08AB0_01	冬小麦	科农2011	秸秆	391.92	5.42	0.40	29.80
2016	6	LCAZQ08AB0_01	冬小麦	科农2011	秸秆	385.86	5.24	0.35	30.60
2016	6	LCAZQ08AB0_01	冬小麦	科农2011	秸秆	391.41	5.27	0.40	28.00
2016	9	LCAZH01ABC_01	夏玉米	北丰268	籽粒	422.60	12.97	2.15	2.95
2016	9	LCAZH01ABC_01	夏玉米	北丰268	籽粒	417.60	13.42	2.24	3.10
2016	9	LCAZH01ABC_01	夏玉米	北丰268	籽粒	420.60	13.30	2.24	3.35
2016	9	LCAZH01ABC_01	夏玉米	北丰268	籽粒	421.10	13.27	2.27	3.50
2016	9	LCAZH01ABC_01	夏玉米	北丰268	籽粒	419.60	13.47	2.05	2.75
2016	9	LCAZH01ABC_01	夏玉米	北丰268	籽粒	421.60	13.04	2.12	2.40
2016	9	LCAZH01ABC_01	夏玉米	北丰268	秸秆	400.49	12.36	1.24	16.10
2016	9	LCAZH01ABC_01	夏玉米	北丰268	秸秆	393.58	11.96	1.00	10.80
2016	9	LCAZH01ABC_01	夏玉米	北丰268	秸秆	398.52	12.29	5.61	15.40
2016	9	LCAZH01ABC_01	夏玉米	北丰268	秸秆	398.52	12.06	1.20	14.90
2016	9	LCAZH01ABC_01	夏玉米	北丰268	秸秆	398.02	12.21	1.04	16.10
2016	9	LCAZH01ABC_01	夏玉米	北丰268	秸秆	399.51	11.43	0.72	14.20
2016	9	LCAFZ01AB0_01	夏玉米	蠡玉20	籽粒	412.10	9.99	1.27	2.75
2016	9	LCAFZ01AB0_01	夏玉米	蠡玉20	籽粒	414.60	10.03	1.41	3.25

（续）

年份	月份	样地代码	作物名称	作物品种	采样部位	全碳（g/kg）	全氮（g/kg）	全磷（g/kg）	全钾（g/kg）
2016	9	LCAFZ01AB0_01	夏玉米	蠡玉 20	籽粒	413.10	9.58	1.26	2.60
2016	9	LCAFZ02AB0_01	夏玉米	蠡玉 20	籽粒	418.60	12.77	2.02	2.85
2016	9	LCAFZ02AB0_01	夏玉米	蠡玉 20	籽粒	418.10	12.35	1.92	2.85
2016	9	LCAFZ02AB0_01	夏玉米	蠡玉 20	籽粒	414.10	12.86	1.99	3.35
2016	9	LCAFZ03AB0_01	夏玉米	蠡玉 20	籽粒	412.10	12.02	2.06	3.35
2016	9	LCAFZ03AB0_01	夏玉米	蠡玉 20	籽粒	409.60	11.79	1.90	2.90
2016	9	LCAFZ03AB0_01	夏玉米	蠡玉 20	籽粒	414.60	12.17	1.96	2.90
2016	9	LCAFZ01AB0_01	夏玉米	蠡玉 20	秸秆	396.54	6.88	0.50	8.20
2016	9	LCAFZ01AB0_01	夏玉米	蠡玉 20	秸秆	399.01	8.19	0.61	5.60
2016	9	LCAFZ01AB0_01	夏玉米	蠡玉 20	秸秆	398.02	6.31	0.47	8.10
2016	9	LCAFZ02AB0_01	夏玉米	蠡玉 20	秸秆	405.43	10.83	0.86	8.40
2016	9	LCAFZ02AB0_01	夏玉米	蠡玉 20	秸秆	407.41	10.04	0.59	7.10
2016	9	LCAFZ02AB0_01	夏玉米	蠡玉 20	秸秆	403.95	11.51	0.83	13.60
2016	9	LCAFZ03AB0_01	夏玉米	蠡玉 20	秸秆	395.56	10.75	1.00	13.40
2016	9	LCAFZ03AB0_01	夏玉米	蠡玉 20	秸秆	404.02	10.30	0.75	10.60
2016	9	LCAFZ03AB0_01	夏玉米	蠡玉 20	秸秆	396.48	10.07	0.72	7.30
2016	9	LCAZQ06AB0_01	夏玉米	先玉 335、先玉 688	籽粒	414.10	13.30	2.94	3.10
2016	9	LCAZQ06AB0_01	夏玉米	先玉 335、先玉 688	籽粒	420.60	13.34	2.50	3.75
2016	9	LCAZQ06AB0_01	夏玉米	先玉 335、先玉 688	籽粒	413.60	13.87	2.81	3.70
2016	9	LCAZQ06AB0_01	夏玉米	先玉 335、先玉 688	籽粒	414.60	13.77	2.78	2.90
2016	9	LCAZQ06AB0_01	夏玉米	先玉 335、先玉 688	籽粒	413.60	14.17	2.52	3.25
2016	9	LCAZQ06AB0_01	夏玉米	先玉 335、先玉 688	籽粒	414.60	14.67	2.75	2.90
2016	9	LCAZQ06AB0_01	夏玉米	先玉 335、先玉 688	秸秆	398.99	8.42	0.89	17.80
2016	9	LCAZQ06AB0_01	夏玉米	先玉 335、先玉 688	秸秆	393.47	8.12	0.69	18.50
2016	9	LCAZQ06AB0_01	夏玉米	先玉 335、先玉 688	秸秆	393.97	8.60	0.64	11.00

（续）

年份	月份	样地代码	作物名称	作物品种	采样部位	全碳（g/kg）	全氮（g/kg）	全磷（g/kg）	全钾（g/kg）
2016	9	LCAZQ06AB0_01	夏玉米	先玉335、先玉688	秸秆	408.04	9.25	0.81	11.20
2016	9	LCAZQ06AB0_01	夏玉米	先玉335、先玉688	秸秆	409.05	9.29	0.64	14.60
2016	9	LCAZQ06AB0_01	夏玉米	先玉335、先玉688	秸秆	412.06	9.32	0.78	12.80
2016	9	LCAZQ07AB0_01	夏玉米	先玉335	籽粒	415.60	13.62	2.53	2.70
2016	9	LCAZQ07AB0_01	夏玉米	先玉336	籽粒	416.60	13.99	2.62	3.10
2016	9	LCAZQ07AB0_01	夏玉米	先玉337	籽粒	418.91	14.37	2.64	3.00
2016	9	LCAZQ07AB0_01	夏玉米	先玉338	籽粒	424.38	14.46	2.52	2.60
2016	9	LCAZQ07AB0_01	夏玉米	先玉339	籽粒	415.92	14.63	2.23	2.35
2016	9	LCAZQ07AB0_01	夏玉米	先玉340	籽粒	414.93	14.52	2.34	2.65
2016	9	LCAZQ07AB0_01	夏玉米	先玉341	秸秆	420.00	7.62	0.83	7.00
2016	9	LCAZQ07AB0_01	夏玉米	先玉342	秸秆	406.03	7.97	0.79	9.80
2016	9	LCAZQ07AB0_01	夏玉米	先玉343	秸秆	412.56	8.49	0.83	5.90
2016	9	LCAZQ07AB0_01	夏玉米	先玉344	秸秆	415.58	11.17	0.92	9.80
2016	9	LCAZQ07AB0_01	夏玉米	先玉345	秸秆	412.56	8.95	0.88	8.40
2016	9	LCAZQ07AB0_01	夏玉米	先玉346	秸秆	403.02	8.90	0.94	11.00
2016	9	LCAZQ08AB0_01	夏玉米	先玉347	籽粒	416.92	14.10	2.61	3.25
2016	9	LCAZQ08AB0_01	夏玉米	先玉348	籽粒	412.94	14.78	2.71	3.20
2016	9	LCAZQ08AB0_01	夏玉米	先玉349	籽粒	413.93	14.73	2.78	3.05
2016	9	LCAZQ08AB0_01	夏玉米	先玉350	籽粒	415.42	14.93	2.94	3.75
2016	9	LCAZQ08AB0_01	夏玉米	先玉351	籽粒	418.91	14.35	2.56	3.20
2016	9	LCAZQ08AB0_01	夏玉米	先玉352	籽粒	413.93	14.50	2.14	2.85
2016	9	LCAZQ08AB0_01	夏玉米	先玉353	秸秆	411.56	7.51	0.70	8.70
2016	9	LCAZQ08AB0_01	夏玉米	先玉354	秸秆	402.51	6.46	0.88	9.90
2016	9	LCAZQ08AB0_01	夏玉米	先玉355	秸秆	397.99	9.13	0.79	12.00
2016	9	LCAZQ08AB0_01	夏玉米	先玉356	秸秆	393.97	10.80	0.88	16.80
2016	9	LCAZQ08AB0_01	夏玉米	先玉357	秸秆	406.53	6.54	0.59	10.70
2016	9	LCAZQ08AB0_01	夏玉米	先玉358	秸秆	410.05	8.30	0.63	17.40
2017	6	LCAZH01ABC_01	冬小麦	科农2009	籽粒	399.99	24.64	2.80	3.15

（续）

年份	月份	样地代码	作物名称	作物品种	采样部位	全碳（g/kg）	全氮（g/kg）	全磷（g/kg）	全钾（g/kg）
2017	6	LCAZH01ABC_01	冬小麦	科农2009	籽粒	398.31	21.11	2.77	3.40
2017	6	LCAZH01ABC_01	冬小麦	科农2009	籽粒	397.59	22.56	3.00	3.25
2017	6	LCAZH01ABC_01	冬小麦	科农2009	籽粒	400.41	24.08	3.21	3.60
2017	6	LCAZH01ABC_01	冬小麦	科农2009	籽粒	398.89	23.24	2.93	3.00
2017	6	LCAZH01ABC_01	冬小麦	科农2009	籽粒	402.70	22.68	2.73	2.95
2017	6	LCAZH01ABC_01	冬小麦	科农2009	秸秆	413.46	6.25	0.38	11.40
2017	6	LCAZH01ABC_01	冬小麦	科农2009	秸秆	405.55	5.55	0.39	15.70
2017	6	LCAZH01ABC_01	冬小麦	科农2009	秸秆	406.19	6.57	0.36	14.90
2017	6	LCAZH01ABC_01	冬小麦	科农2009	秸秆	414.12	6.71	0.38	12.20
2017	6	LCAZH01ABC_01	冬小麦	科农2009	秸秆	403.76	6.08	0.44	14.50
2017	6	LCAZH01ABC_01	冬小麦	科农2009	秸秆	417.44	6.47	0.45	10.60
2017	6	LCAFZ01AB0_01	冬小麦	科农2011	籽粒	398.71	22.15	2.10	3.15
2017	6	LCAFZ01AB0_01	冬小麦	科农2011	籽粒	399.85	23.46	2.22	3.25
2017	6	LCAFZ01AB0_01	冬小麦	科农2011	籽粒	398.06	22.88	2.23	3.25
2017	6	LCAFZ02AB0_01	冬小麦	科农2011	籽粒	399.32	23.41	2.81	3.35
2017	6	LCAFZ02AB0_01	冬小麦	科农2011	籽粒	395.63	21.50	2.74	3.35
2017	6	LCAFZ02AB0_01	冬小麦	科农2011	籽粒	398.05	21.50	3.12	3.45
2017	6	LCAFZ03AB0_01	冬小麦	科农2011	籽粒	396.23	22.21	2.93	3.50
2017	6	LCAFZ03AB0_01	冬小麦	科农2011	籽粒	397.28	20.75	2.73	3.55
2017	6	LCAFZ03AB0_01	冬小麦	科农2011	籽粒	399.26	21.35	2.76	3.45
2017	6	LCAFZ01AB0_01	冬小麦	科农2011	秸秆	405.85	6.10	0.28	8.30
2017	6	LCAFZ01AB0_01	冬小麦	科农2011	秸秆	411.38	4.50	0.36	10.70
2017	6	LCAFZ01AB0_01	冬小麦	科农2011	秸秆	409.42	4.77	0.45	10.50
2017	6	LCAFZ02AB0_01	冬小麦	科农2011	秸秆	408.47	7.92	0.50	13.90
2017	6	LCAFZ02AB0_01	冬小麦	科农2011	秸秆	404.40	6.03	0.44	12.20
2017	6	LCAFZ02AB0_01	冬小麦	科农2011	秸秆	409.25	6.40	0.47	13.00
2017	6	LCAFZ03AB0_01	冬小麦	科农2011	秸秆	407.72	5.77	0.39	13.90
2017	6	LCAFZ03AB0_01	冬小麦	科农2011	秸秆	412.16	5.49	0.44	12.40
2017	6	LCAFZ03AB0_01	冬小麦	科农2011	秸秆	406.45	6.64	0.45	10.60
2017	6	LCAZQ06AB0_01	冬小麦	科农2011	籽粒	397.30	21.09	3.60	3.40

（续）

年份	月份	样地代码	作物 名称	作物品种	采样 部位	全碳 （g/kg）	全氮 （g/kg）	全磷 （g/kg）	全钾 （g/kg）
2017	6	LCAZQ06AB0_01	冬小麦	科农 2011	籽粒	396.19	21.32	3.63	3.65
2017	6	LCAZQ06AB0_01	冬小麦	科农 2011	籽粒	398.25	21.00	3.79	3.15
2017	6	LCAZQ06AB0_01	冬小麦	科农 2011	籽粒	395.24	22.84	3.40	3.20
2017	6	LCAZQ06AB0_01	冬小麦	科农 2011	籽粒	399.71	20.18	3.60	3.15
2017	6	LCAZQ06AB0_01	冬小麦	科农 2011	籽粒	399.96	21.62	3.68	3.45
2017	6	LCAZQ06AB0_01	冬小麦	科农 2011	秸秆	389.98	8.18	0.47	22.60
2017	6	LCAZQ06AB0_01	冬小麦	科农 2011	秸秆	394.88	5.61	0.53	21.10
2017	6	LCAZQ06AB0_01	冬小麦	科农 2011	秸秆	399.89	9.77	0.73	21.90
2017	6	LCAZQ06AB0_01	冬小麦	科农 2011	秸秆	405.49	7.29	0.55	15.50
2017	6	LCAZQ06AB0_01	冬小麦	科农 2011	秸秆	402.14	8.11	0.47	16.60
2017	6	LCAZQ06AB0_01	冬小麦	科农 2011	秸秆	407.23	6.19	0.47	14.50
2017	6	LCAZQ07AB0_01	冬小麦	科农 2011	籽粒	400.64	23.60	3.37	3.25
2017	6	LCAZQ07AB0_01	冬小麦	科农 2011	籽粒	398.87	23.43	3.18	3.40
2017	6	LCAZQ07AB0_01	冬小麦	科农 2011	籽粒	398.96	23.59	3.30	3.55
2017	6	LCAZQ07AB0_01	冬小麦	科农 2011	籽粒	397.48	23.28	3.35	3.30
2017	6	LCAZQ07AB0_01	冬小麦	科农 2011	籽粒	398.16	23.57	3.12	3.90
2017	6	LCAZQ07AB0_01	冬小麦	科农 2011	籽粒	400.33	23.06	3.24	3.05
2017	6	LCAZQ07AB0_01	冬小麦	科农 2011	秸秆	402.24	6.75	0.41	14.10
2017	6	LCAZQ07AB0_01	冬小麦	科农 2011	秸秆	411.18	6.81	0.39	10.70
2017	6	LCAZQ07AB0_01	冬小麦	科农 2011	秸秆	443.65	6.63	0.31	13.20
2017	6	LCAZQ07AB0_01	冬小麦	科农 2011	秸秆	407.13	7.13	0.38	12.10
2017	6	LCAZQ07AB0_01	冬小麦	科农 2011	秸秆	406.20	8.16	0.41	14.70
2017	6	LCAZQ07AB0_01	冬小麦	科农 2011	秸秆	411.60	7.02	0.41	12.80
2017	6	LCAZQ08AB0_01	冬小麦	科农 2009	籽粒	398.58	21.72	2.64	3.00
2017	6	LCAZQ08AB0_01	冬小麦	科农 2009	籽粒	400.84	23.05	3.18	2.85
2017	6	LCAZQ08AB0_01	冬小麦	科农 2009	籽粒	400.16	22.73	2.67	2.85
2017	6	LCAZQ08AB0_01	冬小麦	科农 2009	籽粒	403.06	24.04	2.96	2.85
2017	6	LCAZQ08AB0_01	冬小麦	科农 2009	籽粒	400.82	23.16	2.87	3.05
2017	6	LCAZQ08AB0_01	冬小麦	科农 2009	籽粒	402.16	22.32	2.89	3.50
2017	6	LCAZQ08AB0_01	冬小麦	科农 2009	秸秆	407.94	4.81	0.16	12.60

（续）

年份	月份	样地代码	作物名称	作物品种	采样部位	全碳(g/kg)	全氮(g/kg)	全磷(g/kg)	全钾(g/kg)
2017	6	LCAZQ08AB0＿01	冬小麦	科农2009	秸秆	408.75	4.55	0.36	19.60
2017	6	LCAZQ08AB0＿01	冬小麦	科农2009	秸秆	397.11	5.81	0.28	23.10
2017	6	LCAZQ08AB0＿01	冬小麦	科农2009	秸秆	407.43	4.51	0.26	23.10
2017	6	LCAZQ08AB0＿01	冬小麦	科农2009	秸秆	400.80	4.36	0.23	20.00
2017	6	LCAZQ08AB0＿01	冬小麦	科农2009	秸秆	397.79	4.67	0.45	25.60
2017	9	LCAZH01ABC＿01	夏玉米	登海685	籽粒	413.33	14.65	2.60	3.40
2017	9	LCAZH01ABC＿01	夏玉米	登海685	籽粒	413.79	14.77	2.80	3.40
2017	9	LCAZH01ABC＿01	夏玉米	登海685	籽粒	413.43	15.66	2.46	3.45
2017	9	LCAZH01ABC＿01	夏玉米	登海685	籽粒	413.47	15.11	2.65	3.95
2017	9	LCAZH01ABC＿01	夏玉米	登海685	籽粒	413.90	13.76	2.28	3.55
2017	9	LCAZH01ABC＿01	夏玉米	登海685	籽粒	412.79	14.28	2.80	3.85
2017	9	LCAZH01ABC＿01	夏玉米	登海685	秸秆	409.91	10.80	0.41	15.30
2017	9	LCAZH01ABC＿01	夏玉米	登海685	秸秆	418.10	10.10	0.48	16.20
2017	9	LCAZH01ABC＿01	夏玉米	登海685	秸秆	418.41	9.20	0.39	11.20
2017	9	LCAZH01ABC＿01	夏玉米	登海685	秸秆	417.02	10.89	0.48	15.80
2017	9	LCAZH01ABC＿01	夏玉米	登海685	秸秆	417.95	10.09	0.38	12.10
2017	9	LCAZH01ABC＿01	夏玉米	登海685	秸秆	423.72	8.16	0.44	12.20
2017	9	LCAFZ01AB0＿01	夏玉米	蠡玉52	籽粒	410.09	11.39	1.40	2.65
2017	9	LCAFZ01AB0＿01	夏玉米	蠡玉52	籽粒	407.55	10.95	1.36	2.40
2017	9	LCAFZ01AB0＿01	夏玉米	蠡玉52	籽粒	408.27	11.26	1.30	2.65
2017	9	LCAFZ02AB0＿01	夏玉米	蠡玉52	籽粒	415.40	13.03	2.17	3.85
2017	9	LCAFZ02AB0＿01	夏玉米	蠡玉52	籽粒	413.97	13.91	2.06	2.90
2017	9	LCAFZ02AB0＿01	夏玉米	蠡玉52	籽粒	413.62	13.46	2.30	3.25
2017	9	LCAFZ03AB0＿01	夏玉米	蠡玉52	籽粒	412.34	12.07	2.19	3.05
2017	9	LCAFZ03AB0＿01	夏玉米	蠡玉52	籽粒	416.52	12.35	2.10	3.00
2017	9	LCAFZ03AB0＿01	夏玉米	蠡玉52	籽粒	415.89	13.39	2.10	3.00
2017	9	LCAFZ01AB0＿01	夏玉米	蠡玉52	秸秆	418.87	7.22	0.20	3.30
2017	9	LCAFZ01AB0＿01	夏玉米	蠡玉52	秸秆	427.07	6.90	0.32	6.20

（续）

年份	月份	样地代码	作物名称	作物品种	采样部位	全碳 (g/kg)	全氮 (g/kg)	全磷 (g/kg)	全钾 (g/kg)
2017	9	LCAFZ01AB0 _ 01	夏玉米	蠡玉 52	秸秆	421.35	6.46	0.25	7.50
2017	9	LCAFZ02AB0 _ 01	夏玉米	蠡玉 52	秸秆	424.00	9.81	0.44	7.00
2017	9	LCAFZ02AB0 _ 01	夏玉米	蠡玉 52	秸秆	414.17	13.03	0.53	6.30
2017	9	LCAFZ02AB0 _ 01	夏玉米	蠡玉 52	秸秆	412.52	14.41	0.86	7.50
2017	9	LCAFZ03AB0 _ 01	夏玉米	蠡玉 52	秸秆	419.49	9.01	0.57	8.20
2017	9	LCAFZ03AB0 _ 01	夏玉米	蠡玉 52	秸秆	416.60	12.42	0.50	8.30
2017	9	LCAFZ03AB0 _ 01	夏玉米	蠡玉 52	秸秆	426.20	12.66	0.82	8.80
2017	9	LCAZQ09AB0 _ 01	夏玉米	先玉 335	籽粒	408.97	14.39	2.64	3.35
2017	9	LCAZQ09AB0 _ 01	夏玉米	先玉 335	籽粒	407.62	14.07	2.60	3.30
2017	9	LCAZQ09AB0 _ 01	夏玉米	先玉 335	籽粒	408.03	15.22	2.49	3.25
2017	9	LCAZQ09AB0 _ 01	夏玉米	先玉 335	籽粒	410.92	13.99	2.57	3.20
2017	9	LCAZQ09AB0 _ 01	夏玉米	先玉 335	籽粒	411.79	14.48	2.42	3.45
2017	9	LCAZQ09AB0 _ 01	夏玉米	先玉 335	籽粒	409.41	13.98	2.42	3.45
2017	9	LCAZQ09AB0 _ 01	夏玉米	先玉 335	秸秆	418.41	8.04	0.45	26.80
2017	9	LCAZQ09AB0 _ 01	夏玉米	先玉 335	秸秆	410.55	11.30	0.82	27.00
2017	9	LCAZQ09AB0 _ 01	夏玉米	先玉 335	秸秆	416.58	11.04	0.58	21.00
2017	9	LCAZQ09AB0 _ 01	夏玉米	先玉 335	秸秆	417.40	8.13	0.58	21.30
2017	9	LCAZQ09AB0 _ 01	夏玉米	先玉 335	秸秆	421.70	10.77	0.66	18.90
2017	9	LCAZQ09AB0 _ 01	夏玉米	先玉 335	秸秆	416.60	11.44	0.64	21.70
2017	9	LCAZQ07AB0 _ 01	夏玉米	先玉 335	籽粒	411.65	14.26	2.46	3.20
2017	9	LCAZQ07AB0 _ 01	夏玉米	先玉 335	籽粒	412.90	14.85	2.54	3.25
2017	9	LCAZQ07AB0 _ 01	夏玉米	先玉 335	籽粒	410.46	13.48	2.38	2.75
2017	9	LCAZQ07AB0 _ 01	夏玉米	先玉 335	籽粒	411.71	13.88	2.52	3.40
2017	9	LCAZQ07AB0 _ 01	夏玉米	先玉 335	籽粒	408.76	13.58	2.38	3.10
2017	9	LCAZQ07AB0 _ 01	夏玉米	先玉 335	籽粒	413.61	13.93	2.28	2.85
2017	9	LCAZQ07AB0 _ 01	夏玉米	先玉 335	秸秆	415.81	8.87	0.51	14.30
2017	9	LCAZQ07AB0 _ 01	夏玉米	先玉 335	秸秆	418.03	11.15	0.66	6.40
2017	9	LCAZQ07AB0 _ 01	夏玉米	先玉 335	秸秆	429.55	8.08	0.51	7.80
2017	9	LCAZQ07AB0 _ 01	夏玉米	先玉 335	秸秆	424.78	10.22	0.69	10.30

（续）

年份	月份	样地代码	作物名称	作物品种	采样部位	全碳（g/kg）	全氮（g/kg）	全磷（g/kg）	全钾（g/kg）
2017	9	LCAZQ07AB0_01	夏玉米	先玉335	秸秆	421.11	9.70	0.70	8.00
2017	9	LCAZQ07AB0_01	夏玉米	先玉335	秸秆	422.13	7.17	0.55	12.60
2017	9	LCAZQ08AB0_01	夏玉米	先玉335	籽粒	410.55	12.08	2.20	2.85
2017	9	LCAZQ08AB0_01	夏玉米	先玉335	籽粒	405.93	12.02	2.33	3.10
2017	9	LCAZQ08AB0_01	夏玉米	先玉335	籽粒	412.46	12.69	2.36	3.35
2017	9	LCAZQ08AB0_01	夏玉米	先玉335	籽粒	410.30	12.88	2.41	3.25
2017	9	LCAZQ08AB0_01	夏玉米	先玉335	籽粒	412.65	12.79	2.29	3.10
2017	9	LCAZQ08AB0_01	夏玉米	先玉335	籽粒	412.12	11.99	2.01	3.10
2017	9	LCAZQ08AB0_01	夏玉米	先玉335	秸秆	413.74	12.67	0.73	7.80
2017	9	LCAZQ08AB0_01	夏玉米	先玉335	秸秆	412.42	13.88	1.06	12.60
2017	9	LCAZQ08AB0_01	夏玉米	先玉335	秸秆	417.59	13.83	0.85	15.10
2017	9	LCAZQ08AB0_01	夏玉米	先玉335	秸秆	414.50	9.08	0.79	14.50
2017	9	LCAZQ08AB0_01	夏玉米	先玉335	秸秆	421.19	8.97	0.83	14.40
2017	9	LCAZQ08AB0_01	夏玉米	先玉335	秸秆	418.39	10.57	0.58	17.50

综合观测场冬小麦籽粒全碳含量在2012—2014年持续减少，2014—2015年无明显变化，2015—2017年先增加后减少；全氮含量在2009—2011年无明显变化，2012年有所增加，2012—2016年逐渐减少，2017年回升；全磷、全钾含量在2009—2017年无明显变化（图3-31）。

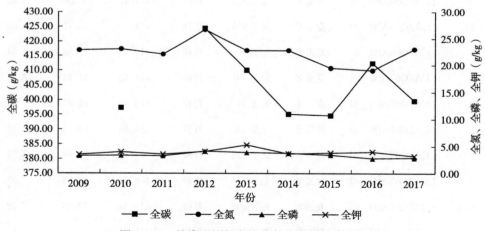

图3-31 综合观测场冬小麦籽粒大量元素含量

综合观测场冬小麦秸秆全碳含量在2012—2014年先增加后减少，2016—2017年增加；全氮含量2011—2014年先增加后减少，2016—2017年增加；全磷含量2011—2014年及2016—2017年无明显变化；全钾含量2011—2014年先增加后减少，2016—2017年大幅减少（图3-32）。

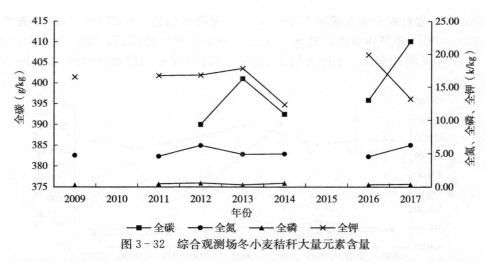

图 3 - 32　综合观测场冬小麦秸秆大量元素含量

综合观测场夏玉米籽粒全碳含量 2012—2013 年增加，2013—2017 年呈减少趋势；全氮、全磷含量无明显变化；全钾含量在 2009—2013 年呈增加趋势，2013—2017 年呈减少趋势（图 3 - 33）。

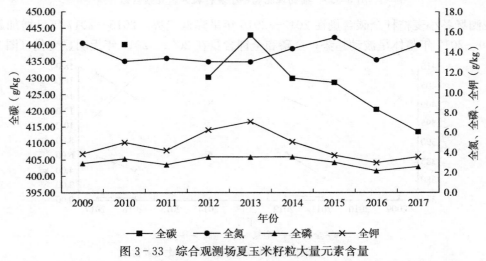

图 3 - 33　综合观测场夏玉米籽粒大量元素含量

综合观测场夏玉米秸秆全碳含量在 2012—2014 年及 2016—2017 年均增加；全氮、全磷含量在 2011—2014 年先减少后增加，2016—2017 年减少；全钾含量在 2011—2014 年先增加后减少，2016—2017 年减少（图 3 - 34）。

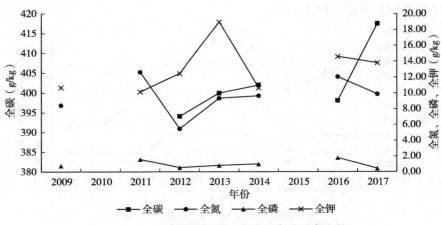

图 3 - 34　综合观测场夏玉米秸秆大量元素含量

　　辅助观测场冬小麦籽粒全碳含量在 2012—2015 年呈降低趋势，在 2015—2017 年先增加后减少；全氮含量在 2009—2013 年整体呈增加趋势，在 2013—2016 年缓慢降低，2017 年略有回升；全磷含量在 2009—2017 年无明显变化；全钾含量在 2009—2013 年呈先增后减再增加，2013—2017 年逐渐减少（图 3-35）。

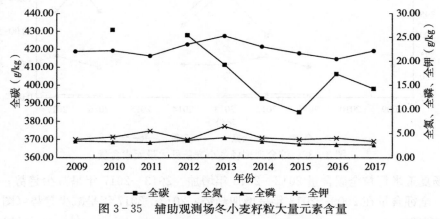

图 3-35　辅助观测场冬小麦籽粒大量元素含量

　　辅助观测场冬小麦秸秆全碳含量在 2012—2015 年呈降低趋势，2015—2017 年呈增加趋势；全氮含量在 2009—2017 年整体呈波动趋势；全磷和全钾含量在 2009—2017 年无明显变化（图 3-36）。

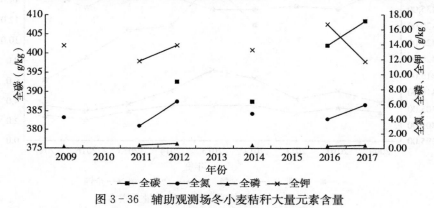

图 3-36　辅助观测场冬小麦秸秆大量元素含量

　　辅助观测场夏玉米籽粒全碳含量在 2012—2014 年无明显变化，在 2014—2017 年呈减少趋势；全氮含量在 2009—2011 年逐渐减少，2011—2013 年略有回升，2013—2017 年无明显变化；全磷含量 2009—2017 年无明显变化；全钾含量在 2009—2011 年呈减少趋势，2011—2015 年呈先增加后减少趋势，2015—2017 年无明显变化（图 3-37）。

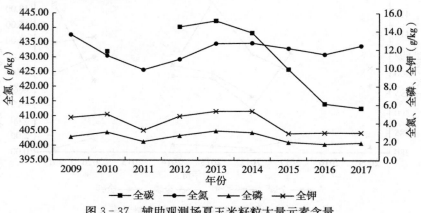

图 3-37　辅助观测场夏玉米籽粒大量元素含量

辅助观测场夏玉米秸秆全碳仅测量两次，呈现增加趋势；全氮含量呈现先减少后增加的趋势；全磷含量 2009—2017 年略有减少；全钾含量则呈现先增加后减少的趋势（图 3-38）。

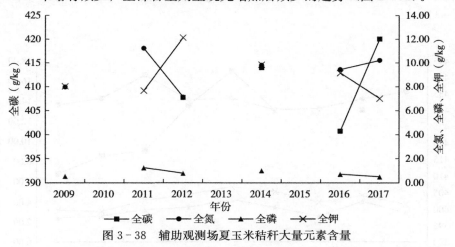

图 3-38　辅助观测场夏玉米秸秆大量元素含量

站区调查点冬小麦籽粒全碳含量在 2012—2013 年增加，2014 年明显减少，2014—2017 年先增加后减少；全氮含量在 2009—2017 年先增加后减少；全磷含量在 2009—2017 年无明显变化；全钾含量在 2009—2012 年无明显变化，在 2012—2014 年先增加后减少，2014—2017 年无明显变化（图 3-39）。

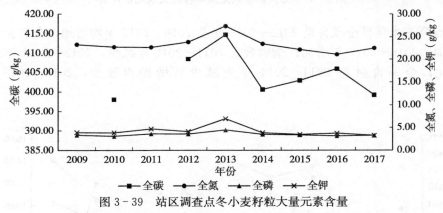

图 3-39　站区调查点冬小麦籽粒大量元素含量

站区调查点冬小麦秸秆全碳含量在 2012—2013 年无明显变化，2014 年减少，2016—2017 年增加；全氮含量 2011—2014 年及 2016—2017 年呈增加趋势；全磷含量在 2011—2014 年及 2016—2017 年无明显变化；全钾含量在 2011—2014 年先增加后减少，2016—2017 年减少（图 3-40）。

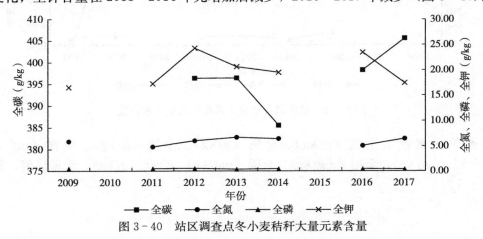

图 3-40　站区调查点冬小麦秸秆大量元素含量

　　站区调查点夏玉米籽粒全碳含量在 2012—2013 年增加，2013—2017 年持续减少；全氮含量在
2009—2014 年无明显变化，在 2014—2017 年先增加后减少；全磷、全钾含量在 2009—2017 年无明
显变化（图 3-41）。

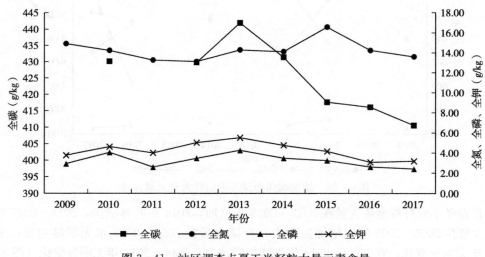

图 3-41　站区调查点夏玉米籽粒大量元素含量

　　站区调查点夏玉米秸秆全碳含量 2012—2014 年及 2016—2017 年均增加，全氮含量 2011—2014
年先减少后增加，2016—2017 年增加；全磷含量 2011—2012 年减少，2012—2014 年及 2016—2017
年无明显变化；全钾含量在 2011—2014 年先减少后增加再减少，2016—2017 年大幅减少
（图 3-42）。

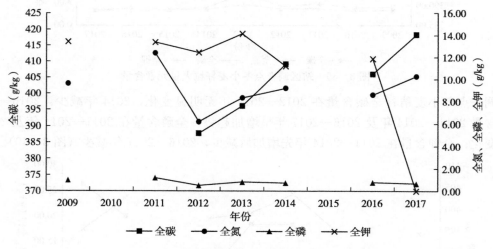

图 3-42　站区调查点夏玉米秸秆大量元素含量

　　作物各部位元素含量全硫（g/kg）、全钙（g/kg）、全镁（g/kg）、全锰（mg/kg）、全铜
（mg/kg）、全锌（mg/kg）、全钼（mg/kg）、全硼（mg/kg）、全硅（g/kg）、干重热值、灰分含量与
能值见表 3-19。

表 3 - 19　微量元素含量与能值

年份	月份	样地代码	作物名称	作物品种	采样部位	全硫 (g/kg)	全钙 (g/kg)	全镁 (g/kg)	全锰 (mg/kg)	全铜 (mg/kg)	全锌 (mg/kg)	全钼 (mg/kg)	全硼 (mg/kg)	全硅 (g/kg)	干重热值	灰分 (%)
2010	6	LCAZH01ABC_01	冬小麦	科农199	籽粒	1.44	0.90	2.20	27.183	6.765	44.94	0.588	1.306	0.16	18.80	1.7
2010	6	LCAZH01ABC_01	冬小麦	科农199	籽粒	1.43	0.72	2.00	24.635	6.475	54.44	0.530	1.839	0.28	17.91	1.8
2010	6	LCAZH01ABC_01	冬小麦	科农199	籽粒	1.46	0.74	1.98	26.140	11.205	40.46	0.478	1.521	0.33	18.72	1.8
2010	6	LCAZH01ABC_01	冬小麦	科农199	籽粒	1.52	0.80	2.00	25.260	6.505	44.26	0.525	1.454	0.26	17.74	1.8
2010	6	LCAZH01ABC_01	冬小麦	科农199	籽粒	1.43	0.77	2.00	22.185	6.250	61.50	0.446	1.104	0.12	16.82	1.7
2010	6	LCAZH01ABC_01	冬小麦	科农199	籽粒	1.63	0.76	2.00	25.405	0.000	52.66	0.541	0.988	0.12	17.91	1.7
2010	6	LCAZH01ABC_01	冬小麦	科农199	茎	1.70	5.92	1.80	25.275	3.700	208.78	0.353	1.488	13.03	18.16	6.8
2010	6	LCAZH01ABC_01	冬小麦	科农199	茎	1.89	5.70	2.00	28.338	4.330	18.58	0.341	1.958	10.37	16.03	6.3
2010	6	LCAZH01ABC_01	冬小麦	科农199	茎	1.81	5.54	1.40	22.248	3.505	17.72	0.302	0.818	14.85	17.98	7.4
2010	6	LCAZH01ABC_01	冬小麦	科农199	茎	1.81	5.42	1.20	20.068	4.310	14.12	0.260	1.256	12.24	17.67	8.4
2010	6	LCAZH01ABC_01	冬小麦	科农199	茎	1.73	5.46	1.80	19.023	3.388	20.66	0.265	1.056	14.13	18.09	6.9
2010	6	LCAZH01ABC_01	冬小麦	科农199	茎	1.64	5.76	1.80	19.885	3.975	15.22	0.229	2.221	14.02	16.08	6.6
2010	6	LCAZH01ABC_01	冬小麦	科农199	叶	4.92	12.22	10.20	116.025	5.228	47.28	1.258	12.112	27.09	18.09	15.0
2010	6	LCAZH01ABC_01	冬小麦	科农199	叶	4.55	13.04	10.80	85.105	5.085	48.08	1.261	12.709	29.37	17.76	15.6
2010	6	LCAZH01ABC_01	冬小麦	科农199	叶	4.48	12.84	9.60	77.225	4.900	62.68	1.243	13.280	29.93	17.87	15.5
2010	6	LCAZH01ABC_01	冬小麦	科农199	叶	4.96	13.22	10.60	72.253	5.680	53.82	1.140	8.677	28.02	17.75	15.2
2010	6	LCAZH01ABC_01	冬小麦	科农199	叶	5.02	12.56	9.80	107.425	5.845	45.58	1.252	8.918	30.50	17.72	15.5
2010	6	LCAZH01ABC_01	冬小麦	科农199	叶	5.07	13.90	10.60	80.225	5.475	53.96	1.059	9.421	25.85	17.79	14.5
2010	6	LCAZH01ABC_01	冬小麦	科农199	根	2.13	4.92	5.32	71.980	5.475	72.78	0.458	6.933	33.46	16.72	21.5
2010	6	LCAFZ01AB0_01	冬小麦	石麦18	籽粒			1.82			50.34				17.60	
2010	6	LCAFZ01AB0_01	冬小麦	石麦18	籽粒			1.82			58.94				18.60	
2010	6	LCAFZ01AB0_01	冬小麦	石麦18	籽粒			1.80			66.82				17.75	

（续）

年份	月份	样地代码	作物名称	作物品种	采样部位	全硫(g/kg)	全钙(g/kg)	全镁(g/kg)	全锰(mg/kg)	全铜(mg/kg)	全锌(mg/kg)	全钼(mg/kg)	全硼(mg/kg)	全硅(g/kg)	干重热值	灰分(%)
2010	6	LCAFZ02AB0_01	冬小麦	石麦18	籽粒			2.20			42.64				18.16	
2010	6	LCAFZ02AB0_01	冬小麦	石麦18	籽粒			2.00			43.02				18.80	
2010	6	LCAFZ02AB0_01	冬小麦	石麦18	籽粒			2.20			43.96				18.49	
2010	6	LCAFZ03AB0_01	冬小麦	石麦18	籽粒			2.20			44.74				18.84	
2010	6	LCAFZ03AB0_01	冬小麦	石麦18	籽粒			2.00			41.82				17.93	
2010	6	LCAFZ03AB0_01	冬小麦	石麦18	籽粒			1.58			55.20				18.43	
2010	6	LCAFZ01AB0_01	冬小麦	石麦18	茎			1.18			27.20				19.14	
2010	6	LCAFZ01AB0_01	冬小麦	石麦18	茎			1.38			32.02				18.28	
2010	6	LCAFZ01AB0_01	冬小麦	石麦18	茎			1.93			34.84				17.98	
2010	6	LCAFZ02AB0_01	冬小麦	石麦18	茎			2.20			25.36				18.87	
2010	6	LCAFZ02AB0_01	冬小麦	石麦18	茎			1.90			30.22				18.58	
2010	6	LCAFZ02AB0_01	冬小麦	石麦18	茎			2.20			26.46				19.02	
2010	6	LCAFZ03AB0_01	冬小麦	石麦18	茎			1.44			33.68				18.10	
2010	6	LCAFZ03AB0_01	冬小麦	石麦18	茎			1.64			24.14				18.24	
2010	6	LCAFZ03AB0_01	冬小麦	石麦18	茎			1.62			44.98				17.84	
2010	6	LCAFZ01AB0_01	冬小麦	石麦18	叶			10.60			57.80				17.85	
2010	6	LCAFZ01AB0_01	冬小麦	石麦18	叶			7.60			51.10				16.94	
2010	6	LCAFZ01AB0_01	冬小麦	石麦18	叶			8.40			54.00				18.00	
2010	6	LCAFZ02AB0_01	冬小麦	石麦18	叶			8.20			50.46				18.14	
2010	6	LCAFZ02AB0_01	冬小麦	石麦18	叶			12.20			53.06				16.79	
2010	6	LCAFZ02AB0_01	冬小麦	石麦18	叶			11.20			44.68				16.43	
2010	6	LCAFZ03AB0_01	冬小麦	石麦18	叶			11.20			43.10				17.93	

（续）

年份	月份	样地代码	作物名称	作物品种	采样部位	全硫(g/kg)	全钙(g/kg)	全镁(g/kg)	全锰(mg/kg)	全铜(mg/kg)	全锌(mg/kg)	全钼(mg/kg)	全硼(mg/kg)	全硅(g/kg)	干重热值	灰分(%)
2010	6	LCAFZ03AB0_01	冬小麦	石麦18	叶			11.00			51.94				17.59	
2010	6	LCAFZ03AB0_01	冬小麦	石新828	叶			11.60			45.98				18.32	
2010	6	LCAZQ01AB0_01	冬小麦	石新828	籽粒	1.55	0.90	1.86	35.338	4.795	38.02	0.675	2.043	0.09	17.42	1.7
2010	6	LCAZQ01AB0_01	冬小麦	石新828	籽粒	1.47	1.88	1.86	24.300	4.003	29.42	0.524	1.442	0.09	17.65	1.5
2010	6	LCAZQ01AB0_01	冬小麦	石新828	籽粒	1.53	0.74	1.78	26.463	5.075	34.28	0.624	2.001	0.16	16.88	1.7
2010	6	LCAZQ01AB0_01	冬小麦	石新828	籽粒	1.43	1.28	1.92	25.215	5.453	36.06	0.596	2.368	0.21	17.01	1.6
2010	6	LCAZQ01AB0_01	冬小麦	石新828	籽粒	1.46	0.92	2.00	25.000	5.343	44.16	0.621	3.246	0.12	17.07	1.7
2010	6	LCAZQ01AB0_01	冬小麦	石新828	籽粒	1.53	1.46	2.20	26.293	5.903	48.44	0.622	2.580	0.12	18.25	1.4
2010	6	LCAZQ01AB0_01	冬小麦	石新828	茎	1.67	5.76	1.00	18.868	5.085	9.48	0.475	3.384	13.87	18.65	8.2
2010	6	LCAZQ01AB0_01	冬小麦	石新828	茎	1.55	5.86	1.00	18.800	6.115	7.84	0.530	3.705	18.12	18.33	9.3
2010	6	LCAZQ01AB0_01	冬小麦	石新828	茎	1.55	6.16	1.00	17.978	6.143	6.96	0.531	3.119	14.87	18.14	7.6
2010	6	LCAZQ01AB0_01	冬小麦	石新828	茎	1.66	5.24	1.20	21.360	6.430	6.32	0.565	1.528	17.00	17.98	8.7
2010	6	LCAZQ01AB0_01	冬小麦	石新828	茎	1.56	5.30	1.00	24.250	4.943	8.22	0.432	2.241	16.20	17.93	8.7
2010	6	LCAZQ01AB0_01	冬小麦	石新828	茎	1.54	4.96	0.80	17.923	4.260	12.58	0.390	1.509	14.24	18.17	5.0
2010	6	LCAZQ01AB0_01	冬小麦	石新828	叶	6.27	14.56	9.20	63.955	5.085	114.38	1.502	31.089	35.40	16.25	20.0
2010	6	LCAZQ01AB0_01	冬小麦	石新828	叶	6.05	13.24	8.40	81.670	4.220	113.08	1.479	31.317	35.26	14.67	18.3
2010	6	LCAZQ01AB0_01	冬小麦	石新828	叶	6.23	14.90	9.80	81.270	5.705	100.14	1.566	30.849	33.60	16.95	19.0
2010	6	LCAZQ01AB0_01	冬小麦	石新828	叶	5.96	14.70	9.00	88.400	5.865	107.92	1.499	33.054	30.96	16.79	18.2
2010	6	LCAZQ01AB0_01	冬小麦	石新828	叶	6.00	15.24	10.00	65.310	4.995	93.38	1.682	32.421	34.60	14.63	19.2
2010	6	LCAZQ01AB0_01	冬小麦	石新828	叶	6.03	14.48	10.00	87.925	5.840	92.24	1.493	28.727	30.85	16.65	18.0
2010	6	LCAZQ01AB0_01	冬小麦	科农199	籽粒	1.56	0.72	2.60	30.225	5.533	51.98	0.854	1.337	0.19	16.73	2.0
2010	6	LCAZQ02AB0_01	冬小麦	科农199	籽粒	1.53	0.78	2.20	31.648	5.268	42.20	0.847	1.752	0.16	18.18	2.0

（续）

年份	月份	样地代码	作物名称	作物品种	采样部位	全硫 (g/kg)	全钙 (g/kg)	全镁 (g/kg)	全锰 (mg/kg)	全铜 (mg/kg)	全锌 (mg/kg)	全钼 (mg/kg)	全硼 (mg/kg)	全硅 (g/kg)	干重热值	灰分 (%)
2010	6	LCAZQ02AB0_01	冬小麦	科农199	籽粒	1.57	0.96	2.40	28.440	5.425	41.98	0.735	1.737	0.12	17.30	1.7
2010	6	LCAZQ02AB0_01	冬小麦	科农199	籽粒	1.56	0.94	2.20	27.600	4.853	37.58	0.707	1.354	0.26	16.43	1.7
2010	6	LCAZQ02AB0_01	冬小麦	科农199	籽粒	1.54	0.62	2.40	28.525	5.138	59.96	0.761	1.352	0.12	16.83	1.8
2010	6	LCAZQ02AB0_01	冬小麦	科农199	籽粒	1.56	1.88	2.40	36.983	5.113	46.60	0.754	1.796	0.07	17.81	1.6
2010	6	LCAZQ02AB0_01	冬小麦	科农199	茎	1.16	7.02	2.60	14.023	1.938	25.16	0.211	72.782	11.02	18.66	7.0
2010	6	LCAZQ02AB0_01	冬小麦	科农199	茎	0.82	5.48	2.00	15.678	2.465	15.96	0.312	87.635	9.81	18.67	6.3
2010	6	LCAZQ02AB0_01	冬小麦	科农199	茎	0.90	6.16	2.20	14.408	2.178	29.98	0.227	81.000	12.05	19.11	7.4
2010	6	LCAZQ02AB0_01	冬小麦	科农199	茎	0.94	5.44	1.80	13.228	2.578	19.26	0.182	77.745	11.58	19.00	7.6
2010	6	LCAZQ02AB0_01	冬小麦	科农199	茎	0.95	5.84	2.20	16.538	2.135	12.56	0.268	81.555	12.14	18.74	6.1
2010	6	LCAZQ02AB0_01	冬小麦	科农199	茎	1.00	6.43	1.90	17.933	3.263	23.17	0.233	84.647	13.50	19.16	7.6
2010	6	LCAZQ02AB0_01	冬小麦	科农199	叶	4.24	10.72	7.80	110.028	6.498	84.28	1.726	15.903	24.17	18.46	14.4
2010	6	LCAZQ02AB0_01	冬小麦	科农199	叶	4.07	12.74	7.80	117.258	5.413	60.90	1.530	29.792	20.43	18.46	13.9
2010	6	LCAZQ02AB0_01	冬小麦	科农199	叶	4.32	12.20	7.80	111.448	5.775	62.82	1.856	31.887	21.13	18.17	14.4
2010	6	LCAZQ02AB0_01	冬小麦	科农199	叶	4.20	13.44	8.80	86.965	6.373	71.86	1.565	16.668	24.75	18.01	14.9
2010	6	LCAZQ02AB0_01	冬小麦	科农199	叶	4.82	14.76	9.60	100.205	5.785	65.92	1.549	17.202	22.45	17.86	14.4
2010	6	LCAZQ02AB0_01	冬小麦	科农199	叶	4.52	12.42	8.00	94.748	5.538	74.12	1.833	16.590	15.88	18.06	14.2
2010	6	LCAZQ03AB0_01	冬小麦	石新828	籽粒	1.44	1.32	2.00	40.468	8.973	50.54	0.481	1.125	0.54	17.92	1.8
2010	6	LCAZQ03AB0_01	冬小麦	石新828	籽粒	1.57	1.00	1.98	32.053	6.625	74.82	0.378	2.132	0.07	17.09	1.6
2010	6	LCAZQ03AB0_01	冬小麦	石新828	籽粒	1.48	1.86	1.88	32.415	9.035	50.78	0.418	1.581	0.21	17.06	1.5
2010	6	LCAZQ03AB0_01	冬小麦	石新828	籽粒	1.50	0.74	1.74	32.408	7.683	55.52	0.426	1.403	0.21	16.48	1.4
2010	6	LCAZQ03AB0_01	冬小麦	石新828	籽粒	1.52	0.86	1.82	36.773	10.490	42.48	0.493	1.900	0.33	17.66	1.4
2010	6	LCAZQ03AB0_01	冬小麦	石新828	籽粒	1.53	0.76	2.00	39.898	9.615	36.54	0.534	2.468	0.51	18.99	1.5

（续）

年份	月份	样地代码	作物名称	作物品种	采样部位	全硫 (g/kg)	全钙 (g/kg)	全镁 (g/kg)	全锰 (mg/kg)	全铜 (mg/kg)	全锌 (mg/kg)	全钼 (mg/kg)	全硼 (mg/kg)	全硅 (g/kg)	干重热值	灰分 (%)
2010	6	LCAZQ03AB0_01	冬小麦	石新828	茎	0.72	5.46	0.00	16.565	2.670	8.48	0.226	81.810	13.40	19.00	6.8
2010	6	LCAZQ03AB0_01	冬小麦	石新828	茎	0.73	5.84	1.60	13.995	1.828	2.72	0.104	87.574	14.71	18.65	7.5
2010	6	LCAZQ03AB0_01	冬小麦	石新828	茎	0.90	4.62	1.40	16.765	2.628	9.00	0.243	72.285	14.10	18.31	7.4
2010	6	LCAZQ03AB0_01	冬小麦	石新828	茎	0.85	4.40	1.60	12.655	2.185	6.58	0.057	90.802	17.51	18.10	9.0
2010	6	LCAZQ03AB0_01	冬小麦	石新828	茎	0.81	7.78	1.20	14.910	2.145	10.32	0.014	76.175	15.41	18.20	8.4
2010	6	LCAZQ03AB0_01	冬小麦	石新828	茎	1.60	5.36	1.60	14.730	2.474	64.53	0.158	81.843	13.03	17.98	6.6
2010	6	LCAZQ03AB0_01	冬小麦	石新828	叶	5.68	16.10	12.40	71.473	5.883	63.30	0.994	37.970	32.48	17.07	17.4
2010	6	LCAZQ03AB0_01	冬小麦	石新828	叶	5.39	14.52	10.80	117.103	5.790	76.64	0.997	16.923	36.59	17.19	18.3
2010	6	LCAZQ03AB0_01	冬小麦	石新828	叶	5.48	16.82	12.40	51.365	6.418	65.76	1.184	21.786	32.69	17.40	17.1
2010	6	LCAZQ03AB0_01	冬小麦	石新828	叶	5.61	14.14	9.60	98.718	5.993	65.58	0.757	14.728	38.13	17.28	17.6
2010	6	LCAZQ03AB0_01	冬小麦	石新828	叶	5.21	15.18	11.20	98.803	5.878	65.26	1.111	19.506	32.46	17.02	16.0
2010	6	LCAZQ03AB0_01	冬小麦	石新828	叶	5.72	14.58	12.00	103.115	5.520	75.88	1.077	32.516	33.37	16.91	17.9
2010	9	LCAZH01ABC_01	夏玉米	先玉335和中科11	籽粒	1.02	0.13	1.98	5.803	2.468	30.54	0.234	4.783	0.09	17.23	1.6
2010	9	LCAZH01ABC_01	夏玉米	先玉335和中科11	籽粒	0.96	0.12	2.20	5.538	2.388	54.34	0.189	5.359	0.12	17.10	1.8
2010	9	LCAZH01ABC_01	夏玉米	先玉335和中科11	籽粒	0.88	0.14	2.00	6.305	1.963	18.80	0.360	4.173	0.12	17.13	1.6
2010	9	LCAZH01ABC_01	夏玉米	先玉335和中科11	籽粒	0.89	0.12	2.00	7.665	2.425	32.10	0.578	4.835	0.12	17.44	1.6
2010	9	LCAZH01ABC_01	夏玉米	先玉335和中科11	籽粒	0.95	0.14	1.90	7.085	2.558	33.04	0.543	3.157	0.05	18.25	1.7
2010	9	LCAZH01ABC_01	夏玉米	先玉335和中科11	籽粒	0.86	0.12	1.78	8.195	3.698	25.42	0.526	4.523	0.12	18.31	1.6

（续）

年份	月份	样地代码	作物名称	作物品种	采样部位	全硫 (g/kg)	全钙 (g/kg)	全镁 (g/kg)	全锰 (mg/kg)	全铜 (mg/kg)	全锌 (mg/kg)	全钼 (mg/kg)	全硼 (mg/kg)	全硅 (g/kg)	干重热值	灰分 (%)
2010	9	LCAZH01ABC_01	夏玉米	先玉335和中科11	茎	0.57	3.03	5.00	30.993	5.235	41.22	0.247	2.916	8.69	18.52	4.2
2010	9	LCAZH01ABC_01	夏玉米	先玉335和中科11	茎	0.57	2.83	4.20	26.485	5.838	37.74	0.265	4.231	10.02	18.95	4.9
2010	9	LCAZH01ABC_01	夏玉米	先玉335和中科11	茎	0.78	3.15	3.60	16.100	7.450	44.58	0.340	4.644	10.04	18.51	5.9
2010	9	LCAZH01ABC_01	夏玉米	先玉335和中科11	茎	0.62	3.79	3.80	16.233	5.945	26.32	0.287	3.632	9.69	18.60	6.3
2010	9	LCAZH01ABC_01	夏玉米	先玉335和中科11	茎	0.62	3.38	4.00	14.490	7.185	29.54	0.318	3.266	12.54	19.21	6.1
2010	9	LCAZH01ABC_01	夏玉米	先玉335和中科11	茎	0.68	3.31	3.40	25.743	6.823	38.24	0.228	4.085	14.55	18.48	7.2
2010	9	LCAZH01ABC_01	夏玉米	先玉335和中科11	叶	2.13	6.73	5.00	43.473	10.465	86.04	0.840	6.249	15.20	18.48	7.3
2010	9	LCAZH01ABC_01	夏玉米	先玉335和中科11	叶	2.35	7.33	6.80	53.353	10.280	87.52	0.886	5.660	20.50	18.44	9.5
2010	9	LCAZH01ABC_01	夏玉米	先玉335和中科11	叶	2.19	6.25	6.80	55.345	8.935	75.38	0.777	6.433	25.73	18.40	9.8
2010	9	LCAZH01ABC_01	夏玉米	先玉335和中科11	叶	1.80	7.27	5.80	47.975	8.425	72.10	0.765	4.313	23.16	18.56	9.4
2010	9	LCAZH01ABC_01	夏玉米	先玉335和中科11	叶	2.30	7.71	6.60	61.850	12.025	78.10	0.822	5.178	29.61	18.48	6.7
2010	9	LCAZH01ABC_01	夏玉米	先玉335和中科11	叶	2.01	7.58	7.00	57.878	10.290	75.14	0.811	6.790	22.28	18.63	9.2
2010	9	LCAZH01ABC_01	夏玉米	先玉335和中科11	根	2.08	6.69	3.82	32.160	16.980	45.14	0.822	13.371	35.55	18.71	14.3
2010	9	LCAZH01ABC_01	夏玉米	先玉335和中科11	根	1.66	5.92	4.23	38.600	15.495	51.68	0.811	14.912	41.40	18.86	15.6

（续）

年份	月份	样地代码	作物名称	作物品种	采样部位	全硫(g/kg)	全钙(g/kg)	全镁(g/kg)	全锰(mg/kg)	全铜(mg/kg)	全锌(mg/kg)	全钼(mg/kg)	全硼(mg/kg)	全硅(g/kg)	干重热值	灰分(%)
2010	9	LCAZH01ABC_01	夏玉米	先玉335和中科11	根	1.88	5.81	4.71	27.900	17.654	54.35	0.799	14.051	39.27	18.56	12.3
2010	9	LCAFZ01AB0_01	夏玉米	石玉9号	籽粒										17.64	
2010	9	LCAFZ01AB0_01	夏玉米	石玉9号	籽粒										17.55	
2010	9	LCAFZ01AB0_01	夏玉米	石玉9号	籽粒										17.50	
2010	9	LCAFZ02AB0_01	夏玉米	石玉9号	籽粒										17.76	
2010	9	LCAFZ02AB0_01	夏玉米	石玉9号	籽粒										17.37	
2010	9	LCAFZ02AB0_01	夏玉米	石玉9号	籽粒										17.11	
2010	9	LCAFZ03AB0_01	夏玉米	石玉9号	籽粒										17.64	
2010	9	LCAFZ03AB0_01	夏玉米	石玉9号	籽粒										18.13	
2010	9	LCAFZ03AB0_01	夏玉米	石玉9号	籽粒										17.29	
2010	9	LCAFZ01AB0_01	夏玉米	石玉9号	茎										16.87	
2010	9	LCAFZ01AB0_01	夏玉米	石玉9号	茎										17.10	
2010	9	LCAFZ01AB0_01	夏玉米	石玉9号	茎										18.46	
2010	9	LCAFZ02AB0_01	夏玉米	石玉9号	茎										17.21	
2010	9	LCAFZ02AB0_01	夏玉米	石玉9号	茎										16.68	
2010	9	LCAFZ02AB0_01	夏玉米	石玉9号	茎										16.60	
2010	9	LCAFZ03AB0_01	夏玉米	石玉9号	茎										16.42	
2010	9	LCAFZ03AB0_01	夏玉米	石玉9号	茎										18.15	
2010	9	LCAFZ03AB0_01	夏玉米	石玉9号	茎										17.95	
2010	9	LCAFZ01AB0_01	夏玉米	石玉9号	叶										18.78	
2010	9	LCAFZ01AB0_01	夏玉米	石玉9号	叶										18.85	
2010	9	LCAFZ01AB0_01	夏玉米	石玉9号	叶										18.09	

（续）

年份	月份	样地代码	作物名称	作物品种	采样部位	全硫(g/kg)	全钙(g/kg)	全镁(g/kg)	全锰(mg/kg)	全铜(mg/kg)	全锌(mg/kg)	全钼(mg/kg)	全硼(mg/kg)	全硅(g/kg)	干重热值	灰分(%)
2010	9	LCAFZ02AB0_01	夏玉米	石玉9号	叶										18.45	
2010	9	LCAFZ02AB0_01	夏玉米	石玉9号	叶										18.63	
2010	9	LCAFZ02AB0_01	夏玉米	石玉9号	叶										18.10	
2010	9	LCAFZ03AB0_01	夏玉米	石玉9号	叶										18.54	
2010	9	LCAFZ03AB0_01	夏玉米	石玉9号	叶										18.57	
2010	9	LCAFZ03AB0_01	夏玉米	石玉9号	叶										19.29	
2010	9	LCAZQ01AB0_01	夏玉米	先玉335	籽粒	0.94	0.13	2.20	5.700	2.185	31.44	0.441	4.287	0.09	17.69	1.9
2010	9	LCAZQ01AB0_01	夏玉米	先玉335	籽粒	1.02	0.12	2.20	5.508	2.160	31.74	0.247	5.287	0.09	17.52	2.0
2010	9	LCAZQ01AB0_01	夏玉米	先玉335	籽粒	1.00	0.13	2.40	7.145	2.688	24.02	0.335	4.282	0.11	17.41	2.0
2010	9	LCAZQ01AB0_01	夏玉米	先玉335	籽粒	0.86	0.14	2.40	5.035	2.508	23.18	0.347	4.220	0.09	17.55	1.8
2010	9	LCAZQ01AB0_01	夏玉米	先玉335	籽粒	0.94	0.13	1.90	7.410	2.668	21.18	0.314	4.388	0.10	17.52	1.8
2010	9	LCAZQ01AB0_01	夏玉米	先玉335	籽粒	0.90	0.12	1.96	5.668	2.298	23.18	0.345	5.733	0.12	17.41	1.8
2010	9	LCAZQ01AB0_01	夏玉米	先玉335	茎	0.64	2.88	2.20	30.978	5.125	39.10	0.353	2.802	8.36	18.43	5.4
2010	9	LCAZQ01AB0_01	夏玉米	先玉335	茎	0.86	4.33	2.20	53.773	6.463	59.00	0.391	3.776	13.24	18.37	7.6
2010	9	LCAZQ01AB0_01	夏玉米	先玉335	茎	0.63	2.80	1.60	34.540	5.755	48.48	0.367	4.111	11.68	18.33	6.4
2010	9	LCAZQ01AB0_01	夏玉米	先玉335	茎	0.66	3.42	1.80	37.598	6.005	43.98	0.372	5.099	9.71	17.91	6.5
2010	9	LCAZQ01AB0_01	夏玉米	先玉335	茎	0.67	3.35	2.00	19.175	5.095	31.08	0.264	3.247	8.06	18.33	5.6
2010	9	LCAZQ01AB0_01	夏玉米	先玉335	茎	0.81	3.72	2.40	31.753	6.748	47.46	0.353	4.433	10.69	18.48	6.5
2010	9	LCAZQ01AB0_01	夏玉米	先玉335	叶	1.98	6.04	8.40	45.023	9.085	72.96	1.069	6.897	22.32	18.44	11.1
2010	9	LCAZQ01AB0_01	夏玉米	先玉335	叶	2.15	7.39	4.00	48.560	9.080	79.70	1.111	6.927	22.53	18.29	10.6
2010	9	LCAZQ01AB0_01	夏玉米	先玉335	叶	2.01	6.88	4.60	51.693	11.738	83.36	0.881	5.981	24.19	18.65	10.8
2010	9	LCAZQ01AB0_01	夏玉米	先玉335	叶	2.13	6.57	4.80	44.513	9.975	71.16	1.120	4.869	19.19	18.62	9.7

（续）

年份	月份	样地代码	作物名称	作物品种	采样部位	全硫 (g/kg)	全钙 (g/kg)	全镁 (g/kg)	全锰 (mg/kg)	全铜 (mg/kg)	全锌 (mg/kg)	全钼 (mg/kg)	全硼 (mg/kg)	全硅 (g/kg)	干重热值	灰分 (%)
2010	9	LCAZQ01AB0_01	夏玉米	先玉335	叶	2.02	6.35	4.40	40.235	10.208	63.90	1.071	5.634	17.91	18.50	9.6
2010	9	LCAZQ01AB0_01	夏玉米	先玉335	叶	2.09	6.94	4.60	37.340	6.250	78.16	1.262	6.229	20.41	18.18	10.3
2010	9	LCAZQ02AB0_01	夏玉米	永玉8号	籽粒	0.91	0.12	7.60	4.905	3.025	33.56	0.412	3.375	0.07	17.66	1.9
2010	9	LCAZQ02AB0_01	夏玉米	永玉8号	籽粒	0.93	0.12	1.98	5.985	3.378	28.28	0.344	4.497	0.08	17.14	1.9
2010	9	LCAZQ02AB0_01	夏玉米	永玉8号	籽粒	0.94	0.12	1.98	6.105	2.098	31.50	0.311	2.306	0.05	17.24	1.8
2010	9	LCAZQ02AB0_01	夏玉米	永玉8号	籽粒	0.90	0.13	1.74	6.070	2.483	24.28	0.520	5.078	0.09	17.30	1.8
2010	9	LCAZQ02AB0_01	夏玉米	永玉8号	籽粒	0.88	0.15	1.76	6.133	3.718	24.32	0.417	2.086	0.09	17.41	1.8
2010	9	LCAZQ02AB0_01	夏玉米	永玉8号	籽粒	1.02	0.14	1.92	5.825	2.565	25.88	0.364	3.166	0.07	17.36	1.9
2010	9	LCAZQ02AB0_01	夏玉米	永玉8号	茎	0.70	3.50	5.20	33.370	4.998	43.66	0.334	2.528	10.90	17.94	4.8
2010	9	LCAZQ02AB0_01	夏玉米	永玉8号	茎	0.58	3.11	3.80	24.925	5.165	40.66	0.318	3.353	11.79	18.73	4.5
2010	9	LCAZQ02AB0_01	夏玉米	永玉8号	茎	0.77	3.77	4.80	33.720	8.393	61.62	0.537	3.133	9.43	18.84	5.5
2010	9	LCAZQ02AB0_01	夏玉米	永玉8号	茎	0.95	3.74	5.40	34.698	11.285	44.02	0.497	3.561	12.21	18.36	6.6
2010	9	LCAZQ02AB0_01	夏玉米	永玉8号	茎	0.84	3.69	3.40	32.445	8.365	59.58	0.534	3.233	5.70	18.67	5.6
2010	9	LCAZQ02AB0_01	夏玉米	永玉8号	茎	0.71	3.23	6.20	38.678	7.323	40.96	0.293	3.227	9.69	18.17	6.0
2010	9	LCAZQ02AB0_01	夏玉米	永玉8号	叶	2.24	9.00	3.60	61.528	10.673	75.50	0.851	5.743	21.81	19.07	9.0
2010	9	LCAZQ02AB0_01	夏玉米	永玉8号	叶	2.52	6.13	8.20	58.248	11.348	85.30	0.975	6.401	19.05	19.12	8.8
2010	9	LCAZQ02AB0_01	夏玉米	永玉8号	叶	2.38	7.84	6.40	64.753	13.095	86.88	1.270	6.530	25.12	18.90	9.9
2010	9	LCAZQ02AB0_01	夏玉米	永玉8号	叶	2.35	6.32	6.00	59.838	10.208	82.02	0.851	6.610	22.18	19.09	7.4
2010	9	LCAZQ02AB0_01	夏玉米	永玉8号	叶	3.01	8.27	6.20	84.690	14.863	83.32	0.795	8.674	23.89	18.67	10.4
2010	9	LCAZQ02AB0_01	夏玉米	永玉8号	叶	2.12	6.24	7.40	34.960	12.233	92.52	1.118	7.579	25.94	18.78	9.6
2010	9	LCAZQ03AB0_01	夏玉米	先玉335	籽粒	1.04	0.10	2.20	6.883	2.360	38.44	0.217	2.321	0.12	17.17	2.1
2010	9	LCAZQ03AB0_01	夏玉米	先玉335	籽粒	0.95	0.09	2.40	6.248	2.483	53.18	0.373	3.464	0.05	18.61	1.9

（续）

年份	月份	样地代码	作物名称	作物品种	采样部位	全硫(g/kg)	全钙(g/kg)	全镁(g/kg)	全锰(mg/kg)	全铜(mg/kg)	全锌(mg/kg)	全钼(mg/kg)	全硼(mg/kg)	全硅(g/kg)	干重热值	灰分(%)
2010	9	LCAZQ03AB0_01	夏玉米	先玉335	籽粒	1.08	0.11	2.60	5.253	2.455	37.20	0.133	5.437	0.14	17.01	1.9
2010	9	LCAZQ03AB0_01	夏玉米	先玉335	籽粒	0.96	0.10	2.00	5.288	3.090	43.32	0.180	3.876	0.10	17.13	1.8
2010	9	LCAZQ03AB0_01	夏玉米	先玉335	籽粒	0.99	0.09	2.40	7.110	2.475	45.40	0.224	3.419	0.14	17.06	2.1
2010	9	LCAZQ03AB0_01	夏玉米	先玉335	籽粒	0.96	0.11	2.80	6.773	2.925	27.48	0.271	3.689	0.07	17.76	1.9
2010	9	LCAZQ03AB0_01	夏玉米	先玉335	茎	0.62	3.09	5.40	43.500	4.980	45.92	0.065	3.599	6.44	18.54	4.1
2010	9	LCAZQ03AB0_01	夏玉米	先玉335	茎	0.66	3.10	5.20	44.943	5.510	45.70	0.125	3.775	7.61	18.47	4.5
2010	9	LCAZQ03AB0_01	夏玉米	先玉335	茎	0.60	3.36	6.00	29.128	5.358	36.34	0.053	2.694	4.34	18.51	3.3
2010	9	LCAZQ03AB0_01	夏玉米	先玉335	茎	0.60	3.03	5.40	30.098	5.945	47.14	0.110	2.685	7.17	18.51	4.3
2010	9	LCAZQ03AB0_01	夏玉米	先玉335	茎	0.61	3.51	5.00	39.773	5.288	42.48	0.098	3.085	4.74	18.65	4.3
2010	9	LCAZQ03AB0_01	夏玉米	先玉335	茎	0.47	2.51	4.20	18.763	5.363	35.16	0.096	2.000	3.74	18.89	3.2
2010	9	LCAZQ03AB0_01	夏玉米	先玉335	叶	2.24	7.70	4.80	38.708	9.815	78.02	0.482	5.588	13.94	18.69	7.8
2010	9	LCAZQ03AB0_01	夏玉米	先玉335	叶	2.29	7.60	8.60	47.350	10.993	74.52	0.361	5.787	15.04	18.48	8.3
2010	9	LCAZQ03AB0_01	夏玉米	先玉335	叶	3.15	8.02	7.40	56.313	12.693	80.74	0.404	5.646	15.32	19.09	8.6
2010	9	LCAZQ03AB0_01	夏玉米	先玉335	叶	2.34	7.96	8.00	53.398	12.093	75.72	0.472	7.176	19.96	18.90	10.1
2010	9	LCAZQ03AB0_01	夏玉米	先玉335	叶	2.76	7.70	7.60	44.055	11.198	85.64	0.444	5.238	12.07	19.15	7.4
2010	9	LCAZQ03AB0_01	夏玉米	先玉335	叶	2.43	9.58	7.60	52.510	11.218	69.06	0.576	5.932	18.19	18.81	8.6
2015	6	LCAZH01ABC_01	冬小麦	科农2011	籽粒	1.96	0.65	1.85	32.200	4.150	32.750	0.550	0.980	0.50	17.14	1.8
2015	6	LCAZH01ABC_01	冬小麦	科农2011	籽粒	2.11	0.71	1.57	28.350	4.100	32.450	0.450	10.100	0.40	17.07	1.7
2015	6	LCAZH01ABC_01	冬小麦	科农2011	籽粒	2.13	0.54	1.55	31.800	4.900	31.500	0.500	15.650	0.39	16.89	2.0
2015	6	LCAZH01ABC_01	冬小麦	科农2011	籽粒	1.87	0.56	1.58	30.500	3.950	29.050	0.400	11.150	0.35	17.09	2.0
2015	6	LCAZH01ABC_01	冬小麦	科农2011	籽粒	1.68	0.45	1.47	31.500	3.500	27.750	0.550	5.200	1.20	17.04	2.0
2015	6	LCAZH01ABC_01	冬小麦	科农2011	籽粒	2.01	0.53	1.52	32.900	5.000	33.250	0.550	5.100	1.32	17.00	1.9

（续）

年份	月份	样地代码	作物名称	作物品种	采样部位	全硫(g/kg)	全钙(g/kg)	全镁(g/kg)	全锰(mg/kg)	全铜(mg/kg)	全锌(mg/kg)	全钼(mg/kg)	全硼(mg/kg)	全硅(g/kg)	干重热值	灰分(%)
2015	6	LCAZH01ABC_01	冬小麦	科农2011	茎	1.84	2.77	1.80	11.300	1.050	4.950	0.150	5.600	16.95	16.14	9.2
2015	6	LCAZH01ABC_01	冬小麦	科农2011	茎	2.83	3.59	2.12	9.050	1.050	10.400	0.150	4.950	12.82	16.36	10.9
2015	6	LCAZH01ABC_01	冬小麦	科农2011	茎	2.17	3.33	1.79	11.600	1.150	6.000	0.050	10.450	13.80	16.46	6.5
2015	6	LCAZH01ABC_01	冬小麦	科农2011	茎	1.60	3.46	1.85	9.900	0.950	4.300	0.050	6.550	15.06	16.68	9.1
2015	6	LCAZH01ABC_01	冬小麦	科农2011	茎	1.46	2.39	1.32	11.700	1.000	4.500	0.100	7.150	12.70	16.90	9.6
2015	6	LCAZH01ABC_01	冬小麦	科农2011	茎	3.07	4.44	2.62	14.350	1.450	7.000	0.150	6.450	16.35	16.19	7.6
2015	6	LCAZH01ABC_01	冬小麦	科农2011	叶	4.52	12.58	4.89	64.200	1.650	23.800	0.350	8.400	34.37	15.47	14.7
2015	6	LCAZH01ABC_01	冬小麦	科农2011	叶	5.62	17.24	6.25	76.050	2.250	35.900	0.400	11.800	28.31	15.31	14.2
2015	6	LCAZH01ABC_01	冬小麦	科农2011	叶	4.99	15.09	5.43	72.350	2.200	28.150	0.100	15.500	36.28	15.14	14.8
2015	6	LCAZH01ABC_01	冬小麦	科农2011	叶	4.27	9.50	3.67	92.400	2.320	30.550	1.050	9.000	25.98	15.23	14.1
2015	6	LCAZH01ABC_01	冬小麦	科农2011	叶	3.99	10.67	4.06	78.250	1.950	29.200	0.200	9.400	42.80	15.45	16.6
2015	6	LCAZH01ABC_01	冬小麦	科农2011	叶	5.10	16.29	6.39	73.700	2.400	26.650	0.250	8.850	31.61	15.35	14.2
2015	6	LCAZH01ABC_01	冬小麦	科农2011	根	1.53	8.47	2.78	107.400	31.950	106.350	0.050	6.300	55.07	14.92	19.8
2015	6	LCAZH01ABC_01	冬小麦	科农2011	根	1.57	7.80	2.67	112.350	33.700	102.250	0.050	6.900	56.38	14.98	35.1
2015	6	LCAFZ01AB0_01	冬小麦	科农2011	籽粒	2.26	0.57	1.42	22.950	6.150	52.600	0.900	5.535	0.49	16.93	1.6
2015	6	LCAFZ01AB0_01	冬小麦	科农2011	籽粒	2.53	0.56	1.77	23.250	6.650	61.550	0.950	4.950	0.39	16.93	1.7
2015	6	LCAFZ01AB0_01	冬小麦	科农2011	籽粒	2.61	0.59	1.53	22.100	6.550	63.800	0.900	5.100	0.11	16.79	1.7
2015	6	LCAFZ02AB0_01	冬小麦	科农2011	籽粒	2.17	0.49	1.39	28.800	5.550	37.600	0.400	8.750	0.63	17.02	1.7
2015	6	LCAFZ02AB0_01	冬小麦	科农2011	籽粒	2.15	0.51	1.37	28.100	6.150	42.800	0.400	5.100	0.30	17.03	1.9
2015	6	LCAFZ02AB0_01	冬小麦	科农2011	籽粒	2.21	0.48	1.33	26.850	5.700	38.500	0.350	9.600	0.40	17.05	1.8
2015	6	LCAFZ03AB0_01	冬小麦	科农2011	籽粒	2.04	0.46	1.43	29.050	4.700	36.350	0.450	9.000	0.42	16.90	2.0
2015	6	LCAFZ03AB0_01	冬小麦	科农2011	籽粒	2.13	0.54	1.50	29.300	5.150	42.200	0.400	5.650	1.02	17.06	1.8

（续）

年份	月份	样地代码	作物名称	作物品种	采样部位	全硫(g/kg)	全钙(g/kg)	全镁(g/kg)	全锰(mg/kg)	全铜(mg/kg)	全锌(mg/kg)	全钼(mg/kg)	全硼(mg/kg)	全硅(g/kg)	干重热值	灰分(%)
2015	6	LCAFZ03AB0_01	冬小麦	科农2011	籽粒	2.08	0.46	1.37	26.450	5.150	42.800	0.400	5.150	0.32	17.09	2.3
2015	6	LCAFZ01AB0_01	冬小麦	科农2011	茎	2.50	2.53	1.25	10.450	0.350	15.700	0.700	8.950	18.85	16.20	6.9
2015	6	LCAFZ01AB0_01	冬小麦	科农2011	茎	2.71	2.69	1.03	6.500	0.350	17.700	0.800	7.150	19.60	17.09	6.7
2015	6	LCAFZ01AB0_01	冬小麦	科农2011	茎	3.21	2.59	1.10	7.050	0.350	18.900	1.100	6.750	20.32	16.58	7.4
2015	6	LCAFZ02AB0_01	冬小麦	科农2011	茎	3.11	3.34	2.16	15.150	0.350	7.950	0.450	7.300	11.04	16.97	6.4
2015	6	LCAFZ02AB0_01	冬小麦	科农2011	茎	2.72	2.89	1.79	11.350	0.400	8.350	0.450	5.900	11.14	17.08	8.0
2015	6	LCAFZ02AB0_01	冬小麦	科农2011	茎	2.90	2.93	1.97	15.600	3.050	9.650	0.550	8.400	12.44	16.47	6.4
2015	6	LCAFZ03AB0_01	冬小麦	科农2011	茎	2.66	2.65	1.87	13.200	0.150	7.900	0.900	6.200	14.80	16.78	8.0
2015	6	LCAFZ03AB0_01	冬小麦	科农2011	茎	2.68	2.58	1.37	14.300	0.350	12.300	0.500	6.600	14.76	16.77	7.9
2015	6	LCAFZ03AB0_01	冬小麦	科农2011	茎	2.49	2.57	1.46	9.400	0.100	9.850	0.550	5.650	18.82	16.74	7.7
2015	6	LCAFZ01AB0_01	冬小麦	科农2011	叶	7.32	12.07	3.51	36.500	2.600	42.500	3.100	14.550	29.83	16.17	12.7
2015	6	LCAFZ01AB0_01	冬小麦	科农2011	叶	7.37	10.54	3.13	32.200	2.000	45.550	2.250	10.950	36.14	16.29	14.1
2015	6	LCAFZ01AB0_01	冬小麦	科农2011	叶	7.84	11.61	3.20	40.650	3.450	55.900	4.200	15.550	33.69	16.37	12.2
2015	6	LCAFZ02AB0_01	冬小麦	科农2011	叶	8.53	16.97	5.91	149.700	5.100	53.700	0.100	14.400	21.89	15.53	12.8
2015	6	LCAFZ02AB0_01	冬小麦	科农2011	叶	6.80	15.76	5.69	97.500	3.050	35.500	0.100	11.450	20.32	15.60	11.5
2015	6	LCAFZ02AB0_01	冬小麦	科农2011	叶	7.64	16.06	6.39	98.450	3.250	38.700	0.050	12.350	21.63	15.38	11.6
2015	6	LCAFZ03AB0_01	冬小麦	科农2011	叶	8.36	13.96	6.34	108.400	3.600	36.750	0.600	8.550	27.28	15.99	15.6
2015	6	LCAFZ03AB0_01	冬小麦	科农2011	叶	7.26	15.58	6.48	75.550	3.300	34.450	0.050	8.850	23.01	15.92	13.6
2015	6	LCAFZ03AB0_01	冬小麦	科农2011	叶	6.32	13.66	5.43	62.500	2.150	27.250	0.400	9.250	29.93	16.20	15.3
2015	6	LCAZQ06AB0_01	冬小麦	石新828	籽粒	1.54	0.39	1.16	32.100	2.500	25.000	0.450	6.000	0.62	17.23	3.2
2015	6	LCAZQ06AB0_01	冬小麦	石新828	籽粒	1.96	0.48	1.48	34.500	4.400	35.800	0.450	6.700	0.08	16.92	1.9
2015	6	LCAZQ06AB0_01	冬小麦	石新828	籽粒	1.62	0.48	1.52	37.600	3.300	29.400	0.500	6.700	1.02	17.31	1.7

（续）

年份	月份	样地代码	作物名称	作物品种	采样部位	全硫 (g/kg)	全钙 (g/kg)	全镁 (g/kg)	全锰 (mg/kg)	全铜 (mg/kg)	全锌 (mg/kg)	全钼 (mg/kg)	全硼 (mg/kg)	全硅 (g/kg)	干重热值	灰分 (%)
2015	6	LCAZQ06AB0_01	冬小麦	石新828	籽粒	1.95	0.48	1.57	35.150	3.900	34.500	0.450	11.250	0.39	17.18	2.3
2015	6	LCAZQ06AB0_01	冬小麦	石新828	籽粒	1.73	0.41	1.34	32.500	3.250	28.950	0.450	7.100	1.09	16.76	2.7
2015	6	LCAZQ06AB0_01	冬小麦	石新828	籽粒	1.71	0.46	1.44	36.450	3.550	31.100	0.500	6.800	1.07	17.02	1.6
2015	6	LCAZQ06AB0_01	冬小麦	石新828	茎	1.81	1.74	0.63	15.300	1.050	9.900	0.600	5.550	13.89	16.60	9.8
2015	6	LCAZQ06AB0_01	冬小麦	石新828	茎	2.54	2.57	1.27	11.300	1.500	7.950	0.650	5.650	11.79	16.95	8.6
2015	6	LCAZQ06AB0_01	冬小麦	石新828	茎	1.71	2.12	0.88	17.250	1.050	5.700	0.700	5.550	17.40	16.69	10.3
2015	6	LCAZQ06AB0_01	冬小麦	石新828	茎	3.47	2.77	1.41	14.350	2.200	10.300	1.200	7.250	14.99	16.83	9.8
2015	6	LCAZQ06AB0_01	冬小麦	石新828	茎	2.28	2.49	1.15	17.200	1.450	7.600	0.800	5.850	13.08	16.62	9.8
2015	6	LCAZQ06AB0_01	冬小麦	石新828	茎	2.33	2.80	1.15	10.650	1.400	6.850	0.800	5.550	13.47	16.99	8.7
2015	6	LCAZQ06AB0_01	冬小麦	石新828	叶	5.01	8.28	3.08	77.600	1.800	25.700	1.500	9.000	43.50	14.94	17.6
2015	6	LCAZQ06AB0_01	冬小麦	石新828	叶	5.47	13.62	5.57	70.350	2.250	21.150	1.600	9.050	22.47	15.02	14.2
2015	6	LCAZQ06AB0_01	冬小麦	石新828	叶	4.29	11.70	4.14	72.200	1.550	28.500	1.300	10.000	38.29	14.91	14.0
2015	6	LCAZQ06AB0_01	冬小麦	石新828	叶	5.24	12.13	4.86	67.500	2.650	33.300	1.600	10.000	29.20	15.62	14.2
2015	6	LCAZQ06AB0_01	冬小麦	石新828	叶	4.94	9.85	4.76	76.350	1.950	23.050	1.800	9.050	31.49	15.10	15.5
2015	6	LCAZQ06AB0_01	冬小麦	石新828	叶	5.16	11.14	5.55	80.650	2.050	26.300	2.100	8.900	43.92	15.19	15.7
2015	6	LCAZQ07AB0_01	冬小麦	科农2009	籽粒	1.91	0.44	1.43	37.100	3.300	31.150	0.900	9.150	0.74	17.53	1.9
2015	6	LCAZQ07AB0_01	冬小麦	科农2009	籽粒	2.08	0.49	1.46	29.750	3.550	31.550	0.650	8.650	0.47	17.47	1.9
2015	6	LCAZQ07AB0_01	冬小麦	科农2009	籽粒	2.05	0.43	1.40	31.100	4.000	33.200	0.750	10.250	2.44	17.43	1.6
2015	6	LCAZQ07AB0_01	冬小麦	科农2009	籽粒	2.08	0.44	1.33	29.600	4.300	32.550	0.250	9.600	3.31	17.61	1.8
2015	6	LCAZQ07AB0_01	冬小麦	科农2009	籽粒	2.02	0.47	1.46	34.350	4.050	34.700	0.350	8.650	0.97	17.34	1.8
2015	6	LCAZQ07AB0_01	冬小麦	科农2009	籽粒	2.15	0.46	1.41	28.650	4.250	35.350	0.350	9.900	0.47	17.56	1.9
2015	6	LCAZQ07AB0_01	冬小麦	科农2009	茎	2.47	3.40	1.59	11.200	1.950	10.250	0.650	6.950	13.01	16.41	8.3

（续）

年份	月份	样地代码	作物名称	作物品种	采样部位	全硫 (g/kg)	全钙 (g/kg)	全镁 (g/kg)	全锰 (mg/kg)	全铜 (mg/kg)	全锌 (mg/kg)	全钼 (mg/kg)	全硼 (mg/kg)	全硅 (g/kg)	干重热值 (干重)	灰分 (%)
2015	6	LCAZQ07AB0_01	冬小麦	科农2009	茎	2.83	3.29	1.58	10.100	1.600	10.350	0.400	5.850	6.79	16.39	7.7
2015	6	LCAZQ07AB0_01	冬小麦	科农2009	茎	2.55	2.90	1.38	10.950	12.950	11.900	0.550	5.850	8.24	16.35	11.0
2015	6	LCAZQ07AB0_01	冬小麦	科农2009	茎	2.68	3.07	1.41	11.650	1.500	14.450	0.400	6.300	9.99	16.22	7.3
2015	6	LCAZQ07AB0_01	冬小麦	科农2009	茎	2.74	2.88	1.43	12.200	1.500	15.450	0.550	6.850	9.83	16.12	7.1
2015	6	LCAZQ07AB0_01	冬小麦	科农2009	茎	2.67	3.01	1.34	8.800	1.700	13.150	0.500	6.500	5.88	16.47	7.0
2015	6	LCAZQ07AB0_01	冬小麦	科农2009	叶	4.07	12.12	5.21	115.850	3.600	72.300	0.550	9.650	28.48	15.11	14.2
2015	6	LCAZQ07AB0_01	冬小麦	科农2009	叶	3.36	15.66	6.74	74.050	2.850	74.150	0.250	10.850	22.33	15.67	12.8
2015	6	LCAZQ07AB0_01	冬小麦	科农2009	叶	3.72	12.76	5.56	87.050	2.900	87.100	0.900	8.750	27.14	15.41	13.9
2015	6	LCAZQ07AB0_01	冬小麦	科农2009	叶	4.27	11.43	4.64	83.050	2.450	83.150	0.700	13.250	25.95	15.97	11.2
2015	6	LCAZQ07AB0_01	冬小麦	科农2009	叶	3.41	12.40	5.32	117.200	2.700	87.200	0.500	8.150	24.64	15.80	11.9
2015	6	LCAZQ07AB0_01	冬小麦	科农2009	叶	4.54	13.86	6.21	84.250	2.950	97.850	0.700	11.400	16.46	15.25	12.1
2015	6	LCAZQ08AB0_01	冬小麦	科农2009	籽粒	2.00	0.51	1.40	30.500	3.650	34.950	0.650	7.550	2.58	16.93	2.7
2015	6	LCAZQ08AB0_01	冬小麦	科农2009	籽粒	1.95	0.45	1.32	31.550	3.150	33.800	0.650	6.450	4.27	16.82	2.0
2015	6	LCAZQ08AB0_01	冬小麦	科农2009	籽粒	1.98	0.43	1.32	33.800	3.300	34.200	0.800	6.800	3.10	17.03	1.9
2015	6	LCAZQ08AB0_01	冬小麦	科农2009	籽粒	1.95	0.40	1.25	30.500	3.400	32.050	0.600	5.800	0.41	17.04	1.6
2015	6	LCAZQ08AB0_01	冬小麦	科农2009	籽粒	1.93	0.47	1.44	36.700	3.300	36.550	0.700	8.600	4.19	17.26	2.2
2015	6	LCAZQ08AB0_01	冬小麦	科农2009	籽粒	1.92	0.45	1.42	36.200	3.300	35.450	0.750	11.050	3.82	17.31	2.0
2015	6	LCAZQ08AB0_01	冬小麦	科农2009	茎	2.55	4.38	1.36	15.700	1.400	11.600	0.250	9.300	10.76	16.70	8.8
2015	6	LCAZQ08AB0_01	冬小麦	科农2009	茎	2.25	3.44	1.01	14.700	1.200	11.100	0.300	5.100	14.27	16.90	11.4
2015	6	LCAZQ08AB0_01	冬小麦	科农2009	茎	2.31	3.13	1.15	18.900	1.300	13.050	0.400	5.650	11.44	16.78	11.5
2015	6	LCAZQ08AB0_01	冬小麦	科农2009	茎	2.45	2.81	0.79	15.800	1.250	17.050	0.250	5.100	14.38	16.74	11.1
2015	6	LCAZQ08AB0_01	冬小麦	科农2009	茎	2.32	2.70	0.83	12.000	1.350	15.100	0.500	6.100	13.94	16.02	11.5

（续）

年份	月份	样地代码	作物名称	作物品种	采样部位	全硫 (g/kg)	全钙 (g/kg)	全镁 (g/kg)	全锰 (mg/kg)	全铜 (mg/kg)	全锌 (mg/kg)	全钼 (mg/kg)	全硼 (mg/kg)	全硅 (g/kg)	干重热值	灰分 (%)
2015	6	LCAZQ08AB0_01	冬小麦	科农 2009	茎	2.16	2.91	0.89	18.450	1.300	11.850	0.400	6.650	15.46	15.82	11.3
2015	6	LCAZQ08AB0_01	冬小麦	科农 2009	叶	4.21	16.54	5.30	96.350	3.600	57.800	0.250	7.400	26.65	15.64	12.6
2015	6	LCAZQ08AB0_01	冬小麦	科农 2009	叶	4.15	14.62	4.88	91.550	3.300	39.900	0.300	7.850	29.29	15.60	14.4
2015	6	LCAZQ08AB0_01	冬小麦	科农 2009	叶	3.83	15.28	6.46	103.100	3.450	55.200	0.450	8.300	25.44	15.18	12.9
2015	6	LCAZQ08AB0_01	冬小麦	科农 2009	叶	4.09	13.33	4.67	66.350	2.450	32.150	0.450	6.650	29.04	15.07	14.7
2015	6	LCAZQ08AB0_01	冬小麦	科农 2009	叶	3.54	12.88	5.20	72.950	2.550	34.950	0.500	11.850	29.15	15.15	14.3
2015	6	LCAZQ08AB0_01	冬小麦	科农 2009	叶	3.37	11.96	4.56	81.600	3.300	26.250	0.800	7.150	27.87	16.52	14.0
2015	9	LCAZH01ABC_01	夏玉米	先玉 335	籽粒	1.22	0.12	0.97	6.150	0.400	17.000	0.150	6.450	0.92	16.68	1.9
2015	9	LCAZH01ABC_01	夏玉米	先玉 336	籽粒	1.24	0.12	0.99	6.050	0.400	18.700	0.100	6.300	1.11	16.81	1.7
2015	9	LCAZH01ABC_01	夏玉米	先玉 337	籽粒	1.21	0.11	0.82	5.150	0.300	14.850	0.100	7.800	2.14	16.68	1.7
2015	9	LCAZH01ABC_01	夏玉米	先玉 338	籽粒	1.33	0.14	0.96	6.050	0.500	17.900	0.150	6.850	0.90	16.87	1.7
2015	9	LCAZH01ABC_01	夏玉米	先玉 339	籽粒	1.27	0.12	0.94	6.050	0.500	17.600	0.150	5.900	1.69	16.76	1.8
2015	9	LCAZH01ABC_01	夏玉米	先玉 340	籽粒	1.26	0.13	1.09	6.400	0.700	19.500	0.200	6.800	1.48	16.98	2.0
2015	9	LCAZH01ABC_01	夏玉米	先玉 341	茎	0.87	2.41	3.18	28.250	4.150	24.000	0.100	7.450	6.51	16.57	6.2
2015	9	LCAZH01ABC_01	夏玉米	先玉 342	茎	1.05	2.91	2.51	24.750	11.350	42.600	0.150	6.400	5.53	16.79	7.5
2015	9	LCAZH01ABC_01	夏玉米	先玉 343	茎	0.94	2.87	3.03	17.400	6.750	45.900	0.200	9.000	9.45	16.78	5.2
2015	9	LCAZH01ABC_01	夏玉米	先玉 344	茎	0.70	2.96	3.05	20.800	5.600	21.800	0.100	7.850	8.31	16.35	5.5
2015	9	LCAZH01ABC_01	夏玉米	先玉 345	茎	0.66	2.66	2.39	22.920	5.700	36.750	0.100	6.550	4.15	16.37	4.1
2015	9	LCAZH01ABC_01	夏玉米	先玉 346	茎	0.91	3.18	3.40	38.450	7.850	43.900	0.150	7.650	7.42	16.25	4.6
2015	9	LCAZH01ABC_01	夏玉米	先玉 347	叶	3.73	4.76	3.29	67.250	16.150	69.150	0.050	13.000	23.85	16.23	10.9
2015	9	LCAZH01ABC_01	夏玉米	先玉 348	叶	4.29	7.56	3.47	79.950	21.550	60.130	0.050	9.200	29.60	16.47	13.1
2015	9	LCAZH01ABC_01	夏玉米	先玉 349	叶	3.01	9.41	3.17	60.800	14.300	52.650	0.050	7.900	34.90	16.74	13.5

（续）

年份	月份	样地代码	作物名称	作物品种	采样部位	全硫 (g/kg)	全钙 (g/kg)	全镁 (g/kg)	全锰 (mg/kg)	全铜 (mg/kg)	全锌 (mg/kg)	全钼 (mg/kg)	全硼 (mg/kg)	全硅 (g/kg)	干重热值	灰分 (%)
2015	9	LCAZH01ABC_01	夏玉米	先玉350	叶	3.53	6.44	6.52	61.700	19.600	61.950	0.150	10.400	21.89	16.62	8.5
2015	9	LCAZH01ABC_01	夏玉米	先玉351	叶	3.07	5.05	3.10	68.800	14.300	72.150	0.150	7.650	26.58	16.73	9.8
2015	9	LCAZH01ABC_01	夏玉米	先玉352	叶	3.15	7.54	5.74	61.600	18.750	47.850	0.100	11.850	20.76	16.74	9.3
2015	9	LCAZH01ABC_01	夏玉米	先玉353	根	2.37	7.20	5.75	79.300	26.300	55.450	0.050	7.650	25.27	16.20	10.8
2015	9	LCAZH01ABC_01	夏玉米	先玉354	根	2.98	8.17	2.84	104.000	36.500	56.600	0.100	8.800	30.04	16.25	11.4
2015	9	LCAZH01ABC_01	夏玉米	先玉355	根	2.64	8.56	3.82	82.150	28.250	44.000	0.050	7.900	37.66	16.62	12.4
2015	9	LCAFZ01AB0_01	夏玉米	蠡玉51	籽粒	1.07	0.14	0.59	3.850	0.600	17.950	0.500	6.650	2.49	16.67	1.4
2015	9	LCAFZ01AB0_01	夏玉米	蠡玉51	籽粒	0.98	0.13	0.61	3.900	0.250	16.200	0.350	5.950	0.88	16.77	1.5
2015	9	LCAFZ01AB0_01	夏玉米	蠡玉51	籽粒	1.02	0.14	0.60	3.850	0.500	17.250	0.450	8.900	0.74	16.71	1.2
2015	9	LCAFZ02AB0_01	夏玉米	蠡玉51	籽粒	1.09	0.12	0.77	5.250	0.400	17.550	0.300	7.000	3.19	17.07	1.5
2015	9	LCAFZ02AB0_01	夏玉米	蠡玉51	籽粒	1.01	0.13	0.70	4.700	0.350	16.050	0.300	6.350	1.48	17.02	1.2
2015	9	LCAFZ02AB0_01	夏玉米	蠡玉51	籽粒	1.03	0.12	0.60	4.250	0.300	15.400	0.300	6.450	1.37	16.86	1.2
2015	9	LCAFZ03AB0_01	夏玉米	蠡玉51	籽粒	1.10	0.12	0.79	4.950	0.350	17.100	0.250	6.100	1.20	16.84	1.3
2015	9	LCAFZ03AB0_01	夏玉米	蠡玉51	籽粒	1.06	0.12	0.80	5.150	0.250	17.750	0.200	6.750	3.91	17.06	1.5
2015	9	LCAFZ03AB0_01	夏玉米	蠡玉51	籽粒	0.97	0.12	0.63	4.200	0.400	15.650	0.250	5.400	3.26	16.83	1.2
2015	9	LCAFZ01AB0_01	夏玉米	蠡玉51	茎	1.74	4.22	4.46	24.550	8.200	98.950	0.150	10.200	11.56	16.11	12.2
2015	9	LCAFZ01AB0_01	夏玉米	蠡玉51	茎	1.26	3.81	3.42	27.850	8.400	74.450	0.150	8.450	14.71	16.03	6.2
2015	9	LCAFZ01AB0_01	夏玉米	蠡玉51	茎	1.37	3.84	4.23	28.750	6.100	68.350	0.450	8.250	11.02	16.08	10.4
2015	9	LCAFZ02AB0_01	夏玉米	蠡玉51	茎	1.12	4.84	4.76	30.600	8.700	35.000	0.250	8.250	4.64	15.94	6.3
2015	9	LCAFZ02AB0_01	夏玉米	蠡玉51	茎	0.78	3.74	2.51	16.900	9.450	27.000	0.250	6.250	6.06	16.85	5.1
2015	9	LCAFZ02AB0_01	夏玉米	蠡玉51	茎	0.91	3.32	3.82	20.000	6.100	25.200	0.150	6.250	7.96	16.17	5.1
2015	9	LCAFZ03AB0_01	夏玉米	蠡玉51	茎	1.05	3.86	3.34	33.850	8.850	23.600	0.100	6.550	9.42	16.51	6.5

（续）

年份	月份	样地代码	作物名称	作物品种	采样部位	全硫(g/kg)	全钙(g/kg)	全镁(g/kg)	全锰(mg/kg)	全铜(mg/kg)	全锌(mg/kg)	全钼(mg/kg)	全硼(mg/kg)	全硅(g/kg)	干重热值	灰分(%)
2015	9	LCAFZ03AB0_01	夏玉米	蠡玉51	茎	1.12	3.09	2.67	20.250	7.500	27.500	0.200	8.250	5.41	16.19	5.8
2015	9	LCAFZ03AB0_01	夏玉米	蠡玉51	茎	0.85	3.76	4.21	31.500	7.950	33.200	0.150	7.300	9.24	16.27	7.2
2015	9	LCAFZ01AB0_01	夏玉米	蠡玉51	叶	3.36	14.80	12.50	69.300	13.750	74.950	0.300	18.500	41.84	14.95	14.6
2015	9	LCAFZ01AB0_01	夏玉米	蠡玉51	叶	1.63	12.37	11.19	63.100	11.050	52.400	0.350	9.700	28.71	16.18	11.2
2015	9	LCAFZ01AB0_01	夏玉米	蠡玉51	叶	2.79	12.95	11.97	64.600	17.450	75.550	0.300	11.250	38.48	15.66	14.6
2015	9	LCAFZ02AB0_01	夏玉米	蠡玉51	叶	2.60	13.39	9.69	82.150	16.100	34.350	0.150	13.750	30.04	16.42	13.5
2015	9	LCAFZ02AB0_01	夏玉米	蠡玉51	叶	2.02	14.08	8.63	59.500	15.450	36.400	0.150	14.150	29.50	16.32	12.4
2015	9	LCAFZ02AB0_01	夏玉米	蠡玉51	叶	2.84	16.99	13.16	68.350	18.900	47.150	0.150	11.600	23.99	16.58	12.6
2015	9	LCAFZ03AB0_01	夏玉米	蠡玉51	叶	3.83	13.30	6.44	97.350	21.050	55.500	0.200	10.600	30.42	16.82	15.1
2015	9	LCAFZ03AB0_01	夏玉米	蠡玉51	叶	2.48	13.55	7.38	80.250	25.250	57.900	0.150	11.650	28.73	16.56	13.0
2015	9	LCAFZ03AB0_01	夏玉米	蠡玉51	叶	2.80	12.33	7.82	85.950	21.500	52.650	0.200	11.600	26.93	16.39	13.3
2015	9	LCAZQ06AB0_01	夏玉米	先玉335	籽粒	1.41	0.16	1.08	6.400	0.050	21.500	0.200	5.000	2.72	17.07	2.3
2015	9	LCAZQ06AB0_01	夏玉米	先玉335	籽粒	1.57	0.14	1.31	6.550	0.300	34.000	0.300	7.600	3.47	17.33	2.1
2015	9	LCAZQ06AB0_01	夏玉米	先玉335	籽粒	1.37	0.16	1.16	6.750	0.500	23.200	0.350	6.350	1.25	17.07	1.6
2015	9	LCAZQ06AB0_01	夏玉米	先玉335	籽粒	1.30	0.17	1.13	6.200	0.150	18.900	0.200	6.500	2.33	17.19	1.9
2015	9	LCAZQ06AB0_01	夏玉米	先玉335	籽粒	1.33	0.15	1.24	6.300	0.050	22.800	0.200	6.900	0.95	17.31	2.1
2015	9	LCAZQ06AB0_01	夏玉米	先玉335	籽粒	1.20	0.08	0.91	5.300	0.050	18.000	0.200	5.900	0.89	16.92	3.8
2015	9	LCAZQ06AB0_01	夏玉米	先玉335	茎	0.77	2.03	1.30	22.600	5.350	43.450	0.100	6.600	10.88	16.73	5.0
2015	9	LCAZQ06AB0_01	夏玉米	先玉335	茎	0.58	1.90	1.05	22.900	3.650	40.250	0.100	6.450	11.39	16.32	5.0
2015	9	LCAZQ06AB0_01	夏玉米	先玉335	茎	0.78	2.05	1.37	23.850	5.700	43.750	0.100	7.000	9.85	16.33	7.0
2015	9	LCAZQ06AB0_01	夏玉米	先玉335	茎	0.65	1.92	1.41	19.750	4.900	46.550	0.100	7.550	8.45	16.24	6.9
2015	9	LCAZQ06AB0_01	夏玉米	先玉335	茎	0.69	2.28	1.55	26.100	4.400	40.200	0.150	6.800	10.06	16.72	4.3

（续）

年份	月份	样地代码	作物名称	作物品种	采样部位	全硫 (g/kg)	全钙 (g/kg)	全镁 (g/kg)	全锰 (mg/kg)	全铜 (mg/kg)	全锌 (mg/kg)	全钼 (mg/kg)	全硼 (mg/kg)	全硅 (g/kg)	干重热值	灰分 (%)
2015	9	LCAZQ06AB0_01	夏玉米	先玉335	茎	0.93	2.48	2.21	25.550	6.650	72.750	0.100	8.600	12.94	16.63	5.9
2015	9	LCAZQ06AB0_01	夏玉米	先玉335	叶	4.99	8.57	3.13	26.850	26.000	124.100	1.300	16.400	34.30	16.30	13.3
2015	9	LCAZQ06AB0_01	夏玉米	先玉335	叶	3.93	6.77	2.45	72.500	21.400	118.550	0.700	13.550	36.63	16.24	12.8
2015	9	LCAZQ06AB0_01	夏玉米	先玉335	叶	4.28	6.33	3.39	87.700	22.000	118.800	0.650	12.050	41.03	15.96	13.6
2015	9	LCAZQ06AB0_01	夏玉米	先玉335	叶	3.75	6.04	2.98	56.350	19.150	80.150	0.850	10.850	27.17	16.42	11.2
2015	9	LCAZQ06AB0_01	夏玉米	先玉335	叶	3.34	6.54	3.24	57.100	21.850	83.600	0.800	10.450	31.23	16.35	11.3
2015	9	LCAZQ06AB0_01	夏玉米	先玉335	叶	3.91	6.90	2.94	70.950	21.250	138.300	0.300	13.550	32.10	16.00	13.7
2015	9	LCAZQ07AB0_01	夏玉米	先玉335	籽粒	1.01	0.08	0.88	4.500	0.020	15.200	0.150	4.700	2.07	17.41	1.7
2015	9	LCAZQ07AB0_01	夏玉米	先玉335	籽粒	1.04	0.09	0.78	3.900	0.020	13.650	0.100	5.550	2.70	17.00	1.7
2015	9	LCAZQ07AB0_01	夏玉米	先玉335	籽粒	1.05	0.09	0.78	4.250	0.010	14.150	0.100	6.300	1.30	16.97	1.5
2015	9	LCAZQ07AB0_01	夏玉米	先玉335	籽粒	0.97	0.09	0.75	3.400	0.030	14.500	0.150	6.050	1.79	16.92	1.5
2015	9	LCAZQ07AB0_01	夏玉米	先玉335	籽粒	1.07	0.09	0.77	4.050	0.020	14.500	0.150	6.150	2.91	16.80	1.2
2015	9	LCAZQ07AB0_01	夏玉米	先玉335	籽粒	1.10	0.10	0.79	4.300	0.030	14.300	0.150	6.900	1.30	16.80	1.3
2015	9	LCAZQ07AB0_01	夏玉米	先玉335	茎	0.73	2.67	3.23	32.200	4.750	36.250	0.100	11.700	10.22	16.60	4.8
2015	9	LCAZQ07AB0_01	夏玉米	先玉335	茎	0.88	3.51	2.34	30.150	3.950	30.600	0.100	11.400	8.49	16.56	0.0
2015	9	LCAZQ07AB0_01	夏玉米	先玉335	茎	0.79	2.89	3.01	20.100	5.050	39.450	0.200	7.600	5.76	16.35	5.7
2015	9	LCAZQ07AB0_01	夏玉米	先玉335	茎	0.60	2.59	3.23	21.600	2.950	25.850	0.150	8.000	8.73	16.43	3.5
2015	9	LCAZQ07AB0_01	夏玉米	先玉335	茎	0.57	2.47	2.41	17.650	4.550	33.450	0.050	6.650	8.64	16.54	4.5
2015	9	LCAZQ07AB0_01	夏玉米	先玉335	茎	0.81	2.64	2.74	27.550	4.450	41.450	0.100	7.200	10.55	16.52	0.0

（续）

年份	月份	样地代码	作物名称	作物品种	采样部位	全硫(g/kg)	全钙(g/kg)	全镁(g/kg)	全锰(mg/kg)	全铜(mg/kg)	全锌(mg/kg)	全钼(mg/kg)	全硼(mg/kg)	全硅(g/kg)	干重热值	灰分(%)
2015	9	LCAZQ07AB0_01	夏玉米	先玉335	叶	3.64	12.06	7.58	50.700	17.100	75.150	0.550	13.700	25.13	16.38	11.4
2015	9	LCAZQ07AB0_01	夏玉米	先玉335	叶	3.86	13.13	5.22	87.200	20.100	87.700	0.500	12.150	29.32	16.52	12.0
2015	9	LCAZQ07AB0_01	夏玉米	先玉335	叶	3.42	12.65	6.45	66.900	20.900	92.150	0.600	11.750	27.42	16.56	11.5
2015	9	LCAZQ07AB0_01	夏玉米	先玉335	叶	2.79	9.16	7.36	67.150	14.500	104.850	0.650	10.600	21.54	16.65	10.3
2015	9	LCAZQ07AB0_01	夏玉米	先玉335	叶	3.37	11.25	6.09	55.650	15.500	102.850	0.500	12.500	30.30	16.56	11.3
2015	9	LCAZQ07AB0_01	夏玉米	先玉335	叶	4.54	10.83	7.02	63.650	17.800	100.150	0.550	16.500	22.84	16.34	10.8

3.1.8 作物叶面积与生物量动态数据集

3.1.8.1 概述

本数据集包括栾城站 2008—2017 年 13 个长期监测样地的年尺度观测数据（作物品种、作物生育时期、密度、群体高度、叶面积指数、调查株(穴)数、每株(穴)分蘖茎数、地上部总鲜重、茎干重、叶干重等）。

3.1.8.2 数据采集和处理方法

综合观测场观测时要求在长期采样地内采样。叶面积指数和地上生物量要求同点观测。选择具有代表性、生长较一致的地块，进行多点调查和取样。一般做 6 个样点重复采样，且所选各点作物长势一致、株距均匀、不缺苗。作物叶面积观测采用直接测定法；生物量动态观测时，要求在生物量取样时把各选定植株的地上部分齐地剪割，对于有分蘖的小株作物需要连根拔起，分别放进取样袋，拿回实验室测定。野外取样回来后，立即进行地上总鲜重测定，保证不萎蔫的情况下，将叶片、茎剪开，叶片立即进行叶面积测定，其余部分分别烘干、称重，获取叶干重、茎干重和地上部总干重。

观测时间为每年随生育期进行动态观测。

小麦：越冬期前、返青期、拔节期、抽穗期、收获期。

玉米：五叶期、拔节期、抽雄期、成熟期。

3.1.8.3 数据质量控制和评估

（1）观测人员操作规程控制

观测人员应熟练掌握野外观测规范及相关科学技术知识，严格按照各观测项目的操作规程进行采样。采集作物分析样品时，严格保证样品的代表性，完成规定的采样点数、样方重复数。采集后，需要立即将各不同器官（如叶、茎、籽粒等部位）剪开，以避免养分转移，同时不能将各器官随意混合。根据叶面积仪测试的起始部位进行茎、叶的分离剪切。在收获期进行生物量测定，没有必要区分茎、叶。"地上部总干重"要求包括地上各个部分。生物量的干重统一要求用烘干干重，收获期生物量干重测量可以从风干样品抽出部分烘干称重，然后换算成地上总生物量的烘干干重。

（2）室内分析环节的质量控制

严格检查实验环境条件、仪器和各种实验耗材的性能和状态、试剂和药品纯度、分析人员的实验素质、所采取的分析方法等，同时对室内分析方法以及每一个环节进行详细记录（鲍士旦，1999；鲁如坤，1999）。

（3）数据录入过程的质量控制

及时记录数据并进行审核和检查，运用统计分析方法对观测数据进行初步分析，以便及时发现监测工作中存在的问题，及时与质量负责人取得联系，以进一步核实测定结果的准确性。发现数据缺失和可疑数据时，及时进行必要的补测和重测。

（4）数据质量评估

将所获取的数据与各项辅助信息数据以及历史数据信息进行比较，评价数据的正确性、一致性、完整性、可比性和连续性，经过站长和数据管理员审核认定，批准上报。

3.1.8.4 数据使用方法和建议

作物叶面积指数（leaf area index，LAI）指一定土地面积上作物所有绿色叶面积（单面）的总和与土地面积的比值。叶面积指数是反映作物群体光合面积大小的动态指标。一般 LAI 是随生长进程而动态变化的，能很好地反映作物长势、产量、病虫害情况等，对田间管理也有很好的指示作用。

作物生物量动态是作物生长状况的直接反映，干物质的积累和分配随作物生育时期生长中心的转移而转移，与叶面积动态变化相关，与环境因子联合可以分析作物产量形成的机制。

本数据集提供每季作物动态观测数据，为有志于相关研究的科研人员提供数据基础。

3.1.8.5 数据

冬小麦叶面积与生物量动态见表 3-20。

表 3-20 冬小麦叶面积与生物量动态

年份	月份	作物品种	作物生育时期	密度 [株或穴）/m²]	群体高度 (cm)	叶面积指数	调查株（穴）数	每株（穴）分蘖茎数	地上部总鲜重 (g/m²)	茎干重 (g/m²)	叶干重 (g/m²)	地上部总干重 (g/m²)
2008	11	科农199	越冬前期	777.9	14.7	0.67	10	3.3	315.20	34.67	62.13	96.80
2008	11	科农199	越冬前期	777.9	14.4	0.56	10	3.3	272.00	32.80	59.47	92.27
2008	11	科农199	越冬前期	777.9	13.5	0.49	10	2.8	232.53	25.87	48.80	74.67
2008	11	科农199	越冬前期	777.9	12.3	0.42	10	2.8	229.33	26.40	45.33	71.73
2008	11	科农199	越冬前期	777.9	13.4	0.45	10	2.7	239.20	26.13	49.07	75.20
2008	11	科农199	越冬前期	777.9	13.3	0.41	10	2.6	224.80	23.20	47.73	70.93
2009	3	科农199	返青期	1 257.0	12.5	0.66	10	5.8	313.40	33.44	56.96	90.40
2009	3	科农199	返青期	1 257.0	13.3	0.67	10	7.7	330.90	23.80	42.30	66.11
2009	3	科农199	返青期	1 257.0	13.1	0.67	10	8.3	341.06	26.13	42.63	68.76
2009	3	科农199	返青期	1 257.0	13.0	0.71	10	6.8	364.35	28.45	48.45	76.90
2009	3	科农199	返青期	1 257.0	13.2	0.64	10	6.6	304.92	22.94	37.43	60.37
2009	3	科农199	返青期	1 257.0	12.9	0.60	10	7.3	310.81	23.69	38.65	62.33
2009	4	科农199	拔节期-孕穗期	827.0	51.0	2.57	10	2.8	2 531.67	212.87	155.59	368.46
2009	4	科农199	拔节期-孕穗期	827.0	51.4	2.44	10	2.6	2 355.68	213.03	152.30	365.32
2009	4	科农199	拔节期-孕穗期	827.0	48.4	2.32	10	2.4	2 186.53	182.56	145.70	328.26
2009	4	科农199	拔节期-孕穗期	827.0	51.3	2.41	10	2.6	2 340.10	203.49	146.89	350.38
2009	4	科农199	拔节期-孕穗期	827.0	48.4	2.49	10	2.1	2 441.42	193.68	151.16	344.84
2009	4	科农199	拔节期-孕穗期	827.0	46.4	2.14	10	2.5	2 524.23	165.66	128.63	294.29
2009	5	科农199	抽穗期	623.0	70.3	1.97	10	2.5	3 488.49	691.28	148.67	839.94
2009	5	科农199	抽穗期	623.0	71.8	2.09	10	2.2	3 633.10	779.79	142.12	921.91
2009	5	科农199	抽穗期	623.0	72.4	2.02	10	2.3	3 759.64	859.27	139.00	998.27
2009	5	科农199	抽穗期	623.0	72.4	2.13	10	2.3	3 773.04	821.24	146.17	967.41

（续）

年份	月份	作物品种	作物生育时期	密度 [株或穴) /m²]	群体高度 (cm)	叶面积 指数	调查株 (穴) 数	每株 (穴) 分蘖茎数	地上部总鲜重 (g/m²)	茎干重 (g/m²)	叶干重 (g/m²)	地上部总干重 (g/m²)
2009	5	科农 199	抽穗期	623.0	74.5	2.30	10	2.2	3 930.74	860.51	156.46	1 016.97
2009	5	科农 199	抽穗期	623.0	72.7	1.96	10	2.2	3 638.09	785.09	148.04	933.13
2009	6	科农 199	成熟期	590.0	62.5		10	1.9				1 234.21
2009	6	科农 199	成熟期	590.0	65.3		10	2.0				1 484.09
2009	6	科农 199	成熟期	590.0	68.2		10	2.4				1 099.76
2009	6	科农 199	成熟期	590.0	69.5		10	2.2				1 439.42
2009	6	科农 199	成熟期	590.0	71.7		10	1.6				1 394.57
2009	6	科农 199	成熟期	590.0	68.3		10	2.0				1 161.51
2009	12	科农 199	越冬前期	485.0	12.5	0.48	10	1.6	172.78	14.31	23.61	37.92
2009	12	科农 199	越冬前期	485.0	12.0	0.43	10	1.4	135.14	10.49	19.40	29.89
2009	12	科农 199	越冬前期	485.0	12.8	0.54	10	1.5	185.76	14.87	25.38	40.26
2009	12	科农 199	越冬前期	485.0	13.0	0.52	10	1.5	190.15	16.72	24.58	41.31
2009	12	科农 199	越冬前期	485.0	13.5	0.45	10	1.9	173.71	12.00	24.12	36.12
2009	12	科农 199	越冬前期	485.0	12.8	0.41	10	2.2	151.12	11.94	21.44	33.38
2010	3	科农 199	返青后期	740.0	14.4	0.52	10	2.1	224.16	16.06	29.94	46.00
2010	3	科农 199	返青后期	740.0	12.9	0.38	10	1.6	169.75	12.13	21.42	33.55
2010	3	科农 199	返青后期	740.0	14.5	0.62	10	2.0	265.19	16.19	37.35	53.54
2010	3	科农 199	返青后期	740.0	13.6	0.49	10	1.4	197.47	13.60	30.49	44.09
2010	3	科农 199	返青后期	740.0	14.2	0.49	10	2.2	204.58	13.71	28.12	41.83
2010	3	科农 199	返青后期	740.0	13.1	0.46	10	2.7	191.10	13.35	26.41	39.75
2010	4	科农 199	拔节期-孕穗期	825.0	30.1	2.43	10	2.1	1 127.42	63.38	92.11	155.49
2010	4	科农 199	拔节期-孕穗期	825.0	29.6	2.57	10	2.2	1 070.49	58.74	95.55	154.29

（续）

年份	月份	作物品种	作物生育时期	密度 [株或穴)/m²]	群体高度 (cm)	叶面积指数	调查株 (穴)数	每株分蘖茎数	地上部总鲜重 (g/m²)	茎干重 (g/m²)	叶干重 (g/m²)	地上部总干重 (g/m²)
2010	4	科农199	拔节期—孕穗期	825.0	30.7	2.26	10	2.1	1 105.50	62.33	88.00	150.33
2010	4	科农199	拔节期—孕穗期	825.0	30.8	2.33	10	2.2	1 008.33	56.06	82.20	138.26
2010	4	科农199	拔节期—孕穗期	825.0	29.9	2.14	10	2.2	965.15	53.33	76.06	129.39
2010	4	科农199	拔节期—孕穗期	825.0	32.0	2.52	10	2.7	1 146.32	68.13	96.43	164.56
2010	5	科农199	抽穗期	491.0	50.0	4.16	10	1.3	3 198.55	502.67	182.18	684.85
2010	5	科农199	抽穗期	491.0	48.3	4.91	10	1.2	2 961.48	665.85	214.44	880.29
2010	5	科农199	抽穗期	491.0	47.9	4.45	10	1.2	3 105.14	513.94	185.65	699.59
2010	5	科农199	抽穗期	491.0	47.9	5.01	10	1.4	3 468.80	550.32	196.38	746.70
2010	5	科农199	抽穗期	491.0	49.0	3.21	10	1.1	2 484.47	421.97	134.85	556.82
2010	5	科农199	抽穗期	491.0	51.2	4.01	10	1.0	2 910.18	575.73	182.00	757.73
2010	6	科农199	成熟期	478.0	65.3		10	1.4				1 502.15
2010	6	科农199	成熟期	478.0	66.2		10	1.7				1 580.72
2010	6	科农199	成熟期	478.0	65.5		10	1.4				1 541.81
2010	6	科农199	成熟期	478.0	67.7		10	1.7				1 462.23
2010	6	科农199	成熟期	478.0	63.6		10	1.6				1 607.49
2010	6	科农199	成熟期	478.0	63.9		10	1.6				1 402.36
2010	12	1 066	越冬前期	750.0	12.6	0.44	10	3.9	185	19.2	34.04	53.27
2010	12	1 066	越冬前期	775.0	12.8	0.44	10	4.1	183	19.8	31.57	51.41
2010	12	1 066	越冬前期	812.5	12.5	0.43	10	3.5	198	23.7	36.91	60.59
2010	12	1 066	越冬前期	787.5	13.0	0.44	10	3.7	178	20.4	33.20	53.64
2011	3	1 066	返青后期	1 400.0	15.0	0.71	10	4.3	490.65	39.72	54.05	93.77
2011	3	1 066	返青后期	1 400.0	15.4	0.99	10	4.0	462.00	52.50	48.65	101.15

（续）

年份	月份	作物品种	作物生育时期	密度[(株或穴)/m²]	群体高度(cm)	叶面积指数	调查株(穴)数	每株(穴)分蘖茎数	地上部总鲜重(g/m²)	茎干重(g/m²)	叶干重(g/m²)	地上部总干重(g/m²)
2011	3	1066	返青后期	1 450.0	14.7	0.95	10	3.8	502.54	40.07	49.00	89.07
2011	3	1066	返青后期	1 573.0	14.3	0.84	10	5.4	522.13	39.62	55.06	94.67
2011	3	1066	返青后期	1 370.0	15.3	0.90	10	4.0	450.73	33.22	44.18	77.41
2011	3	1066	返青后期	1 297.5	14.5	0.75	10	3.8	401.36	30.74	43.35	74.09
2011	4	1066	拔节期	785.0	35.4	3.06	10	3.6	1 346.28	92.67	121.68	214.35
2011	4	1066	拔节期	775.0	41.5	3.73	10	4.0	1 565.69	114.70	135.04	249.74
2011	4	1066	拔节期	750.0	38.9	2.99	10	4.2	1 270.18	92.68	110.00	202.68
2011	4	1066	拔节期	775.0	40.8	3.96	10	4.0	1 835.39	109.08	144.15	253.23
2011	4	1066	拔节期	757.5	41.7	3.67	10	4.0	1 792.48	127.34	143.07	270.42
2011	4	1066	拔节期	725.0	39.7	2.84	10	4.3	1 419.65	107.91	114.31	222.22
2011	5	1066	抽穗期	575.0	70.1	4.42	10	2.7	4 701.20	648.89	201.54	850.43
2011	5	1066	抽穗期	592.5	65.1	3.72	10	3.1	3 795.20	570.47	156.85	727.31
2011	5	1066	抽穗期	585.0	66.1	3.63	10	2.9	3 631.10	566.57	155.32	721.89
2011	5	1066	抽穗期	575.0	66.0	4.11	10	3.0	3 529.64	476.96	159.28	636.24
2011	5	1066	抽穗期	617.5	60.7	4.11	10	3.3	3 656.40	506.76	165.01	671.77
2011	5	1066	抽穗期	637.5	63.2	4.86	10	3.8	4 568.08	745.18	214.69	959.87
2011	6	1066	成熟期	796.7	63.3		10	2.0				2 198.00
2011	6	1066	成熟期	683.3	65.8		10	2.0				2 045.22
2011	6	1066	成熟期	890.0	67.3		10	2.4				2 636.63
2011	6	1066	成熟期	800.0	66.0		10	2.1				2 096.40
2011	6	1066	成熟期	833.3	64.4		10	2.0				2 275.83
2011	6	1066	成熟期	750.0	63.7		10	2.0				2 005.88

（续）

年份	月份	作物品种	作物生育时期	密度[株或穴）/m²]	群体高度(cm)	叶面积指数	调查株(穴)数	每株(穴)分蘖茎数	地上部总鲜重(g/m²)	茎干重(g/m²)	叶干重(g/m²)	地上部总干重(g/m²)
2011	11	科农1066	越冬前期	351.7	16.7	0.17	10	1.8	96	6.8	15.43	22.27
2011	11	科农1066	越冬前期	340.0	16.4	0.20	10	1.9	103	7.3	14.67	22.01
2011	11	科农1066	越冬前期	335.0	16.6	0.16	10	1.7	94	5.3	12.34	17.63
2011	11	科农1066	越冬前期	355.0	16.6	0.18	10	2.0	95	8.2	13.67	21.83
2012	4	科农1066	返青后期	1 475.0	17.9	1.47	10	3.7	665.74	52.22	83.32	135.54
2012	4	科农1066	返青后期	1 333.3	19.4	1.90	10	3.1	720.86	53.33	80.43	133.76
2012	4	科农1066	返青后期	1 150.0	18.6	1.67	10	3.4	602.06	44.31	68.66	112.97
2012	4	科农1066	返青后期	1 333.3	19.4	2.02	10	4.1	787.64	54.63	83.58	138.21
2012	4	科农1066	返青后期	1 200.0	19.5	1.42	10	3.3	578.91	48.00	62.18	110.18
2012	4	科农1066	返青后期	1 258.7	21.1	1.96	10	3.5	765.17	53.24	85.72	138.96
2012	4	科农1066	拔节期	703.3	54.8	3.69	10	2.3	2 820.98	262.37	182.56	444.93
2012	4	科农1066	拔节期	610.0	54.3	3.42	10	2.4	2 424.24	240.70	157.84	398.53
2012	4	科农1066	拔节期	833.3	52.1	4.49	10	2.4	3 469.79	322.57	213.54	536.11
2012	4	科农1066	拔节期	670.0	53.2	3.50	10	2.7	2 340.04	206.21	149.14	355.35
2012	4	科农1066	拔节期	660.0	56.4	3.82	10	2.5	2 826.65	263.47	171.86	435.34
2012	4	科农1066	拔节期	966.7	52.4	4.37	10	2.5	3 673.33	367.72	214.60	582.32
2012	5	科农1066	抽穗期	650.0	61.2	2.48	10	1.8	3 561.68	841.75	167.70	1 009.45
2012	5	科农1066	抽穗期	603.3	60.8	2.19	10	2.4	3 204.30	740.59	149.33	889.92
2012	5	科农1066	抽穗期	550.0	59.2	2.10	10	2.1	2 757.43	691.90	145.20	837.10
2012	5	科农1066	抽穗期	633.3	62.5	2.93	10	1.9	4 032.12	915.80	200.13	1 115.93
2012	5	科农1066	抽穗期	625.0	63.5	2.08	10	1.7	3 531.25	850.63	151.88	1 002.50
2012	5	科农1066	抽穗期	666.7	61.9	2.27	10	1.7	3 725.33	909.00	160.33	1 069.33

（续）

年份	月份	作物品种	作物生育时期	密度[（株或穴）/m²]	群体高度（cm）	叶面积指数	调查株（穴）数	每株（穴）分蘖茎数	地上部总鲜重（g/m²）	茎干重（g/m²）	叶干重（g/m²）	地上部总干重（g/m²）
2012	6	科农1066	成熟期	593.3	62.6		10	1.6				1 359.88
2012	6	科农1066	成熟期	545.0	62.9		10	2.1				1 237.65
2012	6	科农1066	成熟期	610.0	61.1		10	1.5				1 347.43
2012	6	科农1066	成熟期	635.0	60.0		10	1.8				1 343.05
2012	6	科农1066	成熟期	608.3	63.1		10	2.0				1 515.51
2012	6	科农1066	成熟期	566.7	60.1		10	1.6				1 358.30
2012	11	科农1066	越冬前期	348.3	17.5	0.15	10	2.1	138.84	9.79	18.6	28.36
2012	11	科农1066	越冬前期	416.7	17.9	0.16	10	2.1	132.94	9.13	17.86	26.98
2012	11	科农1066	越冬前期	355.0	17.3	0.09	10	1.5	96.32	6.15	13.96	20.12
2012	11	科农1066	越冬前期	433.3	17.1	0.12	10	1.7	131.8	8.92	18.86	27.78
2012	11	科农1066	越冬前期	393.3	16.2	0.11	10	1.9	110.1	8.07	7.25	15.32
2012	11	科农1066	越冬前期	385.0	16.7	0.10	10	1.7	105.1	6.79	16.08	22.87
2013	3	科农1066	返青后期	1 083.3	20.2	0.93	10	4.3	519.2	34.26	59.46	93.72
2013	3	科农1066	返青后期	1 016.7	20.2	0.82	10	3.9	463.5	32.32	51.62	83.94
2013	3	科农1066	返青后期	956.7	19.4	0.67	10	3.9	342.4	21.83	39.00	60.83
2013	3	科农1066	返青后期	1 266.7	21.1	1.19	10	3.7	619.0	35.95	47.59	83.53
2013	3	科农1066	返青后期	1 191.7	20.5	1.04	10	3.8	639.7	42.65	72.13	114.78
2013	3	科农1066	返青后期	1 066.7	20.6	0.86	10	4.1	517.7	36.68	59.06	95.74
2013	4	科农1066	拔节期	658.3	38.1	1.77	10	3.6	1 281.9	107.53	118.87	226.39
2013	4	科农1066	拔节期	558.3	37.4	1.36	10	3.6	883.1	73.82	86.39	160.21
2013	4	科农1066	拔节期	516.7	38.8	1.37	10	2.8	914.5	82.67	88.57	171.24
2013	4	科农1066	拔节期	558.3	37.8	1.18	10	3.2	772.2	69.09	73.46	142.55

（续）

年份	月份	作物品种	作物生育时期	密度 [株或穴/m²]	群体高度 (cm)	叶面积指数	调查株 (穴)数	每株(穴)分蘖茎数	地上部总鲜重 (g/m²)	茎干重 (g/m²)	叶干重 (g/m²)	地上部总干重 (g/m²)
2013	4	科农 1 066	拔节期	503.3	34.2	1.12	10	3.6	781.8	76.62	79.55	156.17
2013	4	科农 1 066	拔节期	423.3	33.0	0.85	10	2.8	543.4	53.52	56.85	110.37
2013	5	科农 1 066	抽穗期	583.3	59.2	1.96	10	2.0	3 553.1	693.88	151.38	845.25
2013	5	科农 1 066	抽穗期	416.7	66.0	1.34	10	2.0	2 201.7	455.21	101.04	556.25
2013	5	科农 1 066	抽穗期	416.7	62.9	1.38	10	2.0	2 201.7	457.42	101.04	558.46
2013	5	科农 1 066	抽穗期	500.0	66.0	1.36	10	2.0	2 393.8	561.50	101.25	662.75
2013	5	科农 1 066	抽穗期	466.7	65.0	1.32	10	2.0	2 403.3	535.03	102.67	637.70
2013	5	科农 1 066	抽穗期	408.3	60.9	1.09	10	2.2	1 621.7	369.13	73.30	442.43
2013	6	科农 1 066	成熟期	406.7	67.9		10	2.1				2 311.09
2013	6	科农 1 066	成熟期	385.0	65.8		10	2.0				1 764.84
2013	6	科农 1 066	成熟期	305.0	67.2		10	1.5				1 879.41
2013	6	科农 1 066	成熟期	371.7	65.8		10	1.9				2 025.96
2013	6	科农 1 066	成熟期	296.7	69.8		10	1.8				1 384.84
2013	6	科农 1 066	成熟期	243.3	64.6		10	2.1				1 275.80
2013	11	科农 1 066	越冬前期	1 633.3	16.2	0.84	10	3.2	625.26	57.17	83.20	140.36
2013	11	科农 1 066	越冬前期	1 493.3	14.6	0.95	10	3.1	658.03	62.14	142.93	205.08
2013	11	科农 1 066	越冬前期	1 623.3	15.5	0.85	10	4.3	562.50	46.43	76.64	123.07
2013	11	科农 1 066	越冬前期	1 691.7	15.6	0.79	10	4	1 288.65	50.33	78.66	128.99
2013	11	科农 1 066	越冬前期	1 486.7	14.4	0.73	10	3.4	469.61	73.55	46.95	120.50
2013	11	科农 1 066	越冬前期	1 496.7	17.2	0.84	10	3.6	1 203.50	104.77	174.32	279.08
2014	3	科农 1 066	返青后期	2 946.7	16.2	2.11	10	8.1	1 191.04	78.21	116.41	194.63
2014	3	科农 1 066	返青后期	2 706.67	17.35	2.21	10	6.2	1 163.87	75.52	119.18	194.71

（续）

年份	月份	作物品种	作物生育时期	密度[(株或穴)/m²]	群体高度(cm)	叶面积指数	调查株(穴)数	每株(穴)分蘖茎数	地上部总鲜重(g/m²)	茎干重(g/m²)	叶干重(g/m²)	地上部总干重(g/m²)
2014	3	科农1066	返青后期	3 055.0	15.5	2.31	10	6.5	1 196.15	83.66	128.78	212.44
2014	3	科农1066	返青后期	2 908.3	18.1	2.20	10	7.1	1 298.92	89.30	121.25	210.55
2014	3	科农1066	返青后期	2 641.7	14.5	1.61	10	7.9	682.15	58.85	191.87	250.72
2014	3	科农1066	返青后期	2 745.0	17.1	2.08	10	6	1 129.57	77.78	107.06	184.83
2014	4	科农1066	拔节期	1 120.0	56.0	8.44	10	2.9	5 780.32	394.80	339.36	734.16
2014	4	科农1066	拔节期	1 126.7	51.3	7.27	10	3.0	5 240.13	393.21	299.13	692.34
2014	4	科农1066	拔节期	990.0	38.8	6.19	10	2.4	4 390.16	400.95	246.51	647.46
2014	4	科农1066	拔节期	1 050.0	51.7	6.51	10	2.5	4 333.88	350.18	267.75	617.93
2014	4	科农1066	拔节期	866.7	50.9	5.43	10	2.0	3 577.17	289.03	221.00	510.03
2014	4	科农1066	拔节期	850.0	50.5	5.56	10	2.0	3 507.95	271.58	158.16	429.74
2014	4	科农1066	抽穗期	836.7	59.2	5.85	10	2.2	5 651.3	687.3	238.45	925.77
2014	5	科农1066	抽穗期	791.7	57.3	5.35	10	2.1	5 401.9	683.6	211.38	894.98
2014	5	科农1066	抽穗期	790.0	54.9	5.49	10	1.9	4 960.4	615.4	214.49	829.90
2014	5	科农1066	抽穗期	773.3	58.0	5.05	10	1.9	5 024.3	681.3	209.96	891.27
2014	5	科农1066	抽穗期	703.3	55.8	4.70	10	1.6	4 446.5	594.7	197.64	792.31
2014	5	科农1066	抽穗期	621.7	56.0	4.01	10	1.5	3 930.2	525.6	174.69	700.31
2014	6	科农1066	成熟期	750.0	76.3		10	2.9				2 217.00
2014	6	科农1066	成熟期	706.7	74.2		10	3.0				2 131.66
2014	6	科农1066	成熟期	923.3	77.4		10	2.7				2 851.00
2014	6	科农1066	成熟期	873.3	78.7		10	3.1				2 660.17
2014	6	科农1066	成熟期	840.0	80.8		10	2.9				2 227.48
2014	6	科农1066	成熟期	720.0	76.2		10	2.9				2 074.69

（续）

年份	月份	作物品种	作物生育时期	密度 [株或(穴)/m²]	群体高度 (cm)	叶面积指数	调查株(穴)数	每株(穴)分蘖茎数	地上部总鲜重 (g/m²)	茎干重 (g/m²)	叶干重 (g/m²)	地上部总干重 (g/m²)
2014	11	科农2011	越冬前期	966.7	21.3	1.05	10	3.3	549.54	40.42	64.74	105.16
2014	11	科农2011	越冬前期	881.7	22.0	0.83	10	3	415.27	34.09	57.01	91.11
2014	11	科农2011	越冬前期	940.0	18.9	0.82	10	2.9	415.87	32.09	51.86	83.95
2014	11	科农2011	越冬前期	983.3	20.0	0.90	10	3.1	459.95	31.09	57.10	88.18
2014	11	科农2011	越冬前期	908.3	18.4	0.92	10	3.1	434.83	31.65	56.55	88.20
2014	11	科农2011	越冬前期	753.3	18.6	0.65	10	3.0	319.66	24.36	43.94	68.30
2015	3	科农2011	返青后期	1 541.7	15.6	1.11	10	6.2	623.13	42.02	69.38	111.40
2015	3	科农2011	返青后期	1 450.0	15.2	1.24	10	4.2	668.73	51.10	84.24	135.33
2015	3	科农2011	返青后期	1 760.0	15.5	1.14	10	6.5	705.35	46.03	79.61	125.64
2015	3	科农2011	返青后期	1 686.7	14.6	1.19	10	3.6	674.67	51.54	83.86	135.40
2015	3	科农2011	返青后期	1 491.7	14.1	0.84	10	7	524.21	40.49	69.90	110.38
2015	3	科农2011	返青后期	1 478.3	14.6	0.93	10	6	522.34	39.18	68.74	107.92
2015	4	科农2011	拔节期	583.3	38.6	2.06	10	2.9	1 534.75	219.33	118.71	338.04
2015	4	科农2011	拔节期	625.0	38.1	2.38	10	3.0	1 732.50	230.00	123.13	353.13
2015	4	科农2011	拔节期	660.0	39.9	2.54	10	2.9	2 041.38	218.46	133.98	352.44
2015	4	科农2011	拔节期	756.7	40.3	2.73	10	3.1	2 098.62	258.40	132.80	391.20
2015	4	科农2011	拔节期	658.3	44.2	2.99	10	3.1	2 012.85	171.50	139.57	311.06
2015	4	科农2011	拔节期	491.7	42.3	2.17	10	2.5	1 608.73	186.34	104.73	291.07
2015	4	科农2011	抽穗期	541.7	57.2	2.91	10	2.8	3 284.67	377.27	158.44	672.48
2015	4	科农2011	抽穗期	566.7	65.0	3.35	10	2.8	3 910.85	488.47	174.53	832.15
2015	4	科农2011	抽穗期	566.7	66.1	3.24	10	2.6	3 971.48	555.90	171.98	920.83
2015	4	科农2011	抽穗期	670.0	67.2	4.30	10	2.9	4 895.69	640.86	210.38	994.95

（续）

年份	月份	作物品种	作物生育时期	密度[(株或穴)/m²]	群体高度(cm)	叶面积指数	调查株(穴)数	每株(穴)分蘖茎数	地上部总鲜重(g/m²)	茎干重(g/m²)	叶干重(g/m²)	地上部总干重(g/m²)
2015	4	科农2011	抽穗期	891.7	65.4	6.09	10	4.9	6 765.08	819.44	300.49	1 391.00
2015	4	科农2011	抽穗期	445.0	66.3	2.71	10	2.3	3 217.35	584.06	129.50	832.15
2015	6	科农2011	成熟期	812.5	77.4		10	2.8		364.90	204.76	1 119.15
2015	6	科农2011	成熟期	717.5	75.0		10	2.9		495.64	269.89	1 518.57
2015	6	科农2011	成熟期	662.5	73.8		10	2.9		479.27	254.19	1 342.35
2015	6	科农2011	成熟期	637.5	72.5		10	3.2		516.85	198.01	1 405.91
2015	6	科农2011	成熟期	470.0	72.6		10	2.9		699.91	278.67	1 847.57
2015	6	科农2011	成熟期	847.5	77.6		10	2.5		589.84	261.91	1 659.57
2015	12	婴泊700	越冬前期	441.67	14.74	0.24	10.00	1.10	124.55	6.18	16.34	22.53
2015	12	婴泊700	越冬前期	416.67	15.29	0.25	10.00	1.00	127.50	8.75	15.83	24.58
2015	12	婴泊700	越冬前期	418.33	16.37	0.20	10.00	1.00	102.49	7.53	13.81	21.34
2015	12	婴泊700	越冬前期	441.67	14.87	0.27	10.00	1.00	142.22	8.39	17.67	26.06
2015	12	婴泊700	越冬前期	453.33	14.46	0.27	10.00	1.00	136.45	9.07	17.68	26.75
2015	12	婴泊700	越冬前期	418.33	14.34	0.22	10.00	1.00	120.48	7.95	15.48	23.43
2016	3	婴泊700	返青期	655.00	17.57	0.95	10.00	1.90	450.64	31.44	56.99	88.43
2016	3	婴泊700	返青后期	766.67	18.92	1.22	10.00	2.20	596.47	42.17	70.53	112.70
2016	3	婴泊700	返青后期	570.00	19.80	0.80	10.00	1.90	387.03	28.50	47.31	75.81
2016	3	婴泊700	返青后期	791.67	21.96	1.36	10.00	2.20	680.83	45.13	78.38	123.50
2016	3	婴泊700	返青后期	766.67	17.18	1.30	10.00	2.30	603.37	39.10	78.97	118.07
2016	3	婴泊700	返青后期	791.67	17.45	1.40	10.00	2.40	683.21	45.92	87.08	133.00
2016	4	婴泊700	拔节期	660.00	41.45	3.34	10.00	2.00	2 176.02	176.22	156.75	332.97
2016	4	婴泊700	拔节期	563.33	39.25	2.51	10.00	1.40	1 651.69	116.89	148.44	265.33

（续）

年份	月份	作物品种	作物生育时期	密度[株或穴]/m²	群体高度(cm)	叶面积指数	调查株(穴)数	每株分蘖茎数	地上部总鲜重(g/m²)	茎干重(g/m²)	叶干重(g/m²)	地上部总干重(g/m²)
2016	4	婴泊700	拔节期	563.33	40.15	3.01	10.00	1.80	2 012.23	170.69	155.76	326.45
2016	4	婴泊700	拔节期	613.33	40.15	2.96	10.00	2.10	2 111.71	184.61	145.67	330.28
2016	4	婴泊700	拔节期	543.33	37.83	2.45	10.00	1.70	1 646.03	152.68	123.07	275.74
2016	4	婴泊700	拔节期	556.67	39.03	2.60	10.00	1.90	1 829.49	147.80	130.82	278.61
2016	4	婴泊700	抽穗期	660.00	57.80	3.37	10.00	2.00	4 305.51	628.98	151.47	780.45
2016	4	婴泊700	抽穗期	563.33	62.50	3.08	10.00	1.40	3 892.35	542.49	142.52	685.01
2016	4	婴泊700	抽穗期	563.33	64.50	4.20	10.00	1.80	4 785.24	579.39	186.75	766.13
2016	4	婴泊700	抽穗期	613.33	64.09	3.92	10.00	2.10	4 646.00	571.01	171.43	742.44
2016	4	婴泊700	抽穗期	543.33	64.95	3.26	10.00	1.70	4 308.09	558.28	153.22	711.50
2016	4	婴泊700	抽穗期	556.67	67.10	3.54	10.00	1.90	4 491.19	627.09	168.67	795.76
2016	6	婴泊700	成熟期	660.00	68.15		10.00	2.00				1 423.19
2016	6	婴泊700	成熟期	563.33	71.30		10.00	1.40				1 596.30
2016	6	婴泊700	成熟期	563.33	61.48		10.00	1.80				1 391.28
2016	6	婴泊700	成熟期	613.33	65.52		10.00	2.10				1 579.35
2016	6	婴泊700	成熟期	543.33	67.98		10.00	1.70				1 416.13
2016	6	婴泊700	成熟期	556.67	59.54		10.00	1.90				1 111.14
2016	11	科农2009	越冬前期	523.33	12.6	1.0	10.00	3.70	244.41	16.41	27.6	44.0
2016	11	科农2009	越冬前期	1 230.00	11.85	1.3	10.00	3.90	539.31	37.22	68.8	106.0
2016	11	科农2009	越冬前期	1 253.33	12.95	1.5	10.00	4.10	599.77	37.60	67.9	105.5
2016	11	科农2009	越冬前期	1 236.67	13.65	1.6	10.00	3.60	611.12	34.70	76.3	111.0
2016	11	科农2009	越冬前期	1 330.00	13.5	1.4	10.00	3.50	661.20	42.18	84.4	126.5
2016	11	科农2009	越冬前期	1 410.00	12	1.2	10.00	3.90	597.26	31.45	68.3	99.8

（续）

年份	月份	作物品种	作物生育时期	密度 [(株或穴)/m²]	群体高度 (cm)	叶面积指数	调查株(穴)数	每株(穴)分蘖茎数	地上部总鲜重 (g/m²)	茎干重 (g/m²)	叶干重 (g/m²)	地上部总干重 (g/m²)
2017	11	科农2009	返青后期	1 620.00	16.8	1.7	10.00	4.80	806.96	74.93	123.9	198.8
2017	3	科农2009	返青后期	1 900.00	18.34	1.9	10.00	6.60	1 051.62	101.33	130.7	232.0
2017	3	科农2009	返青后期	2 010.00	16.75	1.9	10.00	6.00	951.40	95.81	146.1	241.9
2017	3	科农2009	返青后期	1 906.67	16.39	1.9	10.00	5.20	998.80	101.93	146.7	248.6
2017	3	科农2009	返青后期	2 133.33	17.86	1.8	10.00	5.90	988.20	93.65	121.5	215.1
2017	3	科农2009	返青后期	2 100.00	17.75	2.1	10.00	5.10	1 017.47	108.29	140.0	248.3
2017	4	科农2009	拔节期	923.33	36.95	2.7	10.00	3.26	2 778.77	231.30	217.9	449.2
2017	4	科农2009	拔节期	1 226.67	404.1	2.2	10.00	3.89	2 844.03	245.33	211.6	456.9
2017	4	科农2009	拔节期	1 273.33	38.15	2.7	10.00	4.17	3 343.14	275.68	269.9	545.6
2017	4	科农2009	拔节期	1 180.00	34.45	2.7	10.00	3.44	2 846.16	226.56	232.5	459.0
2017	4	科农2009	拔节期	1 373.33	35.6	3.2	10.00	3.61	3 451.87	279.47	291.8	571.3
2017	4	科农2009	拔节期	1 230.00	38.15	3.1	10.00	3.40	3 458.76	307.50	268.1	575.6
2017	4	科农2009	抽穗期	680.00	66.825	2.9	10.00	2.40	4 991.88	529.38	224.1	935.0
2017	4	科农2009	抽穗期	706.67	67.3	3.4	10.00	2.24	4 970.69	530.00	223.7	889.0
2017	4	科农2009	抽穗期	716.67	68.15	2.8	10.00	2.34	5 172.54	603.79	194.2	1 011.2
2017	4	科农2009	抽穗期	813.33	66.9	3.3	10.00	2.37	5 163.04	545.75	230.6	984.9
2017	4	科农2009	抽穗期	710.00	65	4.0	10.00	1.87	4 675.35	488.48	215.8	879.0
2017	4	科农2009	抽穗期	820.00	67.95	3.4	10.00	3.19	5 365.67	594.91	219.4	1 025.4
2017	6	科农2009	成熟期	533.33	72.95		10.00	2.1				1 149.7
2017	6	科农2009	成熟期	743.33	78.3		10.00	2.1				1 623.9
2017	6	科农2009	成熟期	593.33	73.55		10.00	2.4				1 677.2
2017	6	科农2009	成熟期	653.33	73.025		10.00	2.2				1 255.3
2017	6	科农2009	成熟期	703.33	74.25		10.00	2.4				1 643.4
2017	6	科农2009	成熟期	620.00	70.025		10.00	2.0				1 353.2

2008—2009 年冬春季北方干旱严重，小麦有明显的死苗现象，并且由于冬季消耗的干物质量较大，可能出现返青初期地上生物量略有降低的现象；2012 年成熟期无法测定；2013 年、2014 年、2015 年成熟期叶面积指数和地上总鲜重、茎干重、叶干重无法测定；2016 年和 2017 年收获期叶面积指数、茎干重、叶干重无法测定。

冬小麦越冬期前密度在 2008—2011 年先减少后增加，再减少，2012—2013 年明显增加，2013—2015 年连续大幅减少，2016 年回升；地上部总鲜重在 2008—2012 年呈下降趋势，2013 年增加，2013—2015 年连续减少，2016 年回升；茎干重在 2008—2012 年呈缓慢减少趋势，2013 年增加，2013—2015 年连续减少，2016 年回升；叶干重在 2008—2012 年整体呈减少趋势，2013 年增加，2013—2015 年连续减少，2016 年回升；地上部总干重在 2008—2012 年整体呈减少趋势，2013 年明显增加，2013—2015 年连续大幅减少，2016 年回升（图 3 - 43）。

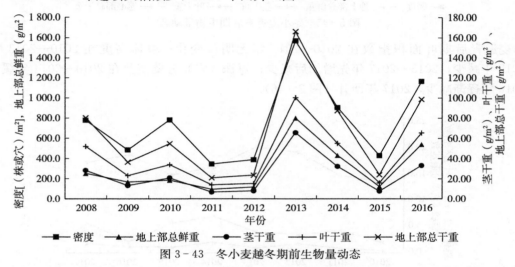

图 3 - 43　冬小麦越冬期前生物量动态

冬小麦越冬期前叶面积指数在 2008—2016 年无明显变化；群体高度 2008—2010 年无明显变化，2010—2014 年整体呈增加趋势，2014—2016 年连续减少；每株（穴）分蘖茎数在 2008—2016 年无明显变化（图 3 - 44）。

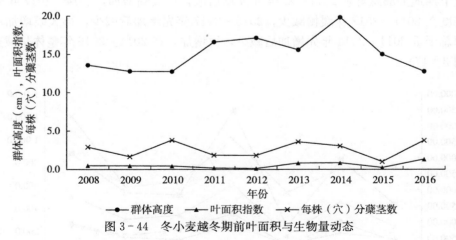

图 3 - 44　冬小麦越冬期前叶面积与生物量动态

冬小麦返青后期密度在 2010—2013 年先增加后减少，变化幅度不大，在 2013—2017 年先增加后减少，再增加，且变化幅度大；地上部总鲜重、茎干重与叶干重在 2010—2012 年增加，2013—2017 年先增加后减少，再增加；地上部总干重在 2010—2013 年先增加后减少，2013—2017 年先增加后减少，再增加（图 3 - 45）。

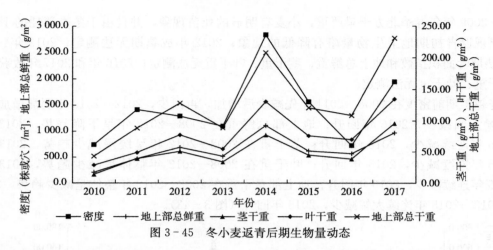

图 3-45　冬小麦返青后期生物量动态

冬小麦返青后期叶面积指数在 2010—2017 年无明显变化；群体高度在 2010—2013 年增加，2013—2015 年减少，2015—2017 年先增加后减少；每株（穴）分蘖茎数在 2010—2014 年缓慢增加，2014—2016 年逐渐减少，2017 年回升（图 3-46）。

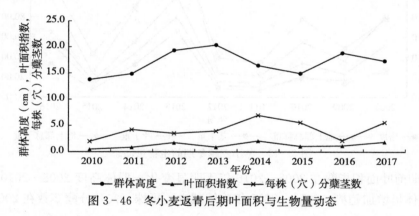

图 3-46　冬小麦返青后期叶面积与生物量动态

冬小麦拔节期地上部总鲜重 2011—2014 年先增后减，再大幅增加，2014—2017 年先大幅减少再逐渐增加；密度在 2011—2013 年缓慢减少，2013—2017 年先增加后减少，再大幅增加；茎干重、叶干重和地上部总干重 2011—2014 年先增加后减少，再增加，在 2014—2016 年整体呈减少趋势，2017 年均回升（图 3-47）。

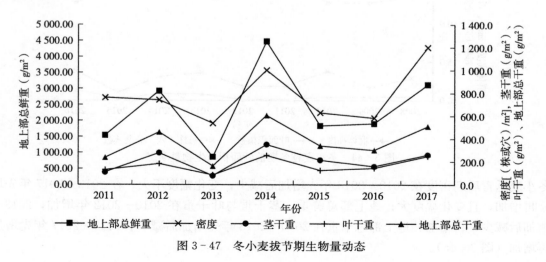

图 3-47　冬小麦拔节期生物量动态

冬小麦拔节期叶面积指数 2011—2012 年略有增加，2012—2015 年先减少后增加，再减少，在 2015—2017 年无明显变化；群体高度 2011—2014 年先增加后减少再增加，2014—2017 年逐渐减少；每株（穴）分蘖茎数 2011—2013 年先减少后略微增加，2013—2016 年整体呈减少趋势，2017 年增加（图 3-48）。

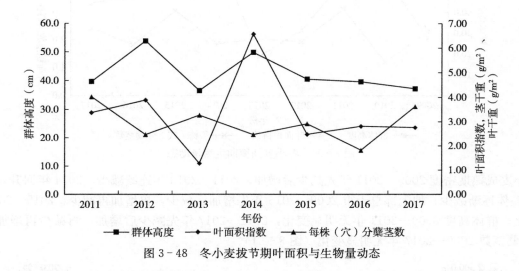

图 3-48　冬小麦拔节期叶面积与生物量动态

冬小麦抽穗期地上部总鲜重 2009—2013 年呈先减少后增加再减少，2013—2015 年先增加后减少，2016—2017 年逐渐增加；密度 2009—2013 年先减少后增加再减少，2013—2016 年先增加后减少，2017 年增加；茎干重 2009—2013 年先减少后增加再减少，2013—2017 年无明显变化；叶干重 2009—2013 年先减少后增加再减少，2013—2017 年整体呈增加趋势；地上部总干重 2009—2013 年呈先减少后增加再减少，2013—2015 年增加，2015—2017 年先减少后增加（图 3-49）。

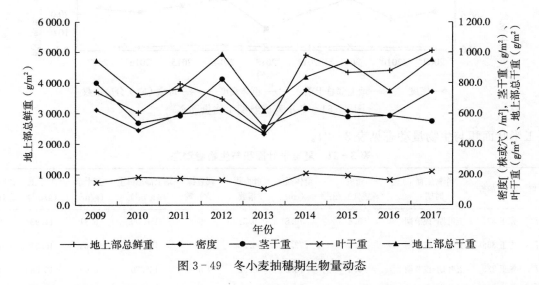

图 3-49　冬小麦抽穗期生物量动态

冬小麦抽穗期叶面积指数 2009—2013 年先增加后减少，2013—2017 年先增加后减少；群体高度 2009—2011 年先减少后增加，2011—2017 年无明显变化；每株（穴）分蘖茎数 2009—2012 年先减少后增加再减少，2012—2014 年无明显变化，2014—2017 年先增加后减少，再增加（图 3-50）。

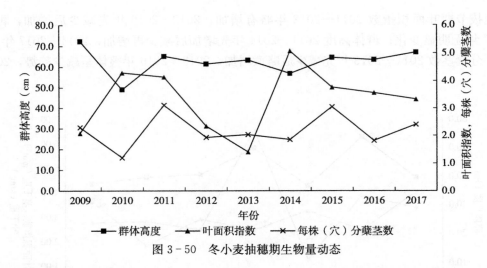

图 3-50　冬小麦抽穗期生物量动态

冬小麦成熟期密度 2009—2011 年先减少后增加，2011—2013 年连续减少，2014 年回升，2014—2017 年整体逐渐减少；地上部总干重 2009—2015 年先增加后减少，再增加再减少，2015—2017 年无明显变化；群体高度 2009—2011 年无明显变化，2011—2017 年先减少后增加，再减少再增加；每株（穴）分蘖茎数 2009—2017 年无明显变化（图 3-51）。

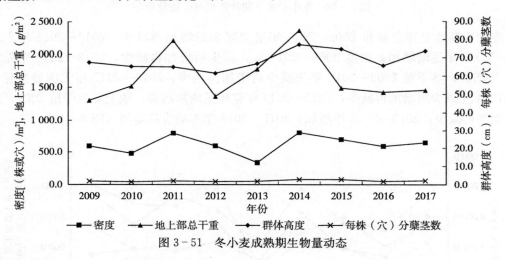

图 3-51　冬小麦成熟期生物量动态

夏玉米叶面积与生物量动态见表 3-21。

表 3-21　夏玉米叶面积与生物量动态

年份	月份	作物品种	作物生育时期	密度[（株或穴）/m²]	群体高度（cm）	叶面积指数	调查株（穴）数	地上部总鲜重（g/m²）	茎干重（g/m²）	叶干重（g/m²）	地上部总干重（g/m²）
2009	7	先玉 335	五叶期-拔节期	5.4	70.8	0.31	5	150.90	6.81	14.92	21.74
2009	7	先玉 335	五叶期-拔节期	5.4	72.3	0.30	5	168.39	7.63	16.67	24.30
2009	7	先玉 335	五叶期-拔节期	5.4	73.3	0.32	5	135.70	6.09	13.28	19.37
2009	7	先玉 335	五叶期-拔节期	5.4	67.6	0.31	5	143.25	4.64	15.89	20.53
2009	7	先玉 335	五叶期-拔节期	5.4	70.6	0.34	5	151.35	6.51	14.53	21.03
2009	7	先玉 335	五叶期-拔节期	5.4	69.5	0.35	5	148.78	6.48	15.07	21.55
2009	7	先玉 335	拔节期	5.4	137.6	1.99	5	1 391.31	75.74	103.81	179.55

（续）

年份	月份	作物品种	作物生育时期	密度[（株或穴）/m²]	群体高度（cm）	叶面积指数	调查株（穴）数	地上部总鲜重（g/m²）	茎干重（g/m²）	叶干重（g/m²）	地上部总干重（g/m²）
2009	7	先玉335	拔节期	5.4	129.8	1.84	5	1 252.85	75.74	103.81	179.55
2009	7	先玉335	拔节期	5.4	128.5	1.73	5	1 062.49	39.82	71.19	111.01
2009	7	先玉335	拔节期	5.4	132.3	1.97	5	1 313.69	59.08	92.12	151.20
2009	7	先玉335	拔节期	5.4	139.8	2.19	5	1 486.08	66.35	101.02	167.36
2009	7	先玉335	拔节期	5.4	142.3	2.13	5	1 586.59	57.85	89.39	147.24
2009	8	先玉335	抽雄期	5.4	318.3	3.69	5	5 576.11	374.35	201.64	575.98
2009	8	先玉335	抽雄期	5.4	270.0	3.79	5	6 177.73	350.24	229.86	580.10
2009	8	先玉335	抽雄期	5.4	311.7	3.82	5	5 538.80	329.94	178.33	508.27
2009	8	先玉335	抽雄期	5.4	288.0	4.07	5	5 660.69	316.10	177.26	493.36
2009	8	先玉335	抽雄期	5.4	301.0	3.54	5	4 798.76	268.73	167.96	436.69
2009	8	先玉335	抽雄期	5.4	311.0	2.76	5	5 019.86	286.13	175.70	461.83
2009	10	先玉335	成熟期	5.4	—	—	5	—	—	—	1 457.61
2009	10	先玉335	成熟期	5.4	—	—	5	—	—	—	1 483.43
2009	10	先玉335	成熟期	5.4	—	—	5	—	—	—	1 588.62
2009	10	先玉335	成熟期	5.4	—	—	5	—	—	—	1 843.59
2009	10	先玉335	成熟期	5.4	—	—	5	—	—	—	1 421.40
2009	10	先玉335	成熟期	5.4	—	—	5	—	—	—	1 434.69
2010	7	先玉335和中科11	五叶期-拔节期	5.7	86.4	0.67	5	294.37	9.49	18.67	28.16
2010	7	先玉335和中科11	五叶期-拔节期	5.7	89.4	0.68	5	304.78	9.98	20.12	30.11
2010	7	先玉335和中科11	五叶期-拔节期	5.7	88.3	0.58	5	262.49	11.12	16.89	28.01
2010	7	先玉335和中科11	五叶期-拔节期	5.7	86.2	0.48	5	234.36	9.19	16.26	25.45
2010	7	先玉335和中科11	五叶期-拔节期	5.7	84.2	0.54	5	240.48	9.80	17.38	27.18
2010	7	先玉335和中科11	五叶期-拔节期	5.7	81.4	0.48	5	230.30	8.60	17.38	25.98
2010	7	先玉335和中科11	拔节期	5.7	153.0	2.38	5	1 850.08	63.74	117.71	181.45
2010	7	先玉335和中科11	拔节期	5.7	147.0	2.29	5	1 902.76	65.57	118.55	184.12
2010	7	先玉335和中科11	拔节期	5.7	141.2	2.18	5	1 621.02	55.66	102.59	158.24

（续）

年份	月份	作物品种	作物生育时期	密度[（株或穴）/m²]	群体高度(cm)	叶面积指数	调查株（穴）数	地上部总鲜重(g/m²)	茎干重(g/m²)	叶干重(g/m²)	地上部总干重(g/m²)
2010	7	先玉335和中科11	拔节期	5.7	140.0	2.12	5	1 542.10	56.44	101.63	158.07
2010	7	先玉335和中科11	拔节期	5.7	144.0	2.29	5	1 654.19	61.71	107.32	169.04
2010	7	先玉335和中科11	拔节期	5.7	144.7	2.19	5	1 650.22	59.63	120.25	179.88
2010	8	先玉335和中科11	抽雄期	5.7	277.0	4.52	5	4 414.14	441.46	322.24	763.69
2010	8	先玉335和中科11	抽雄期	5.7	246.3	4.59	5	4 511.42	489.19	314.63	803.82
2010	8	先玉335和中科11	抽雄期	5.7	278.7	4.17	5	4 202.00	414.45	286.31	700.76
2010	8	先玉335和中科11	抽雄期	5.7	279.0	4.39	5	5 065.32	501.07	305.89	806.96
2010	8	先玉335和中科11	抽雄期	5.7	281.3	4.89	5	5 208.57	529.83	349.07	878.91
2010	8	先玉335和中科11	抽雄期	5.7	283.0	4.19	5	4 622.20	472.48	310.09	782.57
2010	9	先玉335和中科11	成熟期	5.7	247.5	—	5	—	424.95	183.76	1 283.03
2010	9	先玉335和中科11	成熟期	5.7	231.0	—	5	—	483.59	200.51	1 696.75
2010	9	先玉335和中科11	成熟期	5.7	250.0	—	5	—	514.3	192.88	1 159.66
2010	9	先玉335和中科11	成熟期	5.7	245.0	—	5	—	454.3	126.20	1 335.23
2010	9	先玉335和中科11	成熟期	5.7	227.0	—	5	—	361.4	171.20	1 553.23
2010	9	先玉335和中科11	成熟期	5.7	215.0	—	5	—	423.5	117.65	1 678.29
2011	7	先玉335	五叶期-拔节期	4.1	66.0	0.25	6	125.51	7.17	12.31	19.48
2011	7	先玉335	五叶期-拔节期	4.1	69.4	0.24	6	100.93	5.48	8.99	14.46
2011	7	先玉335	五叶期-拔节期	4.1	64.2	0.24	6	103.08	5.87	9.20	15.07
2011	7	先玉335	五叶期-拔节期	4.1	65.0	0.25	6	100.94	5.99	9.82	15.81
2011	7	先玉335	五叶期-拔节期	4.1	68.0	0.23	6	110.12	6.32	10.33	16.65
2011	7	先玉335	五叶期-拔节期	4.1	69.2	0.25	6	111.34	6.93	10.91	17.84
2011	7	先玉335	拔节期	4.1	147.7	1.77	6	1 325.67	54.57	78.49	133.06

（续）

年份	月份	作物品种	作物生育 时期	密度 [(株或穴)/m²]	群体高度 (cm)	叶面积 指数	调查株 (穴)数	地上部总鲜重 (g/m²)	茎干重 (g/m²)	叶干重 (g/m²)	地上部总干重 (g/m²)
2011	7	先玉335	拔节期	4.1	147.3	1.78	6	1 325.67	44.12	76.26	120.38
2011	7	先玉335	拔节期	4.1	142.3	1.81	6	1 312.00	41.58	81.21	122.79
2011	7	先玉335	拔节期	4.1	147.3	1.64	6	1 257.33	38.16	70.15	108.31
2011	7	先玉335	拔节期	4.1	141.7	1.52	6	1 175.33	42.37	69.04	111.41
2011	7	先玉335	拔节期	4.1	149.8	1.61	6	1 325.67	49.92	74.98	124.90
2011	8	先玉335	抽雄期	4.1	267.7	3.08	6	3 785.67	402.29	189.80	592.09
2011	8	先玉335	抽雄期	4.1	282.3	3.38	6	3 758.33	418.41	186.07	604.48
2011	8	先玉335	抽雄期	4.1	276.2	2.76	6	3 225.33	370.00	166.01	536.01
2011	8	先玉335	抽雄期	4.1	283.7	3.29	6	3 457.67	356.26	192.48	548.74
2011	8	先玉335	抽雄期	4.1	293.0	3.18	6	4 018.00	352.65	201.08	553.73
2011	8	先玉335	抽雄期	4.1	280.0	3.20	6	3 471.33	396.39	191.80	588.19
2011	9	先玉335	成熟期	4.1	279.7	—	6	4 250.00	—	—	1 507.72
2011	9	先玉335	成熟期	4.1	275.2	—	6	4 417.02	—	—	1 609.62
2011	9	先玉335	成熟期	4.1	281.3	—	6	3 827.16	—	—	1 341.24
2011	9	先玉335	成熟期	4.1	267.0	—	6	3 200.00	—	—	1 176.70
2011	9	先玉335	成熟期	4.1	262.5	—	6	3 961.90	—	—	1 389.22
2011	9	先玉335	成熟期	4.1	273.6	—	6	4 975.85	—	—	1 794.86
2012	7	336和 雷奥1号	五叶期-拔节期	5.7	79.0	0.64	5	272.82	9.5	17.64	27.12
2012	7	336和 雷奥1号	五叶期-拔节期	5.7	77.6	0.73	5	295.11	9.68	18.79	28.47
2012	7	336和 雷奥1号	五叶期-拔节期	5.7	77.6	0.75	5	319.00	11.01	20.41	31.42
2012	7	336和 雷奥1号	五叶期-拔节期	5.7	78.2	0.69	5	300.43	10.40	19.14	29.55
2012	7	336和 雷奥1号	五叶期-拔节期	5.7	76.2	0.60	5	242.89	8.39	15.93	24.32
2012	7	336和 雷奥1号	五叶期-拔节期	5.7	76.4	0.62	5	264.49	9.61	17.53	27.15
2012	7	336和 雷奥1号	拔节期	5.7	147.0	2.31	5	1 806.79	69.34	111.95	181.29
2012	7	336和 雷奥1号	拔节期	5.7	154.3	2.17	5	1 848.39	70.50	104.79	175.29
2012	7	336和 雷奥1号	拔节期	5.7	141.3	2.07	5	1 696.28	65.84	97.58	163.42

（续）

年份	月份	作物品种	作物生育时期	密度 [（株或穴）/m²]	群体高度 (cm)	叶面积指数	调查株（穴）数	地上部总鲜重 (g/m²)	茎干重 (g/m²)	叶干重 (g/m²)	地上部总干重 (g/m²)
2012	7	336 和雷奥1号	拔节期	5.7	140.7	2.13	5	1 546.03	58.07	102.92	160.99
2012	7	336 和雷奥1号	拔节期	5.7	140.3	2.19	5	1 586.06	59.28	97.96	157.23
2012	7	336 和雷奥1号	拔节期	5.7	137.0	2.10	5	1 553.84	54.77	90.64	145.41
2012	8	336 和雷奥1号	抽雄期	5.7	328.3	5.29	5	4 678.93	392.00	224.00	616.00
2012	8	336 和雷奥1号	抽雄期	5.7	312.7	5.49	5	5 131.73	396.20	226.40	698.07
2012	8	336 和雷奥1号	抽雄期	5.7	323.7	5.35	5	4 584.60	396.00	226.40	735.60
2012	8	336 和雷奥1号	抽雄期	5.7	302.7	4.88	5	3 848.80	320.73	188.67	603.73
2012	8	336 和雷奥1号	抽雄期	5.7	321.0	5.24	5	4 188.40	358.47	207.53	660.33
2012	8	336 和雷奥1号	抽雄期	5.7	300.7	5.78	5	5 189.33	410.67	242.67	821.33
2012	9	336 和雷奥1号	成熟期	5.7	295.3	—	5	4 926.00	—	—	1 927.86
2012	9	336 和雷奥1号	成熟期	5.7	300.8	—	5	4 794.37	—	—	1 963.36
2012	9	336 和雷奥1号	成熟期	5.7	291.0	—	5	4 081.63	—	—	1 599.01
2012	9	336 和雷奥1号	成熟期	5.7	292.0	—	5	4 440.79	—	—	1 856.84
2012	9	336 和雷奥1号	成熟期	5.7	285.2	—	5	4 171.95	—	—	1 600.42
2012	9	336 和雷奥1号	成熟期	5.7	301.8	—	5	4 578.71	—	—	1 923.67
2013	7	伟科702	五叶期-拔节期	5.3	78.0	0.46	6	198.87	5.44	13.39	18.83
2013	7	伟科702	五叶期-拔节期	5.3	80.0	0.50	6	223.80	5.58	14.27	19.86
2013	7	伟科702	五叶期-拔节期	5.3	81.0	0.60	6	268.90	7.58	16.71	24.29
2013	7	伟科702	五叶期-拔节期	5.3	76.0	0.44	6	203.45	6.04	13.76	19.80
2013	7	伟科702	五叶期-拔节期	5.3	79.0	0.48	6	223.43	5.95	14.75	20.71
2013	7	伟科702	五叶期-拔节期	5.3	76.0	0.47	6	208.48	5.53	13.59	19.12
2013	7	伟科702	拔节期	5.3	141.0	1.79	6	1 263.75	54.63	80.33	134.96

（续）

年份	月份	作物品种	作物生育时期	密度 [（株或穴）/m²]	群体高度 (cm)	叶面积指数	调查株(穴)数	地上部总鲜重 (g/m²)	茎干重 (g/m²)	叶干重 (g/m²)	地上部总干重 (g/m²)
2013	7	伟科702	拔节期	5.3	128.0	1.51	6	882.82	36.61	57.88	94.48
2013	7	伟科702	拔节期	5.3	143.0	1.80	6	1 218.42	54.93	76.59	131.51
2013	8	伟科702	抽雄期	5.3	254.0	4.37	6	4 726.35	366.51	196.22	677.50
2013	8	伟科702	抽雄期	5.3	255.0	4.54	6	5 166.62	429.71	211.68	766.01
2013	8	伟科702	抽雄期	5.3	245.0	4.40	6	5 108.60	427.52	215.32	777.70
2013	8	伟科702	抽雄期	5.3	242.0	4.37	6	4 345.28	373.86	206.56	659.25
2013	8	伟科702	抽雄期	5.3	243.0	4.60	6	5 777.57	498.82	238.32	880.05
2013	8	伟科702	抽雄期	5.3	255.0	4.39	6	5 833.52	530.16	222.19	903.90
2013	9	伟科702	成熟期	5.3	225.5	—	6	—	—	—	1 382.28
2013	9	伟科702	成熟期	5.3	226.7	—	6	—	—	—	1 497.03
2013	9	伟科702	成熟期	5.3	229.3	—	6	—	—	—	1 119.77
2013	9	伟科702	成熟期	5.3	240.8	—	6	—	—	—	1 253.66
2013	9	伟科702	成熟期	5.3	215.8	—	6	—	—	—	1 318.45
2013	9	伟科702	成熟期	5.3	227.8	—	6	—	—	—	1 316.22
2014	7	农华101	五叶期-拔节期	5.4	68.1	0.23	6	5.4	68.1	0.23	6
2014	7	农华101	五叶期-拔节期	5.4	75.7	0.27	6	5.4	75.7	0.27	6
2014	7	农华101	五叶期-拔节期	5.4	73.5	0.28	6	5.4	73.5	0.28	6
2014	7	农华101	五叶期-拔节期	5.4	70.3	0.23	6	5.4	70.3	0.23	6
2014	7	农华101	五叶期-拔节期	5.4	71.6	0.27	6	5.4	71.6	0.27	6
2014	7	农华101	五叶期-拔节期	5.4	70.3	0.25	6	5.4	70.3	0.25	6
2014	7	农华101	拔节期	5.4	139.0	2.18	6	5.4	139.0	2.18	6
2014	7	农华101	拔节期	5.4	139.2	1.92	6	5.4	139.2	1.92	6
2014	7	农华101	拔节期	5.4	144.0	1.98	6	5.4	144.0	1.98	6
2014	7	农华101	拔节期	5.4	147.0	2.24	6	5.4	147.0	2.24	6
2014	7	农华101	拔节期	5.4	148.0	2.03	6	5.4	148.0	2.03	6
2014	7	农华101	拔节期	5.4	139.0	2.13	6	5.4	139.0	2.13	6
2014	8	农华101	抽雄期	5.4	308.3	4.33	6	5.4	308.3	4.33	6
2014	8	农华101	抽雄期	5.4	305.7	3.94	6	5.4	305.7	3.94	6
2014	8	农华101	抽雄期	5.4	312.0	3.72	6	5.4	312.0	3.72	6
2014	8	农华101	抽雄期	5.4	303.0	3.95	6	5.4	303.0	3.95	6
2014	8	农华101	抽雄期	5.4	303.3	4.36	6	5.4	303.3	4.36	6
2014	8	农华101	抽雄期	5.4	301.0	3.71	6	5.4	301.0	3.71	6

（续）

年份	月份	作物品种	作物生育时期	密度 [（株或穴）/m²]	群体高度 (cm)	叶面积指数	调查株（穴）数	地上部总鲜重 (g/m²)	茎干重 (g/m²)	叶干重 (g/m²)	地上部总干重 (g/m²)
2014	9	农华101	成熟期	5.4	287.5	—	—	5.4	287.5	—	—
2014	9	农华101	成熟期	5.4	279.3	—	—	5.4	279.3	—	—
2014	9	农华101	成熟期	5.4	280.7	—	—	5.4	280.7	—	—
2014	9	农华101	成熟期	5.4	279.8	—	—	5.4	279.8	—	—
2014	9	农华101	成熟期	5.4	292.5	—	—	5.4	292.5	—	—
2014	9	农华101	成熟期	5.4	262.7	—	—	5.4	262.7	—	—
2015	7	先玉335	五叶期-拔节期	5.1	73.8	0.37	6	186.07	7.06	12.46	19.52
2015	7	先玉335	五叶期-拔节期	5.1	70.4	0.29	6	157.68	6.13	10.96	17.09
2015	7	先玉335	五叶期-拔节期	5.1	70.3	0.33	6	145.98	5.68	10.11	15.79
2015	7	先玉335	五叶期-拔节期	5.1	72.1	0.35	6	171.24	6.60	11.84	18.44
2015	7	先玉335	五叶期-拔节期	5.1	74.7	0.38	6	187.24	7.04	12.90	19.94
2015	7	先玉335	五叶期-拔节期	5.1	77.0	0.35	6	180.22	7.18	12.40	19.57
2015	7	先玉335	拔节期	5.1	131.7	1.78	6	1 209.61	41.07	75.06	116.13
2015	7	先玉335	拔节期	5.1	134.0	1.73	6	1 288.44	45.54	76.67	122.21
2015	7	先玉335	拔节期	5.1	138.0	1.79	6	1 279.86	41.81	77.27	119.08
2015	7	先玉335	拔节期	5.1	136.0	1.79	6	1 231.03	39.75	78.59	118.34
2015	7	先玉335	拔节期	5.14	133.3	1.81	6	1 224.35	39.41	77.44	116.85
2015	7	先玉335	拔节期	5.1	136.0	1.83	6	1 320.05	43.18	82.69	125.86
2015	8	先玉335	抽雄期	5.14	289.3	4.16	6	4 865.87	514.00	239.87	908.07
2015	8	先玉335	抽雄期	5.1	278.7	4.35	6	5 054.33	496.87	274.13	925.20
2015	8	先玉335	抽雄期	5.1	282.0	4.17	6	4 865.87	514.00	257.00	925.20
2015	8	先玉335	抽雄期	5.1	282.3	4.40	6	5 619.73	462.60	257.00	890.93
2015	8	先玉335	抽雄期	5.1	280.3	4.09	6	5 294.20	462.60	239.87	805.27
2015	8	先玉335	抽雄期	5.1	269.3	4.17	6	4 763.07	445.47	239.87	805.27
2015	9	先玉335	成熟期	5.4	267.5	—	6	—	516.90	185.28	1 736.56
2015	9	先玉335	成熟期	5.4	287.3	—	6	—	797.60	215.28	1 941.45
2015	9	先玉335	成熟期	5.4	258.5	—	6	—	843.22	242.78	2 268.79
2015	9	先玉335	成熟期	5.4	263.0	—	6	—	390.00	140.00	1 178.96
2015	9	先玉335	成熟期	5.4	261.2	—	6	—	696.30	257.78	1 911.57
2015	9	先玉335	成熟期	5.4	286.8	—	6	—	567.19	215.28	1 710.53
2016	7	北丰268	五叶期-拔节期	6.40	66.30	0.37	6.00	211.83	9.77	13.63	23.40
2016	7	北丰268	五叶期-拔节期	5.20	60.30	0.41	6.00	146.95	6.64	9.87	16.50

（续）

年份	月份	作物品种	作物生育时期	密度[（株或穴）/m²]	群体高度（cm）	叶面积指数	调查株（穴）数	地上部总鲜重（g/m²）	茎干重（g/m²）	叶干重（g/m²）	地上部总干重（g/m²）
2016	7	北丰268	五叶期-拔节期	6.32	65.40	0.45	6.00	221.64	7.31	11.00	18.30
2016	7	北丰268	五叶期-拔节期	5.20	65.20	0.47	6.00	164.57	10.36	11.64	22.00
2016	7	北丰268	五叶期-拔节期	5.28	63.60	0.42	6.00	150.55	6.76	10.04	16.80
2016	7	北丰268	五叶期-拔节期	5.52	68.30	0.46	6.00	177.79	8.93	11.83	20.77
2016	7	北丰268	拔节期	6.40	127.67	2.33	6.00	1 365.33	26.50	38.14	64.64
2016	7	北丰268	拔节期	5.20	126.00	2.31	6.00	1 119.73	24.27	41.13	65.40
2016	7	北丰268	拔节期	6.32	125.33	2.10	6.00	1 175.52	22.12	36.72	58.84
2016	7	北丰268	拔节期	5.20	122.00	2.07	6.00	1 024.40	20.47	31.20	51.67
2016	7	北丰268	拔节期	5.28	119.00	1.92	6.00	1 015.52	21.26	32.35	53.61
2016	7	北丰268	拔节期	5.52	129.00	1.95	6.00	971.52	17.41	30.97	48.37
2016	8	北丰268	抽雄期	6.40	253.33	4.99	6.00	4 785.07	547.26	228.39	775.66
2016	8	北丰268	抽雄期	5.20	249.67	4.33	6.00	3 380.00	372.11	162.17	534.28
2016	8	北丰268	抽雄期	6.32	266.67	5.98	6.00	5 890.24	564.92	215.72	780.65
2016	8	北丰268	抽雄期	5.20	267.00	5.32	6.00	4 640.13	422.67	198.71	621.38
2016	8	北丰268	抽雄期	5.28	258.00	4.71	6.00	4 028.64	403.06	186.10	589.16
2016	8	北丰268	抽雄期	5.52	256.33	5.10	6.00	5 093.12	471.78	216.75	688.53
2016	9	北丰268	成熟期	6.40	244.33	—	6.00	—	—	—	1 538.70
2016	9	北丰268	成熟期	5.20	262.67	—	6.00	—	—	—	1 471.76
2016	9	北丰268	成熟期	6.32	256.00	—	6.00	—	—	—	1 799.56
2016	9	北丰268	成熟期	5.20	250.00	—	6.00	—	—	—	1 468.29
2016	9	北丰268	成熟期	5.28	259.50	—	6.00	—	—	—	1 586.34
2016	9	北丰268	成熟期	5.52	253.00	—	6.00	—	—	—	1 777.83
2017	7	登海685	五叶期-拔节期	4.88	70.40	0.49	6.00	111.75	3.53	5.3	8.8
2017	7	登海685	五叶期-拔节期	5.84	57.10	0.44	6.00	55.83	3.46	4.7	8.2
2017	7	登海685	五叶期-拔节期	5.75	68.60	0.55	6.00	100.97	4.60	6.5	11.1
2017	7	登海685	五叶期-拔节期	4.63	63.00	0.35	6.00	58.21	2.91	4.1	7.0
2017	7	登海685	五叶期-拔节期	5.67	68.75	0.53	6.00	91.35	4.64	6.1	10.7
2017	7	登海685	五叶期-拔节期	5.02	61.20	0.37	6.00	61.74	3.03	4.1	7.2
2017	7	登海685	拔节期	4.88	117.67	1.13	6.00	580.33	16.74	32.5	49.3
2017	7	登海685	拔节期	5.84	100.67	1.10	6.00	541.17	20.26	49.8	70.1
2017	7	登海685	拔节期	5.75	115.67	1.35	6.00	674.78	20.14	48.9	69.1
2017	7	登海685	拔节期	4.63	107.67	0.94	6.00	542.86	18.02	34.8	52.9

（续）

年份	月份	作物品种	作物生育时期	密度[（株或穴）/m²]	群体高度(cm)	叶面积指数	调查株（穴）数	地上部总鲜重(g/m²)	茎干重(g/m²)	叶干重(g/m²)	地上部总干重(g/m²)
2017	7	登海685	拔节期	5.67	104.33	1.11	6.00	616.06	21.51	45.1	66.7
2017	7	登海685	拔节期	5.02	113.33	1.14	6.00	566.56	17.80	36.9	54.7
2017	8	登海685	抽雄期	4.88	231.33	2.27	6.00	2 348.91	253.30	122.1	375.4
2017	8	登海685	抽雄期	5.84	255.33	2.88	6.00	3 223.68	321.71	162.0	483.7
2017	8	登海685	抽雄期	5.75	254.00	3.05	6.00	3 451.92	337.22	176.4	513.6
2017	8	登海685	抽雄期	4.63	276.00	2.60	6.00	2 742.54	281.86	140.2	422.1
2017	8	登海685	抽雄期	5.67	248.67	2.87	6.00	2 633.11	256.89	139.8	396.7
2017	8	登海685	抽雄期	5.02	276.00	2.75	6.00	3 064.47	309.81	162.3	472.1
2017	9	登海685	成熟期	4.88	260.83	—	6.00	—	—	—	1 907.5
2017	9	登海685	成熟期	5.84	267.67	—	6.00	—	—	—	1 706.4
2017	9	登海685	成熟期	5.75	260.83	—	6.00	—	—	—	2 104.3
2017	9	登海685	成熟期	4.63	277.83	—	6.00	—	—	—	2 265.5
2017	9	登海685	成熟期	5.67	253.83	—	6.00	—	—	—	1 574.9
2017	9	登海685	成熟期	5.02	278.83	—	6.00	—	—	—	2 024.9

2012年成熟期无法测定，2013年、2014年、2015年成熟期叶面积指数和地上总鲜重、茎干重、叶干重无法测定，2016年和2017年收获期叶面积指数、茎干重、叶干重未测定。

夏玉米五叶期-拔节期地上部总鲜重2009—2013年先增后减，再增加再减少，2015—2017年先略微增加再大幅减少；群体高度2009—2013年先增加后减少，再逐渐增加，2015—2017年减少；茎干重、叶干重与地上部总干重在2009—2013年先增加后减少，再增加再减少，2015—2017年呈减少趋势（图3-52）。

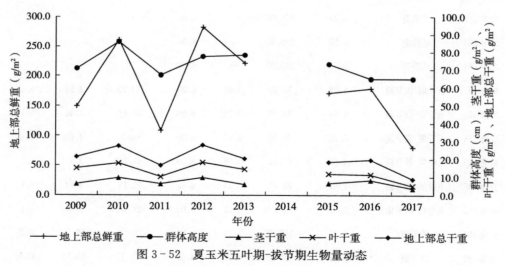

图3-52　夏玉米五叶期-拔节期生物量动态

夏玉米五叶期-拔节期叶面积指数在2009—2013年先增加后减少，再增加再减少，2015—2017年略微增加；密度在2009—2013年先增加后减少，再增加再减少，2015—2017年先增加后减少（图3-53）。

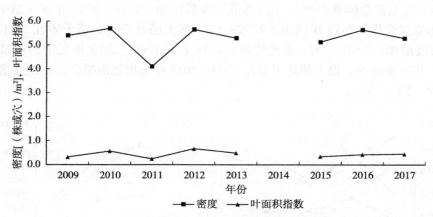

图 3-53 夏玉米五叶期-拔节期叶面积与生物量动态

　　夏玉米拔节期地上部总鲜重、叶干重及地上部总干重在 2009—2013 年先增加后减少，再增加再减少，2015—2017 年整体呈减少趋势；群体高度 2009—2013 年无明显变化，2014—2017 年逐渐减少；茎干重 2009—2013 年先减少后增加，再减少，2015—2017 年逐渐减少（图 3-54）。

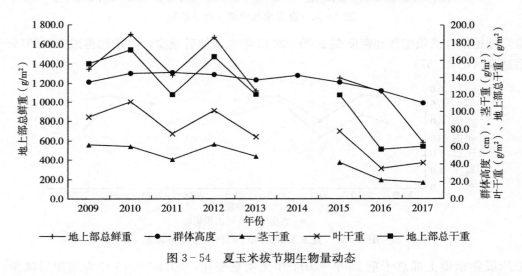

图 3-54 夏玉米拔节期生物量动态

　　夏玉米拔节期叶面积指数在 2009—2016 年无明显变化，2017 年降低；密度在 2009—2012 年先略微升高后减少，再增加，2012—2017 年无明显变化（图 3-55）。

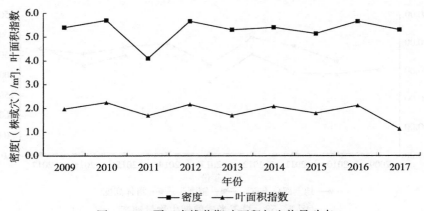

图 3-55 夏玉米拔节期叶面积与生物量动态

夏玉米抽雄期地上部总鲜重 2009—2013 年先减少后增加，2015—2017 年连续减少；群体高度在 2009—2012 年无明显变化，2013 年减少，2015—2017 年无明显变化；茎干重在 2009—2013 年先增加后减少，再缓慢增加，2015—2017 年连续减少；叶干重 2009—2013 年先增加后减少，再逐渐增加，2015—2017 年逐渐减少；地上部总干重在 2009—2013 年先增加后减少，再连续增加，在 2015—2017 年连续减少（图 3-56）。

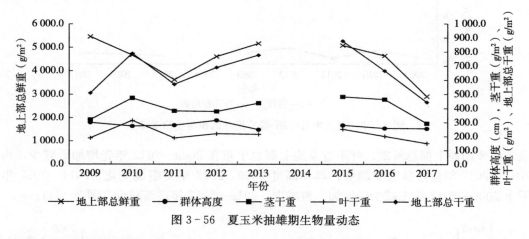

图 3-56　夏玉米抽雄期生物量动态

夏玉米抽雄期叶面积指数和密度在 2009—2013 年先增加后减少，再增加再减少，2015—2017 年先增加后减少（图 3-57）。

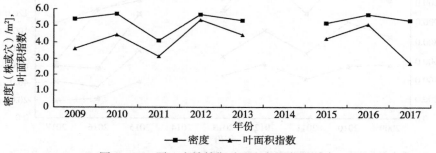

图 3-57　夏玉米抽雄期叶面积与生物量动态

夏玉米成熟期地上部总干重 2009—2011 年无明显变化，2011—2013 年先增加后减少，2015—2017 年先减少后增加；密度 2009—2017 年无明显变化；群体高度 2010—2012 年增加，2012—2016 年先减少后增加再逐渐减少，2017 年略有增加（图 3-58）。

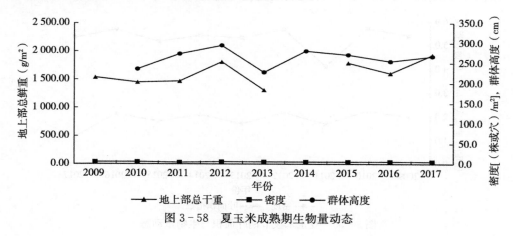

图 3-58　夏玉米成熟期生物量动态

3.1.9　农田土壤微生物生物量碳季节动态

3.1.9.1　概述

本数据集包括栾城站 2009—2015 年不同生长季 10 个长期监测样地的观测数据。每 5 年观测 2 个季节动态变化。

3.1.9.2　数据采集和处理方法

土壤本身异质性大，土壤微生物生存条件复杂，因此取样的代表性和可比性尤为重要，土壤样品采集的原则包括：①保证取样的代表性；②选择适当的取样时间；③选择统一的采样时间和采样深度，保证可比性；④适宜的采集量；⑤保证样品纯度和活性。

采样样方、采样点需要进行标记，用 GPS 进行定点并记录，便于长期比较，以及降低前后取样的空间干扰。

野外采集的新鲜土样应尽快运回实验室，立即挑出石砾、植物残体和根系、土壤动物（如蚯蚓等），将剔除杂物后的土样迅速过 2 mm 的筛，充分混匀。

目前常用氯仿熏蒸提取法测定土壤微生物生物量碳。

3.1.9.3　数据质量控制和评估

（1）室内分析环节的质量控制

严格检查实验环境条件、仪器和各种实验耗材的性能和状态、试剂和药品纯度、分析人员的实验素质、所采取的分析方法等，同时对室内分析方法以及每一个环节进行详细记录（鲍士旦，1999；鲁如坤，1999）。

（2）数据录入过程的质量控制

及时记录数据并进行审核和检查，运用统计分析方法对观测数据进行初步分析，以便及时发现监测工作存在的问题，及时与质量负责人取得联系，以进一步核实测定结果的准确性。发现数据缺失和可疑数据时，及时进行必要的补测和重测。

（3）数据质量评估

将所获取的数据与各项辅助信息数据以及历史数据信息进行比较，评价数据的正确性、一致性、完整性、可比性和连续性，经过站长和数据管理员审核认定，批准上报。

3.1.9.4　数据使用方法和建议

土壤微生物种类繁多，功能各异，具有极其丰富的多样性，是调控生物地球化学循环过程和维持生态系统功能的关键驱动者。研究土壤微生物群落生物量动态和结构组成，有助于人们深入认识生态系统物质循环和能量流动，揭示生态系统功能变化及其稳定性机制，从而应对土地退化、生态系统破坏、全球变暖等重大全球性环境问题。土壤微生物生物量是表征微生物群落总体大小的定量概念，从群体总量上测定总质量不仅可以提供土壤微生物整体的变化情况，还可以避免微生物群体和种类数量难以测定等问题带来的不确定性。

3.1.9.5　数据

农田土壤微生物生物量碳季节动态见表 3-22。

表 3-22　农田土壤微生物生物量碳季节动态

日期（年-月-日）	样地名称	土壤微生物生物量碳（mg/kg）
2009-11-03	栾城站水土生联合长期观测采样地	94.5
2009-11-03	栾城站水土生联合长期观测采样地	107.5
2009-11-03	栾城站水土生联合长期观测采样地	120.6

（续）

日期（年-月-日）	样地名称	土壤微生物生物量碳（mg/kg）
2009 - 11 - 03	土壤生物监测辅助观测场（有机循环长期定位试验）-空白	53.4
2009 - 11 - 03	土壤生物监测辅助观测场（有机循环长期定位试验）-空白	68.3
2009 - 11 - 03	土壤生物监测辅助观测场（有机循环长期定位试验）-空白	69.0
2009 - 11 - 03	土壤生物监测辅助观测场（有机循环长期定位试验）-施用化肥＋秸秆还田地	82.4
2009 - 11 - 03	土壤生物监测辅助观测场（有机循环长期定位试验）-施用化肥＋秸秆还田地	54.1
2009 - 11 - 03	土壤生物监测辅助观测场（有机循环长期定位试验）-施用化肥＋秸秆还田地	75.8
2009 - 11 - 03	土壤生物监测辅助观测场（有机循环长期定位试验）-施用化肥	103.4
2009 - 11 - 03	土壤生物监测辅助观测场（有机循环长期定位试验）-施用化肥	75.8
2009 - 11 - 03	土壤生物监测辅助观测场（有机循环长期定位试验）-施用化肥	99.2
2009 - 11 - 03	聂家庄西土壤生物长期观测采样地	73.86
2009 - 11 - 03	聂家庄西土壤生物长期观测采样地	55.58
2009 - 11 - 03	聂家庄西土壤生物长期观测采样地	74.99
2009 - 11 - 03	聂家庄东土壤生物长期观测采样地	107.20
2009 - 11 - 03	聂家庄东土壤生物长期观测采样地	97.64
2009 - 11 - 03	聂家庄东土壤生物长期观测采样地	131.78
2009 - 11 - 03	范台土壤生物长期观测采样地	67.04
2009 - 11 - 03	范台土壤生物长期观测采样地	105.06
2009 - 11 - 03	范台土壤生物长期观测采样地	71.04
2010 - 04 - 10	栾城站水土生联合长期观测采样地	141.59
2010 - 04 - 10	栾城站水土生联合长期观测采样地	110.78
2010 - 04 - 10	栾城站水土生联合长期观测采样地	144.47
2010 - 04 - 10	土壤生物监测辅助观测场（有机循环长期定位试验）-空白	108.30
2010 - 04 - 10	土壤生物监测辅助观测场（有机循环长期定位试验）-空白	72.95
2010 - 04 - 10	土壤生物监测辅助观测场（有机循环长期定位试验）-空白	81.22
2010 - 04 - 10	土壤生物监测辅助观测场（有机循环长期定位试验）-施用化肥＋秸秆还田地	125.66
2010 - 04 - 10	土壤生物监测辅助观测场（有机循环长期定位试验）-施用化肥＋秸秆还田地	87.05
2010 - 04 - 10	土壤生物监测辅助观测场（有机循环长期定位试验）-施用化肥＋秸秆还田地	77.21
2010 - 04 - 10	土壤生物监测辅助观测场（有机循环长期定位试验）-施用化肥	123.63

（续）

日期（年-月-日）	样地名称	土壤微生物生物量碳 （mg/kg）
2010 - 04 - 10	土壤生物监测辅助观测场（有机循环长期定位试验）-施用化肥	102.00
2010 - 04 - 10	土壤生物监测辅助观测场（有机循环长期定位试验）-施用化肥	117.45
2010 - 04 - 10	聂家庄西土壤生物长期观测采样地	87.78
2010 - 04 - 10	聂家庄西土壤生物长期观测采样地	92.99
2010 - 07 - 10	聂家庄西土壤生物长期观测采样地	87.78
2010 - 04 - 10	聂家庄东土壤生物长期观测采样地	103.77
2010 - 04 - 10	聂家庄东土壤生物长期观测采样地	109.92
2010 - 04 - 10	聂家庄东土壤生物长期观测采样地	103.77
2010 - 04 - 10	范台土壤生物长期观测采样地	44.12
2010 - 04 - 10	范台土壤生物长期观测采样地	116.88
2010 - 04 - 10	范台土壤生物长期观测采样地	88.78
2010 - 07 - 10	栾城站水土生联合长期观测采样地	78.05
2010 - 07 - 10	栾城站水土生联合长期观测采样地	88.13
2010 - 07 - 10	栾城站水土生联合长期观测采样地	75.54
2010 - 07 - 10	土壤生物监测辅助观测场（有机循环长期定位试验）-空白	65.23
2010 - 07 - 10	土壤生物监测辅助观测场（有机循环长期定位试验）-空白	83.17
2010 - 07 - 10	土壤生物监测辅助观测场（有机循环长期定位试验）-空白	83.99
2010 - 07 - 10	土壤生物监测辅助观测场（有机循环长期定位试验）-施用化肥＋秸秆还田地	67.91
2010 - 07 - 10	土壤生物监测辅助观测场（有机循环长期定位试验）-施用化肥＋秸秆还田地	67.91
2010 - 07 - 10	土壤生物监测辅助观测场（有机循环长期定位试验）-施用化肥＋秸秆还田地	82.82
2010 - 07 - 10	土壤生物监测辅助观测场（有机循环长期定位试验）-施用化肥	76.45
2010 - 07 - 10	土壤生物监测辅助观测场（有机循环长期定位试验）-施用化肥	115.08
2010 - 07 - 10	土壤生物监测辅助观测场（有机循环长期定位试验）-施用化肥	97.38
2010 - 07 - 10	聂家庄西土壤生物长期观测采样地	78.85
2010 - 07 - 10	聂家庄西土壤生物长期观测采样地	58.13
2010 - 07 - 10	聂家庄西土壤生物长期观测采样地	25.75
2010 - 07 - 10	聂家庄东土壤生物长期观测采样地	92.90
2010 - 07 - 10	聂家庄东土壤生物长期观测采样地	59.78
2010 - 07 - 10	聂家庄东土壤生物长期观测采样地	75.94
2010 - 07 - 10	范台土壤生物长期观测采样地	88.11

（续）

日期（年-月-日）	样地名称	土壤微生物生物量碳（mg/kg）
2010 - 07 - 10	范台土壤生物长期观测采样地	56.70
2010 - 07 - 10	范台土壤生物长期观测采样地	72.02
2010 - 10 - 02	栾城站水土生联合长期观测采样地	83.38
2010 - 10 - 02	栾城站水土生联合长期观测采样地	109.36
2010 - 10 - 02	栾城站水土生联合长期观测采样地	101.71
2010 - 10 - 02	土壤生物监测辅助观测场（有机循环长期定位试验）-空白	75.50
2010 - 10 - 02	土壤生物监测辅助观测场（有机循环长期定位试验）-空白	95.14
2010 - 10 - 02	土壤生物监测辅助观测场（有机循环长期定位试验）-空白	77.13
2010 - 10 - 02	土壤生物监测辅助观测场（有机循环长期定位试验）-施用化肥＋秸秆还田地	90.60
2010 - 10 - 02	土壤生物监测辅助观测场（有机循环长期定位试验）-施用化肥＋秸秆还田地	91.70
2010 - 10 - 02	土壤生物监测辅助观测场（有机循环长期定位试验）-施用化肥＋秸秆还田地	72.65
2010 - 10 - 02	土壤生物监测辅助观测场（有机循环长期定位试验）-施用化肥	67.20
2010 - 10 - 02	土壤生物监测辅助观测场（有机循环长期定位试验）-施用化肥	80.62
2010 - 10 - 02	土壤生物监测辅助观测场（有机循环长期定位试验）-施用化肥	82.48
2010 - 10 - 02	聂家庄西土壤生物长期观测采样地	94.15
2010 - 10 - 02	聂家庄西土壤生物长期观测采样地	82.15
2010 - 10 - 02	聂家庄西土壤生物长期观测采样地	91.27
2010 - 10 - 02	聂家庄东土壤生物长期观测采样地	138.20
2010 - 10 - 02	聂家庄东土壤生物长期观测采样地	101.62
2010 - 10 - 02	聂家庄东土壤生物长期观测采样地	130.40
2010 - 10 - 02	范台土壤生物长期观测采样地	104.82
2010 - 10 - 02	范台土壤生物长期观测采样地	66.37
2010 - 10 - 02	范台土壤生物长期观测采样地	80.52
2015 - 01 - 30	栾城站水土生联合长期观测采样地	285.7
2015 - 01 - 30	栾城站水土生联合长期观测采样地	356.8
2015 - 01 - 30	栾城站水土生联合长期观测采样地	229.5
2015 - 01 - 30	栾城站水土生联合长期观测采样地	265.7
2015 - 01 - 30	栾城站水土生联合长期观测采样地	387.0
2015 - 01 - 30	栾城站水土生联合长期观测采样地	280.0
2015 - 04 - 17	栾城站水土生联合长期观测采样地	134.52

农田生态系统卷

（续）

日期（年-月-日）	样地名称	土壤微生物生物量碳 （mg/kg）
2015 - 04 - 17	栾城站水土生联合长期观测采样地	296.62
2015 - 04 - 17	栾城站水土生联合长期观测采样地	296.21
2015 - 04 - 17	栾城站水土生联合长期观测采样地	265.90
2015 - 04 - 17	栾城站水土生联合长期观测采样地	378.63
2015 - 04 - 17	栾城站水土生联合长期观测采样地	117.65
2015 - 04 - 17	聂家庄窑坑土壤生物长期观测采样地	161.19
2015 - 04 - 17	聂家庄窑坑土壤生物长期观测采样地	150.70
2015 - 04 - 17	聂家庄窑坑土壤生物长期观测采样地	151.08
2015 - 04 - 17	聂家庄牛场土壤生物长期观测采样地	148.92
2015 - 04 - 17	聂家庄牛场土壤生物长期观测采样地	187.50
2015 - 04 - 17	聂家庄牛场土壤生物长期观测采样地	177.65
2015 - 04 - 17	聂家庄东北土壤生物长期观测采样地	193.71
2015 - 04 - 17	聂家庄东北土壤生物长期观测采样地	322.61
2015 - 04 - 17	聂家庄东北土壤生物长期观测采样地	160.23
2015 - 07 - 19	栾城站水土生联合长期观测采样地	377.38
2015 - 07 - 19	栾城站水土生联合长期观测采样地	343.99
2015 - 07 - 19	栾城站水土生联合长期观测采样地	471.30
2015 - 07 - 19	栾城站水土生联合长期观测采样地	382.74
2015 - 07 - 19	栾城站水土生联合长期观测采样地	427.29
2015 - 07 - 19	栾城站水土生联合长期观测采样地	447.30
2015 - 07 - 19	土壤生物监测辅助观测场（有机循环长期定位试验）-空白	301.80
2015 - 07 - 19	土壤生物监测辅助观测场（有机循环长期定位试验）-空白	298.03
2015 - 07 - 19	土壤生物监测辅助观测场（有机循环长期定位试验）-空白	274.40
2015 - 07 - 19	土壤生物监测辅助观测场（有机循环长期定位试验）-施用化肥＋秸秆还田地	406.17
2015 - 07 - 19	土壤生物监测辅助观测场（有机循环长期定位试验）-施用化肥＋秸秆还田地	403.12
2015 - 07 - 19	土壤生物监测辅助观测场（有机循环长期定位试验）-施用化肥＋秸秆还田地	393.88
2015 - 07 - 19	土壤生物监测辅助观测场（有机循环长期定位试验）-施用化肥	322.66
2015 - 07 - 19	土壤生物监测辅助观测场（有机循环长期定位试验）-施用化肥	336.24
2015 - 07 - 19	土壤生物监测辅助观测场（有机循环长期定位试验）-施用化肥	332.85
2015 - 07 - 19	聂家庄窑坑土壤生物长期观测采样地	313.32

（续）

日期（年-月-日）	样地名称	土壤微生物生物量碳（mg/kg）
2015 - 07 - 19	聂家庄窑坑土壤生物长期观测采样地	302.44
2015 - 07 - 19	聂家庄窑坑土壤生物长期观测采样地	396.36
2015 - 07 - 19	聂家庄牛场土壤生物长期观测采样地	581.45
2015 - 07 - 19	聂家庄牛场土壤生物长期观测采样地	438.10
2015 - 07 - 19	聂家庄牛场土壤生物长期观测采样地	499.37
2015 - 07 - 19	聂家庄东北土壤生物长期观测采样地	506.26
2015 - 07 - 19	聂家庄东北土壤生物长期观测采样地	507.11
2015 - 07 - 19	聂家庄东北土壤生物长期观测采样地	435.98
2015 - 10 - 28	栾城站水土生联合长期观测采样地	566.40
2015 - 10 - 28	栾城站水土生联合长期观测采样地	664.20
2015 - 10 - 28	栾城站水土生联合长期观测采样地	628.02
2015 - 10 - 28	栾城站水土生联合长期观测采样地	695.08
2015 - 10 - 28	栾城站水土生联合长期观测采样地	694.88
2015 - 10 - 28	栾城站水土生联合长期观测采样地	528.11
2015 - 10 - 28	土壤生物监测辅助观测场（有机循环长期定位试验）-空白	291.80
2015 - 10 - 28	土壤生物监测辅助观测场（有机循环长期定位试验）-空白	314.24
2015 - 10 - 28	土壤生物监测辅助观测场（有机循环长期定位试验）-空白	292.23
2015 - 10 - 28	土壤生物监测辅助观测场（有机循环长期定位试验）-施用化肥＋秸秆还田地	383.68
2015 - 10 - 28	土壤生物监测辅助观测场（有机循环长期定位试验）-施用化肥＋秸秆还田地	361.71
2015 - 10 - 28	土壤生物监测辅助观测场（有机循环长期定位试验）-施用化肥＋秸秆还田地	352.21
2015 - 10 - 28	土壤生物监测辅助观测场（有机循环长期定位试验）-施用化肥	471.04
2015 - 10 - 28	土壤生物监测辅助观测场（有机循环长期定位试验）-施用化肥	384.02
2015 - 10 - 28	土壤生物监测辅助观测场（有机循环长期定位试验）-施用化肥	418.88
2015 - 10 - 28	聂家庄窑坑土壤生物长期观测采样地	501.17
2015 - 10 - 28	聂家庄窑坑土壤生物长期观测采样地	554.17
2015 - 10 - 28	聂家庄窑坑土壤生物长期观测采样地	555.95
2015 - 10 - 28	聂家庄牛场土壤生物长期观测采样地	362.76
2015 - 10 - 28	聂家庄牛场土壤生物长期观测采样地	453.72
2015 - 10 - 28	聂家庄牛场土壤生物长期观测采样地	351.82
2015 - 10 - 28	聂家庄东北土壤生物长期观测采样地	482.51

（续）

日期（年-月-日）	样地名称	土壤微生物生物量碳（mg/kg）
2015 - 10 - 28	聂家庄东北土壤生物长期观测采样地	424.00
2015 - 10 - 28	聂家庄东北土壤生物长期观测采样地	464.66

范台土壤生物长期观测采样地土壤微生物生物量碳 2009 年与 2010 年相比变化不大，2010 年春秋季稍高，夏季略低（图 3 - 59）。

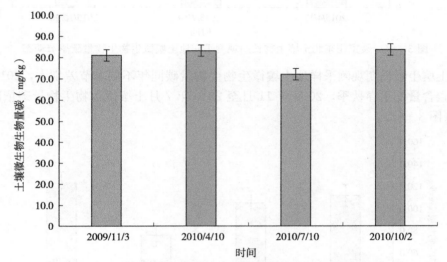

图 3 - 59　范台土壤生物长期观测采样地土壤微生物生物量碳季节动态

栾城站水土生联合长期观测采样地土壤微生物生物量碳 2010 年与 2015 年差别较大，2010 年 7 月土壤微生物生物量碳低于同年 4 月及 10 月，2015 年土壤微生物生物量碳季节变化大，从大到小依次为：10 月、7 月、1 月、4 月（图 3 - 60）。

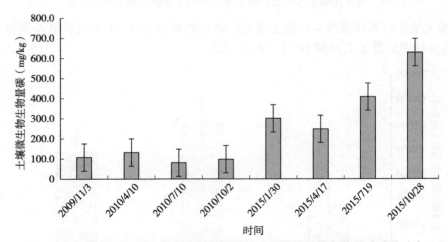

图 3 - 60　栾城站水土生联合长期观测采样地土壤微生物生物量碳季节动态

聂家庄东北土壤生物长期观测采样地土壤微生物生物量碳 2015 年季节间变化较大，7 月土壤微生物生物量碳明显大于 4 月，略高于 10 月（图 3 - 61）。

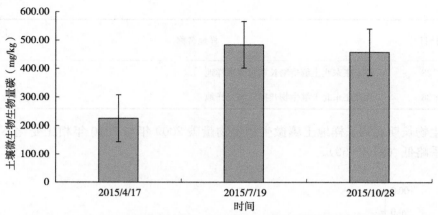

图 3-61　聂家庄东北土壤生物长期观测采样地土壤微生物生物量碳季节动态

　　聂家庄东土壤生物长期观测采样地土壤微生物生物量碳同年不同季节差别大，2010 年夏季土壤微生物生物量碳含量低于春秋季，2009 年 11 月至 2010 年 7 月土壤微生物生物量碳依次降低，2010年 10 月增加（图 3-62）。

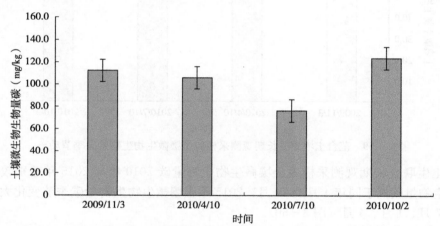

图 3-62　聂家庄东土壤生物长期观测采样地土壤微生物生物量碳季节动态

　　聂家庄牛场土壤生物长期观测采样地土壤微生物生物量碳 2015 年不同季节差别较大，其中 7 月含量最高，4 月含量明显低于 7 月和 10 月（图 3-63）。

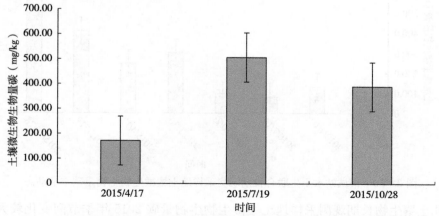

图 3-63　聂家庄牛场土壤生物长期观测采样地土壤微生物生物量碳季节动态

聂家庄西土壤生物长期观测采样地土壤微生物生物量碳2010年冬季高于2009年冬季，2010年
内不同季节间有差别，7月含量明显低于4月和10月（图3-64）。

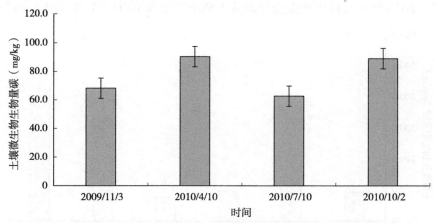

图3-64　聂家庄西土壤生物长期观测采样地土壤微生物生物量碳季节动态

聂家庄窑坑土壤生物长期观测采样地土壤微生物生物量碳2015年不同季节有明显不同，土壤微
生物生物量碳从大到小依次为10月、7月、4月（图3-65）。

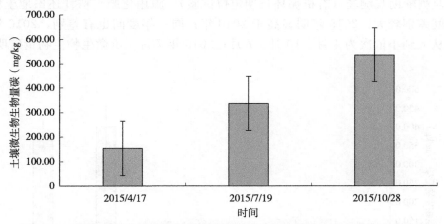

图3-65　聂家庄窑坑土壤生物长期观测采样地土壤微生物生物量碳季节动态

土壤生物监测辅助观测场（有机循环长期定位试验）-空白土壤微生物生物量碳年度间差别大，
2015年土壤微生物生物量碳明显高于2010年，但同一年不同季节间无明显差别（图3-66）。

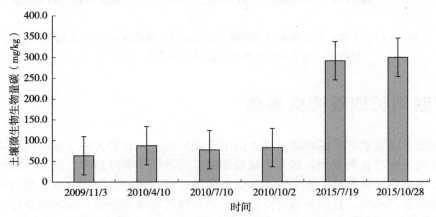

图3-66　土壤生物监测辅助观测场（有机循环长期定位试验）-空白土壤微生物生物量碳季节动态

　　土壤生物监测辅助观测场（有机循环长期定位试验）-施用化肥土壤微生物生物量碳不同年度间差别大，2015 年明显高于 2010 年；同一一年度间不同，2010 年土壤微生物生物量碳从大到小依次为 4月、7 月、10 月；2015 年土壤微生物生物量碳从大到小依次为 10 月、7 月（图 3-67）。

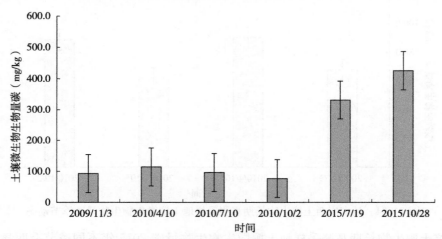

图 3-67　土壤生物监测辅助观测场（有机循环长期定位试验）-施用化肥土壤微生物生物量碳季节动态

　　土壤生物监测辅助观测场（有机循环长期定位试验）-施用化肥＋秸秆还田地土壤微生物生物量碳不同年度间差别较大，2015 年明显高于 2010 年；同一一年度间也有差别，2010 年土壤微生物生物量碳含量从大到小依次为 4 月、10 月、7 月；2015 年 7 月土壤微生物生物量碳明显大于 10 月（图 3-68）。

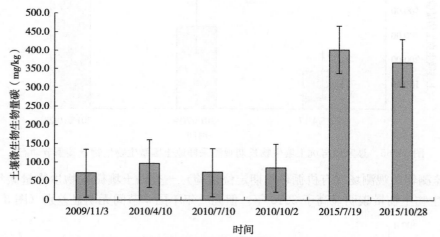

图 3-68　土壤生物监测辅助观测场（有机循环长期定位试验）-施用化肥＋
秸秆还田地土壤微生物生物量碳季节动态

3.2　土壤联网长期观测数据集

　　农田生态系统土壤要素的长期观测是在不同的空间尺度下，长期观测土壤结构、功能和重要生态学过程的长期变化。通过长期观测，建立土壤长期演变的数据库和样品库，研究土壤结构和功能的演变规律，分析土壤重要物质循环、能量流动和信息传递过程的研究机制，分析人为和环境因子对土壤结构和功能演变的驱动作用，提出土壤可持续利用和管理的策略和措施。在明确目标、统一观测方法和采样规范下，长期的数据观测有利于反映土壤各个要素的变化趋势，对于认识历史时期土壤养分的变化状况，以及未来农田土壤质量发展趋势预测都具有重要的参考价值。观测在综合观测场、辅助观测场和站区调查点进行，观测内容包括土壤交换量、土壤养分、土壤微量元素和重金属元素、土壤容重、长期试验土壤养分、肥料用量、作物产量和养分含量。

3.2.1　土壤交换量数据集

对比 2010 年，2015 年的土壤阳离子交换量呈现增长趋势，土壤阳离子交换量平均值的变化范围 2010 年为 13.18～16.04 mmol/kg，2015 年为 119.06～146.67 mmol/kg。其中各采样点，交换性 Ca^{2+}、Mg^{2+}、K^+ 和 Na^+ 平均值分别为 446.92～610.33 mmol/kg、31.02～37.97 mmol/kg、2.24～3.95 mmol/kg 和 2.18～4.55 mmol/kg。

3.2.1.1　概述

本数据集包括栾城站 2009—2017 年综合观测场、土壤生物监测辅助观测场和聂家庄西、聂家庄东和范台村等站区观测点的交换量数据，包括调查年份、取样时间、作物类型、取样深度以及交换性钙、交换性镁、交换性钾、交换性钠和阳离子交换量。观测频率为每 5 年 1 次。本数据集的数据主要取自 2010 年和 2015 年，土壤深度为 0～20 cm。

3.2.1.2　数据采集和处理方法

采用混合土样的采集方法采集土壤样品。在样方内采用"S"形布点法进行采样，每个样品采样点的个数为 6 个。将样地中 6 个采样点采集到的小土体土样风干后，分析土壤阳离子交换量。为加强数据质量控制，每个采样点设置了 6 次重复采样。

3.2.1.3　数据质量控制与评估

取样前，根据取样方案，对参与取样的人员进行集中技术培训，并固定采样人员，减少人为误差。取样后，调查人和记录人及时对原始记录进行核查，发现错误及时纠正。室内实验采用标准的测量方法、专业的实验人员进行实验操作，实验数据交接的时候，进行数据核查，保证数据质量。

3.2.1.4　数据使用方法和建议

土壤交换性能对植物营养和施肥有重大意义，能够调节土壤溶液的浓度，保证土壤溶液成分的多样性，同时还可以保持各种养分免于淋失。本数据可用于分析和评估土壤养分对地上植物生长的影响。

3.2.1.5　数据

（1）综合观测场

综合观测场土壤阳离子交换量数据见表 3 - 23。

表 3-23　综合测场土壤阳离子交换量

土壤类型：潮褐土　母质：洪积冲积物

年份	月份	作物	采样深度(cm)	交换性钙离子 [mmol/kg (1/2Ca²⁺)] 平均值	标准差	交换性镁离子 [mmol·kg (1/2Mg²⁺)] 平均值	标准差	交换性钾离子 [mmol/kg (K⁺)] 平均值	标准差	交换性钠离子 [mmol/kg (Na⁺)] 平均值	标准差	阳离子交换量 [mmol/kg (+)] 平均值	标准差
2010	9	玉米	0～20	446.92	24.90	35.23	1.96	3.29	0.07	4.55	0.95	14.64	1.03
2015	9	玉米	0～20									134.95	6.94

（2）其他观测场

其他观测场土壤生物采样地土壤阳离子交换量数据见表 3-24 至表 3-28。

表 3-24　辅助观测场土壤生物采样地土壤阳离子交换量（空白）

土壤类型：潮褐土　母质：洪积冲积物

年份	月份	作物	采样深度(cm)	交换性钙离子 [mmol/kg (1/2Ca²⁺)] 平均值	标准差	交换性镁离子 [mmol·kg (1/2Mg²⁺)] 平均值	标准差	交换性钾离子 [mmol/kg (K⁺)] 平均值	标准差	交换性钠离子 [mmol/kg (Na⁺)] 平均值	标准差	阳离子交换量 [mmol/kg (+)] 平均值	标准差
2010	9	玉米	0～20	512.63	109.84	38.21	0.86	2.31	0.15	6.87	0.17	13.18	0.52
2015	9	玉米	0～20									119.06	2.71

表 3-25　辅助观测场土壤生物采样地土壤长期采样地土壤阳离子交换量（化肥）

土壤类型：潮褐土　母质：洪积冲积物

年份	月份	作物	采样深度(cm)	交换性钙离子 [mmol/kg (1/2Ca²⁺)] 平均值	标准差	交换性镁离子 [mmol·kg (1/2Mg²⁺)] 平均值	标准差	交换性钾离子 [mmol/kg (K⁺)] 平均值	标准差	交换性钠离子 [mmol/kg (Na⁺)] 平均值	标准差	阳离子交换量 [mmol/kg (+)] 平均值	标准差
2010	9	玉米	0～20	515.83	44.97	31.02	2.66	2.93	0.20	2.40	0.04	13.41	0.33
2015	9	玉米	0～20									133.48	3.58

表 3 - 26　辅助观测场土壤生物长期观测采样地土壤阳离子交换量（化肥＋秸秆还田）

土壤类型：潮褐土　　母质：洪积冲积物

年份	月份	作物	采样深度 (cm)	交换性钙离子 [mmol/kg (1/2Ca²⁺)]		交换性镁离子 [mmol·kg (1/2Mg²⁺)]		交换性钾离子 [mmol/kg (K⁺)]		交换性钠离子 [mmol/kg (Na⁺)]		阳离子交换量 [mmol/kg (＋)]	
				平均值	标准差	平均值	标准差	平均值	标准差	平均值	标准差	平均值	标准差
2010	9	玉米	0～20									13.63	0.50
2015	9	玉米	0～20	488.71	20.47	33.80	2.79	2.24	0.14	2.49	0.40	123.36	2.24

表 3 - 27　2010 年站区调查点土壤生物采样地土壤阳离子交换量

土壤类型：潮褐土　　母质：洪积冲积物

年份	月份	采样点位置	作物	采样深度 (cm)	阳离子交换量 [mmol/kg (＋)]		
					平均值	重复数	标准差
2010	9	聂家庄西	玉米	0～20	13.57	6	0.41
2010	9	聂家庄东	玉米	0～20	14.89	6	0.20
2010	9	范台村	玉米	0～20	16.04	6	0.79

表 3 - 28　2015 年站区调查点土壤生物采样地土壤阳离子交换量

土壤类型：潮褐土　　母质：洪积冲积物

年份	月份	采样点位置	作物	采样深度 (cm)	交换性钙离子 [mmol/kg (1/2Ca²⁺)]		交换性镁离子 [mmol·kg (1/2Mg²⁺)]		交换性钾离子 [mmol/kg (K⁺)]		交换性钠离子 [mmol/kg (Na⁺)]		阳离子交换量 [mmol/kg (＋)]	
					平均值	标准差	平均值	标准差	平均值	标准差	平均值	标准差	平均值	标准差
2015	10	聂家庄窖坑	玉米	0～20	610.33	38.71	37.97	2.82	3.96	1.73	4.36	2.10	130.93	5.02
2015	10	聂家庄牛场	玉米	0～20	496.94	36.51	34.08	4.69	3.15	0.22	2.84	1.28	125.41	7.04
2015	10	聂家庄东北	玉米	0～20	493.31	25.07	37.08	2.00	3.33	0.58	2.18	0.30	146.67	6.79

3.2.2　土壤养分

3.2.2.1　概述

本数据集包括栾城站 2009—2017 年综合观测场、辅助观测场和站区观测点的养分数据（土壤有机质、全氮、全磷、全钾、速效氮、有效磷、速效钾、缓效钾、水溶液 pH），表层 0～20 cm 土壤取样频率为每年两次，分别在小麦和玉米收割完毕后。土壤剖面取样在 2010 年，取样深度分别为 0～10 cm、10～20 cm、20～40 cm、40～60 cm、60～100 cm。

3.2.2.2　数据采集和处理方法

土壤按层次采集时，取各层的中部，减少上下土壤混杂。而后混合采集样品，将样地中 6 个采样点的同一采样层次中采集到的小土体，均匀混合后成为该样地某土层的土壤样品。为加强数据质量控制，每个采样点设置了 6 次重复采样。

3.2.2.3　数据质量控制与评估

取样前，根据取样方案，对参与取样的人员进行集中技术培训，并固定采样人员，减少人为误差。取样后，调查人和记录人及时对原始记录进行核查，发现错误及时纠正。室内实验采用标准的测量方法、专业的实验人员进行实验操作，实验数据交接的时候进行数据核查，保证数据质量。

3.2.2.4　数据使用方法和建议

土壤养分是维持高等植物生长必需的元素，而对于植物生长需求来讲，养分的有效性相对于养分总量影响更大。对于农田来讲，了解土壤养分状况对土壤肥力评价、土壤养分管理以及土壤高效施肥均有重要的指导意义。

3.2.2.5　数据

由于不同处理间数据差别不大，因此以综合观测场的数据为主作图进行分析。其余数据仅以表格的形式呈现。综合来看 2009—2017 年 0～20 cm 土壤养分各项指标呈现年际波动（图 3-69 至图 3-71 及图 3-73、图 3-74），而有效磷呈现波动上升趋势（图 3-72）。其中有机质的变化范围在 14.57～23.45 g/kg，全氮在 1.15～1.46 g/kg。土壤速效养分中的速效氮、有效磷和速效钾的变化范围分别在 101.42～153.16 mg/kg、9.85～26.99 mg/kg 和 89.35～137.76 mg/kg。土壤水溶液 pH 在 8.1 和 8.4 之间波动上升。

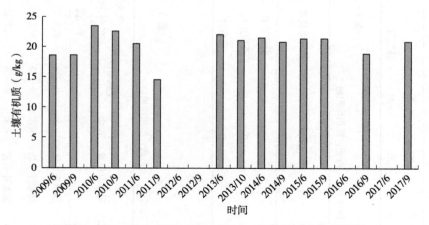

图 3-69　2009—2017 年 0～20 cm 土壤有机质变化特征

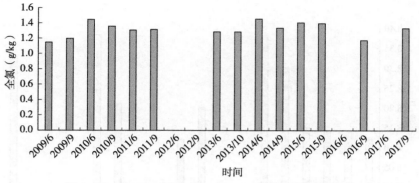

图 3-70　2009—2017 年 0～20 cm 土壤全氮变化特征

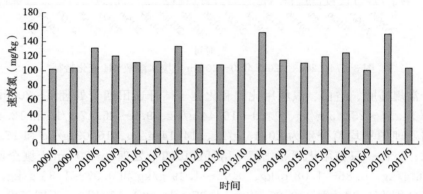

图 3-71　2009—2017 年 0～20 cm 土壤速效氮变化特征

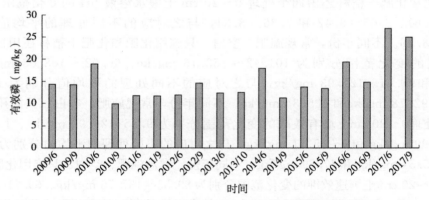

图 3-72　2009—2017 年 0～20 cm 土壤有效磷变化特征

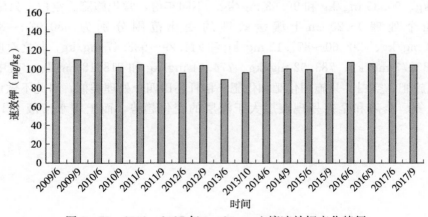

图 3-73　2009—2017 年 0～20 cm 土壤速效钾变化特征

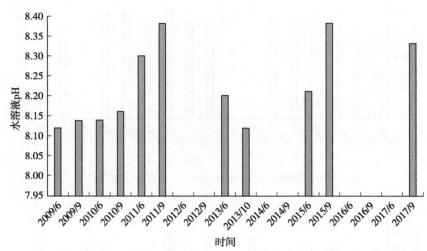

图 3-74 2009—2017 年 0～20 cm 土壤水溶液 pH 变化特征

不同年份，常规施肥、空白、只施用化肥和化肥＋秸秆还田四个处理 0～20 cm 土壤有机质的变化范围分别为 14.57～23.45 g/kg、9.29～16.44 g/kg、9.9～25.17 g/kg 和 12.4～20.15 g/kg，与之对应的不同处理的平均值分别为 20.45 g/kg、14.14 g/kg、16.03 g/kg 和 17.60 g/kg。不同年份，常规施肥、空白、只施用化肥和化肥＋秸秆还田四个处理 0～20 cm 土壤全氮的变化范围分别为 1.15～1.46 g/kg、0.86～1.08 g/kg、0.95～1.49 g/kg 和 0.97～1.36 g/kg，与之对应的不同处理的平均值分别为 1.32 g/kg、0.95 g/kg、1.07 g/kg 和 1.17 g/kg。不同年份，常规施肥、空白、只施用化肥和化肥＋秸秆还田四个处理 0～20 cm 土壤水溶液 pH 的变化范围分别为 8.12～8.38、8.18～8.61、8.05～8.42 和 7.86～8.34，与之对应的不同处理的平均值分别为 8.32、8.38、8.20 和 8.16。不同年份，常规施肥、空白、只施用化肥和化肥＋秸秆还田四个处理 0～20 cm 土壤速效氮的变化范围分别为 101.42～153.16 mg/kg、66.92～108.03 mg/kg、82.46～119.09 mg/kg 和 91.01～127.93 mg/kg，与之对应的不同处理的平均值分别为 118.35 mg/kg、83.79 mg/kg、92.78 mg/kg 和 105.34 mg/kg。不同年份，常规施肥、空白、只施用化肥和化肥＋秸秆还田四个处理 0～20 cm 土壤有效磷的变化范围分别为 9.85～26.99 mg/kg、1.88～3.29 mg/kg、9.83～34.99 mg/kg 和 9～35.11 mg/kg，与之对应的不同处理的平均值分别为 15.20 mg/kg、2.64 mg/kg、15.51 mg/kg 和 17.59 mg/kg。不同年份，常规施肥、空白、只施用化肥和化肥＋秸秆还田四个处理 0～20 cm 土壤速效钾的变化范围分别为 89.35～137.76 mg/kg、69.71～94.37 mg/kg、76.50～106.40 mg/kg 和 82.78～112.87 mg/kg，与之对应的不同处理的平均值分别为 106.41 mg/kg、84.54 mg/kg、90.35 mg/kg 和 99.63 mg/kg。不同年份，常规施肥、空白、只施用化肥和化肥＋秸秆还田四个处理 0～20 cm 土壤缓效钾的变化范围分别为 680.07～857.32 mg/kg、670.79～906.42 mg/kg、692.60～871.12 mg/kg 和 711.29～935.47 mg/kg，与之对应的不同处理的平均值分别为 785.77 mg/kg、783.02 mg/kg、774.44 mg/kg 和 818.18 mg/kg。其中站区调查点数据变化范围常规施肥、空白、只施用化肥和化肥＋秸秆还田四个处理类似，对此不做详细分析。土壤剖面有机质、全氮、全磷和全钾呈现表层大于深层的变化趋势，而土壤水溶液 pH 整个剖面变化不大。

（1）综合观测场

综合观测场土壤养分数据见表 3－29。

土壤类型：潮褐土　　母质：洪积冲积物

表 3－29　综合观测场土壤养分

年份	月份	作物	采样深度 (cm)	土壤有机质 (g/kg)		全氮 (g/kg)		全磷 (g/kg)		全钾 (g/kg)		速效氮 (mg/kg)		有效磷 (mg/kg)		速效钾 (mg/kg)		缓效钾 (mg/kg)		水溶液 pH	
				平均值	标准差	平均值	标准差	平均值	标准差	平均值	标准差	平均值	标准差	平均值	标准差	平均值	标准差	平均值	标准差	平均值	标准差
2009	6	小麦	0~20	18.63	1.09	1.15	0.06	—	—	—	—	102.01	7.05	14.24	3.28	112.88	4.53	—	—	8.12	0.08
2009	9	玉米	0~20	18.66	1.06	1.2	0.22	—	—	—	—	103.77	6.3	14.14	3.67	110.44	6.51	837.96	45.29	8.14	0.15
2010	6	小麦	0~20	23.45	1.37	1.45	0.05	—	—	—	—	131.3	4.36	18.84	4.11	137.76	21.24	745.74	48.85	8.14	0.02
2010	9	玉米	0~20	22.57	1.49	1.36	0.07	—	—	—	—	120.38	8.44	9.85	1.57	102.24	6.97	746.64	82.76	8.16	0.04
2010	10	玉米	0~10	22.70	1.9	1.52	0.11	0.96	0.12	17.35	1.56	—	—	—	—	—	—	—	—	8.21	0.03
2010	10	玉米	10~20	15.00	1.5	1.08	0.06	0.87	0.02	16.83	0.79	—	—	—	—	—	—	—	—	8.31	0.03
2010	10	玉米	20~40	7.75	1.9	0.61	0.11	0.62	0.05	16.90	0.64	—	—	—	—	—	—	—	—	8.35	0.06
2010	10	玉米	40~60	5.48	1.07	0.44	0.04	0.49	0.01	16.67	0.71	—	—	—	—	—	—	—	—	8.39	0.05
2010	10	玉米	60~100	5.32	0.8	0.43	0.06	0.47	0.01	18.62	2.3	—	—	—	—	—	—	—	—	8.31	0.02
2011	6	小麦	0~20	20.51	1.06	1.31	0.04	—	—	—	—	111.42	3.2	11.68	2.21	105.14	4.62	812.2	17.79	8.3	0.06
2011	9	玉米	0~20	14.57	0.97	1.32	0.09	—	—	—	—	112.87	7.91	11.62	2.7	115.84	9.95	764.42	23.95	8.38	0.03
2012	6	小麦	0~20	—	—	—	—	—	—	—	—	133.7	12.82	11.87	3.47	96	9.93	—	—	—	—
2012	9	玉米	0~20	—	—	—	—	—	—	—	—	108.03	4.8	14.57	4.43	104.09	8.98	—	—	—	—
2013	6	小麦	0~20	22.02	0.45	1.29	0.03	—	—	—	—	108.36	5.95	12.23	6.86	89.35	12.54	680.07	41.84	8.2	0.02
2013	10	玉米	0~20	21.08	0.44	1.29	0.02	—	—	—	—	116.67	4.7	12.38	3.39	96.74	8.47	789.74	55.53	8.12	0.03
2014	6	小麦	0~20	21.50	0.35	1.46	0.12	—	—	—	—	153.16	55.27	17.95	6.39	114.69	37.36	—	—	—	—
2014	9	玉米	0~20	20.81	0.56	1.34	0.06	—	—	—	—	115.21	6.5	11.18	3.46	100.54	7.57	—	—	—	—
2015	6	小麦	0~20	21.35	1.07	1.41	0.07	—	—	—	—	111.15	5.81	13.61	1.99	99.98	2.94	844.18	68.02	8.21	0.04
2015	9	玉米	0~20	21.37	1.56	1.4	0.09	—	—	—	—	119.98	7.67	13.36	4.60	95.57	15.66	779.43	60.57	8.38	0.05
2016	6	小麦	0~20	—	—	—	—	—	—	—	—	125.33	10.67	19.37	3.99	107.42	6.04	—	—	—	—
2016	9	玉米	0~20	18.9	2.14	1.18	0.15	—	—	—	—	101.42	16.04	14.74	2.72	106.07	3.16	—	—	—	—
2017	6	小麦	0~20	—	—	—	—	—	—	—	—	151.16	18.74	26.99	5.49	115.9	9.5	—	—	—	—
2017	9	玉米	0~20	20.85	0.48	1.34	0.04	—	—	—	—	104.41	5.88	24.91	5.63	104.68	11.57	857.32	36.23	8.33	0.06

（2）辅助观测场

辅助观测场土壤生物采样地土壤养分数据见表 3-30 至表 3-32。

表 3-30 辅助观测场土壤生物采样地（空白）土壤养分

土壤类型：潮褐土　母质：洪积冲积物

年份	月份	作物	采样深度 (cm)	土壤有机质 (g/kg)		全氮 (g/kg)		全磷 (g/kg)		全钾 (g/kg)		速效氮 (mg/kg)		有效磷 (mg/kg)		速效钾 (mg/kg)		缓效钾 (mg/kg)		水溶液 pH	
				平均值	标准差	平均值	标准差	平均值	标准差	平均值	标准差	平均值	标准差	平均值	标准差	平均值	标准差	平均值	标准差	平均值	标准差
2009	6	小麦	0~20	14.22	0.02	0.9	0.02	—	—	—	—	75.34	2.31	2.57	0.17	87.45	2.1	906.42	27.84	8.18	0.08
2009	9	玉米	0~20	14.32	0.19	0.86	0.03	—	—	—	—	86.28	4.1	2.5	0.25	91.76	1.22	854.62	2.72	8.23	0.02
2010	6	小麦	0~20	13.9	0.9	0.93	0.02	—	—	—	—	89.87	7.64	2.56	0.16	69.71	1.94	670.79	42.37	8.32	0.03
2010	9	玉米	0~20	16.44	0.99	1.08	0.06	—	—	—	—	84.35	4.03	2.93	0.18	84.78	0.74	760.08	45.61	8.31	0.04
2010	10	玉米	0~10	15.09	—	0.93	—	0.72	—	16.11	—	—	—	—	—	—	—	—	—	8.45	—
2010	10	玉米	10~20	12.91	—	0.83	—	0.73	—	16.81	—	—	—	—	—	—	—	—	—	8.52	—
2010	10	玉米	20~40	6.11	—	0.41	—	0.51	—	16.98	—	—	—	—	—	—	—	—	—	8.35	—
2010	10	玉米	40~60	5.55	—	0.35	—	0.45	—	16.05	—	—	—	—	—	—	—	—	—	8.38	—
2010	10	玉米	60~100	6.11	—	0.35	—	0.44	—	15.80	—	—	—	—	—	—	—	—	—	8.42	—
2011	6	小麦	0~20	14.71	0.66	0.94	0.01	—	—	—	—	84.09	2.71	2.66	0.3	86.32	4.89	776.99	33.05	8.55	0.03
2011	9	玉米	0~20	9.29	0.6	0.98	0.01	—	—	—	—	82.87	2.81	2.29	0.3	87.05	3.55	761.9	24.94	8.6	0.02
2012	6	小麦	0~20	—	—	—	—	—	—	—	—	108.03	2.3	3.29	0.15	76.79	0.83	—	—	—	—
2012	9	玉米	0~20	—	—	—	—	—	—	—	—	78.41	3.93	1.88	0.15	93.7	5.38	—	—	—	—
2013	6	小麦	0~10	14.71	0.42	1	0.05	—	—	—	—	76.1	3.81	2.66	0.33	82.34	4.55	722.5	40.38	8.18	0.03
2013	6	小麦	10~20	13.87	0.62	0.93	0.03	—	—	—	—	74.84	1.31	2.4	0.32	72.36	3.36	696.14	49.37	8.23	0.02
2013	10	玉米	0~20	14.24	0.39	0.9	0.03	—	—	—	—	82.65	31.5	2.33	0.3	81.82	1.69	726.01	20.76	8.21	—
2014	6	小麦	0~20	14.92	0.34	0.98	0.01	—	—	—	—	76.86	1.57	2.74	0.29	82.79	2.76	—	—	—	—
2014	10	玉米	0~20	15.1	0.34	0.98	0.01	—	—	—	—	80.64	3.15	2.21	0.54	91.67	2.05	—	—	—	—
2015	6	小麦	0~20	14.70	0.23	1.03	0.02	—	—	—	—	105.47	5.68	2.92	0.42	80.23	10.09	733.10	22.86	8.35	0.03
2015	9	玉米	0~20	13.44	0.26	0.91	0.03	—	—	—	—	75.44	3.73	1.99	0.19	77.00	5.57	753.00	91.41	8.61	0.02
2016	6	小麦	0~20	—	—	—	—	—	—	—	—	89.37	2.42	3.13	0.46	78.53	4.91	—	—	—	—
2016	9	玉米	0~20	14.11	0.14	0.89	0.02	—	—	—	—	71.29	0.87	2.53	0.59	91.87	1.8	—	—	—	—
2017	6	小麦	0~20	—	—	—	—	—	—	—	—	86.61	2.29	3.22	0.43	81.33	1.07	—	—	—	—
2017	9	玉米	0~20	14.19	0.87	0.96	0.06	—	—	—	—	66.92	5.7	3.17	0.53	94.37	3.7	887.3	20.16	8.47	0.04

表 3－31　辅助观测场土壤生物采样地（只施化肥）土壤养分

土壤类型：潮褐土　　母质：洪积冲积物

年份	月份	作物	采样深度 (cm)	土壤有机质 (g/kg) 平均值	标准差	全氮 (g/kg) 平均值	标准差	全磷 (g/kg) 平均值	标准差	全钾 (g/kg) 平均值	标准差	速效氮 (mg/kg) 平均值	标准差	有效磷 (mg/kg) 平均值	标准差	速效钾 (mg/kg) 平均值	标准差	缓效钾 (mg/kg) 平均值	标准差	水溶液 pH 平均值	标准差
2009	6	小麦	0~20	15.2	0.39	0.97	0	—	—	—	—	85.53	3.76	11.73	0.92	96.24	4.25	871.12	6.46	8.06	0.02
2009	9	玉米	0~20	14.73	0.24	0.95	0.02	—	—	—	—	86.54	0.89	12.66	3.8	97.61	7.01	814.02	27.92	8.08	0.05
2010	6	小麦	0~20	15.23	0.22	0.97	0.02	—	—	—	—	98.16	1.78	17.19	9.34	79.51	5.57	692.6	28.19	8.14	0
2010	9	玉米	0~20	25.17	0.93	1.49	0.09	—	—	—	—	88.87	3.42	14.05	2.87	88.38	3.05	789.54	23.59	8.12	0.01
2010	10	玉米	0~10	19.01	—	1.17	—	0.94	—	15.80	—	—	—	—	—	—	—	—	—	8.26	—
2010	10	玉米	10~20	17.74	—	1.12	—	0.95	—	19.21	—	—	—	—	—	—	—	—	—	8.29	—
2010	10	玉米	20~40	6.22	—	0.42	—	0.50	—	15.52	—	—	—	—	—	—	—	—	—	8.32	—
2010	10	玉米	40~60	5.76	—	0.40	—	0.43	—	15.39	—	—	—	—	—	—	—	—	—	8.33	—
2010	10	玉米	60~100	5.07	—	0.29	—	0.40	—	14.60	—	—	—	—	—	—	—	—	—	8.3	—
2011	6	小麦	0~20	15.38	0.22	1.02	0.02	—	—	—	—	93.65	4.85	13.33	4.27	96.86	1.95	788.14	16.13	8.33	0.03
2011	9	玉米	0~20	9.90	0.2	1.03	0.03	—	—	—	—	89.23	7.65	12.3	4.3	88.14	2.55	710.62	42.62	8.32	0.03
2012	6	小麦	0~20	—	—	1.01	0.04	—	—	—	—	113.33	4.16	13.67	4.52	76.5	2.43	—	—	—	—
2012	9	玉米	0~20	—	—	1.07	0.01	—	—	—	—	84.79	6.19	13.06	2.53	97.04	7.11	—	—	—	—
2013	6	小麦	0~10	15.64	0.89	1.06	0.04	—	—	—	—	83.91	4	21.85	14.51	80.02	4.5	649.64	185.12	8.13	0.08
2013	6	小麦	10~20	15.53	0.36	1.01	0.02	—	—	—	—	84.17	3.81	15.44	11.5	75.69	3.71	685.31	8.17	8.14	0.05
2013	10	玉米	0~20	15.73	0.77	1.01	0.04	—	—	—	—	85.17	2.86	17.62	2.74	85.89	5.81	716.94	43.36	8.05	0.01
2014	6	小麦	0~20	16.75	0.58	1.07	0.01	—	—	—	—	89.71	2.86	17.65	2.94	89.61	8.36	—	—	—	—
2014	10	玉米	0~20	16.65	0.32	1.11	0.02	—	—	—	—	86.69	0.87	14.12	1.37	98.31	6.2	—	—	—	—
2015	6	小麦	0~20	16.35	0.12	1.15	0.03	—	—	—	—	119.09	6.12	11.02	2.64	83.50	1.32	729.83	24.29	8.21	0.03
2015	9	玉米	0~20	14.77	0.61	1.05	0.03	—	—	—	—	85.03	5.04	9.83	0.97	83.67	6.43	773.00	34.39	8.42	0.02
2016	6	小麦	0~20	—	—	—	—	—	—	—	—	102.8	1.36	13.02	1.99	85.03	4.47	—	—	—	—
2016	9	玉米	0~20	16.16	0.16	1.04	0.01	—	—	—	—	82.46	2.35	10.57	2.18	95	3.75	—	—	—	—
2017	6	小麦	0~20	—	—	—	—	—	—	—	—	102.99	7.81	26.81	2.78	88.3	7.66	—	—	—	—
2017	9	玉米	0~20	16.4	0.2	1.07	0.04	—	—	—	—	83.29	4.98	34.99	2.2	106.4	4.88	858.6	29.34	8.22	0.06

表3-32 辅助观测场土壤生物采样地（化肥+秸秆还田）土壤养分

土壤类型：潮褐土　　母质：洪积冲积物

年份	月份	作物	采样深度(cm)	土壤有机质(g/kg) 平均值	标准差	全氮(g/kg) 平均值	标准差	全磷(g/kg) 平均值	标准差	全钾(g/kg) 平均值	标准差	速效氮(mg/kg) 平均值	标准差	有效磷(mg/kg) 平均值	标准差	速效钾(mg/kg) 平均值	标准差	缓效钾(mg/kg) 平均值	标准差	水溶液pH 平均值	标准差
2009	6	小麦	0~20	16.41	0.55	1.04	0.05	—	—	—	—	93.7	8.18	12.13	8.25	104.26	5.23	906.82	41.94	7.86	0.05
2009	9	玉米	0~20	16.47	0.43	1.08	0.04	—	—	—	—	97.6	2.49	9	2.44	101.08	3.52	901.98	32.47	8.08	0.04
2010	6	小麦	0~20	16.44	0.99	1.08	0.06	—	—	—	—	107.7	5.53	12.31	3.71	82.78	4.2	717.29	47.33	8.15	0.02
2010	9	玉米	0~20	15.23	0.22	0.97	0.02	—	—	—	—	98.41	5.71	20.63	3.79	103.62	5.54	789.26	18.64	8.14	0
2010	10	玉米	0~10	13.14	—	0.98	—	1.01	—	15.44	—	—	—	—	—	—	—	—	—	8.26	—
2010	10	玉米	10~20	13.83	—	0.89	—	0.87	—	15.85	—	—	—	—	—	—	—	—	—	8.29	—
2010	10	玉米	20~40	5.85	—	0.40	—	0.43	—	15.94	—	—	—	—	—	—	—	—	—	8.37	—
2010	10	玉米	40~60	6.36	—	0.44	—	0.50	—	15.94	—	—	—	—	—	—	—	—	—	8.39	—
2010	10	玉米	60~100	4.03	—	0.27	—	0.39	—	14.34	—	—	—	—	—	—	—	—	—	8.30	—
2011	6	小麦	0~20	18.14	0.16	1.17	0.04	—	—	—	—	98.31	4.34	18.69	5.92	100.66	8.49	837.22	29.78	8.25	0.03
2011	9	玉米	0~20	12.40	0.14	1.16	0.01	—	—	—	—	91.01	3.2	16.01	0.67	98.34	5.1	726.33	23.59	8.33	0.03
2012	6	小麦	0~20	—	—	—	—	—	—	—	—	127.67	1.15	11.98	1.7	91.84	7.64	—	—	—	—
2012	9	玉米	0~20	—	—	—	—	—	—	—	—	104.97	11.97	16.57	7.86	105.6	2.68	—	—	—	—
2013	6	小麦	0~10	18.54	2.33	1.16	0.12	—	—	—	—	97.52	9.83	17.33	7.01	93.24	4.18	764.76	55.05	8.17	0.09
2013	6	小麦	10~20	16.84	0.5	1.07	0.03	—	—	—	—	93.99	4.56	12.7	9.46	86.43	13.34	686.74	0.25	8.18	0.08
2013	10	玉米	0~20	17.26	0.13	1.12	0.04	—	—	—	—	95.51	3.41	21.97	0.64	100.42	3.52	752.74	62.22	7.99	0.02
2014	6	小麦	0~20	20.12	0.73	1.31	0.04	—	—	—	—	106.34	3.15	21.58	1.91	90.91	8.27	—	—	—	—
2014	10	玉米	0~20	19.00	0.44	1.25	0.02	—	—	—	—	99.03	2.73	17.24	1.12	107.93	6.83	—	—	—	—
2015	6	小麦	0~20	20.15	0.76	1.36	0.12	—	—	—	—	127.93	8.73	12.53	1.43	104.67	29.87	778.67	30.19	8.22	0.07
2015	9	玉米	0~20	18.63	1.19	1.23	0.09	—	—	—	—	104.46	6.20	13.15	7.41	90.67	9.61	836.00	40.36	8.34	0.03
2015	10	玉米	0~10	—	—	—	—	—	—	—	—	127.27	7.64	16.15	1.19	99.43	10.33	—	—	—	—
2016	6	小麦	0~20	19.03	1.51	1.17	0.08	—	—	—	—	92.13	1.74	10.21	4.05	95.93	15.29	—	—	—	—
2016	9	玉米	0~20	—	—	—	—	—	—	—	—	—	—	—	—	—	—	—	—	—	—
2017	6	小麦	0~20	—	—	—	—	—	—	—	—	127.43	20.96	35.11	19.58	102.6	7.75	—	—	—	—
2017	9	玉米	0~20	19.57	1.79	1.26	0.14	—	—	—	—	91.36	8.7	33.78	3.87	112.87	9.77	935.47	25.35	8.29	0.05

（3）站区调查点

站区调查点土壤生物采样地土壤养分数据见表 3-33 至表 3-39。

表 3-33　聂家庄西站区调查点土壤生物采样地土壤养分

土壤类型：潮褐土　　母质：洪积冲积物

年份	月份	作物	采样深度 (cm)	土壤有机质 (g/kg)		全氮 (g/kg)		全磷 (g/kg)		全钾 (g/kg)		速效氮 (mg/kg)		有效磷 (mg/kg)		速效钾 (mg/kg)		缓效钾 (mg/kg)		水溶液 pH	
				平均值	标准差	平均值	标准差	平均值	标准差	平均值	标准差	平均值	标准差	平均值	标准差	平均值	标准差	平均值	标准差	平均值	标准差
2009	6	小麦	0~20	24.57	1.36	1.48	0.06	—	—	—	—	132.88	5.15	33.52	6.21	181.81	9.29	—	—	8.02	0.04
2009	9	玉米	0~20	21.45	1.13	1.31	0.08	—	—	—	—	120.31	8.55	21.88	5.81	139.18	11.07	1042.58	48.76	7.95	0.06
2010	6	小麦	0~20	24.8	0.91	1.47	0.08	—	—	—	—	138.2	7.63	30.36	10.78	139.19	29.28	885.97	37.23	8.19	0.01
2010	9	玉米	0~20	22.74	0.69	1.36	0.05	—	—	—	—	122.26	3.76	19.12	5.4	131.42	15.7	937.58	29.91	8.14	0.03
2010	10	玉米	0~10	24.7	2.28	1.53	0.13	1.05	0.07	18.74	0.36	—	—	—	—	—	—	—	—	8.13	0.03
2010	10	玉米	10~20	20.15	1.43	1.28	0.09	0.96	0.03	19.21	0.9	—	—	—	—	—	—	—	—	8.25	0.04
2010	10	玉米	20~40	9.91	0.61	0.65	0.02	0.66	0.02	19	0.84	—	—	—	—	—	—	—	—	8.29	0.03
2010	10	玉米	40~60	6.42	0.19	0.45	0.01	0.51	0.04	19.46	0.32	—	—	—	—	—	—	—	—	8.26	0.02
2010	10	玉米	60~100	4.74	0.49	0.34	0.04	0.49	0.02	19.22	0.36	—	—	—	—	—	—	—	—	8.23	0.02
2011	6	小麦	0~20	24.59	2.11	1.56	0.17	—	—	—	—	131.65	9.84	43.99	9.55	192.6	13.07	995.48	25.71	8.13	0.05
2011	9	玉米	0~20	19.45	3.62	1.46	0.05	—	—	—	—	122.53	6.08	24.7	3.55	160.45	14.15	925.43	63.64	8.3	0.03
2012	6	小麦	0~20	—	—	—	—	—	—	—	—	128.85	4.1	27.68	7.32	145.71	5.27	—	—	—	
2012	9	玉米	0~20	—	—	—	—	—	—	—	—	120.04	6.6	18.47	4.82	133.52	11.68	—	—	—	
2013	6	小麦	0~20	24.98	0.87	1.48	0.05	—	—	—	—	124.48	4.68	21.03	5.72	130.87	17.01	819.8	39.63	8.19	0.03
2013	10	玉米	0~20	23.73	1.49	1.39	0.05	—	—	—	—	125.11	4.58	19.13	4.3	147.07	25.56	883.31	108.87	8.13	0.04

表 3-34　聂家庄东站区调查点土壤生物采样地土壤养分

土壤类型：潮褐土　　母质：洪积冲积物

年份	月份	作物	采样深度(cm)	土壤有机质(g/kg) 平均值	标准差	全氮(g/kg) 平均值	标准差	全磷(g/kg) 平均值	标准差	全钾(g/kg) 平均值	标准差	速效氮(mg/kg) 平均值	标准差	有效磷(mg/kg) 平均值	标准差	速效钾(mg/kg) 平均值	标准差	缓效钾(mg/kg) 平均值	标准差	水溶液pH 平均值	标准差
2009	6	小麦	0~20	25.81	0.81	1.59	0.06	—	—	—	—	143.51	2.4	47.83	7.53	132.64	6.76	—	—	8.04	0.03
2009	9	玉米	0~20	21.11	0.87	1.3	0.05	—	—	—	—	112.51	3.71	27	5.18	110.1	5.54	924.43	68.52	8.02	0.02
2010	6	小麦	0~20	23.61	1.06	1.43	0.09	—	—	—	—	144.73	4.27	38.75	8.85	117.9	13	807.73	102.7	8.16	0.03
2010	9	玉米	0~20	22.52	0.68	1.44	0.04	—	—	—	—	130.04	7.91	31.01	4.01	107.7	10.9	758.58	56.96	8.08	0.03
2010	10	玉米	0~20	12.37	8.39	0.78	0.5	0.69	0.29	18.12	0.93	—	—	—	—	—	—	—	—	8.17	0.09
2011	6	小麦	0~20	25.66	0.84	1.67	0.05	—	—	—	—	142.43	8.03	50.55	8.19	126.92	8.19	871.34	0.03	8.05	0.03
2011	9	玉米	0~20	20.55	1.44	1.31	0.04	—	—	—	—	111.91	6.06	11.53	1.94	130.61	8.63	809	40.25	8.38	0.03
2012	6	小麦	0~20	—	—	—	—	—	—	—	—	127.7	10.34	26.32	8.01	119.07	13.16	—	—	—	—
2012	9	玉米	0~20	—	—	—	—	—	—	—	—	126.04	5.67	14.57	4.43	126.09	9.14	—	—	—	—
2013	6	小麦	0~20	21.39	1.5	1.31	0.08	—	—	—	—	105.96	7.37	13.37	1.93	105.5	15.89	747.67	36.6	8.32	0.07
2013	10	玉米	0~20	22.51	0.91	1.38	0.06	—	—	—	—	118.31	4.05	18.49	3.3	99.5	6.11	762.08	22.27	8.21	0.04

表 3-35　范台站区调查点土壤生物采样地土壤养分

土壤类型：潮褐土　　母质：洪积冲积物

年份	月份	作物	采样深度(cm)	土壤有机质(g/kg) 平均值	标准差	全氮(g/kg) 平均值	标准差	全磷(g/kg) 平均值	标准差	全钾(g/kg) 平均值	标准差	速效氮(mg/kg) 平均值	标准差	有效磷(mg/kg) 平均值	标准差	速效钾(mg/kg) 平均值	标准差	缓效钾(mg/kg) 平均值	标准差	水溶液pH 平均值	标准差
2009	6	小麦	0~20	22.29	1.07	1.37	0.05	—	—	—	—	124.77	4.67	14.59	1.67	142.15	7.48	—	—	8.01	0.05
2009	9	玉米	0~20	21.42	1.59	1.32	0.1	—	—	—	—	114.21	11.59	11.14	2.28	135.18	7.59	—	—	7.96	0.08
2010	6	小麦	0~20	22.57	1.49	1.36	0.07	—	—	—	—	122.13	8.89	14.96	3.29	115.96	9.68	788.46	43.05	8.16	0.04
2010	9	玉米	0~20	18.6	0.99	1.24	0.1	—	—	—	—	116.74	5.33	9.25	2.15	115.64	9.33	782.21	80.22	8.16	0.02
2010	10	玉米	0~20	10.97	6.44	0.76	0.39	0.58	0.17	18.3	1.32	—	—	—	—	—	—	—	—	8.21	0.06
2011	6	小麦	0~20	20.47	1.09	1.32	0.06	—	—	—	—	117.92	12.49	14.57	2.98	117.19	8.28	842.19	26.08	8.21	0.06
2011	9	玉米	0~20	22.41	0.95	1.44	0.07	—	—	—	—	118.46	5.31	23.28	6.47	113.02	9.82	749.1	33.5	8.18	0.03

表 3-36　聂家庄北站区调查点土壤生物采样地土壤养分

土壤类型：潮褐土　　母质：洪积冲积物

年份	月份	作物	采样深度 (cm)	土壤有机质 (g/kg) 平均值	标准差	全氮 (g/kg) 平均值	标准差	速效氮 (mg/kg) 平均值	标准差	有效磷 (mg/kg) 平均值	标准差	速效钾 (mg/kg) 平均值	标准差	缓效钾 (mg/kg) 平均值	标准差	水溶液 pH 平均值	标准差
2012	6	小麦	0~20	—	—	—	—	144.55	20.06	39.13	15.5	108	11.5	—	—	—	—
2012	9	玉米	0~20	—	—	—	—	128.97	11.37	27.17	7.11	103.08	3.85	—	—	—	—
2013	6	小麦	0~20	24.09	1.5	1.49	0.09	123.1	10.24	30.9	5.93	100.77	13.18	744.24	18.14	8.24	0.05
2013	10	玉米	0~20	20.44	0.67	1.27	0.02	113.52	3.29	11.66	2.55	119.4	17.54	775.43	40.17	8.22	0.04
2014	6	小麦	0~20	24.41	0.44	1.54	0.04	133.35	2.76	30.71	5.48	91.46	5.43	—	—	—	—

表 3-37　聂家庄窑站区调查点土壤生物采样地土壤养分

土壤类型：潮褐土　　母质：洪积冲积物

年份	月份	作物	采样深度 (cm)	土壤有机质 (g/kg) 平均值	标准差	全氮 (g/kg) 平均值	标准差	速效氮 (mg/kg) 平均值	标准差	有效磷 (mg/kg) 平均值	标准差	速效钾 (mg/kg) 平均值	标准差	缓效钾 (mg/kg) 平均值	标准差	水溶液 pH 平均值	标准差
2014	6	小麦	0~20	24.61	0.57	1.58	0.02	120.19	22.01	—	5.7	130.88	9.45	—	—	—	—
2014	9	玉米	0~20	24.54	1.2	1.5	0.04	125.79	3.62	29.56	3.06	168.55	30.48	892.28	—	—	—
2015	6	小麦	0~20	24.70	0.12	1.56	0.01	126.79	6.44	26.18	8.06	165.85	85.23	901.65	136.98	8.24	0.04
2015	9	玉米	0~20	23.95	2.28	1.48	0.10	125.66	7.55	26.92	—	—	—	—	83.39	8.38	0.08
2015	10	玉米	0~10	12.89	8.32	0.88	0.52	—	—	—	—	—	—	—	—	—	—
2015	10	玉米	10~20	12.41	7.81	0.86	0.49	—	—	—	—	—	—	—	—	—	—
2015	10	玉米	20~40	11.71	7.91	0.81	0.48	—	—	—	—	—	—	—	—	—	—
2015	10	玉米	40~60	11.63	7.97	0.80	0.49	—	—	—	—	—	—	—	—	—	—
2015	10	玉米	60~100	11.54	8.06	0.80	0.49	—	—	—	—	—	—	—	—	—	—
2016	6	小麦	0~20	—	—	1.52	—	133.27	10.72	37.63	6.75	208.42	17.51	—	—	—	—
2016	9	玉米	0~20	24.91	0.65	1.52	0.04	130.66	4.54	26.83	1.92	200.67	22.16	—	—	—	—

表 3 - 38　聂家庄牛场站区调查点土壤生物采样地土壤养分

土壤类型：潮褐土　　母质：洪积冲积物

年份	月份	作物	采样深度(cm)	土壤有机质 (g/kg)		全氮 (g/kg)		速效氮 (mg/kg)		有效磷 (mg/kg)		速效钾 (mg/kg)		缓效钾 (mg/kg)		水溶液 pH	
				平均值	标准差	平均值	标准差	平均值	标准差	平均值	标准差	平均值	标准差	平均值	标准差	平均值	标准差
2014	9	玉米	0~20	15.11	0.91	0.98	0.07	76.96	3.26	13.27	0.92	89.55	7.37	—	—	—	—
2015	6	小麦	0~20	16.78	1.59	1.09	0.07	83.52	4.05	22.03	10.40	103.05	13.33	822.78	822.78	8.25	0.03
2015	9	玉米	0~20	17.94	2.03	1.18	0.10	101.43	8.29	29.43	18.32	100.75	14.63	809.25	57.43	8.42	0.03
2015	10	玉米	0~10	11.26	6.43	0.81	0.43	—	—	—	—	—	—	—	—	—	—
2015	10	玉米	10~20	10.57	5.82	0.78	0.39	—	—	—	—	—	—	—	—	—	—
2015	10	玉米	20~40	9.69	5.56	0.72	0.39	—	—	—	—	—	—	—	—	—	—
2015	10	玉米	40~60	9.57	5.64	0.71	0.39	—	—	—	—	—	—	—	—	—	—
2015	10	玉米	60~100	9.34	5.80	0.70	0.40	—	—	—	—	—	—	—	—	—	—
2016	6	小麦	0~20	—	—	—	—	103.3	8.67	20.25	5.83	95.35	9.67	—	—	—	—
2016	9	玉米	0~20	16.31	1.05	1	0.05	87.99	5.38	17.53	4.03	107.72	7.83	—	—	—	—
2017	6	小麦	0~20	—	—	—	—	113.55	15.08	30.8	8.48	92.95	7.03	—	—	—	—
2017	9	玉米	0~20	16.25	0.71	1.13	0.04	—	—	—	—	—	—	—	—	—	—

表 3 - 39　聂家庄东北站区调查点土壤生物采样地土壤养分

土壤类型：潮褐土　　母质：洪积冲积物

年份	月份	作物	采样深度(cm)	土壤有机质 (g/kg)		全氮 (g/kg)		速效氮 (mg/kg)		有效磷 (mg/kg)		速效钾 (mg/kg)		缓效钾 (mg/kg)		水溶液 pH	
				平均值	标准差	平均值	标准差	平均值	标准差	平均值	标准差	平均值	标准差	平均值	标准差	平均值	标准差
2014	6	小麦	0~20	22.55	0.54	1.44	0.04	119.75	5.97	18.02	8.06	167.39	41.79	—	—	—	—
2014	9	玉米	0~20	21.77	1.03	1.36	0.05	111.88	4.6	13.02	4.53	198.16	27.96	—	—	—	—
2015	9	玉米	0~20	21.98	2.20	1.42	0.12	117.58	7.13	16.44	6.21	113.40	27.12	856.60	83.24	8.38	0.06
2015	10	谷子	0~10	14.57	9.17	1.00	0.51	—	—	—	—	—	—	—	—	—	—
2015	10	谷子	10~20	13.54	8.23	0.94	0.44	—	—	—	—	—	—	—	—	—	—

（续）

年份	月份	作物	采样深度 (cm)	土壤有机质 (g/kg)		全氮 (g/kg)		速效氮 (mg/kg)		有效磷 (mg/kg)		速效钾 (mg/kg)		缓效钾 (mg/kg)		水溶液 pH	
				平均值	标准差	平均值	标准差	平均值	标准差	平均值	标准差	平均值	标准差	平均值	标准差	平均值	标准差
2015	10	谷子	20~40	13.10	8.37	0.88	0.44	—	—	—	—	—	—	—	—	—	—
2015	10	谷子	40~60	13.06	8.40	0.87	0.44	—	—	—	—	—	—	—	—	—	—
2015	10	谷子	60~100	13.00	8.44	0.87	0.45	—	—	—	—	—	—	—	—	—	—
2016	6	小麦	0~20	—	—	—	—	124.13	2.4	26.23	7.75	150.72	16.96	—	—	—	—
2016	9	玉米	0~20	22.23	0.75	1.41	0.05	121.12	3.17	10.23	2.72	168.73	25	—	—	—	—
2017	6	小麦	0~20	—	—	—	—	117.11	3.68	23.76	5.85	145.07	28.59	—	—	—	—
2017	9	玉米	0~20	19.55	1.47	1.41	0.06	98.48	6.46	17.35	3.7	120.52	18.14	941.15	53.07	8.25	0.05

3.2.3　土壤微量元素和重金属元素

3.2.3.1　概述

本数据集包括 2015 年小麦和夏玉米籽粒、根、茎和叶等部位的全硼、全锰、全锌和全铁等。

3.2.3.2　数据采集和处理方法

在 2015 年小麦和玉米收获前，取冬小麦和夏玉米籽粒、根、茎和叶等部位的样品，放置在信封中带回实验室，65 ℃杀青后，烘干，粉碎备用。

3.2.3.3　数据质量控制与评估

取样前，根据取样方案，对参与取样的人员进行集中技术培训，并固定采样人员，减少人为误差。取样后，调查人和记录人及时对原始记录进行核查，发现错误及时纠正。室内实验采用标准的测量方法、专业的实验人员进行实验操作，实验数据交接的时候进行数据核查，保证数据质量。

3.2.3.4　数据使用方法和建议

土壤微量元素在自然界广泛存在但含量很低，也是植物生长必需的矿质营养。由于微量元素在植物中多为酶、辅酶的组成成分和活化剂，它们的作用有很强的专一性，一旦缺乏，植物便不能正常生长，有时便成为作物产量和品质的限制因子，因而微量元素在农业生产中的作用在近年来已引起广泛关注。土壤重金属由于会在植物中累积，并在人体中不断积聚，从而影响人体健康，因此土壤重金属污染也是当前环境污染研究关注的重点。

3.2.3.5　数据

不同的植物对重金属的累积呈现出显著的差异。小麦不同部位之间硼累积量表现为：叶＞籽粒＞茎＞根；玉米不同部位之间硼累积量表现为：叶＞根＞籽粒＞茎。小麦不同部位全锰、全锌和全铁变化规律一致，具体累积量表现为：根＞叶＞籽粒＞茎；玉米不同部位全锰和全铁变化规律一致，具体累积量表现为：根＞叶＞茎＞籽粒；而全锌累积量表现为为：叶＞根＞茎＞籽粒。不同处理之间作物也呈现出显著的差异，整体来讲累积量表现为：空白处理＜化肥处理＜综合观测场＜化肥＋秸秆还田。

（1）综合观测场

综合观测场土壤微量元素数据见表 3-40。

表 3-40　综合观测场土壤微量元素

土壤类型：潮褐土　　　母质：洪积冲积物　　　　　　　　　　　　　　　　　　单位：mg/kg

年份	月份	作物	采样部位	全硼（B）		全锰（Mn）		全锌（Zn）		全铁（Fe）	
				平均值	标准差	平均值	标准差	平均值	标准差	平均值	标准差
2015	6	冬小麦	籽粒	8.03	5.26	31.21	1.61	31.13	2.22	0.05	0.01
2015	6	冬小麦	茎	6.86	1.92	11.32	1.82	6.19	2.3	0.11	0.02
2015	6	冬小麦	叶	10.49	2.73	76.16	9.29	29.04	4.08	0.98	0.22
2015	6	冬小麦	根	6.60	0.42	109.88	3.50	104.30	2.90	5.45	0.35
2015	9	夏玉米	籽粒	6.68	0.65	5.98	0.43	17.59	1.60	0.06	0.00
2015	9	夏玉米	茎	7.48	0.95	25.43	7.35	35.83	10.49	0.18	0.05
2015	9	夏玉米	叶	10.00	2.15	66.68	7.30	60.65	9.32	1.07	0.31
2015	9	夏玉米	根	8.12	0.60	88.48	13.51	52.02	6.97	4.47	0.88

（2）辅助观测场

辅助观测场土壤生物采样地土壤微量元素数据见表 3-41 至表 3-43。

表 3 - 41　辅助观测场土壤生物采样地（空白）土壤微量元素

土壤类型：潮褐土　　母质：洪积冲积物　　　　　　　　　　　　　　　　　　单位：mg/kg

年份	月份	作物	采样部位	全硼（B）		全锰（Mn）		全锌（Zn）		全铁（Fe）	
				平均值	标准差	平均值	标准差	平均值	标准差	平均值	标准差
2015	6	冬小麦	籽粒	5.20	0.30	22.77	0.60	59.32	5.92	0.06	0.01
2015	6	冬小麦	茎	7.62	1.17	8.00	2.14	17.43	1.62	0.09	0.01
2015	6	冬小麦	叶	13.68	2.42	36.45	4.23	47.98	7.02	1.08	0.34
2015	9	夏玉米	籽粒	7.17	1.54	3.87	0.03	17.13	0.88	0.06	0.00
2015	9	夏玉米	茎	8.97	1.07	27.05	2.21	80.58	16.20	0.53	0.21
2015	9	夏玉米	叶	13.15	4.70	65.67	3.23	67.63	13.20	0.15	0.12

表 3 - 42　辅助观测场土壤生物采样地（只施化肥）土壤微量元素

土壤类型：潮褐土　　母质：洪积冲积物　　　　　　　　　　　　　　　　　　单位：mg/kg

年份	月份	作物	采样部位	全硼（B）		全锰（Mn）		全锌（Zn）		全铁（Fe）	
				平均值	标准差	平均值	标准差	平均值	标准差	平均值	标准差
2015	6	冬小麦	籽粒	6.60	2.09	28.27	1.58	40.45	3.56	0.05	0.00
2015	6	冬小麦	茎	6.15	0.48	12.30	2.57	10.02	2.20	0.12	0.06
2015	6	冬小麦	叶	8.88	0.35	82.15	23.65	32.82	4.96	0.85	0.11
2015	9	夏玉米	籽粒	6.08	0.68	4.77	0.50	16.83	1.08	0.06	0.00
2015	9	夏玉米	茎	7.37	0.85	28.53	7.27	28.10	4.83	0.21	0.01
2015	9	夏玉米	叶	11.28	0.59	87.85	8.71	55.35	2.63	0.74	0.02

表 3 - 43　辅助观测场土壤生物采样地（化肥＋秸秆还田）土壤微量元素

土壤类型：潮褐土　　母质：洪积冲积物　　　　　　　　　　　　　　　　　　单位：mg/kg

年份	月份	作物	采样部位	全硼（B）		全锰（Mn）		全锌（Zn）		全铁（Fe）	
				平均值	标准差	平均值	标准差	平均值	标准差	平均值	标准差
2015	6	冬小麦	籽粒	7.82	2.39	27.92	0.99	39.63	2.78	0.03	0.03
2015	6	冬小麦	茎	7.2	1.25	14.03	2.33	8.56	0.89	0.12	0.06
2015	6	冬小麦	叶	12.73	1.51	115.22	29.87	42.63	9.72	1.15	0.35
2015	9	夏玉米	籽粒	6.60	0.35	4.73	0.50	16.33	1.10	0.07	0.01
2015	9	夏玉米	茎	6.92	1.15	22.50	7.18	29.07	5.22	0.22	0.11
2015	9	夏玉米	叶	13.17	1.37	70.00	11.41	39.30	6.88	0.84	0.10

（3）站区调查点

站区调查点土壤生物采样地土壤微量元素数据见表 3 - 44 至表 3 - 46。

表 3 - 44　聂家庄窑坑站区调查点土壤生物采样地土壤微量元素

土壤类型：潮褐土　　母质：洪积冲积物　　　　　　　　　　　　　　　　　　单位：mg/kg

年份	月份	作物	采样部位	全硼（B）		全锰（Mn）		全锌（Zn）		全铁（Fe）	
				平均值	标准差	平均值	标准差	平均值	标准差	平均值	标准差
2015	6	冬小麦	籽粒	7.43	1.91	34.72	2.16	30.79	3.94	0.05	0.01

(续)

年份	月份	作物	采样部位	全硼（B）		全锰（Mn）		全锌（Zn）		全铁（Fe）	
				平均值	标准差	平均值	标准差	平均值	标准差	平均值	标准差
2015	6	冬小麦	茎	5.90	0.67	14.34	2.84	8.05	1.77	0.11	0.05
2015	6	冬小麦	叶	9.33	0.52	74.11	4.93	26.33	4.27	0.81	0.07
2015	9	夏玉米	籽粒	6.38	0.88	6.25	0.50	23.07	5.75	0.06	0.01
2015	9	夏玉米	茎	7.17	0.80	23.46	2.29	47.83	12.44	0.19	0.05
2015	9	夏玉米	叶	12.81	2.19	61.91	20.70	110.58	23.39	0.78	0.36

表 3-45 聂家庄牛场站区调查点土壤生物采样地土壤微量元素

土壤类型：潮褐土　　母质：洪积冲积物　　　　　　　　　　　　　　　　　　单位：mg/kg

年份	月份	作物	采样部位	全硼（B）		全锰（Mn）		全锌（Zn）		全铁（Fe）	
				平均值	标准差	平均值	标准差	平均值	标准差	平均值	标准差
2015	6	冬小麦	籽粒	9.37	0.66	31.76	3.29	33.08	1.68	0.05	0.01
2015	6	冬小麦	茎	6.38	0.48	10.82	1.21	12.59	2.14	0.13	0.02
2015	6	冬小麦	叶	10.34	1.88	93.85	18.31	83.63	9.44	0.86	0.10
2015	9	夏玉米	籽粒	5.94	0.75	4.07	0.39	14.38	0.51	0..04	0.00
2015	9	夏玉米	茎	8.76	2.21	24.88	5.91	34.51	5.78	0.17	0.03
2015	9	夏玉米	叶	12.87	2.05	65.21	12.61	93.81	11.24	1.08	0.29

表 3-46 聂家庄东北站区调查点土壤生物采样地土壤微量元素

土壤类型：潮褐土　　母质：洪积冲积物　　　　　　　　　　　　　　　　　　单位：mg/kg

年份	月份	作物	采样部位	全硼（B）		全锰（Mn）		全锌（Zn）		全铁（Fe）	
				平均值	标准差	平均值	标准差	平均值	标准差	平均值	标准差
2015	6	冬小麦	籽粒	7.71	1.9	33.21	2.79	34.5	1.54	0.05	0.01
2015	6	冬小麦	茎	6.32	1.58	15.93	2.54	13.29	2.33	0.11	0.02
2015	6	冬小麦	叶	8.20	1.88	85.32	14.17	41.04	12.79	0.65	0.32

3.2.4　土壤容重

3.2.4.1　概述

本数据集包括 2010 年和 2015 年典型土壤剖面的容重。

3.2.4.2　数据采集和处理方法

在玉米收获后进行取样，方法为挖坑之后利用环刀法，取样间隔为 5 年，具体采样时间分别为
2010 年和 2015 年。

3.2.4.3　数据质量控制与评估

取样前，根据取样方案，对参与取样的人员进行集中技术培训，并固定采样人员，减少人
为误差。取样后，调查人和记录人对原始记录进行核查，发现错误及时纠正。室内实验采用标
准的测量方法、专业的实验人员进行实验操作，实验数据交接的时候，进行数据核查，保证数

据质量。

3.2.4.4　数据使用方法和建议

土壤容重是自然垒结状态下单位容积土体（包括土粒和孔隙）的质量或重量。它的数值大小受土壤质地、结构、有机质含量及各种自然因素和人工管理因素的影响。

3.2.4.5　数据

对整个土壤剖面而言，土壤容重呈现先增加后减小的趋势，其中土壤容重最大值在 10～40 cm 土层处出现，最小值在 0～10 cm 土层处。0～10 cm、10～20 cm、20～40 cm、40～60 cm 和 60～100 cm，不同采样点土壤容重的平均值的变化范围分别为 1.28～1.54 g/cm³、1.39～1.67 g/cm³、1.64～1.72 g/cm³、1.54～1.66 g/cm³ 和 1.54～1.64 g/cm³。2015 年综合观测场和空白采样地 0～20 cm 土壤容重较 2010 年减小，而只施化肥与化肥＋秸秆处理的变化趋势与之相反。

（1）综合观测场

综合观测场土壤容重数据见表 3 - 47。

表 3 - 47　综合观测场土壤容重

土壤类型：潮褐土　　母质：洪积冲积物

年份	月份	作物	采样深度（cm）	土壤容重（g/cm³）		
				平均值	重复数	标准差
2010	9	玉米	0～10	1.44	6	0.04
2010	9	玉米	10～20	1.65	6	0.03
2015	10	玉米	0～10	1.39	6	0.09
2015	10	玉米	10～20	1.62	6	0.13
2015	10	玉米	20～40	1.69	6	0.08
2015	10	玉米	40～60	1.64	6	0.14
2015	10	玉米	60～100	1.64	6	0.11

（2）辅助观测场

辅助观测场土壤生物采样地土壤容重数据见表 3 - 48 至表 3 - 50。

表 3 - 48　辅助观测场土壤生物采样地（空白）土壤容重

土壤类型：潮褐土　　母质：洪积冲积物

年份	月份	作物	采样深度（cm）	土壤容重（g/cm³）		
				平均值	重复数	标准差
2010	9	玉米	0～10	1.54	3	0.02
2010	9	玉米	10～20	1.61	3	0.03
2015	10	玉米	0～10	1.44	3	0.02
2015	10	玉米	10～20	1.59	3	0.12
2015	10	玉米	20～40	1.72	3	0.02
2015	10	玉米	40～60	1.66	3	0.03
2015	10	玉米	60～100	1.64	3	0.1

表 3-49　辅助观测场土壤生物采样地（只施化肥）土壤容重

土壤类型：潮褐土　　　母质：洪积冲积物

年份	月份	作物	采样深度（cm）	土壤容重（g/cm³）		
				平均值	重复数	标准差
2010	9	玉米	0～10	1.41	3	0.03
2010	9	玉米	10～20	1.39	3	0.13
2015	10	玉米	0～10	1.36	3	0.11
2015	10	玉米	10～20	1.65	3	0.10
2015	10	玉米	20～40	1.66	3	0.02
2015	10	玉米	40～60	1.63	3	0.09
2015	10	玉米	60～100	1.54	3	0.12

表 3-50　辅助观测场土壤生物采样地（化肥＋秸秆还田）土壤容重

土壤类型：潮褐土　　　母质：洪积冲积物

年份	月份	作物	采样深度（cm）	土壤容重（g/cm³）		
				平均值	重复数	标准差
2010	9	玉米	0～10	1.36	3	0.09
2010	9	玉米	10～20	1.47	3	0.08
2015	10	玉米	0～10	1.42	3	0.03
2015	10	玉米	10～20	1.44	3	0.02
2015	10	玉米	20～40	1.66	3	0.05
2015	10	玉米	40～60	1.66	3	0.04
2015	10	玉米	60～100	1.63	3	0.04

（3）站区调查点

站区调查点土壤生物采样地土壤容重数据见表 3-51 至表 3-56。

表 3-51　聂家庄西站区调查点土壤生物采样地土壤容重

土壤类型：潮褐土　　　母质：洪积冲积物

年份	月份	作物	采样深度（cm）	土壤容重（g/cm³）		
				平均值	重复数	标准差
2010	9	玉米	0～10	1.29	3	0.05
2010	9	玉米	10～20	1.48	3	0.05

表 3-52　聂家庄东站区调查点土壤生物采样地土壤容重

土壤类型：潮褐土　　　母质：洪积冲积物

年份	月份	作物	采样深度（cm）	土壤容重（g/cm³）		
				平均值	重复数	标准差
2010	9	玉米	0～10	1.28	3	0.03
2010	9	玉米	10～20	1.43	3	0.01

表 3-53　范台站区调查点土壤生物采样地土壤容重

土壤类型：潮褐土　　母质：洪积冲积物

年份	月份	作物	采样深度（cm）	土壤容重（g/cm³）		
				平均值	重复数	标准差
2010	9	玉米	0～10	1.48	3	0.02
2010	9	玉米	10～20	1.67	3	0.01

表 3-54　聂家庄窑坑站区调查点土壤生物采样地土壤容重

土壤类型：潮褐土　　母质：洪积冲积物

年份	月份	作物	采样深度（cm）	土壤容重（g/cm³）		
				平均值	重复数	标准差
2015	10	玉米	0～10	1.37	3	0.06
2015	10	玉米	10～20	1.51	3	0.06
2015	10	玉米	20～40	1.69	3	0.02
2015	10	玉米	40～60	1.60	3	0.04
2015	10	玉米	60～100	1.59	3	0.04

表 3-55　聂家庄牛场站区调查点土壤生物采样地土壤容重

土壤类型：潮褐土　　母质：洪积冲积物

年份	月份	作物	采样深度（cm）	土壤容重（g/cm³）		
				平均值	重复数	标准差
2015	10	玉米	0～10	1.37	3	0.09
2015	10	玉米	10～20	1.57	3	0.12
2015	10	玉米	20～40	1.72	3	0.05
2015	10	玉米	40～60	1.54	3	0.02
2015	10	玉米	60～100	1.58	3	0.10

表 3-56　聂家庄东北站区调查点土壤生物采样地土壤容重

土壤类型：潮褐土　　母质：洪积冲积物

年份	月份	作物	采样深度（cm）	土壤容重（g/cm³）		
				平均值	重复数	标准差
2015	10	玉米	0～10	1.42	3	0.05
2015	10	玉米	10～20	1.66	3	0.11
2015	10	玉米	20～40	1.64	3	0.08
2015	10	玉米	40～60	1.58	3	0.03
2015	10	玉米	60～100	1.55	3	0.05

3.2.5　土壤理化分析方法

土壤理化分析方法见表 3-57。

表 3 - 57　土壤理化分析方法

表名称	分析项目名称	分析方法名称	参照国标名称
土壤交换量	交换性酸总量	中和滴定法	
土壤交换量	交换性钙离子	EDTA 容量法	GB 7865—1987
土壤交换量	交换性镁离子	EDTA 容量法	GB 7865—1987
土壤交换量	交换性钾离子	乙酸铵交换-火焰光度法	GB 7866—1987
土壤交换量	交换性钠离子	乙酸铵交换-火焰光度法	GB 7866—1987
土壤交换量	阳离子交换量	乙酸铵交换法	GB 7863—1987
土壤养分，土壤养分（肥料长期试验），区域土壤肥力调查，长期采样地养分空间变异调查	土壤有机质	重铬酸钾氧化-外加热法，1998 年用丘林法	GB 7857—1987
土壤养分，土壤养分（肥料长期试验），区域土壤肥力调查，长期采样地养分空间变异调查	全氮	半微量凯式法	GB 7173—1987
土壤养分，土壤养分（肥料长期试验），区域土壤肥力调查，长期采样地养分空间变异调查	全磷	碱溶-钼锑抗比色法	GB 7852—1987
土壤养分，土壤养分（肥料长期试验），区域土壤肥力调查，长期采样地养分空间变异调查	全钾	碱溶火焰光度法	GB 7854—1987
土壤养分，土壤养分（肥料长期试验），区域土壤肥力调查，长期采样地养分空间变异调查	碱解氮	碱扩散吸收法	参照土壤理化分析
土壤养分，土壤养分（肥料长期试验），区域土壤肥力调查，长期采样地养分空间变异调查	有效磷	碳酸氢钠浸提-钼锑抗比色法	GB 12297—1990
土壤养分，土壤养分（肥料长期试验），区域土壤肥力调查，长期采样地养分空间变异调查	速效钾	乙酸铵浸提-火焰光度法	GB 7856—1987
土壤养分，土壤养分（肥料长期试验），区域土壤肥力调查，长期采样地养分空间变异调查	缓效钾	硝酸浸提-火焰光度法	GB 7855—1987
土壤养分，土壤养分（肥料长期试验），区域土壤肥力调查，长期采样地养分空间变异调查	pH	电位法	GB 7859—1987
土壤矿质全量	Si	动物胶脱硅质量法	GB 7873—1987
土壤矿质全量	Fe	邻菲啉光度法	GB 7873—1987
土壤矿质全量	Mn	原子吸收光谱法	GB 7873—1987
土壤矿质全量	Ti	变色酸比色法	参照土壤理化分析

（续）

表名称	分析项目名称	分析方法名称	参照国标名称
土壤矿质全量	Al	氟化钾取代 EDTA 容量法	GB 7873—1987
土壤矿质全量	S	比浊法	参照土壤理化分析
土壤矿质全量	Ca	原子吸收光谱法	GB 7873—1987
土壤矿质全量	Mg	原子吸收光谱法	GB 7873—1987
土壤矿质全量	K	原子吸收光谱法	GB 7873—1987
土壤矿质全量	Na	原子吸收光谱法	GB 7873—1987
土壤微量元素和重金属元素	全硼	碳酸钠熔融-姜黄素比色法	土壤理化分析与剖面描述
土壤微量元素和重金属元素	全钼	氢氟酸-硝酸消煮-原子吸收光谱法	
土壤微量元素和重金属元素	全锰	氢氟酸-硝酸消煮-原子吸收光谱法	
土壤微量元素和重金属元素	全锌	氢氟酸-硝酸消煮-原子吸收光谱法	GB 17138—1997
土壤微量元素和重金属元素	全铜	氢氟酸-硝酸消煮-原子吸收光谱法	GB 17138—1997
土壤微量元素和重金属元素	全铁	氢氟酸-硝酸消煮-原子吸收光谱法	
土壤微量元素和重金属元素	硒		
土壤微量元素和重金属元素	钴		
土壤微量元素和重金属元素	镉	氢氟酸-硝酸消煮-原子吸收光谱法	GB 17141—1997
土壤微量元素和重金属元素	铅	氢氟酸-硝酸消煮-原子吸收光谱法	GB 17141—1997
土壤微量元素和重金属元素	铬	氢氟酸-硝酸消煮-原子吸收光谱法	GB 17139—1997
土壤微量元素和重金属元素	镍	氢氟酸-硝酸消煮-原子吸收光谱法	GB 17140—1997
土壤微量元素和重金属元素	汞		
土壤微量元素和重金属元素	砷		
土壤硝态氮和铵态氮的动态变化	硝态氮	还原蒸馏法	
土壤硝态氮和铵态氮的动态变化	铵态氮	蒸馏法	
土壤速效微量元素	有效铁	DTPA 浸提-原子吸收法	GB 7881—1987
土壤速效微量元素	有效铜	DTPA 浸提-原子吸收法	GB 7881—1987
土壤速效微量元素	速效硫	氯化钙浸提-硫酸钡比浊法	土壤理化分析与剖面描述

（续）

表名称	分析项目名称	分析方法名称	参照国标名称
土壤速效微量元素	速效钼	草酸-草酸铵浸提-石墨炉原子吸收法	GB 7878—1987
土壤速效微量元素	速效硼	沸水-姜黄素法	GB 7877—1987
土壤速效微量元素	速效锰	乙酸铵-对苯二酚提-原子吸收光谱法	GB 7883—1988
土壤速效微量元素	速效锌	DTPA 浸提-原子吸收法	GB 7880—1987
作物产量和养分	作物养分含量氮	H_2SO_4 - H_2O_2 -凯氏定氮法	GB 7888—1987
作物产量和养分	作物养分含量磷	硫酸-高氯酸消煮-钼锑抗比色法	GB 7888—1987
作物产量和养分	作物养分含量钾	硫酸-高氯酸消煮-火焰光度法	GB 7888—1987
土壤交换量	交换性钙离子	乙酸铵交换-原子吸收法	LY/T 1245—1999（GB 7865—1987），《土壤理化分析与剖面描述》P185
土壤交换量	交换性镁离子	乙酸铵交换-原子吸收法	LY/T 1245—1999（GB 7865—1987），《土壤理化分析与剖面描述》P185
土壤交换量	交换性钾离子	乙酸铵交换-火焰光度法	LY/T1246—1999（GB 7866—1987）《土壤理化分析与剖面描述》P188
土壤交换量	交换性钠离子	乙酸铵交换-火焰光度法	LY/T1246—1999（GB 7866—1987），《土壤理化分析与剖面描述》P188
土壤交换量	交换性铝离子	KCl 交换-中和滴定	LY/T 1240—1999（GB 7860—1987），《土壤理化分析与剖面描述》P174
土壤交换量	交换性氢	KCl 交换-中和滴定	LY/T 1240—1999（GB 7860—1987），《土壤理化分析与剖面描述》P174
土壤交换量	阳离子交换量	乙酸铵交换法	LY/T 1243—1999（GB 7863—1987），《土壤理化分析与剖面描述》P179
土壤机械组成	土壤机械组成	吸管法	LY/T 1225—1999 （GB /T 7845—1987）《土壤理化分析与剖面描述》P141
土壤机械组成	土壤容重	环刀法	《土壤理化分析与剖面描述》P5

（续）

表名称	分析项目名称	分析方法名称	参照国标名称
土壤可溶性盐	碳酸根	中和滴定法	GB 7871—1987
土壤可溶性盐	重碳酸根	中和滴定法	GB 7871—1987
土壤可溶性盐	硫酸根	硝酸钡比浊法	GB 7871—1987
土壤可溶性盐	氯根	硝酸银滴定法	GB 7871—1987
土壤可溶性盐	钙离子	原子吸收光谱法	GB 7871—1987
土壤可溶性盐	镁离子	原子吸收光谱法	GB 7871—1987
土壤可溶性盐	钾离子	原子吸收光谱法	GB 7871—1987
土壤可溶性盐	钠离子	原子吸收光谱法	GB 7871—1987
肥料用量、作物产量和养分含量	氮	$H_2SO_4 - H_2O_2$ 消煮-凯氏定氮法	GB 7871—1987
肥料用量、作物产量和养分含量	磷	硫酸-高氯酸消煮-钼锑抗比色法	GB 7888—1987
肥料用量、作物产量和养分含量	钾	硫酸-高氯酸消煮-火焰光度法	GB 7888—1987
肥料用量、作物产量和养分含量	作物籽实含量氮	硫酸-高氯酸消煮-凯氏定氮法	GB 7888—1987
肥料用量、作物产量和养分含量	作物籽实含量磷	硫酸-高氯酸消煮-钼锑抗比色法	GB 7888—1987
肥料用量、作物产量和养分含量	作物籽实含量钾	硫酸-高氯酸消煮-火焰光度法	GB 7888—1987
肥料用量、作物产量和养分含量	作物秸秆含量氮	硫酸-高氯酸消煮-凯氏定氮法	GB 7888—1987
肥料用量、作物产量和养分含量	作物秸秆含量磷	硫酸-高氯酸消煮-钼锑抗比色法	GB 7888—1987
肥料用量、作物产量和养分含量	作物秸秆含量钾	硫酸-高氯酸消煮-火焰光度法	GB 7888—1987

3.3 气象联网长期观测数据集

气象状况不仅会对人们的生产生活产生重大影响，还在自然灾害和气候变化研究中发挥着至关重要的作用，也是推动气象科学发展的原动力和科学研究的基础；气象观测和数据的规范化，可以推动实现数据共享，与其他学科相结合开展相关研究与应用，对于保障生命安全、提高生活生产水平和降低自然灾害带来的损失具有重要意义。

本数据集包括 2009—2017 年数据，采集地为栾城气象观测场，气象观测场四个角的经纬度西南为 114°41′294″E，37°53′232″N；西北为 114°41′291″E，37°53′236N″；东北为 114°41′295″E，37°53′241″N；东南为 114°41′298″E，37°53′237″N。2004 年 10 月启用芬兰 VAISALA 生产的 MILOS520 自动监测系统，2014 年 11 月启用同公司生产的 MAWS 301 自动监测系统，系统版本也在逐步完善，不断升级。2016 年开始停止对人工风速与风向的观测，2004 年和 2020 年的 10 月分别更新了气象场草坪。

　　自动监测的项目有气温、最高气温、最低气温、相对湿度、最小湿度、露点温度、水气压、大气压、气压最大、气压最小、海平面气压、2 min 平均风向、2 min 平均风速、10 min 最大风速时风向、10 min 最大风速、10 min 平均风向、10 min 平均风速、1 h 极大风向、1 h 极大风速、降水、地表温度、土壤温度（5 cm、10 cm、15 cm、20 cm、40 cm、60 cm、100 cm）。辐射要素有总辐射辐照度、反射辐射辐照度、紫外辐射辐照度、净辐射辐照度、光量子通量、光通量密度、紫外线、净辐射、光通量、热通量及日照时数。人工观测的项目有气温、湿球温度、气压、相对湿度、地表温度、土壤温度（5 cm、10 cm、15 cm、20 cm 和 40 cm 等）、日照时数、降水、天气现象和云量等。

　　数据由自动监测系统采集后，由中国生态系统研究网络生态气象工作站对观测数据进行自动处理、质量审核后，按照观测规范最终编制出报表文件，主要包括小时尺度 LOG 数据表（包括温湿度、风速风向、降雨和地温等）、小时尺度 RAD 表（包括各类辐射数据）、每月的观测数据分类统计表、数据质量控制表以及小时尺度日统计表等。除人工观测报表外，其他报表均由工作站处理后自动生成。

　　栾城站自动气象站运行至今，系统稳定性较好，产生的数据质量与数据连续性和完整性也较高。试验站有专门负责气象观测的工作人员两名，另外有一名科研人员对观测和数据整体负责。数据共享可整合资源、节约人力、物力和财力成本，促进各领域合作和成果产出，本数据集只包括月尺度数据、日尺度数据和小时尺度数据，可通过国家生态科学数据中心的资源共享服务平台进行申请。

3.3.1　自动观测气象数据

3.3.1.1　气温数据集

　　（1）概述

　　本数据集包括 2009—2017 年数据，采集地为栾城站气象观测场，使用芬兰 VAISALA 生产的 MILOS520 和 MAWS301（2014 年 11 月后）自动监测系统，利用 HMP 155 温湿度传感器观测，观测项目有月平均温度、温度日最高月平均、温度日最低月平均、月最高温度和月最低温度及其出现日期，气温单位为℃，共 108 条记录（图 3-75、表 3-58）。

　　（2）数据采集和处理方法

　　观测数据每 30 min 采测 1 个温度值，一天内计算每小时温度数据为日均值，计算月内逐日温度数据为月均值；观测高度为 1.5 m。

　　①短时间段（＜3 h）数据插补：采用线性内插方法对短时间段（＜3 h）缺失的气象（降水除外）数据进行插补。

　　②一日中若 24 次定时观测记录有缺测时，采用线性插补法得到缺失数据并对日均值数据进行记录。

　　（3）数据质量控制和评估

　　①超出气候学界限值域－80～60 ℃的数据为错误数据。

　　②1 min 内允许的最大变化值为 3 ℃，1 h 内变化幅度的最小值为 0.1 ℃。

　　③定时气温大于等于日最低地温且小于等于日最高气温。

　　④气温大于等于露点温度。

　　⑤24 h 气温变化范围小于 50 ℃。

　　⑥某一定时气温缺测时，用前、后两定时数据内插求得，按正常数据统计，若连续两个或以上定时数据缺测时，不能内插，仍按缺测处理。

　　⑦一日中若 24 次定时观测记录有缺测时，该日按照 02 时、08 时、14 时、20 时 4 次定时记录做日平均，若 4 次定时记录缺测 1 次或以上，但该日各定时记录缺测 5 次以下时，按实有记录做日统计，缺测 6 次或以上时，不做日平均。

（4）数据使用方法/建议

栾城站空气温度数据集体现了栾城地区 9 年空气温度的变化情况及特点，最高气温是一日内气温的最高值，一般出现在 14—15 时；最低气温是一日内气温的最低值，一般出现在日出前。温度除受地理纬度影响外，还随地势高度的增加而降低。本数据集能为观测期间空气温度的变化评估提供基础数据，自动观测数据连续性和准确性较好，具有较高利用价值。

（5）数据

影响气温日变化规律的因子有：纬度与季节、地形、下垫面性质、天气状况、海拔高度等。2009—2017 年气温数据统计结果显示，气温的日变化，在大陆一天中气温有一个最高值和一个最低值。最低温度出现在日出前后，夏季最高气温出现在 14—15 时（冬季在 13—14 时）。栾城站气温最高值出现在 7 月，最低值出现在 1 月，多年年均气温为 12.1 ℃，全年气温呈现先上升后下降趋势，6—8 月为全年气温最高阶段。

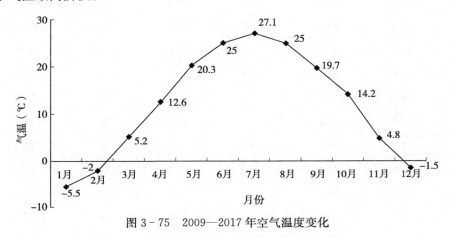

图 3-75 2009—2017 年空气温度变化

表 3-58 2009—2017 年空气温度变化

单位：℃

年份	月份	月平均温度	温度日最高月平均	温度日最低月平均	月最高温度	出现日	月最低温度	出现日
2009	1	−18.0	−11.6	−23.9	−1.2	21	−27.7	12
2009	2	−13.2	−8.0	−17.4	3.2	10	−21.8	4
2009	3	−8.1	−2.0	−14.3	12.5	17	−19.4	14
2009	4	2.7	9.5	−3.9	25.6	30	−16.6	1
2009	5	19.7	26.4	12.7	32.2	18	7.4	2
2009	6	26.2	34.7	18.2	42.0	24	10.9	1
2009	7	26.7	32.6	21.4	39.6	3	16.7	9
2009	8	24.1	30.1	19.4	36.7	12	11.7	30
2009	9	19.9	26.8	14.5	30.5	11	6.2	21
2009	10	15.9	22.7	9.1	31.0	1	4.0	20
2009	11	0.5	6.7	−4.8	18.9	6	−14.5	18
2009	12	−2.3	3.5	−7.6	11.2	2	−13.8	28
2010	1	−4.6	2.1	−10.5	11.6	30	−16.4	13

（续）

年份	月份	月平均温度	温度日最高月平均	温度日最低月平均	月最高温度	出现日	月最低温度	出现日
2010	2	−0.6	4.7	−5.6	16.7	20	−12.0	12
2010	3	4.7	10.7	−0.4	20.4	26	−6.7	10
2010	4	—	—	—	23.1	30	−1.1	2
2010	5	20.1	27.2	12.6	35.1	29	5.3	10
2010	6	25.3	32.3	18.8	41.4	21	14.2	11
2010	7	28.3	34.1	23.1	41.1	6	19.1	20
2010	8	24.5	30.3	20.2	35.4	15	13.9	25
2010	9	19.6	25.8	14.7	31.9	12	6.7	23
2010	10	13.5	19.9	7.8	29.7	5	−0.4	28
2010	11	5.8	12.9	−0.8	21.1	3	−5.6	28
2010	12	−0.4	6.3	−6.2	13.3	19	−13.0	26
2011	1	−5.0	1.9	−11.8	9.3	31	−15.2	16
2011	2	−0.4	6.4	−6.1	15.1	23	−12.4	14
2011	3	7.5	15.4	−1.1	25.4	12	−6.1	1
2011	4	13.7	21.0	5.9	30.4	14	−2.4	3
2011	5	—	—	—	30.5	18	7.7	11
2011	6	—	33.6	19.6	37.5	20	15.5	13
2011	7	27.6	33.7	22.0	38.1	9	18.0	8
2011	8	24.8	30.5	20.3	35.9	9	14.0	20
2011	9	18.1	24.9	12.7	30.9	22	4.9	19
2011	10	14.2	20.6	8.5	28.6	5	0.7	27
2011	11	6.2	10.6	2.1	18.6	1	−6.8	30
2011	12	−6.1	−1.5	−10.3	3.9	7	−16.9	16
2012	1	−9.3	−4.0	−14.0	0.3	12	−20.8	22
2012	2	−8.7	−2.1	−15.1	3.1	29	−21.1	2
2012	3	0.4	6.5	−5.6	18.4	29	−13.7	11
2012	4	11.3	17.8	4.7	25.7	23	−7.3	3
2012	5	20.5	27.2	13.6	33.2	27	9.3	4
2012	6	23.0	30.4	16.4	36.7	9	11.3	11
2012	7	26.1	31.5	21.4	39.0	11	17.0	18
2012	8	23.5	29.4	18.9	32.5	9	10.1	24
2012	9	15.6	22.9	9.6	28.8	27	−1.8	17

（续）

年份	月份	月平均温度	温度日 最高月平均	温度日 最低月平均	月最高温度	出现日	月最低温度	出现日
2012	10	14.7	22.5	7.6	27.8	3	0.7	31
2012	11	4.3	10.4	−1.0	18.5	1	−6.1	24
2012	12	−3.3	0.6	−7.1	6.3	3	−12.7	24
2013	1	−5.3	−0.7	−9.4	5.2	17	−15.9	4
2013	2	−1.0	3.3	−4.9	10.1	23	−14.9	8
2013	3	7.3	14.5	0.8	27.8	8	−3.8	25
2013	4	11.9	19.2	4.6	32.3	13	−1.9	20
2013	5	19.9	26.1	13.3	35.4	11	8.5	20
2013	6	24.4	30.6	18.8	37.7	27	11.7	12
2013	7	26.9	32.3	22.5	41.7	3	17.7	23
2013	8	26.6	32.9	21.2	37.3	15	5.5	31
2013	9	20.4	26.9	15.3	31.0	14	5.5	26
2013	10	13.9	20.8	8.1	28.8	10	1.2	25
2013	11	6.1	13.1	0.2	21.0	5	−6.3	28
2013	12	−0.7	6.4	−6.3	14.9	3	−10.9	20
2014	1	−1.3	6.1	−7.7	15.4	1	−13.8	18
2014	2	0.1	5.0	−4.5	13.9	26	−12.3	10
2014	3	9.5	17.0	2.3	25.6	15	−5.3	7
2014	4	15.0	21.7	8.5	26.9	9	2.0	6
2014	5	21.1	28.3	12.8	39.2	29	3.3	5
2014	6	24.6	31.5	18.2	36.5	12	12.9	3
2014	7	27.1	33.4	21.7	38.9	11	17.8	13
2014	8	24.8	31.1	19.3	34.4	3	14.1	14
2014	9	19.8	25.7	15.3	31.4	4	9.1	16
2014	10	14.4	20.5	9.0	28.6	17	2.6	14
2014	11	6.3	12.7	0.6	20.8	5	−4.0	14
2014	12	−0.6	6.6	−6.6	14.7	29	−9.1	21
2015	1	−1.0	5.8	−7.0	13.0	10	−10.5	2
2015	2	1.5	8.8	−4.8	17.1	10	−9.8	9
2015	3	8.6	16.4	0.8	25.6	28	−8.1	4
2015	4	14.0	20.9	7.2	28.8	23	0.6	7
2015	5	19.6	26.2	12.8	33.4	31	7.0	11

（续）

年份	月份	月平均温度	温度日 最高月平均	温度日 最低月平均	月最高温度	出现日	月最低温度	出现日
2015	6	25.6	32.6	18.5	39.3	9	12.1	5
2015	7	26.7	32.5	21.0	38.3	12	14.9	1
2015	8	25.2	31.5	19.9	34.6	11	17.2	30
2015	9	20.0	26.4	15.0	31.0	2	9.4	13
2015	10	14.1	21.2	8.4	29.2	5	0.3	31
2015	11	4.0	7.3	1.3	20.4	2	−13.9	26
2015	12	−0.2	5.3	−4.6	11.4	25	−9.7	17
2016	1	−3.3	2.4	−8.4	9.3	14	−16.5	23
2016	2	2.3	9.0	−4.1	17.4	8	−11.7	1
2016	3	8.8	16.3	1.1	26.2	3	−6.5	11
2016	4	16.0	22.6	9.3	31.2	21	3.6	11
2016	5	19.5	26.3	12.5	33.3	30	5.7	13
2016	6	25.5	32.5	18.7	38.8	22	14.4	1
2016	7	26.4	31.4	22.3	36.5	30	19.1	16
2016	8	25.8	31.1	21.4	35.5	12	13.1	27
2016	9	21.8	28.8	15.8	33.4	1	6.3	29
2016	10	14.2	19.3	9.5	29.6	3	0.9	30
2016	11	4.8	10.7	0.2	16.8	4	−7.7	24
2016	12	0.1	5.6	−4.2	14.3	8	−8.9	29
2017	1	−1.7	3.4	−6.0	10.7	12	−11.5	20
2017	2	2.3	9.9	−4.5	18.4	27	−9.8	22
2017	3	8.4	15.2	1.5	19.9	29	−4.5	7
2017	4	16.2	22.7	8.7	31.8	28	2.9	26
2017	5	22.0	29.4	14.4	35.0	27	8.9	7
2017	6	—	32.2	18.9	37.7	28	12.9	7
2017	7	27.9	33.7	22.7	41.0	8	17.6	30
2017	8	25.8	31.1	21.7	37.1	4	15.6	30
2017	9	21.9	29.0	15.8	34.0	19	7.6	29
2017	10	12.9	17.5	8.9	25.7	1	−1.0	30
2017	11	5.0	11.9	−1.1	23.3	2	−7.3	30
2017	12	−0.4	6.5	−5.9	12.5	20	−8.9	17

3.3.1.2　相对湿度数据集

（1）概述

本数据集包括 2009—2017 年数据，采集地为栾城站气象观测场，使用芬兰 VAISALA 生产的 MILOS520 和 MAWS301（2014 年 11 月后）自动监测系统，使用 HMP 155 温湿度传感器观测，观测项目为月平均相对湿度、相对湿度日最低月平均、相对湿度月最低及出现日期，共 108 条记录（图 3-76、表 3-59）。

（2）数据采集和处理方法

观测数据每 30 min 采测 1 个湿度值，一天内计算每小时湿度数据为日均值，计算月内逐日湿度数据为月均值，观测高度为 1.5 m。

①短时间段（<3 h）数据插补：采用线性内插方法对短时间段（< 3h ）缺失的气象（降水除外）数据进行插补。

②一日中若 24 次定时观测记录有缺测时，采用线性插补法得到缺失数据并对日均值数据进行记录。

（3）数据质量控制和评估

①相对湿度介于 0～100％之间。

②定时相对湿度大于等于日最小相对湿度。

③干球温度大于等于湿球温度（结冰期除外）。

④某一定时相对湿度缺测时，用前、后两定时数据内插求得，按正常数据统计，若连续两个或以上定时数据缺测时，不能内插，仍按缺测处理。

⑤一日中若 24 次定时观测记录有缺测时，该日按照 02 时、08 时、14 时、20 时 4 次定时记录做日平均，若 4 次定时记录缺测 1 次或以上，但该日各定时记录缺测 5 次或以下时，按实有记录做日统计，缺测 6 次或以上时，不做日平均。

（4）数据使用方法和建议

空气湿度在许多方面有重要的用途。在气象学和水文学中，空气湿度是决定蒸发和蒸腾的重要变量。大气中的水蒸气在水循环过程中也是必不可少的，水分以水蒸气的形式在地球表面快速运移。水在大气中形成降水和云等，它们决定了地球的气象和气候。天气预报中的相对湿度反映了降雨、有雾的可能性。湿度过低可以在农业上导致土壤和植物水分消耗加大和减产。

（5）数据

影响相对湿度的因素：一是湿度本身；二是温度。在相同温度的情况下，湿度越大相对湿度自然也会越大，但是在湿度相同的情况下，温度越高相对湿度越小，温度越低则相对湿度越大。相对湿度

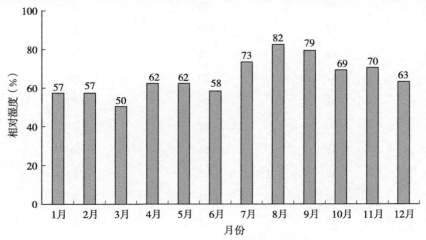

图 3-76　2009—2017 年大气相对湿度变化

的日变化决定于温度，白天随着温度升高而变小，夜间随着温度降低而变大，所以，一日内相对湿度的极大值（或极小值）的出现时间，刚好与温度相反。相对湿度的年变化与温度相一致，极大值出现在夏季，极小值出现在冬季。2009—2017 年相对湿度数据统计结果显示，栾城站月均相对湿度最高为 82％出现在 8 月，最低为 50％出现在 3 月，多年年均相对湿度为 65％，7—9 月为全年相对湿度最高阶段。

表 3 - 59　2009—2017 年大气相对湿度变化

单位：％

年份	月份	月平均相对湿度	相对湿度日最低月平均	相对湿度月最低	月最低出现日
2009	1	43	23	5	22
2009	2	62	34	7	10
2009	3	50	24	7	8
2009	4	64	41	15	5
2009	5	65	41	11	30
2009	6	48	22	4	29
2009	7	65	39	8	18
2009	8	83	59	39	23
2009	9	78	49	14	21
2009	10	58	30	10	16
2009	11	78	57	30	2
2009	12	58	36	7	20
2010	1	45	25	9	22
2010	2	58	37	9	17
2010	3	56	32	—	—
2010	4	—	—	4	30
2010	5	48	20	3	6
2010	6	48	22	4	21
2010	7	57	32	5	6
2010	8	67	42	13	15
2010	9	67	39	10	27
2010	10	51	26	6	16
2010	11	50	22	3	11
2010	12	49	25	10	16
2011	1	39	18	9	30
2011	2	58	31	7	1
2011	3	38	14	5	18
2011	4	56	26	8	9

（续）

年份	月份	月平均相对湿度	相对湿度日最低月平均	相对湿度月最低	月最低出现日
2011	5	—	—	10	14
2011	6	—	30	14	12
2011	7	73	44	12	7
2011	8	87	60	40	20
2011	9	84	51	11	22
2011	10	73	44	14	5
2011	11	80	55	16	22
2011	12	—	51	14	24
2012	1	60	41	10	24
2012	2	38	17	6	8
2012	3	47	26	7	30
2012	4	55	35	7	3
2012	5	—	40	13	15
2012	6	—	33	7	11
2012	7	—	51	16	2
2012	8	—	57	34	22
2012	9	—	—	15	30
2012	10	59	27	11	17
2012	11	65	36	9	28
2012	12	65	44	11	8
2013	1	80	62	12	1
2013	2	80	56	24	28
2013	3	56	30	9	3
2013	4	59	31	8	8
2013	5	72	44	8	19
2013	6	73	47	21	13
2013	7	79	53	15	3
2013	8	81	53	19	31
2013	9	82	53	14	26
2013	10	71	38	10	10
2013	11	59	29	10	28
2013	12	64	37	8	29

（续）

年份	月份	月平均相对湿度	相对湿度日最低月平均	相对湿度月最低	月最低出现日
2014	1	60	30	12	20
2014	2	71	44	20	4
2014	3	57	30	11	14
2014	4	73	43	15	3
2014	5	57	17	7	12
2014	6	63	18	13	3
2014	7	71	36	18	13
2014	8	78	51	34	15
2014	9	84	57	25	3
2014	10	73	45	12	15
2014	11	68	40	11	30
2014	12	48	22	12	4
2015	1	54	29	12	1
2015	2	52	27	9	10
2015	3	50	24	7	3
2015	4	69	40	15	16
2015	5	69	41	15	12
2015	6	57	31	12	12
2015	7	71	48	16	2
2015	8	83	55	36	16
2015	9	81	51	25	12
2015	10	66	39	11	9
2015	11	86	70	19	1
2015	12	74	49	17	16
2016	1	55	29	7	14
2016	2	44	22	11	6
2016	3	45	23	8	5
2016	4	61	33	10	9
2016	5	64	35	12	3
2016	6	61	33	14	24
2016	7	87	64	30	6
2016	8	89	65	21	31

（续）

年份	月份	月平均相对湿度	相对湿度日最低月平均	相对湿度月最低	月最低出现日
2016	9	78	44	18	1
2016	10	84	57	26	8
2016	11	85	56	15	10
2016	12	89	60	13	8
2017	1	73	49	11	30
2017	2	53	26	7	10
2017	3	55	31	8	9
2017	4	61	35	8	27
2017	5	62	31	7	5
2017	6	—	34	17	9
2017	7	83	56	12	10
2017	8	88	62	30	25
2017	9	80	45	14	22
2017	10	90	69	17	29
2017	11	59	28	11	7
2017	12	54	27	10	30

3.3.1.3　大气压与水汽压数据集

（1）概述

本数据集包括 2009—2017 年数据，采集地为栾城站气象观测场，使用芬兰 VAISALA 生产的 MILOS 520 和 MAWS 301（2014 年 11 月后）自动监测系统，使用 PTB 300 大气压传感器观测，观测项目为大气压月平均、大气压日最高月平均、大气压日最低月平均、大气压月最高及出现日期、大气压月最低及出现日期，含 108 条记录。水汽压由相对湿度和饱和水汽压计算得到，主要包括水汽压月平均、水汽压月最高及出现日期、水汽压月最低及出现日期，含 108 条记录。两类数据合计 216 条记录。

（2）数据采集和处理方法

观测数据每 30 min 采测 1 个气压值，一天内计算每小时气压数据为日均值，计算月内逐日气压数据为月均值；观测高度为 1.0 m。

①短时间段（＜3 h）数据插补：采用线性内插方法对短时间段（＜3 h）缺失的气象（降水除外）数据进行插补。

②一日中若 24 次定时观测记录有缺测时，采用线性插补法得到缺失数据并对日均值数据进行记录。

水汽压 e_a 的计算公式：$e_a = h_r e_s = h_r a \exp \left(\dfrac{bT}{T+c} \right)$

其中，对于生态环境 $a = 0.611$ kPa，$b = 17.502$，$c = 240.97$ ℃，T 为气温（℃），h_r 是相对湿度。

（3）数据质量控制和评估

气压变化与风、天气的好坏等关系密切，因而是重要的气象因子；由所处地理位置和海拔高度确定基本的气压值范围，在这个基础上检查气压测量。

①超出气候学界限值域 300～1 100 hPa 的数据为错误数据。

②所观测的气压不小于日最低气压且不大于日最高气压，海拔高度大于 0 m 时，台站气压小于海平面气压，海拔高度等于 0 m 时，台站气压等于海平面气压，海拔高度小于 0 m 时，台站气压大于海平面气压。

③24 h 变压的绝对值小于 50 hPa。

④1 min 内允许的最大变化值为 1.0 hPa，1 h 内变化幅度的最小值为 0.1 hPa。

（4）数据使用方法和建议

气压是作用在单位面积上的大气压力，即在数值上等于单位面积上向上延伸到大气上界的垂直空气柱所受到的重力气压，是地面观测中最基本的观测项目之一，也是极重要的气象要素之一。该要素观测值的精确与否会直接影响到其他要素的精度，因此提高气压观测的准确性，对每个台站来说都具有重要意义。

（5）数据

气压的大小与海拔高度、大气温度、大气密度等有关，一般随高度升高按指数规律递减。气压有日变化和年变化。一年之中，冬季比夏季气压高。一天中，气压有一个最高值、一个最低值，分别出现在 9—10 时和 15—16 时，还有一个次高值和一个次低值，分别出现在 21—22 时和 3—4 时。气压日变化幅度较小，一般为 0.1～0.4 kPa，并随纬度增高而减小。气压的日较差随纬度的增高而减小，栾城站气压日较差一般为 1～2 hPa。2009—2017 年大气压数据统计结果显示（图 3-77 和表 3-60），栾城站多年大气压处于 997.6～1 022.5 hPa 范围内，其中 1 月大气压最高，7 月大气压最低，多年年均大气压为 1 010.6 hPa。

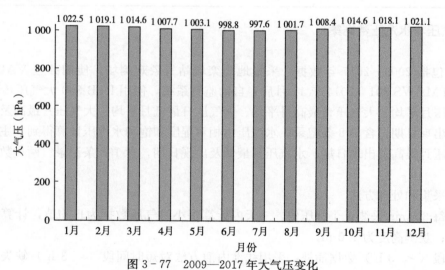

图 3-77　2009—2017 年大气压变化

表 3-60　2009—2017 年大气压变化

单位：hPa

年份	月份	大气压月平均	大气压日最高月平均	大气压日最低月平均	大气压月最高	出现日	大气压月最低	出现日
2009	1	1 022.2	1 026.0	1 018.5	1 038.7	14	1 000.7	22
2009	2	1 015.4	1 019.1	1 011.1	1 029.4	17	990.2	12
2009	3	1 013.5	1 017.3	1 008.9	1 031.7	1	989.7	17

（续）

年份	月份	大气压月平均	大气压日最高月平均	大气压日最低月平均	大气压月最高	出现日	大气压月最低	出现日
2009	4	1 008.7	1 011.5	1 004.9	1 027.6	1	993.8	15
2009	5	1 005.4	1 007.3	1 002.5	1 012.8	2	994.5	31
2009	6	995.6	997.8	992.1	1 003.4	17	986.0	1
2009	7	997.1	998.7	995.1	1 003.3	31	990.7	23
2009	8	1 003.0	1 004.6	1 001.0	1 015.3	29	995.7	12
2009	9	1 008.1	1 010.1	1 005.9	1 015.1	29	1 000.2	5
2009	10	1 012.0	1 013.8	1 008.9	1 020.7	31	1 000.6	18
2009	11	1 021.3	1 024.7	1 018.0	1 040.4	2	1 000.3	7
2009	12	1 019.8	1 022.9	1 016.9	1 032.2	18	1 004.3	29
2010	1	1 021.3	1 025.1	1 017.4	1 033.6	15	1 006.5	1
2010	2	1 017.2	1 020.6	1 013.8	1 031.5	12	995.0	24
2010	3	1 015.6	1 020.0	1 010.4	1 036.5	9	992.9	19
2010	4	—	—	—	1 023.0	6	996.9	8
2010	5	1 002.4	1 005.2	999.1	1 014.2	11	991.2	5
2010	6	1 001.4	1 003.4	998.7	1 012.7	3	988.7	16
2010	7	998.2	1 000.0	996.4	1 005.8	25	988.3	29
2010	8	1 002.7	1 004.7	1 000.6	1 011.3	6	993.3	3
2010	9	1 008.5	1 010.7	1 006.2	1 022.2	28	1 001.1	10
2010	10	1 015.2	1 017.8	1 012.3	1 036.9	26	1 001.1	9
2010	11	1 015.2	1 018.6	1 011.4	1 034.2	15	1 002.2	21
2010	12	1 014.6	1 019.2	1 010.2	1 034.2	24	998.0	10
2011	1	1 026.3	1 029.2	1 023.1	1 036.8	27	1 014.3	13
2011	2	1 017.9	1 021.0	1 014.4	1 029.1	12	1 003.1	7
2011	3	1 016.7	1 019.8	1 012.2	1 028.0	9	999.7	12
2011	4	1 008.2	1 012.0	1 003.8	1 027.4	2	986.5	29
2011	5	—	—	—	1 012.2	3	986.6	17
2011	6	—	999.2	993.9	1 007.4	25	987.2	23
2011	7	996.7	998.4	994.6	1 002.3	12	988.6	7
2011	8	1 001.7	1 003.5	999.6	1 010.2	26	992.2	13
2011	9	1 009.8	1 012.0	1 007.3	1 021.8	18	998.1	1
2011	10	1 014.8	1 017.4	1 012.1	1 027.2	2	1 003.5	13
2011	11	1 019.1	1 021.8	1 016.4	1 033.9	30	1 007.0	11

（续）

年份	月份	大气压月平均	大气压日最高月平均	大气压日最低月平均	大气压月最高	出现日	大气压月最低	出现日
2011	12	1 025.4	1 028.1	1 022.7	1 035.4	16	1 015.3	2
2012	1	1 023.5	1 026.3	1 020.5	1 036.1	11	1 011.0	26
2012	2	1 020.1	1 023.3	1 016.5	1 034.5	2	1 004.6	22
2012	3	1 015.8	1 019.4	1 011.5	1 031.7	11	999.7	17
2012	4	1 004.7	1 007.8	1 000.7	1 017.0	3	990.4	27
2012	5	1 003.1	1 005.3	1 000.3	1 013.0	31	994.7	7
2012	6	997.3	999.1	994.5	1 009.0	1	987.0	13
2012	7	996.5	998.4	994.1	1 004.3	17	986.9	11
2012	8	1 002.8	1 004.4	1 000.6	1 012.4	22	994.7	28
2012	9	1 009.3	1 011.2	1 007.1	1 018.1	28	1 000.2	2
2012	10	1 012.7	1 015.3	1 009.9	1 023.5	28	1 004.3	24
2012	11	1 015.1	1 018.1	1 011.8	1 028.2	30	1 000.9	27
2012	12	1 022.2	1 025.4	1 018.8	1 035.4	23	1 010.2	31
2013	1	1 022.0	1 025.1	1 018.7	1 039.8	3	1 010.3	23
2013	2	1 020.3	1 024.1	1 016.4	1 034.7	7	1 001.7	28
2013	3	1 011.9	1 016.9	1 006.3	1 030.9	2	991.1	9
2013	4	1 008.0	1 011.4	1 003.2	1 022.2	19	991.8	15
2013	5	1 002.6	1 005.5	999.5	1 013.2	3	987.2	11
2013	6	999.1	1 001.5	996.2	1 009.1	10	988.3	26
2013	7	995.8	997.5	993.5	1 003.0	14	986.0	4
2013	8	998.9	1 001.1	996.4	1 009.0	30	989.2	16
2013	9	1 008.7	1 010.8	1 006.3	1 019.8	25	996.4	13
2013	10	1 015.5	1 018.3	1 012.5	1 028.6	15	1 001.0	9
2013	11	1 017.4	1 020.0	1 014.3	1 027.6	10	1 007.5	24
2013	12	1 020.2	1 023.1	1 017.2	1 031.7	26	1 006.7	31
2014	1	1 019.8	1 023.2	1 016.1	1 033.6	12	1 002.5	29
2014	2	1 021.8	1 024.6	1 018.5	1 032.8	9	1 004.0	2
2014	3	1 013.3	1 016.3	1 009.7	1 026.8	6	999.2	28
2014	4	1 010.4	1 013.0	1 006.6	1 022.0	3	1 000.7	30
2014	5	1 001.2	1 004.2	997.4	1 015.4	4	990.8	27
2014	6	999.6	1 001.3	997.1	1 006.3	2	993.2	8
2014	7	998.6	1 000.4	996.1	1 004.9	27	992.7	11

（续）

年份	月份	大气压月平均	大气压日最高月平均	大气压日最低月平均	大气压月最高	出现日	大气压月最低	出现日
2014	8	1 002.4	1 004.0	1 000.4	1 010.0	29	993.2	3
2014	9	1 008.4	1 010.7	1 006.0	1 023.2	30	998.7	4
2014	10	1 014.1	1 016.8	1 011.0	1 027.8	12	1 002.9	24
2014	11	1 017.7	1 020.3	1 014.9	1 027.1	17	1 006.9	4
2014	12	1 022.0	1 024.8	1 018.6	1 030.6	31	1 006.1	29
2015	1	1 021.8	1 025.2	1 018.3	1 034.5	31	1 007.5	3
2015	2	1 018.3	1 021.6	1 014.7	1 033.8	8	1 002.5	14
2015	3	1 014.8	1 018.6	1 010.4	1 032.0	9	998.1	30
2015	4	1 009.4	1 012.8	1 004.3	1 028.8	7	988.5	15
2015	5	1 002.1	1 005.0	998.1	1 014.8	4	986.9	13
2015	6	998.3	1 000.6	995.2	1 009.5	3	988.5	9
2015	7	998.9	1 000.7	996.3	1 006.8	9	989.7	1
2015	8	1 001.6	1 003.3	999.4	1 008.4	8	993.8	2
2015	9	1 009.3	1 011.2	1 007.0	1 022.1	29	1 000.4	24
2015	10	1 014.6	1 016.8	1 010.9	1 027.8	31	1 001.1	9
2015	11	1 021.0	1 023.5	1 018.8	1 035.9	24	1 008.4	14
2015	12	1 022.3	1 025.2	1 019.6	1 034.3	27	1 008.9	25
2016	1	1 023.4	1 026.2	1 020.6	1 040.3	23	1 008.8	15
2016	2	1 020.6	1 023.6	1 016.9	1 034.4	23	1 007.2	8
2016	3	1 014.8	1 018.2	1 010.5	1 029.9	9	996.5	31
2016	4	1 005.6	1 009.0	1 001.4	1 020.4	3	993.0	30
2016	5	1 004.0	1 007.0	1 000.3	1 017.7	13	989.2	12
2016	6	998.8	1 001.0	995.9	1 008.7	1	989.0	17
2016	7	998.3	1 000.0	996.2	1 007.1	6	988.5	20
2016	8	1 001.9	1 003.9	999.6	1 012.7	26	989.8	31
2016	9	1 007.1	1 009.1	1 004.6	1 022.6	28	990.5	1
2016	10	1 014.5	1 017.1	1 011.3	1 033.5	31	1 001.9	3
2016	11	1 018.3	1 022.2	1 014.4	1 035.3	22	999.4	4
2016	12	1 021.3	1 024.4	1 017.9	1 032.1	29	1 007.8	8
2017	1	1 022.6	1 025.7	1 019.2	1 034.6	30	1 011.6	12

（续）

年份	月份	大气压月平均	大气压日最高月平均	大气压日最低月平均	大气压月最高	出现日	大气压月最低	出现日
2017	2	1 020.0	1 023.5	1 015.6	1 034.7	1	998.4	19
2017	3	1 015.4	1 018.0	1 012.0	1 024.5	13	1 004.5	3
2017	4	1 006.4	1 009.6	1 002.4	1 019.5	26	989.7	17
2017	5	1 003.6	1 006.4	1 000.2	1 013.2	5	990.1	31
2017	6	1 000.4	1 002.5	997.7	1 011.1	13	990.1	1
2017	7	998.0	1 000.3	995.4	1 008.8	28	988.6	8
2017	8	1 000.6	1 002.5	998.3	1 015.7	29	989.4	3
2017	9	1 006.1	1 008.0	1 003.7	1 014.9	28	998.5	7
2017	10	1 017.7	1 020.4	1 015.0	1 031.9	29	1 004.1	1
2017	11	1 018.2	1 021.9	1 014.2	1 031.7	18	1 008.3	2
2017	12	1 022.3	1 025.8	1 018.5	1 034.3	16	1 006.5	9

　　水汽压是间接表示大气中水汽含量的一个量。大气中水汽含量多时，水汽压就大；反之，水汽压就小。水汽压的大小与蒸发的快慢有密切关系，冬季白天温度高，蒸发快，进入大气的水汽多，水汽压就大；夜间出现相反的情况，基本上由温度决定。夏季水汽压有两个最大值，一个出现在早晨9—10时，另一个出现在21—22时。在9—10时以后，对流发展旺盛，地面蒸发的水汽传递到上层大气，使下层水汽减少；21—22时以后，对流虽然减弱，但温度已降低，蒸发也就减弱了。与这个最大值对应的是两个最小值，一个最小值发生在清晨日出前温度最低的时候，另一个发生在午后对流最强的时候。水汽压的年变化和气温的年变化相似，最高值出现在7—8月，最低值出现在1—2月（图3-78和表3-61）。2009—2017年水汽压数据统计结果显示，栾城站1月水汽压最低，多年均值为2.5 hPa，8月水汽压最高，多年均值为26.5 hPa。全年水汽压呈现出先上升后下降的趋势，多年年均水汽压为11.9 hPa。

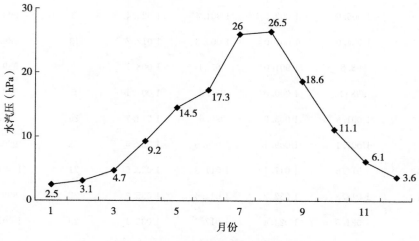

图3-78　2009—2017年水汽压变化

表 3 - 61　2009—2017 年水汽压变化

单位：hPa

年份	月份	水汽压月平均	水汽压月最高	出现日	水汽压月最低	出现日
2009	1	0.6	1.7	30	0.1	22
2009	2	1.3	3.3	14	0.3	20
2009	3	1.6	3.6	18	0.3	13
2009	4	4.6	17.1	30	0.8	1
2009	5	14.0	20.6	19	3.9	30
2009	6	14.3	26.8	19	3.0	29
2009	7	21.4	35.0	22	1.7	11
2009	8	24.6	33.4	11	13.0	29
2009	9	17.6	27.9	4	5.8	21
2009	10	9.8	19.7	1	2.3	19
2009	11	5.2	11.5	7	1.6	17
2009	12	3.0	8.3	2	0.6	30
2010	1	1.9	5.1	20	0.5	12
2010	2	3.3	7.3	25	0.8	17
2010	3	4.6	11.6	30	1.1	20
2010	4	—	10.8	1	1.2	2
2010	5	10.5	17.8	2	1.4	6
2010	6	14.1	21.7	29	3.1	21
2010	7	20.8	33.0	31	4.0	6
2010	8	20.2	31.4	4	8.4	15
2010	9	15.1	24.3	17	3.6	28
2010	10	7.6	16.4	2	1.2	26
2010	11	4.2	8.6	6	0.5	11
2010	12	2.8	5.8	1	0.6	16
2011	1	1.5	4.4	28	0.7	5
2011	2	3.3	6.1	27	0.8	1
2011	3	3.6	10.4	13	1.0	15
2011	4	8.4	19.3	13	2.4	1
2011	5	—	30.3	18	3.8	12
2011	6	—	29.6	23	8.2	12
2011	7	25.7	38.6	28	6.9	7
2011	8	27.1	42.2	14	16.1	20
2011	9	17.3	29.6	1	5.7	21

（续）

年份	月份	水汽压月平均	水汽压月最高	出现日	水汽压月最低	出现日
2011	10	11.5	19.8	11	3.4	24
2011	11	8.3	15.1	1	1.9	23
2011	12	—	7.4	7	0.9	16
2012	1	1.7	5.4	2	0.4	21
2012	2	1.2	5.5	14	0.3	6
2012	3	2.8	9.3	17	0.5	8
2012	4	7.1	25.0	23	1.3	3
2012	5	—	29.0	19	5.9	15
2012	6	—	29.5	26	3.8	11
2012	7	—	41.4	29	9.1	2
2012	8	—	—	—	—	—
2012	9	—	27.5	1	3.9	13
2012	10	9.3	16.4	9	2.5	17
2012	11	5.4	10.7	9	1.0	28
2012	12	3.2	6.5	16	0.8	23
2013	1	3.4	6.0	24	0.7	2
2013	2	4.6	8.4	28	1.2	7
2013	3	5.5	11.8	17	1.7	1
2013	4	7.9	19.2	26	1.2	8
2013	5	16.2	27.1	24	5.3	19
2013	6	21.1	29.8	4	11.0	11
2013	7	27.0	37.5	25	11.9	16
2013	8	28.1	42.0	16	9.2	31
2013	9	19.5	28.0	18	5.6	26
2013	10	11.0	21.6	1	3.8	23
2013	11	5.5	14.1	2	1.1	28
2013	12	3.5	8.1	7	1.0	26
2014	1	3.1	5.4	29	1.2	20
2014	2	4.4	10.0	27	1.3	4
2014	3	7.0	19.1	27	1.5	6
2014	4	12.3	19.7	14	4.0	5
2014	5	14.0	27.0	31	2.9	4
2014	6	18.3	26.1	26	4.9	9

（续）

年份	月份	水汽压月平均	水汽压月最高	出现日	水汽压月最低	出现日
2014	7	24.8	34.8	21	11.3	11
2014	8	24.1	35.0	4	16.3	14
2014	9	19.1	26.1	5	10.4	30
2014	10	11.7	18.2	3	3.9	16
2014	11	6.2	11.5	1	1.1	30
2014	12	2.6	5.2	10	0.9	1
2015	1	2.9	6.1	26	1.1	1
2015	2	3.3	8.8	21	1.0	22
2015	3	5.7	17.2	31	0.8	3
2015	4	11.0	21.3	30	2.5	16
2015	5	15.5	25.4	17	6.7	19
2015	6	17.4	27.5	29	7.3	12
2015	7	24.1	38.0	29	9.3	2
2015	8	26.0	37.0	2	18.2	23
2015	9	18.5	26.8	4	8.0	12
2015	10	10.1	17.4	24	3.4	10
2015	11	7.3	11.4	15	1.9	26
2015	12	4.4	8.0	25	1.5	16
2016	1	2.6	5.9	3	0.7	14
2016	2	3.0	8.8	13	1.3	2
2016	3	5.1	12.4	31	1.2	10
2016	4	10.9	23.3	30	3.2	8
2016	5	14.1	24.9	31	3.7	6
2016	6	18.5	29.4	22	7.5	11
2016	7	30.1	45.7	25	16.1	6
2016	8	30.4	44.1	12	12.5	31
2016	9	20.3	29.8	16	7.2	28
2016	10	14.3	26.1	4	2.3	31
2016	11	7.9	15.6	4	2.4	22
2016	12	6.3	10.7	3	2.2	8
2017	1	4.6	9.9	6	0.8	30
2017	2	3.8	9.1	5	0.8	10
2017	3	6.4	19.4	30	1.2	1
2017	4	11.4	29.3	6	3.1	1
2017	5	17.0	42.7	18	2.2	5
2017	6	—	40.1	23	6.6	11
2017	7	34.2	53.5	13	9.6	10
2017	8	31.3	49.7	2	16.0	25

（续）

年份	月份	水汽压月平均	水汽压月最高	出现日	水汽压月最低	出现日
2017	9	21.3	33.4	7	5.7	28
2017	10	14.6	27.2	1	2.9	29
2017	11	5.3	13.7	3	1.1	29
2017	12	3.0	6.1	30	1.0	16

3.3.1.4 降水数据集

（1）概述

本数据集包括 2009—2017 年数据，采集地为栾城站气象观测场，使用芬兰 VAISALA 生产的 MILOS520 和 MAWS301（2014 年 11 月后）自动监测系统，使用 RG13H 型雨量计观测，观测项目为月降水总量、每月日最大降水量及出现日期，共 108 条记录。

（2）数据采集和处理方法

使用翻斗式雨量计观测，采数频率为每 30 min 1 次，计算、存储 1 h 的累积降水量，逐小时降水量的日累计值为逐日降水量，逐日降水量的月累计值为逐月降水数据，观测高度为距地面 70 cm。

（3）数据质量控制和评估

①降水强度超出气候学界限值域 0～400 mm/min 的数据为错误数据。

②降水量大于 0.0 mm 或者微量时，应有降水现象。

③一日中各时降水量缺测数小时但不是全天缺测时，按实有记录做日合计。全天缺测时，不做日合计，按缺测处理。

④翻斗式雨量计每年进入雨季之前进行检验。方法：以 800 mL 水匀速、缓慢倒入盛水漏斗，记录翻斗次数（每斗 0.2 mm），反复实验几次，翻斗次数在 100±1 次。

（4）数据使用方法和建议

栾城站降水数据集体现了栾城地区 9 年降水的变化情况及特点，能为观测期间降水的变化评估提供基础数据。自动观测数据较好，具有较高的利用价值，该地区雨热同期，为发展农业提供了较好基础。

（5）数据

2009—2017 年降水数据统计结果显示，栾城站降水最高值出现在 8 月，为 115.7 mm，最低值出现在 1 月，为 0.6 mm，呈现雨热同期特点（图 3-79）。多年年均降水为 417.7 mm，7—9 月降水占全年总降水的 68.3%（表 3-62）。

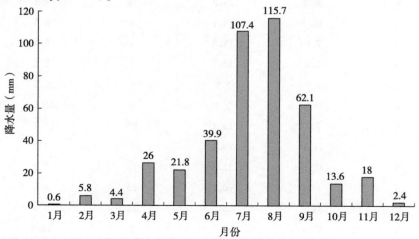

图 3-79 2009—2017 年降水量变化

表 3 - 62 2009—2017 年降水量变化

单位：m

年份	月份	降水量月合计	每月日最大降水量	出现日
2009	1	0.0	0.0	1
2009	2	5.0	0.8	12
2009	3	8.4	1.6	21
2009	4	7.8	1.4	11
2009	5	10.6	3.8	16
2009	6	12.4	6.2	6
2009	7	38.2	10.2	17
2009	8	200.2	44.2	26
2009	9	73.8	7.4	4
2009	10	6.0	2.2	30
2009	11	34.8	2.8	12
2009	12	0.2	0.2	7
2010	1	0.0	0.0	1
2010	2	3.4	0.4	9
2010	3	9.8	1.4	14
2010	4	0.0	0.0	1
2010	5	6.8	1.8	5
2010	6	5.6	2.8	2
2010	7	39.6	9.0	9
2010	8	4.4	0.2	1
2010	9	53.8	13.0	7
2010	10	5.4	1.0	24
2010	11	0.0	0.0	1
2010	12	0.4	0.4	23
2011	1	0.0	0.0	1
2011	2	7.4	0.6	10
2011	3	0.0	0.0	1
2011	4	1.6	0.6	22
2011	5	30.0	4.2	9
2011	6	37.8	7.8	11
2011	7	101.8	21.2	24
2011	8	77.2	31.6	15
2011	9	81.6	15.4	16

（续）

年份	月份	降水量月合计	每月日最大降水量	出现日
2011	10	15.2	3.6	9
2011	11	28.4	1.4	17
2011	12	0.2	0.2	6
2012	1	0.0	0.0	1
2012	2	0.0	0.0	1
2012	3	5.8	1.0	22
2012	4	24.0	4.6	24
2012	5	14.0	3.6	12
2012	6	67.2	7.0	29
2012	7	204.0	55.4	5
2012	8	116.4	42.0	12
2012	9	78.8	14.0	1
2012	10	1.8	0.4	4
2012	11	29.2	3.0	4
2012	12	3.6	0.6	13
2013	1	1.8	0.4	20
2013	2	9.2	1.8	5
2013	3	0.4	0.4	12
2013	4	27.0	4.8	20
2013	5	15.6	5.6	26
2013	6	91.4	14.6	25
2013	7	144.2	9.4	23
2013	8	175.0	48.4	7
2013	9	79.8	16.8	4
2013	10	8.6	2.8	14
2013	11	4.2	0.8	9
2013	12	0.0	0.0	1
2014	1	0.0	0.0	1
2014	2	5.4	1.0	27
2014	3	2.6	2.0	28
2014	4	18.4	2.0	26
2014	5	20.4	2.0	11
2014	6	16.4	3.2	19

（续）

年份	月份	降水量月合计	每月日最大降水量	出现日
2014	7	60.4	29.2	21
2014	8	84.8	23.4	4
2014	9	69.2	9.8	2
2014	10	8.2	3.6	4
2014	11	25.2	7.2	27
2014	12	13.2	13.2	3
2015	1	2.4	2.4	24
2015	2	3.2	0.8	20
2015	3	5.2	1.6	31
2015	4	26.0	4.8	2
2015	5	59.6	5.8	2
2015	6	13.6	1.6	4
2015	7	66.8	29.4	18
2015	8	206.4	69.4	30
2015	9	84.8	11.2	4
2015	10	17.2	1.4	25
2015	11	33.8	3.4	7
2015	12	0.2	0.2	14
2016	1	0.6	0.4	22
2016	2	12.6	2.2	13
2016	3	0.0	0.0	1
2016	4	11.6	1.4	3
2016	5	15.6	2.8	14
2016	6	63.8	18.0	14
2016	7	230.2	13.6	4
2016	8	75.0	17.6	1
2016	9	30.8	7.6	18
2016	10	44.8	2.0	7
2016	11	4.6	0.6	7
2016	12	3.8	1.0	21
2017	1	0.4	0.2	5
2017	2	6.0	1.2	21
2017	3	7.6	0.8	22

（续）

年份	月份	降水量月合计	每月日最大降水量	出现日
2017	4	27.2	2.6	5
2017	5	23.8	4.4	22
2017	6	50.8	16.6	21
2017	7	81.2	19.2	21
2017	8	101.6	24.2	17
2017	9	6.4	1.6	22
2017	10	15.0	2.6	10
2017	11	2.2	2.0	3
2017	12	0.4	0.4	14

3.3.1.5　风速数据集

（1）概述

本数据集包括 2009—2017 年数据，采集地为栾城站气象观测场，使用芬兰 VAISALA 生产的 MILOS520 和 MAWS301（2014 年 11 月后）自动监测系统，使用 WAA151 风速传感器观测，其中包括 10 min 月平均风速、月最多风向、10 min 月平均最大风速及对应风向和出现日期，共 108 条数据记录（图 3 - 80、表 3 - 63）。

（2）数据采集和处理方法

每秒测 1 次风速数据，以 1 s 为步长求 3 s 滑动平均值，以 3 s 为步长求 1 min 滑动平均风速，然后以 1 min 为步长求 10 min 和 2 min 滑动平均风速；观测高度为 10 m 的风杆。

（3）数据质量控制和评估

①根据当地气象观测记录，确定各季节风速的极大值，极小值为 0 时进行检验。

②风向检验，极大值为 360°，同时需检验传感器是否正常随风方向指示而变动。超出气候学界限值域 0～75 m/s 的数据为错误数据。

③10 min 平均风速小于最大风速。

④一日中若 24 次定时观测记录有缺测时，该日按照 02 时、08 时、14 时、20 时 4 次定时记录做日平均，若 4 次定时记录缺测 1 次或以上，但该日各定时记录缺测 5 次或以下时，按实有记录做日统计，缺测 6 次或以上时，不做日平均。

（4）数据使用方法和建议

空气运动产生的气流，称为风。它是由许多在时空上随机变化的小尺度脉动叠加在大尺度规则气流上的一种三维矢量。地面气象观测中测量的风是两维矢量（水平运动），用风向和风速表示。风向是指风的来向，最多风向是指在规定时间段内出现频数最多的风向，风速是指单位时间内空气移动的水平距离。风速以米每秒（m/s）为单位，取一位小数。最大风速是指在某个时段内出现的最大 10 min 平均风速值。极大风速（阵风）是指某个时段内出现的最大瞬时风速值。瞬时风速是指 3 s 的平均风速。

（5）数据

2009—2017 年 10 min 平均风速数据统计结果显示，栾城站 10 min 月平均风速最高出现在 4 月，为 2.2 m/s，最低出现在 8 月，为 1.1 m/s。多年年均风速为 1.6 m/s，全年年均风速呈现出先上升后下降再上升的趋势。2009—2017 年 10 min 风速变化数据统计结果见图 3 - 80、表 3 - 63。

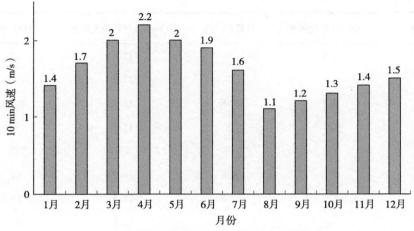

图 3-80　2009—2017 年 10 min 风速变化

表 3-63　2009—2017 年 10 min 风速变化

单位：m/s

年份	月份	10 min 月平均风速	月最多风向	10 min 月平均最大风速	对应风向	出现日
2009	1	1.6	N	10.5	7	22
2009	2	1.8	N	9.0	318	20
2009	3	2.1	S	10.1	34	19
2009	4	2.2	SSE	14.0	64	15
2009	5	2.0	S	7.8	165	6
2009	6	2.1	NNW	12.0	275	26
2009	7	1.8	S	9.1	176	4
2009	8	1.1	C	6.6	301	1
2009	9	1.4	S	6.7	183	16
2009	10	1.5	C	10.4	314	16
2009	11	1.5	C	9.0	36	1
2009	12	1.6	N	8.8	309	25
2010	1	1.6	N	13.7	318	12
2010	2	2.0	NNE	13.5	302	17
2010	3	2.2	S	19.6	299	20
2010	4	—	S	15.2	183	9
2010	5	1.9	S	13.9	317	9
2010	6	1.9	N	12.6	51	21
2010	7	1.7	SSE	13.2	22	31
2010	8	1.2	C	9.8	8	21
2010	9	1.2	C	12.4	31	21

（续）

年份	月份	10 min 月平均风速	月最多风向	10 min 月平均最大风速	对应风向	出现日
2010	10	1.5	C	13.6	46	24
2010	11	1.7	C	21.4	281	11
2010	12	2.2	SSE	18.2	309	29
2011	1	1.4	N	11.1	9	5
2011	2	1.8	N	8.5	352	11
2011	3	2.4	SSE	18.2	56	14
2011	4	2.5	SSE	17.8	29	10
2011	5	—	S	15.5	309	12
2011	6	—	SSE	17.1	277	7
2011	7	1.9	S	13.8	276	7
2011	8	1.3	C	13.4	37	10
2011	9	1.3	S	10.8	17	16
2011	10	1.3	C	14.9	54	23
2011	11	1.4	N	11.6	305	22
2011	12	1.2	C	10.5	16	21
2012	1	1.4	N	10.4	40	20
2012	2	1.8	N	15.6	6	6
2012	3	2.1	NNE	20.0	309	23
2012	4	2.4	S	14.0	335	24
2012	5	1.8	SSE	13.8	293	25
2012	6	2.0	SSE	16.6	251	21
2012	7	1.5	C	15.3	49	12
2012	8	1.0	C	12.2	358	21
2012	9	1.1	C	13.3	358	27
2012	10	1.2	C	13.0	292	9
2012	11	1.5	C	16.1	289	11
2012	12	1.5	N	16.8	302	3
2013	1	1.2	N	12.0	308	1
2013	2	1.4	C	11.7	14	28
2013	3	2.2	S	21.4	4	9
2013	4	2.3	S	19.2	308	8
2013	5	1.6	C	12.8	327	19
2013	6	1.8	C	13.9	184	13

（续）

年份	月份	10 min 月平均风速	月最多风向	10 min 月平均最大风速	对应风向	出现日
2013	7	1.2	C	11.9	339	16
2013	8	1.2	C	15.8	47	11
2013	9	1.1	C	8.8	30	23
2013	10	1.1	C	12.4	301	10
2013	11	1.2	C	11.8	357	16
2013	12	1.3	C	11.2	338	26
2014	1	1.2	N	10.2	306	1
2014	2	1.5	N	9.5	180	26
2014	3	1.7	S	15.5	42	12
2014	4	1.7	SSE	14.4	72	5
2014	5	2.4	S	14.6	297	2
2014	6	1.7	C	21.3	42	22
2014	7	1.9	S	18.2	218	21
2014	8	1.1	C	13.4	17	4
2014	9	0.9	C	11.8	83	29
2014	10	1.0	C	10.8	180	26
2014	11	1.1	C	72.3	23	29
2014	12	1.6	C	16.7	332	16
2015	1	1.3	C	17.0	326	18
2015	2	1.7	C	16.0	281	21
2015	3	2.0	S	18.7	332	3
2015	4	2.1	S	19.9	28	16
2015	5	2.0	S	18.9	281	11
2015	6	2.0	C	19.9	332	4
2015	7	1.3	C	15.5	293	14
2015	8	0.9	C	22.9	107	18
2015	9	1.1	C	12.1	231	4
2015	10	1.4	C	16.7	293	1
2015	11	1.4	C	14.6	68	5
2015	12	1.2	C	13.4	287	3
2016	1	1.5	C	14.1	17	23
2016	2	1.9	C	16.9	360	14
2016	3	1.7	C	15.5	332	13

（续）

年份	月份	10 min 月平均风速	月最多风向	10 min 月平均最大风速	对应风向	出现日
2016	4	2.1	S	14.1	158	24
2016	5	2.1	S	18.1	349	12
2016	6	1.9	S	20.1	338	22
2016	7	1.3	C	18.7	259	26
2016	8	1.1	C	13.4	39	13
2016	9	1.2	C	15.5	281	10
2016	10	1.5	S	11.6	28	20
2016	11	1.3	C	11.8	191	9
2016	12	1.1	C	11.5	349	5
2017	1	1.3	C	16.0	326	19
2017	2	1.7	C	12.9	309	10
2017	3	1.9	S	20.4	332	1
2017	4	2.0	S	15.4	276	21
2017	5	2.0	S	20.3	174	3
2017	6	1.8	S	16.9	321	26
2017	7	1.6	S	27.0	287	9
2017	8	1.3	C	18.4	321	5
2017	9	1.2	S	17.7	276	22
2017	10	1.2	C	10.9	39	10
2017	11	1.3	C	14.7	17	3
2017	12	1.4	SSW	13.9	326	30

　　2009—2017 年月小时最大风速变化数据统计结果见图 3-81、表 3-64。

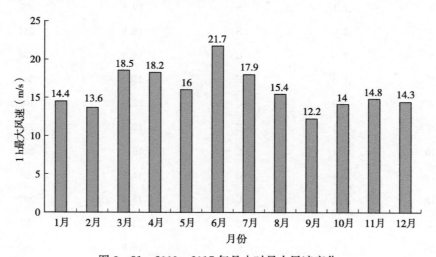

图 3-81　2009—2017 年月小时最大风速变化

表 3 - 64　2009—2017 年月小时最大风速变化

单位：m/s

年份	月份	最大风速	最大风风向	最大风出现日	最大风出现次数
2009	1	20.6	289	23	1
2009	2	16.3	309	20	0
2009	3	13.9	39	19	0
2009	4	23.8	51	15	2
2009	5	12.4	167	5	0
2009	6	20.2	315	26	1
2009	7	16.9	24	23	0
2009	8	11.9	315	1	0
2009	9	11.4	58	6	0
2009	10	17.2	315	16	1
2009	11	14.8	39	1	0
2009	12	17.1	278	24	1
2010	1	15.1	328	12	0
2010	2	15.3	298	17	0
2010	3	21.9	276	20	11
2010	4	16.6	173	7	0
2010	5	15.4	306	9	0
2010	6	19.8	21	17	1
2010	7	17.4	24	31	1
2010	8	12.0	231	27	0
2010	9	12.4	79	7	0
2010	10	17.8	43	24	1
2010	11	21.4	281	11	4
2010	12	19.6	311	29	11
2011	1	11.1	9	5	0
2011	2	10.9	6	11	0
2011	3	22.4	58	14	3
2011	4	18.9	42	10	3
2011	5	16.4	242	17	0
2011	6	22.3	293	7	3
2011	7	21.4	321	24	2
2011	8	16.0	238	15	0

（续）

年份	月份	最大风速	最大风风向	最大风出现日	最大风出现次数
2011	9	12.6	79	1	0
2011	10	14.9	53	23	0
2011	11	12.4	291	22	0
2011	12	10.5	6	21	0
2012	1	12.0	263	25	0
2012	2	15.6	11	6	0
2012	3	20.9	323	23	6
2012	4	17.7	338	24	1
2012	5	14.4	351	25	0
2012	6	25.7	315	21	1
2012	7	21.1	139	5	3
2012	8	17.8	51	21	1
2012	9	15.9	17	27	0
2012	10	13.5	279	22	0
2012	11	17.7	328	4	1
2012	12	16.8	308	3	0
2013	1	13.7	309	1	0
2013	2	12.7	24	28	0
2013	3	23.4	0	9	5
2013	4	24.1	311	8	9
2013	5	17.4	317	19	1
2013	6	32.3	311	25	1
2013	7	12.6	122	5	0
2013	8	19.1	354	5	4
2013	9	13.4	304	4	0
2013	10	13.7	313	10	0
2013	11	12.9	328	16	0
2013	12	13.0	324	26	0
2014	1	11.9	309	20	0
2014	2	9.5	191	26	0
2014	3	16.0	43	12	0
2014	4	16.6	79	5	0
2014	5	16.3	180	3	0

（续）

年份	月份	最大风速	最大风风向	最大风出现日	最大风出现次数
2014	6	21.3	38	22	1
2014	7	21.6	44	21	1
2014	8	20.6	11	29	2
2014	9	13.3	82	29	0
2014	10	11.7	185	16	0
2014	11	15.8	309	30	0
2014	12	14.1	298	16	0
2015	1	16.0	309	18	0
2015	2	13.8	293	21	0
2015	3	16.5	6	3	0
2015	4	19.9	28	16	2
2015	5	14.7	298	11	0
2015	6	19.0	332	4	2
2015	7	15.5	293	14	0
2015	8	14.3	152	18	0
2015	9	10.0	23	28	0
2015	10	15.9	281	1	0
2015	11	12.3	79	5	0
2015	12	13.2	315	2	0
2016	1	13.6	6	23	0
2016	2	15.6	11	14	0
2016	3	14.3	169	31	0
2016	4	12.4	163	29	0
2016	5	16.4	298	3	0
2016	6	20.1	338	22	1
2016	7	18.7	259	26	1
2016	8	12.7	45	13	0
2016	9	11.9	39	7	0
2016	10	10.7	34	20	0
2016	11	11.4	186	9	0
2016	12	11.2	338	5	0
2017	1	15.8	309	19	0
2017	2	12.9	309	10	0

（续）

年份	月份	最大风速	最大风风向	最大风出现日	最大风出现次数
2017	3	17.5	338	1	2
2017	4	14.0	304	20	0
2017	5	20.3	174	3	2
2017	6	14.9	338	12	0
2017	7	15.6	321	11	0
2017	8	13.9	321	11	0
2017	9	8.9	191	30	0
2017	10	10.4	28	9	0
2017	11	14.7	17	3	0
2017	12	13.3	309	30	0

3.3.1.6 地表温度数据集

（1）概述

本数据集包括 2009—2017 年数据，采集地为栾城站气象观测场，使用芬兰 VAISALA 生产的 MILOS520 和 MAWS301（2014 年 11 月后）自动监测系统，使用 QMT110 地温传感器观测，观测项目为地表温度月平均值、月极大值及出现极大值日期、月极小值及出现极小值日期，共 108 条数据记录。

（2）数据采集和处理方法

每 30 min 采测 1 次地表温度，一天内计算每小时温度平均数据为日均值，计算月内逐日温度数据为月均值。观测深度为地表（0 cm）。

①某一定时地表温度缺测时，用前、后两定时数据内插求得，按正常数据统计，若连续两个或以上定时数据缺测时，不能内插，按缺测处理。

②一日中若 24 次定时观测记录有缺测时，该日按照 02 时、08 时、14 时、20 时 4 次定时记录做日平均。

（3）数据质量控制和评估

地表温度极值一般高于气温极值，并且因地表面的状态和土壤性质不同而有不同特征，根据历史观测数据确定本站各月地表温度极值进行检验。

①超出气候学界限值域 $-90 \sim 90$ ℃的数据为错误数据。

②1 h 内变化幅度的最小值为 0.1 ℃。

③定时观测地表温度大于等于日地表最低温度且小于等于日地表最高温度。

④地表温度 24 h 变化范围小于 60 ℃。

（4）数据使用方法和建议

地表温度即地面的温度。太阳的热能被辐射到达地面后，一部分被反射，一部分被地面吸收，使地面增热，对地面的温度进行测量后得到的温度就是地表温度。地表温度还会由于所处地点环境不同而有所不同。影响地表温度变化的因素也比较多，如地表湿度、气温、光照强度、地表材质（如是草坪还是裸露土地，是水泥地面还是沥青地面）等。对于一个地区而言，该地区的地表温度主要取决于该地区所在的纬度（如赤道线上的地区与北极的北冰洋地区的温度就有几十度的温差），另外还有海拔的高度差、人口的密度、工业的发展程度、森林的覆盖（如同一纬度上的沙漠地区和原始森林地区的温差也很大）等。

（5）数据

地表温度的日变化，一般在一天内具有一个极大值和一个极小值。最高温度出现在 13 时左右，最低温度出现在将近日出的时候。影响地表温度日较差的主要因子有：太阳高度角、大气条件、下垫面状况（热导率、热容量、地形和土壤颜色等）。地表温度的年变化，主要与太阳辐射的年变化有关，在栾城站所处地区，地表月平均最高温度出现在 7—8 月，月平均最低温度出现在 1—2 月地表的自然覆盖（夏季的植物覆盖和冬季的雪覆盖），对地表温度年较差的大小有很大影响。裸露土壤的温度年较差比夏季和冬季处于自然覆盖下的温度年较差要大。

2009—2017 年地表温度数据统计结果显示，栾城站月平均地表温度最高值出现在 7 月，为 27.5 ℃，最低值出现在 1 月，为 −2.3 ℃。多年年均地表温度为 13.4 ℃。全年地表温度呈现先上升后下降的趋势，6—8 月为全年地表温度最高阶段（图 3 - 82、表 3 - 65）。

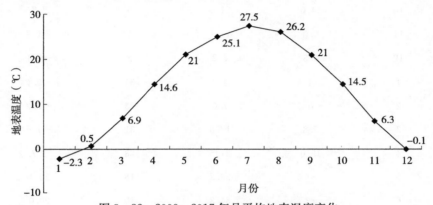

图 3 - 82　2009—2017 年月平均地表温度变化

表 3 - 65　2009—2017 年月平均地表温度变化

单位：℃

年份	月份	地表温度月平均值	月极大值	极大值日	月极小值	极小值日
2009	1	−3.5	9.1	21	−10.4	26
2009	2	1.7	14.7	10	−5.5	4
2009	3	7.3	23.3	18	−3.0	7
2009	4	13.9	28.0	30	2.5	1
2009	5	20.3	31.9	31	10.0	3
2009	6	25.0	39.1	24	15.5	1
2009	7	26.6	36.4	3	19.5	12
2009	8	25.8	31.5	15	18.5	30
2009	9	21.0	27.7	1	13.8	22
2009	10	15.0	23.9	1	7.7	21
2009	11	5.3	13.6	7	0.9	3
2009	12	−0.4	7.1	2	−6.5	31
2010	1	−3.1	6.1	30	−9.5	13
2010	2	−0.8	8.1	20	−6.9	3

（续）

年份	月份	地表温度月平均值	月极大值	极大值日	月极小值	极小值日
2010	3	3.8	13.1	26	−1.9	10
2010	4	—	20.0	30	1.3	2
2010	5	18.8	29.7	24	6.4	1
2010	6	24.0	32.9	28	17.5	1
2010	7	27.8	38.3	6	22.1	2
2010	8	25.8	32.1	16	20.2	28
2010	9	21.5	28.3	2	13.9	30
2010	10	14.0	21.4	5	5.7	29
2010	11	6.0	14.1	5	−1.3	25
2010	12	0.3	7.2	2	−5.1	26
2011	1	−4.1	4.2	31	−9.4	24
2011	2	−0.9	7.6	23	−7.3	2
2011	3	5.8	17.8	31	−1.6	2
2011	4	13.0	21.5	28	1.7	3
2011	5	—	26.2	18	12.4	1
2011	6	—	34.8	10	20.0	26
2011	7	27.8	38.0	11	20.4	21
2011	8	26.4	33.2	8	20.2	20
2011	9	19.8	29.1	5	12.7	22
2011	10	14.3	20.8	5	6.7	25
2011	11	8.2	16.4	1	0.2	24
2011	12	0.4	4.6	1	−3.0	26
2012	1	−2.1	3.6	26	−6.9	25
2012	2	−1.6	7.6	19	−7.8	7
2012	3	4.6	18.3	29	−3.8	6
2012	4	14.3	24.2	30	2.1	3
2012	5	21.3	33.9	27	13.5	17
2012	6	24.1	32.7	17	17.7	4
2012	7	27.2	35.1	29	22.6	1
2012	8	26.0	33.0	19	18.8	24
2012	9	20.8	28.3	3	12.4	30
2012	10	14.2	22.8	3	5.0	31
2012	11	5.1	13.9	1	−0.9	29

（续）

年份	月份	地表温度月平均值	月极大值	极大值日	月极小值	极小值日
2012	12	−0.6	4.1	17	−4.5	9
2013	1	−2.7	1.4	17	−7.0	5
2013	2	−0.4	4.4	28	−3.1	8
2013	3	6.2	15.4	27	−0.8	3
2013	4	11.6	22.2	13	2.4	6
2013	5	19.0	26.5	30	12.2	1
2013	6	23.0	29.7	29	17.1	12
2013	7	26.2	32.3	3	20.7	23
2013	8	27.5	34.1	16	18.8	31
2013	9	22.3	30.0	1	13.8	26
2013	10	14.8	23.0	1	6.4	26
2013	11	6.4	16.5	5	−2.0	28
2013	12	−0.4	7.6	3	−6.0	29
2014	1	−1.8	5.5	1	−6.8	21
2014	2	1.0	8.9	27	−5.7	4
2014	3	8.3	18.4	15	−1.1	7
2014	4	15.6	23.0	25	8.6	4
2014	5	24.8	59.9	29	8.4	12
2014	6	28.0	57.1	3	13.0	3
2014	7	29.5	51.2	13	19.9	13
2014	8	—	38.3	1	21.4	29
2014	9	21.1	30.0	3	14.7	16
2014	10	15.0	23.1	5	7.8	28
2014	11	7.3	17.5	2	0.1	14
2014	12	−1.0	12.0	22	−8.8	21
2015	1	−1.2	12.0	21	−8.5	1
2015	2	1.9	20.5	16	−7.8	9
2015	3	9.6	28.6	19	−6.6	4
2015	4	15.6	30.3	14	2.7	7
2015	5	19.8	30.5	30	10.0	11
2015	6	26.9	48.9	13	15.3	5
2015	7	27.8	44.5	12	16.7	1
2015	8	25.8	34.6	2	18.9	30

（续）

年份	月份	地表温度月平均值	月极大值	极大值日	月极小值	极小值日
2015	9	20.4	27.5	3	14.6	13
2015	10	13.5	21.6	15	4.8	31
2015	11	6.6	15.6	1	−0.1	30
2015	12	0.8	8.0	14	−2.0	28
2016	1	−1.8	5.0	14	−6.9	25
2016	2	1.2	12.8	28	−6.5	1
2016	3	—	22.6	29	−1.2	10
2016	4	16.9	31.1	30	8.4	4
2016	5	21.3	38.5	29	9.3	13
2016	6	24.6	34.9	22	16.8	1
2016	7	26.5	34.3	26	21.5	6
2016	8	26.4	33.6	12	18.8	29
2016	9	21.4	27.0	4	12.0	29
2016	10	15.0	23.9	14	4.6	30
2016	11	6.0	16.4	5	−1.5	24
2016	12	0.9	9.3	1	−3.0	29
2017	1	−0.7	6.5	9	−6.1	30
2017	2	2.2	17.8	27	−4.4	1
2017	3	9.5	22.1	27	−0.9	8
2017	4	16.0	29.3	29	6.7	1
2017	5	22.3	30.6	20	13.8	6
2017	6	25.1	33.6	20	16.3	7
2017	7	28.1	38.5	14	19.3	17
2017	8	—	33.4	4	25.0	7
2017	9	—	27.5	19	13.9	29
2017	10	14.7	23.0	1	5.5	30
2017	11	5.5	16.0	3	−1.0	30
2017	12	−0.5	3.0	10	−3.0	31

3.3.1.7　土壤温度数据集

（1）概述

本数据集包括 2009—2017 年数据，采集地为栾城站气象观测场，使用芬兰 VAISALA 生产的
MILOS520 和 MAWS301（2014 年 11 月后）自动监测系统，使用 QMT110 地温传感器观测，观测项
目为土壤温度，包括每层土壤温度的月平均值、月极大值及其出现日期、月极小值及其出现日期，土

壤深度共有 7 层，含 756 条记录。

（2）数据采集和处理方法

每 30 min 采测 1 次土壤温度，一天内计算每小时温度平均数据为日均值，计算月内逐日温度平均数据为月均值。观测深度为不同土壤深度（5 cm、10 cm、15 cm、20 cm、40 cm、60 cm 和 100 cm）。

①某一定时土壤温度缺测时，用前、后两定时数据内插求得，按正常数据统计，若连续两个或以上定时数据缺测时，不能内插，仍按缺测处理。

②一日中若 24 次定时观测记录有缺测时，该日按照 02 时、08 时、14 时、20 时 4 次定时记录做日平均。

（3）数据质量控制和评估

土壤温度极值一般高于气温极值，并且因地表面的状态和土壤性质不同而有不同特征，根据历史观测数据确定本站各月地表温度极值进行检验。

①超出气候学界限值域的数据为错误数据，对于不同深度 5 cm、10 cm、15 cm、20 cm、40 cm、60 cm 和 100 cm 所对应的温度界限值是−80~80 ℃、−70~70 ℃、−60~60 ℃、−50~50 ℃、−45~45 ℃、−40~40 ℃、−40~40 ℃。

②对于不同深度 5 cm、10 cm、15 cm、20 cm 和 40 cm 所对应的 2 h 内温度变化幅度最小值为 0.1 ℃；60 cm 和 100 cm 所对应的 1 h 内温度变化幅度最小值为 0.1 ℃。

③对于不同深度 5 cm、10 cm 和 15 cm 所对应的地温 24 h 变化范围小于 40 ℃；20 cm 和 40 cm 所对应的地温 24 h 变化范围小于 30 ℃；60 cm 和 100 cm 所对应的地温 24 h 变化范围小于 20 ℃。

（4）数据使用方法和建议

土壤温度（地温）影响着植物的生长、发育和土壤的形成以及土壤中各种微生物的活动。土壤温度随地形、土壤水分、耕作条件、天气及作物覆盖等影响而变化。土壤温度会影响作物根系的生长，不同作物需要的最适土壤温度也不同，如冬小麦在 12~16 ℃时生长良好，玉米、棉花等为 25 ℃左右，15~27 ℃是马铃薯块茎形成的最适土壤温度；而微生物需要的土壤温度为 15~45 ℃。同时土壤中水的移动和气体交换等都受土温影响，所以明确不同深度土壤温度变化具有重要意义。

（5）数据

2009—2017 年 5 cm 土壤温度数据统计结果显示，栾城站月平均 5 cm 土壤温度最高值出现在 7 月，为 27.0 ℃，最低值出现在 1 月，为−1.6 ℃。多年年均 5 cm 土壤温度为 13.5 ℃，全年 5 cm 土壤温度呈现先上升后下降趋势，6—8 月为全年土壤温度最高阶段（图 3 - 83、表 3 - 66）。

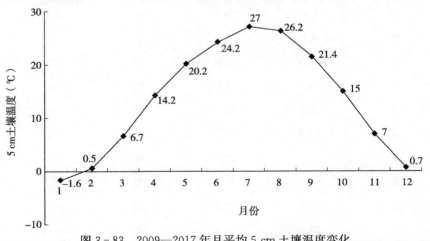

图 3 - 83　2009—2017 年月平均 5 cm 土壤温度变化

表 3 – 66　2009—2017 年月平均 5 cm 土壤温度变化

单位：℃

年份	月份	月平均值	月极大值	极大值日	月极小值	极小值日
2009	1	−2.8	5.2	21	−7.6	26
2009	2	1.9	10.8	10	−3.8	4
2009	3	7.3	18.5	18	−1.2	2
2009	4	13.5	22.8	30	4.1	1
2009	5	19.8	28.4	31	11.9	3
2009	6	24.5	34.4	25	16.8	1
2009	7	26.3	33.0	3	20.2	12
2009	8	25.8	30.2	15	19.5	30
2009	9	21.1	26.6	3	15.3	22
2009	10	15.4	23.0	1	9.4	21
2009	11	5.8	12.7	7	2.0	29
2009	12	0.3	6.3	2	−3.2	31
2010	1	−2.1	2.4	30	−5.4	13
2010	2	−0.7	3.4	20	−4.2	3
2010	3	3.7	10.5	31	−0.6	10
2010	4	—	16.2	30	3.1	2
2010	5	18.1	25.7	23	7.9	1
2010	6	23.4	29.3	21	18.5	1
2010	7	27.1	34.4	31	22.3	2
2010	8	25.7	30.3	2	20.9	28
2010	9	21.6	27.2	2	14.7	30
2010	10	14.2	20.3	5	6.7	29
2010	11	6.4	13.0	5	0.1	28
2010	12	0.7	6.5	2	−4.0	26
2011	1	−3.6	1.9	31	−7.6	24
2011	2	−0.8	5.5	23	−5.9	2
2011	3	5.6	15.1	31	−0.9	2
2011	4	12.7	19.3	14	3.2	3
2011	5	—	24.7	18	12.9	1
2011	6	—	31.4	30	20.5	26
2011	7	27.3	33.9	12	19.1	21
2011	8	26.3	31.7	9	21.2	20

（续）

年份	月份	月平均值	月极大值	极大值日	月极小值	极小值日
2011	9	20.0	27.6	5	13.9	22
2011	10	14.5	19.4	5	8.4	25
2011	11	8.6	15.5	1	1.9	24
2011	12	0.9	5.0	1	−1.7	24
2012	1	−1.3	0.3	30	−4.1	25
2012	2	−1.3	2.8	29	−4.4	8
2012	3	4.3	15.5	29	−1.3	6
2012	4	13.9	21.4	30	3.7	3
2012	5	20.7	29.1	27	14.9	1
2012	6	23.7	29.9	22	18.5	4
2012	7	27.0	32.9	29	22.8	5
2012	8	25.9	30.8	19	20.4	24
2012	9	21.0	26.9	3	14.0	30
2012	10	14.7	21.2	3	7.0	31
2012	11	5.8	12.7	1	0.8	29
2012	12	0.0	3.7	17	−3.0	31
2013	1	−2.2	−0.2	24	−5.6	5
2013	2	−0.4	3.5	28	−2.4	9
2013	3	6.1	12.2	27	0.1	3
2013	4	11.4	19.3	30	4.6	6
2013	5	18.8	24.3	30	13.1	1
2013	6	22.7	28.1	29	18.1	12
2013	7	26.1	30.6	3	21.4	23
2013	8	27.4	32.9	16	20.1	31
2013	9	22.4	28.4	2	15.1	26
2013	10	15.1	22.3	1	7.9	26
2013	11	7.0	15.2	2	0.0	28
2013	12	0.3	6.6	3	−4.2	29
2014	1	−1.3	3.9	1	−4.6	21
2014	2	1.2	7.7	27	−3.8	4
2014	3	8.3	16.7	15	0.5	7
2014	4	15.5	20.9	25	9.8	4
2014	5	21.8	31.0	29	11.7	5

（续）

年份	月份	月平均值	月极大值	极大值日	月极小值	极小值日
2014	6	25.0	30.9	5	19.0	3
2014	7	27.7	33.4	21	22.6	10
2014	8	—	32.1	1	23.2	29
2014	9	21.6	25.7	1	17.4	18
2014	10	15.7	19.4	10	11.3	28
2014	11	8.5	14.0	1	4.6	28
2014	12	0.4	5.6	1	−1.5	22
2015	1	−0.2	3.4	21	−2.1	10
2015	2	2.1	8.7	16	−1.8	2
2015	3	9.0	18.7	28	0.0	1
2015	4	14.5	21.9	30	7.2	7
2015	5	19.4	25.8	31	12.0	11
2015	6	25.0	30.3	18	18.2	5
2015	7	26.7	32.4	12	19.6	1
2015	8	25.9	30.0	11	19.2	30
2015	9	21.0	25.5	3	17.5	13
2015	10	14.4	19.8	2	7.7	31
2015	11	7.6	13.3	1	1.6	30
2015	12	1.5	4.9	14	0.0	31
2016	1	−0.9	0.3	6	−3.2	25
2016	2	0.9	6.3	28	−3.0	1
2016	3	—	15.9	29	1.3	1
2016	4	16.1	23.8	30	11.1	4
2016	5	20.5	28.6	29	13.6	13
2016	6	24.4	31.3	22	19.1	1
2016	7	26.4	31.7	26	22.6	16
2016	8	26.7	31.6	12	21.6	29
2016	9	22.1	26.0	5	15.3	29
2016	10	15.7	21.5	3	8.0	30
2016	11	6.9	12.6	5	1.5	24
2016	12	1.8	5.2	1	−0.2	30
2017	1	0.0	3.6	9	−2.5	23
2017	2	1.9	9.9	27	−1.8	2

（续）

年份	月份	月平均值	月极大值	极大值日	月极小值	极小值日
2017	3	9.1	16.2	31	2.2	2
2017	4	15.8	24.9	29	9.3	1
2017	5	22.4	28.8	20	15.7	6
2017	6	25.0	31.7	30	18.2	7
2017	7	28.2	36.2	14	22.9	30
2017	8	—	31.1	4	25.6	1
2017	9	—	25.6	6	16.6	29
2017	10	15.3	21.7	1	8.3	30
2017	11	6.4	14.1	3	1.0	30
2017	12	0.2	1.2	1	−0.8	29

　　2009—2017 年 10 cm 土壤温度数据统计结果显示，栾城站月平均 10 cm 土壤温度最高值出现在 7 月，为 26.7 ℃，最低值出现在 1 月，为−1.3 ℃。多年年均 10 cm 土壤温度为 13.5 ℃，全年 10 cm 土壤温度呈现先上升后下降趋势，6—8 月为全年最高阶段（图 3 - 84、表 3 - 67）。

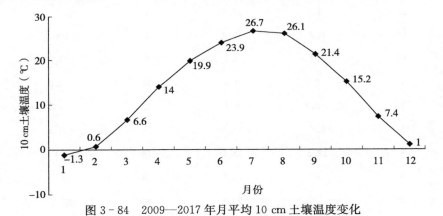

图 3 - 84　2009—2017 年月平均 10 cm 土壤温度变化

表 3 - 67　2009—2017 年月平均 10 cm 土壤温度变化

单位：℃

年份	月份	月平均值	月极大值	极大值日	月极小值	极小值日
2009	1	−2.4	3.2	21	−6.1	26
2009	2	1.9	8.9	10	−2.9	4
2009	3	7.2	16.4	18	−0.3	2
2009	4	13.3	20.8	30	4.9	1
2009	5	19.5	26.4	31	12.7	3
2009	6	24.1	31.9	25	17.3	1
2009	7	26.1	31.1	3	20.4	12
2009	8	25.7	29.5	15	20.1	30

（续）

年份	月份	月平均值	月极大值	极大值日	月极小值	极小值日
2009	9	21.1	26.1	3	15.8	22
2009	10	15.5	22.5	1	10.3	21
2009	11	6.0	12.2	7	2.5	29
2009	12	0.6	6.1	2	−2.5	31
2010	1	−1.8	−0.1	30	−4.3	13
2010	2	−0.7	1.2	27	−2.7	3
2010	3	3.6	9.5	31	−0.2	1
2010	4	—	15.0	28	4.2	2
2010	5	17.7	23.9	23	8.7	1
2010	6	23.0	27.9	28	18.8	1
2010	7	26.7	32.8	31	22.5	2
2010	8	25.6	29.5	3	21.2	28
2010	9	21.5	26.6	1	15.2	30
2010	10	14.4	19.4	1	7.5	29
2010	11	6.7	12.4	5	1.0	28
2010	12	1.1	6.1	2	−3.0	26
2011	1	−3.1	0.3	31	−6.3	24
2011	2	−0.8	4.1	23	−4.8	2
2011	3	5.5	13.3	31	−0.3	2
2011	4	12.5	18.0	14	4.1	3
2011	5	—	23.5	18	13.2	1
2011	6	—	29.8	30	20.8	26
2011	7	26.9	31.8	12	19.0	21
2011	8	26.2	30.6	9	21.8	20
2011	9	20.0	26.7	1	14.5	22
2011	10	14.6	18.8	12	9.2	25
2011	11	8.8	15.0	1	2.7	24
2011	12	1.1	5.2	1	−1.3	25
2012	1	−1.2	−0.3	1	−3.6	25
2012	2	−1.3	0.5	29	−3.7	8
2012	3	4.1	14.1	29	−0.7	6
2012	4	13.5	20.1	30	4.4	3
2012	5	20.4	27.0	27	15.1	1

（续）

年份	月份	月平均值	月极大值	极大值日	月极小值	极小值日
2012	6	23.4	28.5	22	18.8	4
2012	7	26.7	31.7	29	22.9	5
2012	8	25.8	29.7	10	21.0	24
2012	9	21.0	26.6	1	14.7	30
2012	10	14.8	20.6	3	7.8	31
2012	11	6.0	12.3	1	1.4	29
2012	12	0.2	3.6	17	−2.6	31
2013	1	−2.2	−0.4	24	−5.1	5
2013	2	−0.4	3.0	28	−2.2	9
2013	3	6.0	11.1	27	0.4	3
2013	4	11.3	18.2	30	5.4	2
2013	5	18.6	23.1	30	13.3	1
2013	6	22.5	27.1	29	18.5	12
2013	7	25.8	29.4	30	21.8	23
2013	8	27.3	32.0	16	20.8	31
2013	9	22.4	27.5	2	15.7	26
2013	10	15.2	21.8	1	8.6	26
2013	11	7.3	14.6	2	1.1	28
2013	12	0.6	6.2	5	−3.5	29
2014	1	−1.0	3.1	1	−3.7	15
2014	2	1.3	7.0	27	−3.0	11
2014	3	8.2	15.6	15	1.3	7
2014	4	15.4	19.9	30	10.3	4
2014	5	21.4	29.2	29	12.3	5
2014	6	24.7	29.2	5	19.7	3
2014	7	27.4	31.8	21	23.0	10
2014	8	—	30.8	1	23.6	29
2014	9	21.7	25.5	1	17.9	18
2014	10	16.0	19.2	4	12.2	28
2014	11	8.9	14.2	1	5.4	28
2014	12	0.9	6.6	1	−0.5	22
2015	1	0.2	2.7	21	−1.0	10
2015	2	2.3	7.0	16	−0.9	3

（续）

年份	月份	月平均值	月极大值	极大值日	月极小值	极小值日
2015	3	8.8	16.9	30	1.0	1
2015	4	14.4	20.9	30	8.2	7
2015	5	19.2	24.6	31	12.4	11
2015	6	24.6	28.7	18	19.0	5
2015	7	26.4	30.9	12	20.5	1
2015	8	25.8	29.1	11	20.3	30
2015	9	21.1	24.9	3	18.2	13
2015	10	14.8	19.4	5	8.7	31
2015	11	8.1	12.8	1	2.3	30
2015	12	2.0	4.6	14	0.5	31
2016	1	−0.5	0.6	1	−2.3	24
2016	2	0.9	5.4	28	−2.2	1
2016	3	—	14.8	31	1.9	1
2016	4	15.8	22.1	30	11.8	4
2016	5	20.2	26.4	29	14.7	13
2016	6	24.2	29.8	22	19.8	1
2016	7	26.2	30.6	26	22.9	16
2016	8	26.6	30.6	12	22.3	29
2016	9	22.2	25.3	5	16.3	29
2016	10	15.9	21.0	4	9.1	30
2016	11	7.4	12.0	5	2.3	25
2016	12	2.2	5.0	5	0.3	31
2017	1	0.3	3.3	9	−1.6	25
2017	2	1.9	8.3	27	−1.1	2
2017	3	9.0	14.7	31	3.1	2
2017	4	15.5	22.7	29	10.0	1
2017	5	22.1	27.1	20	16.4	6
2017	6	24.7	29.9	30	18.9	7
2017	7	27.8	33.8	14	23.4	30
2017	8	—	30.1	4	25.7	1
2017	9	—	24.8	6	17.6	29
2017	10	15.6	21.4	1	9.5	30
2017	11	7.0	13.7	3	1.7	30
2017	12	0.7	1.8	1	−0.2	31

2009—2017 年 15 cm 土壤温度数据统计结果显示，栾城站月平均 15 cm 土壤温度最高值出现在 7 月，为 26.4 ℃，最低值出现在 1 月，为 −0.7 ℃。多年年均 15 cm 土壤温度为 13.6 ℃，全年 15 cm 土壤温度呈现先上升后下降趋势，6—8 月为全年最高阶段（图 3 - 85、表 3 - 68）。

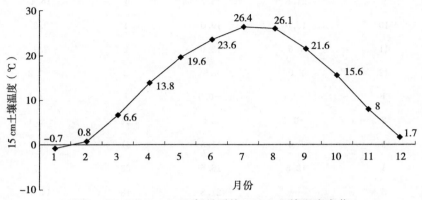

图 3 - 85　2009—2017 年月平均 15 cm 土壤温度变化

表 3 - 68　2009—2017 年月平均 15 cm 土壤温度变化

单位：℃

年份	月份	月平均值	月极大值	极大值日	月极小值	极小值日
2009	1	−1.5	0.6	21	−3.5	15
2009	2	2.3	6.7	14	−0.9	4
2009	3	7.3	15.2	18	1.5	2
2009	4	13.1	18.1	30	6.4	1
2009	5	19.1	23.5	31	14.2	3
2009	6	23.6	28.7	26	18.7	1
2009	7	25.9	28.6	7	21.2	12
2009	8	25.9	28.5	15	21.5	30
2009	9	21.4	25.2	3	17.6	22
2009	10	16.2	22.0	1	12.0	19
2009	11	7.0	12.9	1	3.8	29
2009	12	1.5	6.1	2	−1.0	31
2010	1	−1.3	−0.3	30	−2.9	13
2010	2	−0.5	−0.1	22	−1.6	3
2010	3	3.7	8.8	31	−0.1	1
2010	4	—	13.8	28	5.6	2
2010	5	17.3	21.9	31	9.8	1
2010	6	22.6	26.1	29	19.5	1
2010	7	26.3	30.8	31	22.8	2
2010	8	25.6	29.1	1	22.1	28

（续）

年份	月份	月平均值	月极大值	极大值日	月极小值	极小值日
2010	9	21.8	25.7	1	16.4	30
2010	10	15.0	19.0	1	9.3	29
2010	11	7.6	12.0	2	2.9	28
2010	12	2.0	6.0	2	−1.2	26
2011	1	−2.1	−0.3	1	−4.1	24
2011	2	−0.4	3.4	24	−3.1	2
2011	3	5.6	11.5	31	0.7	2
2011	4	12.5	16.5	28	5.7	3
2011	5	—	21.8	18	14.0	1
2011	6	—	27.9	30	21.4	25
2011	7	26.6	29.7	12	21.5	21
2011	8	26.1	29.2	13	22.9	20
2011	9	20.4	26.9	1	15.9	22
2011	10	15.1	18.3	1	10.8	27
2011	11	9.4	14.6	1	4.4	24
2011	12	1.9	5.9	1	−0.2	25
2012	1	−0.7	0.1	1	−2.4	25
2012	2	−1.0	−0.2	25	−2.6	8
2012	3	4.1	12.2	17	−0.2	1
2012	4	13.3	18.2	30	5.8	3
2012	5	20.0	24.1	27	15.7	1
2012	6	23.2	26.4	22	19.6	4
2012	7	26.5	29.9	29	23.7	1
2012	8	25.8	28.4	10	22.4	24
2012	9	21.4	26.8	1	16.3	30
2012	10	15.4	19.9	3	9.8	31
2012	11	6.9	12.1	1	2.8	30
2012	12	1.0	3.7	17	−1.2	31
2013	1	−1.6	−0.4	25	−3.7	5
2013	2	−0.1	2.7	28	−1.3	9
2013	3	6.1	9.9	28	1.1	3
2013	4	11.3	16.6	30	6.8	2
2013	5	18.5	21.8	25	13.9	1

（续）

年份	月份	月平均值	月极大值	极大值日	月极小值	极小值日
2013	6	22.3	25.7	29	19.4	12
2013	7	25.6	28.1	30	23.3	23
2013	8	27.3	30.8	16	22.3	31
2013	9	22.6	26.4	2	17.2	26
2013	10	15.8	21.3	1	10.3	26
2013	11	8.2	14.0	2	2.9	28
2013	12	1.6	6.0	5	−1.8	29
2014	1	−0.3	2.8	3	−2.1	15
2014	2	1.7	6.3	27	−1.4	12
2014	3	8.2	14.2	30	2.8	7
2014	4	15.4	18.7	30	11.5	4
2014	5	21.1	28.2	30	13.7	5
2014	6	24.4	28.2	5	20.1	3
2014	7	27.1	30.8	20	23.3	10
2014	8	—	29.9	1	23.9	29
2014	9	21.8	25.4	1	18.2	18
2014	10	16.2	19.4	1	12.7	28
2014	11	9.2	14.3	1	5.9	28
2014	12	1.3	7.1	1	0.0	22
2015	1	0.4	2.3	21	−0.5	10
2015	2	2.4	6.2	17	−0.4	3
2015	3	8.6	16.0	30	1.6	1
2015	4	14.2	20.3	30	8.8	2
2015	5	19.0	23.9	31	12.7	11
2015	6	24.4	27.7	18	19.4	5
2015	7	26.2	30.0	12	20.9	1
2015	8	25.7	28.6	11	21.2	30
2015	9	21.2	24.5	3	18.5	30
2015	10	15.1	19.3	1	9.4	31
2015	11	8.4	12.6	1	2.7	30
2015	12	2.3	4.5	10	0.8	31
2016	1	−0.2	0.9	1	−1.8	25
2016	2	0.9	4.8	28	−1.7	1

（续）

年份	月份	月平均值	月极大值	极大值日	月极小值	极小值日
2016	3	—	14.1	31	2.3	1
2016	4	15.6	21.0	30	12.2	4
2016	5	19.9	25.4	30	15.3	3
2016	6	23.9	28.8	22	20.2	1
2016	7	25.9	29.9	30	23.0	16
2016	8	26.5	29.9	12	22.6	29
2016	9	22.2	24.9	5	17.0	29
2016	10	16.1	20.7	4	9.8	30
2016	11	7.7	11.9	6	2.9	25
2016	12	2.6	5.0	1	0.7	31
2017	1	0.6	3.2	9	−1.0	25
2017	2	1.9	7.5	27	−0.7	2
2017	3	8.8	13.8	31	3.6	2
2017	4	15.3	21.3	29	10.4	1
2017	5	21.8	26.1	20	16.8	6
2017	6	24.4	28.8	30	19.4	7
2017	7	27.5	32.2	14	23.7	17
2017	8	—	29.5	4	25.7	1
2017	9	—	24.3	6	18.3	29
2017	10	15.8	21.3	1	10.4	30
2017	11	7.4	13.5	3	2.3	30
2017	12	1.0	2.3	1	0.2	31

　　2009—2017 年 20 cm 土壤温度数据统计结果显示，栾城站月平均 20 cm 土壤温度最高值出现在 7 月和 8 月，均为 26.0 ℃，最低值出现在 1 月，为−0.2 ℃。多年年均 20 cm 土壤温度为 13.7 ℃，全年 20 cm 土壤温度呈现先上升后下降趋势，6—8 月为全年最高阶段（图 3 - 86、表 3 - 69）。

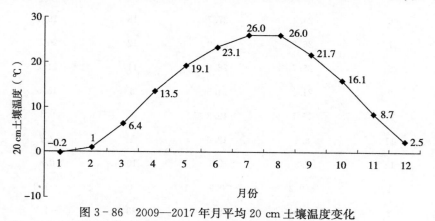

图 3 - 86　2009—2017 年月平均 20 cm 土壤温度变化

表 3 - 69　2009—2017 年月平均 20 cm 土壤温度变化

单位：℃

年份	月份	月平均值	月极大值	极大值日	月极小值	极小值日
2009	1	−0.8	0.0	1	−2.1	16
2009	2	2.6	6.0	14	−0.1	1
2009	3	7.4	14.1	18	2.5	2
2009	4	13.0	16.9	30	7.4	1
2009	5	18.9	22.1	31	15.0	3
2009	6	23.3	27.1	26	19.4	1
2009	7	25.8	27.5	7	21.8	12
2009	8	26.0	28.0	15	22.4	30
2009	9	21.7	24.9	3	18.8	22
2009	10	16.8	21.9	1	13.4	21
2009	11	7.8	13.9	1	4.7	29
2009	12	2.3	6.3	2	0.0	31
2010	1	−0.7	0.1	1	−1.9	13
2010	2	−0.2	0.2	28	−0.9	3
2010	3	3.8	8.4	31	0.2	1
2010	4	—	13.2	28	6.4	2
2010	5	17.0	21.2	31	10.4	1
2010	6	22.4	25.3	29	19.8	1
2010	7	26.0	29.7	31	23.0	2
2010	8	25.6	29.0	1	22.7	28
2010	9	22.1	25.3	1	17.2	30
2010	10	15.5	19.0	2	10.5	29
2010	11	8.3	12.2	2	4.2	28
2010	12	2.8	6.2	2	0.0	31
2011	1	−1.3	0.5	1	−2.8	24
2011	2	−0.1	3.0	24	−2.1	1
2011	3	5.7	10.6	31	1.3	2
2011	4	12.4	15.8	28	6.7	3
2011	5	—	20.9	18	14.4	1
2011	6	—	26.9	30	21.8	25
2011	7	26.4	28.5	12	22.7	21
2011	8	26.1	28.5	13	23.6	20
2011	9	20.7	26.8	1	16.9	22

（续）

年份	月份	月平均值	月极大值	极大值日	月极小值	极小值日
2011	10	15.5	18.3	1	11.8	27
2011	11	10.0	14.4	1	5.6	24
2011	12	2.6	6.5	1	0.5	26
2012	1	−0.2	0.7	1	−1.4	25
2012	2	−0.6	−0.1	25	−1.7	8
2012	3	4.2	11.1	29	−0.1	1
2012	4	13.1	17.4	30	6.6	3
2012	5	19.7	22.8	27	15.9	1
2012	6	23.1	25.5	23	19.8	5
2012	7	26.3	29.1	29	23.9	1
2012	8	25.8	27.8	10	23.3	24
2012	9	21.7	26.7	1	17.4	30
2012	10	15.9	19.6	3	11.1	31
2012	11	7.6	12.3	1	3.8	30
2012	12	1.7	4.1	1	−0.2	31
2013	1	−1.1	0.0	1	−2.6	6
2013	2	0.2	2.6	28	−0.5	9
2013	3	6.1	9.4	28	1.7	3
2013	4	11.3	15.8	30	7.5	2
2013	5	18.3	21.2	25	14.2	1
2013	6	21.9	24.7	29	19.6	1
2013	7	25.0	27.0	31	23.3	11
2013	8	26.5	29.2	16	22.4	31
2013	9	21.9	25.0	2	17.3	26
2013	10	15.3	20.1	1	10.5	26
2013	11	7.9	12.9	2	3.2	28
2013	12	1.4	5.2	5	−1.6	29
2014	1	−0.7	1.8	3	−2.0	15
2014	2	1.0	4.9	27	−1.4	12
2014	3	7.3	12.7	31	2.8	1
2014	4	14.4	17.0	30	11.1	4
2014	5	20.1	25.5	31	13.6	5
2014	6	23.7	25.6	6	20.8	3

（续）

年份	月份	月平均值	月极大值	极大值日	月极小值	极小值日
2014	7	26.4	28.9	21	23.8	10
2014	8	—	28.1	2	24.3	31
2014	9	21.9	25.1	1	19.0	18
2014	10	16.7	20.1	1	14.1	28
2014	11	10.1	14.6	1	7.2	28
2014	12	2.6	8.1	1	1.2	28
2015	1	1.3	2.2	1	0.7	10
2015	2	2.7	5.1	18	0.6	3
2015	3	8.3	14.1	31	3.0	1
2015	4	13.8	18.5	30	9.8	2
2015	5	18.5	22.0	31	13.6	11
2015	6	23.5	25.6	28	20.0	5
2015	7	25.5	27.8	28	21.9	1
2015	8	25.5	27.4	12	22.8	31
2015	9	21.3	23.8	4	19.2	30
2015	10	15.7	19.6	1	11.1	31
2015	11	9.3	12.7	5	4.0	30
2015	12	3.2	4.8	10	1.7	31
2016	1	0.6	1.7	1	−0.4	27
2016	2	1.2	4.2	29	−0.4	1
2016	3	—	12.4	31	3.1	1
2016	4	14.9	18.6	30	12.3	1
2016	5	19.1	23.3	30	15.8	15
2016	6	23.3	26.7	23	20.7	6
2016	7	25.3	28.5	31	23.3	16
2016	8	26.2	28.7	13	23.4	29
2016	9	22.3	24.2	6	18.5	29
2016	10	16.7	20.4	5	11.5	30
2016	11	8.7	12.0	7	4.6	25
2016	12	3.5	5.6	1	1.7	31
2017	1	1.4	3.3	8	0.2	25
2017	2	2.3	6.2	28	0.3	1
2017	3	8.6	12.2	31	4.8	2

（续）

年份	月份	月平均值	月极大值	极大值日	月极小值	极小值日
2017	4	14.7	19.0	30	11.0	1
2017	5	21.1	24.1	21	17.2	1
2017	6	23.7	26.7	30	20.1	7
2017	7	26.9	29.7	15	24.3	29
2017	8	—	28.1	5	25.5	1
2017	9	—	23.7	8	19.7	29
2017	10	16.4	21.1	1	12.2	31
2017	11	8.5	13.5	3	3.7	30
2017	12	2.1	3.7	1	1.2	29

　　2009—2017 年 40 cm 土壤温度数据统计结果显示，栾城站月平均 40 cm 土壤温度最高值出现在 8月，为 25.2 ℃，最低值出现在 1 月，为 1.2 ℃。多年年均 40 cm 土壤温度为 13.6 ℃，全年 40 cm 土壤温度呈现先上升后下降趋势，6—8 月为全年最高阶段，月均 40 cm 土壤温度均大于 0 ℃（图 3-87、表 3-70）。

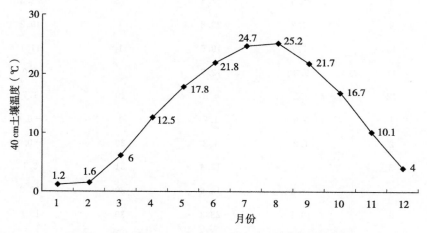

图 3-87　2009—2017 年月平均 40 cm 土壤温度变化

表 3-70　2009—2017 年月平均 40 cm 土壤温度变化

单位：℃

年份	月份	月平均值	月极大值	极大值日	月极小值	极小值日
2009	1	1.0	1.9	1	0.4	17
2009	2	3.2	4.9	15	0.9	1
2009	3	7.2	10.9	19	3.7	1
2009	4	12.1	14.4	30	8.5	1
2009	5	17.5	19.5	27	14.5	1

（续）

年份	月份	月平均值	月极大值	极大值日	月极小值	极小值日
2009	6	21.6	24.0	27	19.3	1
2009	7	24.8	25.9	23	22.7	12
2009	8	25.6	26.6	16	23.5	31
2009	9	22.0	24.1	4	20.4	23
2009	10	17.7	21.4	1	15.2	31
2009	11	9.8	15.2	1	6.7	29
2009	12	4.2	7.1	3	1.9	31
2010	1	0.8	1.9	1	0.2	16
2010	2	0.6	1.0	28	0.5	1
2010	3	3.7	7.0	31	1.0	1
2010	4	—	12.1	28	7.0	1
2010	5	15.3	18.8	31	10.2	1
2010	6	20.7	22.7	30	18.8	1
2010	7	24.1	26.5	31	22.1	2
2010	8	24.5	26.5	1	22.9	28
2010	9	21.8	23.8	1	18.3	30
2010	10	16.1	18.7	3	12.3	31
2010	11	9.7	12.5	1	6.4	30
2010	12	4.4	6.8	3	2.1	31
2011	1	0.4	2.1	1	−0.7	30
2011	2	0.4	2.3	26	−0.6	1
2011	3	5.2	8.2	31	2.0	1
2011	4	11.2	14.1	30	7.6	3
2011	5	—	18.4	20	13.9	1
2011	6	—	23.3	30	21.0	7
2011	7	24.5	25.9	29	22.1	21
2011	8	24.9	26.3	15	23.7	28
2011	9	20.6	24.7	1	18.0	23
2011	10	15.9	18.4	1	13.0	30
2011	11	10.9	13.9	2	7.6	25
2011	12	4.1	7.6	1	1.8	29
2012	1	0.9	1.8	1	0.2	26
2012	2	−0.1	0.3	1	−0.3	9

（续）

年份	月份	月平均值	月极大值	极大值日	月极小值	极小值日
2012	3	3.6	8.4	30	0.2	1
2012	4	11.4	14.5	29	7.1	3
2012	5	17.6	19.8	31	14.5	1
2012	6	21.4	22.8	24	19.3	4
2012	7	24.5	26.0	30	22.3	1
2012	8	24.5	25.7	12	23.5	25
2012	9	21.2	24.8	1	18.6	30
2012	10	16.2	18.8	1	12.9	31
2012	11	8.8	13.0	1	5.5	30
2012	12	3.0	5.5	1	1.1	31
2013	1	−0.2	1.2	1	−0.7	10
2013	2	0.5	1.7	28	0.0	1
2013	3	5.2	7.4	29	1.7	1
2013	4	10.0	13.0	30	7.0	1
2013	5	16.5	18.9	26	13.1	1
2013	6	20.1	22.3	30	18.5	1
2013	7	23.4	24.8	31	22.3	1
2013	8	25.7	27.2	18	23.8	31
2013	9	22.2	24.1	1	18.9	28
2013	10	16.5	19.7	2	12.8	31
2013	11	9.8	13.3	3	6.1	29
2013	12	3.6	6.2	1	1.0	29
2014	1	1.1	2.5	4	0.3	18
2014	2	1.9	4.3	28	0.7	13
2014	3	7.0	11.2	31	3.9	1
2014	4	14.0	15.5	26	11.1	1
2014	5	19.0	23.3	31	14.8	5
2014	6	22.8	23.8	15	20.9	3
2014	7	25.5	27.4	22	23.9	10
2014	8	—	26.6	2	24.4	31
2014	9	22.1	24.6	1	19.9	18
2014	10	17.3	20.6	1	15.0	30
2014	11	11.3	15.1	1	8.6	28

（续）

年份	月份	月平均值	月极大值	极大值日	月极小值	极小值日
2014	12	4.2	8.9	1	2.7	28
2015	1	2.4	3.2	1	2.1	10
2015	2	3.3	4.8	18	1.7	3
2015	3	8.0	12.7	31	4.1	1
2015	4	13.2	16.7	30	10.5	2
2015	5	17.7	20.4	31	14.3	11
2015	6	22.4	24.1	29	20.0	5
2015	7	24.6	26.4	30	22.2	1
2015	8	25.1	26.3	12	23.1	31
2015	9	21.5	23.3	4	19.9	30
2015	10	16.6	19.9	1	12.7	31
2015	11	10.5	13.2	2	5.7	30
2015	12	4.5	5.7	1	2.9	31
2016	1	1.8	2.9	1	0.8	27
2016	2	1.9	4.1	29	0.7	2
2016	3	—	11.1	31	3.7	1
2016	4	14.2	16.5	30	11.2	1
2016	5	18.1	22.2	30	16.0	15
2016	6	22.4	24.8	23	20.6	6
2016	7	24.5	27.1	31	23.1	1
2016	8	25.8	27.3	13	23.7	31
2016	9	22.4	23.9	1	19.5	30
2016	10	17.3	20.2	5	13.1	30
2016	11	10.0	13.0	1	6.3	29
2016	12	4.8	6.6	1	3.0	31
2017	1	2.5	3.9	8	1.3	30
2017	2	2.8	5.7	28	1.3	1
2017	3	8.4	11.3	31	5.5	2
2017	4	14.0	17.3	30	11.1	1
2017	5	20.3	22.6	22	16.8	1
2017	6	22.8	24.9	30	20.4	7
2017	7	26.1	27.8	15	24.5	30
2017	8	—	26.8	5	24.9	1

（续）

年份	月份	月平均值	月极大值	极大值日	月极小值	极小值日
2017	9	—	23.3	8	20.6	29
2017	10	17.1	21.1	1	13.6	31
2017	11	9.9	13.9	4	5.4	30
2017	12	3.5	5.4	1	2.4	30

　　2009—2017 年 60 cm 土壤温度数据统计结果显示，栾城站月平均 60 cm 土壤温度最高值出现在 8 月，为 24.8 ℃，最低值出现在 2 月，为 2.8 ℃。多年年均 60 cm 土壤温度为 14.0 ℃，全年 60 cm 土壤温度呈现先上升后下降趋势，7—9 月为全年最高阶段，月均 60 cm 土壤温度均大于 0 ℃（图 3 - 88、表 3 - 71）。

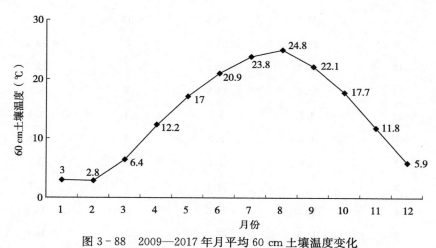

图 3 - 88　2009—2017 年月平均 60 cm 土壤温度变化

表 3 - 71　2009—2017 年月平均 60 cm 土壤温度变化

单位：℃

年份	月份	月平均值	月极大值	极大值日	月极小值	极小值日
2009	1	2.7	4.0	1	2.2	26
2009	2	3.9	5.1	15	2.2	1
2009	3	7.2	9.7	20	4.5	1
2009	4	11.6	13.5	30	8.9	1
2009	5	16.5	18.3	27	13.5	1
2009	6	20.4	22.6	30	18.3	1
2009	7	24.0	25.1	31	22.6	1
2009	8	25.2	25.8	16	24.0	31
2009	9	22.3	24.0	1	21.1	24
2009	10	18.6	21.4	1	16.5	31
2009	11	11.8	16.4	1	8.6	30
2009	12	6.2	8.6	1	4.0	31

（续）

年份	月份	月平均值	月极大值	极大值日	月极小值	极小值日
2010	1	2.7	4.0	1	2.0	27
2010	2	2.0	2.2	28	2.0	1
2010	3	4.2	6.7	31	2.2	1
2010	4	—	12.3	28	6.8	1
2010	5	14.2	17.6	31	9.9	1
2010	6	19.5	21.3	30	17.6	1
2010	7	22.9	24.8	31	21.2	2
2010	8	24.0	25.0	1	23.0	28
2010	9	22.0	23.4	2	19.3	30
2010	10	17.1	19.3	1	14.0	31
2010	11	11.5	14.0	1	8.5	30
2010	12	6.4	8.5	1	4.3	31
2011	1	2.5	4.3	1	1.3	31
2011	2	1.8	3.1	26	1.3	1
2011	3	5.6	7.9	31	3.1	1
2011	4	10.9	13.5	30	7.9	1
2011	5	—	17.3	20	13.5	1
2011	6	—	22.0	30	20.1	7
2011	7	23.5	25.0	30	22.0	1
2011	8	24.5	25.5	15	23.8	27
2011	9	21.2	24.2	1	19.1	24
2011	10	17.0	19.2	1	14.5	31
2011	11	12.5	14.8	2	9.5	30
2011	12	6.3	9.5	1	3.9	31
2012	1	2.9	3.9	1	2.1	28
2012	2	1.7	2.1	1	1.6	9
2012	3	4.2	8.1	31	1.7	1
2012	4	11.0	13.9	30	7.7	4
2012	5	16.8	19.0	31	13.9	1
2012	6	20.9	22.0	24	18.9	1
2012	7	23.9	25.3	31	21.7	1
2012	8	24.6	25.6	12	24.0	25
2012	9	22.0	24.6	1	20.1	30

（续）

年份	月份	月平均值	月极大值	极大值日	月极小值	极小值日
2012	10	17.6	20.1	1	15.0	31
2012	11	11.3	15.0	1	8.2	30
2012	12	5.6	8.2	1	3.8	31
2013	1	2.3	3.8	1	1.8	19
2013	2	2.3	3.0	28	2.0	1
2013	3	5.9	7.7	29	3.0	1
2013	4	10.4	13.1	17	7.7	1
2013	5	16.5	18.7	27	13.0	1
2013	6	19.9	21.7	30	18.5	1
2013	7	23.1	24.3	31	21.7	1
2013	8	25.6	26.6	18	24.3	1
2013	9	23.0	24.7	1	20.4	29
2013	10	18.0	20.5	1	14.8	31
2013	11	12.1	14.8	1	8.7	30
2013	12	6.3	8.7	1	3.8	30
2014	1	3.4	4.4	4	2.7	23
2014	2	3.6	5.2	28	2.9	13
2014	3	7.7	11.1	31	5.2	1
2014	4	14.3	15.6	27	11.1	1
2014	5	18.2	21.6	31	15.5	6
2014	6	21.8	22.5	15	20.5	3
2014	7	24.6	26.0	22	23.4	5
2014	8	—	25.5	2	24.2	31
2014	9	22.1	24.3	1	20.5	19
2014	10	17.9	20.9	1	15.7	31
2014	11	12.4	15.7	1	9.8	29
2014	12	5.8	9.9	1	4.2	28
2015	1	3.6	4.4	1	3.4	11
2015	2	4.0	5.1	27	2.9	3
2015	3	7.9	11.8	31	4.9	1
2015	4	12.7	15.6	30	10.8	2
2015	5	16.9	19.3	31	14.7	11
2015	6	21.3	22.9	29	19.1	1

（续）

年份	月份	月平均值	月极大值	极大值日	月极小值	极小值日
2015	7	23.8	25.2	30	22.1	1
2015	8	24.6	25.3	12	23.4	31
2015	9	21.6	23.3	1	20.3	30
2015	10	17.3	20.3	1	14.0	31
2015	11	11.8	14.0	1	7.5	30
2015	12	5.9	7.5	1	4.3	30
2016	1	3.1	4.3	1	2.0	31
2016	2	2.6	4.3	29	1.9	2
2016	3	—	10.4	31	4.2	1
2016	4	13.4	15.3	30	10.4	1
2016	5	17.2	21.4	30	15.4	1
2016	6	21.5	23.2	23	20.1	8
2016	7	23.6	25.8	31	22.4	1
2016	8	25.3	26.2	13	23.7	31
2016	9	22.4	23.7	1	20.1	30
2016	10	17.9	20.2	5	14.3	31
2016	11	11.2	14.3	1	7.8	30
2016	12	6.1	7.9	1	4.4	31
2017	1	3.7	4.8	10	2.5	30
2017	2	3.5	5.6	28	2.4	2
2017	3	8.2	10.7	31	5.6	1
2017	4	13.3	16.0	30	10.6	1
2017	5	19.4	21.4	30	16.1	1
2017	6	21.9	23.6	30	20.3	7
2017	7	25.1	26.7	17	23.6	1
2017	8	—	25.9	6	24.5	1
2017	9	—	23.0	8	21.0	30
2017	10	17.7	21.1	1	14.8	31
2017	11	11.2	14.8	1	7.1	30
2017	12	4.9	7.1	1	3.6	31

2009—2017 年 100 cm 土壤温度数据统计结果显示，栾城站月平均 100 cm 土壤温度最高值出现在 8 月，为 23.3 ℃，最低值出现在 2 月，为 4.5 ℃。多年年均 100 cm 土壤温度为 14.1 ℃，全年 100 cm 土壤温度呈现先上升后下降趋势，7—9 月为全年最高阶段，月均 100 cm 土壤温度均大于 0 ℃

（图 3 - 89、表 3 - 72）。

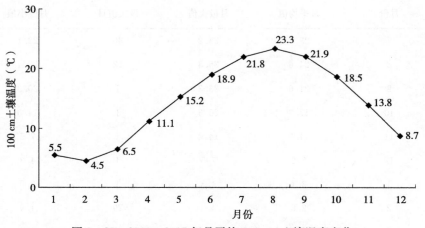

图 3 - 89　2009—2017 年月平均 100 cm 土壤温度变化

表 3 - 72　2009—2017 年月平均 100 cm 土壤温度变化

单位：℃

年份	月份	月平均值	月极大值	极大值日	月极小值	极小值日
2009	1	5.5	7.1	1	4.5	31
2009	2	5.2	5.8	17	4.5	1
2009	3	7.2	9.0	26	5.7	1
2009	4	10.5	12.1	29	9.0	1
2009	5	14.5	16.4	31	12.2	1
2009	6	18.0	20.3	30	16.4	1
2009	7	22.2	23.6	31	20.2	1
2009	8	24.0	24.4	21	23.6	1
2009	9	22.4	23.8	1	21.3	27
2009	10	19.5	21.3	1	17.6	31
2009	11	14.5	17.6	1	11.6	30
2009	12	9.3	11.5	1	7.1	31
2010	1	5.6	7.1	1	4.5	31
2010	2	4.2	4.6	1	4.0	21
2010	3	5.0	6.6	31	4.0	1
2010	4	—	11.7	28	6.6	1
2010	5	12.3	15.1	31	9.5	1
2010	6	17.1	18.8	30	15.2	1
2010	7	20.5	22.1	31	18.8	1
2010	8	22.3	22.5	7	21.9	30
2010	9	21.4	22.1	4	19.8	30

（续）

年份	月份	月平均值	月极大值	极大值日	月极小值	极小值日
2010	10	18.0	19.8	1	15.7	31
2010	11	13.5	15.8	1	11.1	30
2010	12	9.1	11.1	1	7.2	31
2011	1	5.4	7.1	1	4.0	31
2011	2	3.8	4.2	27	3.6	18
2011	3	5.8	7.4	31	4.2	1
2011	4	9.7	12.0	30	7.4	1
2011	5	—	15.2	22	12.1	1
2011	6	—	19.5	29	17.3	7
2011	7	21.0	22.5	30	19.6	1
2011	8	22.8	23.3	18	22.5	1
2011	9	21.1	22.7	2	19.3	29
2011	10	17.7	19.3	1	15.9	31
2011	11	14.2	15.9	1	11.8	30
2011	12	9.2	11.8	1	6.8	31
2012	1	5.6	6.8	1	4.5	30
2012	2	3.9	4.5	1	3.5	29
2012	3	4.8	7.1	31	3.5	1
2012	4	9.5	12.1	30	7.1	1
2012	5	14.5	16.7	31	12.1	1
2012	6	18.9	19.9	28	16.7	1
2012	7	21.5	22.9	31	19.9	1
2012	8	23.0	23.6	13	22.7	5
2012	9	21.6	23.0	1	20.5	30
2012	10	18.5	20.5	1	16.5	31
2012	11	13.6	16.5	1	11.0	30
2012	12	8.6	11.0	1	6.7	31
2013	1	5.1	6.7	1	4.2	30
2013	2	4.1	4.3	28	4.1	11
2013	3	6.1	7.6	31	4.3	1
2013	4	9.7	11.6	17	7.6	1
2013	5	14.8	17.3	18	11.6	1
2013	6	18.0	19.3	30	16.9	1

（续）

年份	月份	月平均值	月极大值	极大值日	月极小值	极小值日
2013	7	20.8	22.0	31	19.3	1
2013	8	23.5	24.2	19	22.0	1
2013	9	22.5	23.7	1	20.7	30
2013	10	18.9	20.7	1	16.4	31
2013	11	14.2	16.4	1	11.5	30
2013	12	9.2	11.5	1	6.8	31
2014	1	5.9	6.8	1	5.0	28
2014	2	5.1	5.7	28	4.9	15
2014	3	7.5	9.8	31	5.7	1
2014	4	13.4	14.7	13	9.8	1
2014	5	16.4	19.2	31	14.4	1
2014	6	20.0	20.7	25	19.2	1
2014	7	23.0	23.9	22	21.7	3
2014	8	—	23.8	1	23.6	30
2014	9	22.1	23.6	1	21.0	20
2014	10	18.7	21.0	1	16.9	31
2014	11	14.2	16.9	1	11.8	30
2014	12	8.6	11.8	1	6.6	30
2015	1	5.7	6.6	1	5.3	29
2015	2	5.4	6.0	28	4.9	4
2015	3	7.8	10.4	31	6.0	1
2015	4	11.9	14.0	30	10.4	1
2015	5	15.5	17.4	31	14.1	1
2015	6	19.3	21.1	30	17.4	1
2015	7	22.1	23.3	31	21.0	2
2015	8	23.4	23.8	13	23.1	2
2015	9	21.6	23.3	1	20.7	30
2015	10	18.3	20.7	1	16.0	31
2015	11	13.7	16.0	1	10.5	30
2015	12	8.4	10.5	1	6.6	31
2016	1	5.3	6.6	1	4.2	30
2016	2	4.1	5.0	29	3.8	9
2016	3	—	9.4	31	5.0	1

（续）

年份	月份	月平均值	月极大值	极大值日	月极小值	极小值日
2016	4	12.2	13.8	30	9.4	1
2016	5	15.6	20.2	30	13.8	1
2016	6	19.8	20.8	23	18.9	8
2016	7	21.9	23.8	31	20.8	1
2016	8	24.0	24.5	14	23.3	31
2016	9	22.1	23.3	1	20.7	30
2016	10	18.7	20.7	1	16.1	31
2016	11	13.3	16.1	1	10.4	30
2016	12	8.4	10.4	1	6.8	31
2017	1	5.8	6.8	1	4.6	30
2017	2	4.8	5.9	28	4.3	6
2017	3	8.0	9.9	31	5.9	1
2017	4	12.2	14.3	30	9.9	1
2017	5	17.8	20.6	8	14.3	1
2017	6	20.3	21.5	30	19.4	7
2017	7	23.4	25.1	17	21.5	1
2017	8	—	24.3	6	23.7	1
2017	9	—	22.6	5	21.3	30
2017	10	18.6	21.3	1	16.4	31
2017	11	13.3	16.4	1	9.8	30
2017	12	7.5	9.8	1	5.9	30

3.3.1.8　太阳辐射与土壤热通量数据集

（1）概述

本数据集包括 2009—2017 年数据，采集地为栾城站气象观测场，使用芬兰 VAISALA 生产的 MILOS520 和 MAWS301（2014 年 11 月后）自动监测系统，观测项目为太阳辐射情况，包括总辐射、反射辐射、紫外辐射、净辐射、光合有效辐射、土壤热通量、日照小时数和分钟数，主要观测仪器分别对应为 CM11 总辐射表、CM6B 总辐射表（反向安装）、CUV3 紫外辐射表、CNR‐1 净全辐射表、LI‐190SZ 光量子表、HFP01 土壤热通量板、QSD102 日照计，含 108 条记录。

（2）数据采集和处理方法

每 30 min 采集 1 次辐射数据，正点采集存储辐照度，同时计存储曝辐量（累积值）。观测高度为 1.5 m。某一定时辐射数据缺测时，用前、后两定时数据内插求得，按正常数据统计，若连续两个或以上定时数据缺测时，不能内插，仍按缺测处理。

（3）数据质量控制和评估

辐射数据控制不仅要看辐射观测数据，还要检查其与云量、降雨等数据的一致性，以提高观测质量。辐射观测的审核是以基本物理机制为指导，判定各个辐射参数间、辐射参数与气象要素间的内部关系，同时也考虑有关这些参数时空变化的统计规律。

①总辐射。各时次辐照度的极大值和总辐射各时次的辐照度一般不应超过太阳常数（1 367 W/m²）；总辐射辐照度极大值一般小于 1 500 W/m²。各时次曝辐量极大值、总辐射各时次的曝辐量不能超过晴天的或大气透明度很高情况下可能观测到的曝辐量。可参考日曝辐量表，确定本站时次的曝辐量极大值，一般不大于 5 MJ /m²。考虑到一些站点的大气透明度可能与纬度平均值有别，所以实际的曝辐量在冬季不应超过表中所列曝辐量的 15%，夏季不超过 10%。如果有数年时段的历史数据，则还可与相应资料进行比较。在此种情况下，允许的偏差为 10%～12%。

②反射辐射。当检查反射辐射观测值时，应当强调的是，不管下垫面的状态如何，反射辐射在太阳高度角较高时都不应超过总辐射，否则可能是由于传感器水准面不水平或是在有积雪的地面上而太阳高度又低造成的，因此在反射辐射的数据检查中要同时注意太阳位置和地面状况的影响。

③净全辐射。净全辐射的日曝辐量的月平均值始终小于相应的总日射值。在对净全辐射的日曝辐量月平均值的质量控制中，需要考虑净全辐射各分量之间的相互关系及其与某些气象要素的关联。净全辐射的日曝辐量月平均值的最大值应出现在春季或夏季，最小值则出现在冬季。净全辐射的日曝辐量月平均值为负的情况，在积雪期间是有代表性的。在净全辐射的时曝辐量的质量控制中，必须考虑其时空变化的某些规律性。净全辐射值与太阳高度、大气透明度、气温和地温、云量和云状以及地面反照率等有关。净全辐射的时曝辐量随着太阳高度角的增加而平缓地增大，中午时分达到最大。净全辐射值为零点时太阳高度角的大小取决于云量和地面状态。中、低纬度地区，如果地面土壤很潮湿，这种转变出现在太阳高度 5°～10°时；如果地面很干燥，则出现在约 15°的情况下；如果低云遍布则发生在更低的高度，约 0°～2°。地面反照率是净全辐射主要影响因子，其他条件相同时，地面反照率高，则净全辐射低。

④总紫外辐射。在晴天无云或大气透明度很高的情况下，紫外辐射（UV）总量大约占总辐射的 6%，"生态气象工作站"检查软件中的检查尺度控制在太阳高度角大于 30°的时段紫外辐射（UV）极大值时的辐照度，极大值时曝辐量不超过总辐射的 10%，超过时软件会给出提示，请操作者处理。日曝辐量不超过总辐射的 8%。

⑤光合有效辐射。观测中使用光量子测量表测量光量子通量密度，瞬时光量子通量密度与总辐射相关，由于光量子通量密度的测量单位 $\mu mol/ (m^2 \cdot s)$ 与总辐射测量单位 W/m² 不同，没有直接的换算公式，在通常情况下，光量子测量的瞬时光量子通量的数字量值约是总辐射观测辐照度量值的 2～2.5 倍（不考虑量纲），在数据质量检查中主要与总辐射进行相关性检查，作为一个参考的判断标准。

⑥日照时数。日照时数定义为连续观测以分钟为单位，太阳直接辐照度达到或超过 120 W/m² 的时间总和，一般规定小时（h）为单位，取一位小数。CERN 观测要求观测记录按照每小时内以分钟为单位记录，日统计值为 hh：mm。

（4）数据使用方法和建议

辐射数据对于研究大气-植被-土壤连续体的水分与热量收支具有重要意义，也可以为研究气候变化和光污染提供基础数据。

①总辐射。总辐射为水平地表所接收到的太阳直接辐射和天空辐射之和。其值取决于太阳高度角、大气透明度、海拔高度、云况等因素。

②反射辐射。太阳高度对地表反射的影响表现为两个方面：一方面是可使到达地面的太阳光谱成分发生改变，另一方面是使太阳光线入射角度发生变化。由于两者对地表反照率的影响是同向的，所以地表反照率随太阳高度的变化规律比较明显，普遍具有随后者增加而下降的特点，在高度角比较低时变化明显，而高度角达到一定高度（20°～30°）后，变化就不明显了。地表反照率的日变化呈浅"U"形。

③紫外线辐射。太阳辐射出的紫外线包括 UVA、UVB 和 UVC 频带。地球的臭氧层阻绝了 97%～99%穿透大气层的紫外线辐射。到达地球表面的紫外线 98.7%是 UVA（UVC 和更高能的辐射会促成臭氧的生成，并且形成臭氧层）。

④净辐射。地面净辐射的大小及其变化特征是由短波辐射之差和长波辐射之差两部分决定的，昼夜变化、季节变换、地理纬度、冠层特点以及大气中的温湿状况、大气成分和云量云状等都可以影响净辐射的变化。

⑤光合有效辐射。太阳辐射中对植物光合作用有效的光谱成分称为光合有效辐射（photosynthetically active radiation，PAR），波长为 380～710 nm，与可见光基本重合。光合有效辐射占太阳直接辐射的比例随太阳高度角的增加而增加，最高可达 45%。而在散射辐射中，光合有效辐射的比例可达 60%～70%，所以多云天反而提高了 PAR 的比例。光合有效辐射平均约占太阳总辐射的 50%。

⑥土壤热通量。土壤热通量是单位时间、单位面积上土壤与大气交换的热量，是能量平衡的重要组成部分，受大气与土壤温湿度影响明显。

⑦日照时数。夏季中国北方的日照时数多于南方。另外，纬度越高，昼夜长短变化幅度越大，夏季越向北，昼长越长。而青藏高原是因为海拔高，空气稀薄，晴朗天气多，故日照时数多。与青藏高原相反的是四川盆地，纬度相近，但水汽多，受地形限制，所以多云，日照就少。

（5）数据

2009—2017 年总辐射量数据统计结果显示，栾城站在 5 月总辐射量最大，最大值为 633.4 MJ/m²，12 月总辐射量最小，最小值为 201.3 MJ/m²。总辐射量在全年呈现出先上升后下降的趋势，5—8 月为全年总辐射量最高阶段（图 3 - 90）。其他辐射数据具体变化见表 3 - 73。

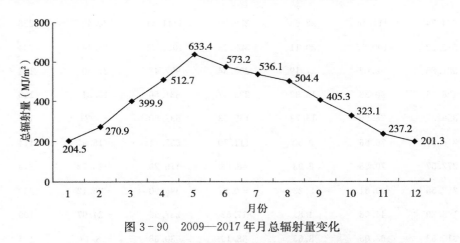

图 3 - 90　2009—2017 年月总辐射量变化

表 3 - 73　2009—2017 年月辐射总量、土壤热通量和日照时数变化

年份	月份	总辐射总量 月合计值 (MJ/m²)	反射辐射总量 月合计值 (MJ/m²)	紫外辐射总量 月合计值 (MJ/m²)	净辐射总量 月合计值 (MJ/m²)	光合有效辐射总量 月合计值 [μmol/(m²·s)]	土壤热通量 月合计值 (MJ/m²)	日照小时数 月合计值 (hh)	日照分钟数 月合计值 (mm)
2009	1	237.34	63.01	6.90	10.97	280.17	−18.71	70	9
2009	2	217.98	56.90	7.06	44.33	294.29	−3.26	23	12
2009	3	444.05	102.86	15.42	150.10	603.51	3.78	81	36

（续）

年份	月份	总辐射总量 月合计值 (MJ/m²)	反射辐射总量 月合计值 (MJ/m²)	紫外辐射总量 月合计值 (MJ/m²)	净辐射总量 月合计值 (MJ/m²)	光合有效辐射总量 月合计值 [μmol/ (m²·s)]	土壤热通量 月合计值 (MJ/m²)	日照小时数 月合计值 (hh)	日照分钟数 月合计值 (mm)
2009	4	531.19	108.96	19.40	232.14	792.25	15.12	90	7
2009	5	582.18	115.48	23.02	301.34	988.03	22.50	86	5
2009	6	651.67	118.27	24.32	364.40	1292.59	24.97	104	57
2009	7	542.39	106.10	22.08	315.87	1061.75	21.80	55	52
2009	8	462.41	105.40	19.03	240.78	902.15	4.99	61	48
2009	9	372.37	90.30	13.24	174.46	724.89	−7.60	61	28
2009	10	355.71	86.37	10.57	120.43	618.11	−17.83	64	49
2009	11	216.63	116.24	5.80	10.09	379.57	−30.13	39	34
2009	12	188.05	48.57	3.63	11.38	265.59	−32.12	62	52
2010	1	217.24	61.05	3.90	23.16	263.91	−21.34	156	52
2010	2	226.26	61.27	5.06	58.83	292.95	−1.28	118	40
2010	3	370.25	105.12	10.34	129.92	569.69	4.13	156	37
2010	4	—	—	—	—	—	—	—	—
2010	5	634.74	111.14	22.68	329.00	1141.51	30.42	256	12
2010	6	575.22	100.87	20.11	323.93	1051.74	28.44	224	44
2010	7	532.85	92.02	21.19	305.34	997.43	27.50	184	28
2010	8	438.46	90.33	18.32	233.67	831.56	10.24	156	5
2010	9	356.37	76.00	13.73	165.03	632.50	−4.21	146	47
2010	10	316.87	76.66	9.60	111.70	533.11	−15.97	174	0
2010	11	277.57	70.98	6.93	48.83	476.29	−23.72	219	9
2010	12	242.55	60.81	5.23	−0.97	395.90	−26.12	200	32
2011	1	198.29	44.08	4.85	17.53	237.56	−24.97	109	27
2011	2	315.53	63.05	8.63	68.19	330.68	−8.14	176	3
2011	3	428.05	82.45	13.57	157.73	595.01	12.57	196	21
2011	4	540.00	98.53	18.09	260.48	964.87	21.92	236	48
2011	5	644.64	102.70	23.39	323.39	1247.66	25.32	260	33
2011	6	570.37	92.42	22.07	303.68	1199.84	23.19	212	9
2011	7	533.49	99.33	22.67	302.06	1092.59	21.45	173	25
2011	8	509.98	102.73	21.24	268.72	1014.26	10.65	184	38
2011	9	456.49	97.17	17.74	199.23	888.66	−7.44	223	14

（续）

年份	月份	总辐射总量 月合计值 (MJ/m²)	反射辐射总量 月合计值 (MJ/m²)	紫外辐射总量 月合计值 (MJ/m²)	净辐射总量 月合计值 (MJ/m²)	光合有效辐射总量 月合计值 [μmol/ (m²·s)]	土壤热通量 月合计值 (MJ/m²)	日照小时数 月合计值 (hh)	日照分钟数 月合计值 (mm)
2011	10	371.74	86.18	11.88	114.72	629.37	−15.03	235	0
2011	11	241.49	63.27	6.72	32.02	368.68	−26.22	160	46
2011	12	175.66	53.50	4.78	−1.06	262.46	−25.94	116	35
2012	1	198.29	44.08	4.85	17.53	237.56	−24.97	109	27
2012	2	315.53	63.05	8.63	68.19	330.68	−8.14	176	3
2012	3	428.05	82.45	13.57	157.73	595.01	12.57	196	21
2012	4	540.00	98.53	18.09	260.48	964.87	21.92	236	48
2012	5	644.64	102.70	23.39	323.39	1247.66	25.32	260	33
2012	6	570.37	92.42	22.07	303.68	1199.84	23.19	212	9
2012	7	533.49	99.33	22.67	302.06	1092.59	21.45	173	25
2012	8	509.98	102.73	21.24	268.72	1014.26	10.65	184	38
2012	9	456.49	97.17	17.74	199.23	888.66	−7.44	223	14
2012	10	371.74	86.18	11.88	114.72	629.37	−15.03	235	0
2012	11	241.49	63.27	6.72	32.02	368.68	−26.22	160	46
2012	12	175.66	53.50	4.78	−1.06	262.46	−25.94	116	35
2013	1	143.61	49.44	3.62	4.30	204.14	−19.31	78	15
2013	2	229.13	84.22	6.87	55.77	317.58	−3.17	99	47
2013	3	433.34	87.09	13.23	166.29	547.52	7.11	215	55
2013	4	572.56	110.91	20.02	258.33	894.31	12.94	250	52
2013	5	570.47	100.72	21.37	297.93	1016.57	19.29	220	29
2013	6	483.39	85.12	18.46	258.86	818.96	18.21	174	30
2013	7	488.06	89.81	21.00	265.75	876.10	22.48	164	49
2013	8	564.41	116.90	22.84	308.81	1066.58	17.29	232	13
2013	9	374.69	79.28	14.29	154.28	679.70	−0.83	155	24
2013	10	337.26	81.44	10.30	103.82	558.37	−13.40	187	57
2013	11	271.03	70.42	7.67	56.51	416.11	−22.70	204	22
2013	12	201.45	53.93	4.54	6.29	272.58	−26.46	156	42
2014	1	220.46	53.34	4.71	20.66	257.65	−18.11	157	11
2014	2	215.30	50.05	5.65	52.12	296.67	−4.10	81	37
2014	3	439.09	92.46	13.15	160.33	577.02	13.34	219	49

（续）

年份	月份	总辐射总量 月合计值 (MJ/m²)	反射辐射总量 月合计值 (MJ/m²)	紫外辐射总量 月合计值 (MJ/m²)	净辐射总量 月合计值 (MJ/m²)	光合有效辐射总量 月合计值 [μmol/ (m²·s)]	土壤热通量 月合计值 (MJ/m²)	日照小时数 月合计值 (hh)	日照分钟数 月合计值 (mm)
2014	4	505.99	91.25	17.64	252.37	722.47	18.40	216	53
2014	5	664.17	118.97	—	350.59	1219.30	22.80	301	5
2014	6	515.29	91.33	21.88	298.71	970.12	18.23	215	42
2014	7	579.25	121.66	22.04	398.71	899.75	0.25	254	47
2014	8	528.06	123.03	19.61	342.33	796.94	0.13	247	16
2014	9	340.69	85.63	12.79	183.14	512.48	−0.07	138	59
2014	10	283.26	75.35	8.81	119.12	393.68	−0.15	150	24
2014	11	239.39	62.93	7.38	62.97	314.29	−0.20	161	31
2014	12	242.79	65.89	6.44	24.30	263.00	−0.30	220	19
2015	1	226.49	60.06	5.61	45.46	216.19	−0.13	181	30
2015	2	276.08	68.88	7.91	91.28	272.05	0.05	174	36
2015	3	162.45	41.83	13.26	65.75	171.07	10.71	249	19
2015	4	297.25	66.01	18.04	153.93	409.44	17.38	250	3
2015	5	644.91	131.21	22.86	350.89	920.29	20.11	292	18
2015	6	583.70	114.87	21.57	313.44	845.58	18.07	250	44
2015	7	565.30	117.20	21.26	328.27	809.19	14.68	236	24
2015	8	541.29	124.22	20.75	302.85	794.48	5.07	252	35
2015	9	398.65	101.06	14.87	185.83	578.71	−5.54	199	44
2015	10	353.21	89.31	11.71	131.73	477.81	−17.36	216	30
2015	11	129.90	57.49	4.20	13.99	184.50	−28.46	57	48
2015	12	181.77	46.65	4.68	19.13	200.94	−23.49	133	27
2016	1	222.21	56.19	5.53	18.50	193.33	−27.23	171	15
2016	2	338.52	76.26	9.84	99.28	367.10	3.23	232	43
2016	3	430.54	99.16	12.32	164.60	489.18	10.69	252	43
2016	4	574.58	124.81	19.97	276.85	708.61	14.81	266	22
2016	5	604.80	120.72	22.62	293.58	826.80	12.52	263	50
2016	6	597.96	120.68	22.67	338.55	837.13	12.65	258	27
2016	7	497.87	111.61	20.10	276.97	717.28	19.39	191	25
2016	8	481.88	119.88	19.67	260.68	698.15	6.53	206	24
2016	9	463.83	119.40	16.63	228.57	644.92	−3.45	244	50

（续）

年份	月份	总辐射总量 月合计值 (MJ/m²)	反射辐射总量 月合计值 (MJ/m²)	紫外辐射总量 月合计值 (MJ/m²)	净辐射总量 月合计值 (MJ/m²)	光合有效辐射总量 月合计值 [$\mu mol/(m^2 \cdot s)$]	土壤热通量 月合计值 (MJ/m²)	日照小时数 月合计值 (hh)	日照分钟数 月合计值 (mm)
2016	10	270.07	58.89	9.48	93.10	355.31	−18.09	142	36
2016	11	221.73	49.91	6.33	51.60	251.23	−25.69	154	38
2016	12	165.53	39.87	3.91	16.48	166.05	−22.05	112	41
2017	1	176.38	41.26	3.92	37.28	168.76	−20.21	149	37
2017	2	303.61	67.54	8.59	99.73	327.10	1.00	199	34
2017	3	463.42	89.17	14.52	179.15	535.34	6.15	247	5
2017	4	539.63	104.57	18.78	252.21	684.52	11.94	248	32
2017	5	710.29	136.51	25.71	380.34	999.16	17.53	342	7
2017	6	611.09	118.26	23.03	334.98	1020.80	11.48	270	6
2017	7	552.19	108.53	21.75	317.09	945.83	13.16	227	59
2017	8	503.53	121.00	20.31	285.44	829.19	7.05	213	36
2017	9	427.78	106.62	15.26	206.05	626.86	−2.16	214	3
2017	10	247.92	53.17	10.01	90.24	401.22	−20.61	121	37
2017	11	295.49	61.86	10.35	78.83	483.18	−29.49	246	15
2017	12	237.83	53.97	7.38	24.72	336.84	−21.67	213	24

3.3.2　人工观测云量数据集

3.3.2.1　概述

自动气象观测内容几乎全部包括了人工观测内容的项目，但是天气现象主要靠人工目测获得，本数据集主要包括 2009—2017 年云量数据，采集地为栾城站气象观测场，含 108 条记录。

3.3.2.2　数据采集和处理方法

观测频率为每日 3 次，分别在 08 时、14 时、20 时观测。

3.3.2.3　数据质量控制和评估

按照人们看天气的常识方法观测天空总云量，分为云量不足 2 成、云量 2～5 成、云量 6～8 成和云量大于 8 成；与降雨情况和辐射情况结合评估准确性。

3.3.2.4　数据使用方法和建议

云量是指云遮蔽天空视野的成数，日常工作中所记录的云量实质为观测员所看到的视云量。云量的观测全靠目力估计，观测员本身的主观成分大，加上云在不停地运动变化着，常常分布零散，形状不规则，给观测记录带来不少困难。不同的观测员所观测的云量差别较大。

3.3.2.5　数据

2009—2017 年每月云量变化统计结果如表 3-74 所示。对于不同时刻来说，早上八点每年云量不足两成天数达 143 d，云量在 2～5 成天数为 38 d 左右，云量在 6～8 成天数为 41 d 左右，而云量大于 8 成时间与不足两成天数相同；下午两点时以上四组数据分别为 125 d、50 d、55 d 和 135 d；晚上八点四组数据为 139 d、45 d、46 d 和 135 d，由此可知，栾城地区云量分布不均，每天 3 个时刻云量不足 2 成的天数和云量大于 8 成的天数相近，远大于云量在 2～8 成之间的天数。

表 3 - 74　2009—2017 年每月云量变化

年份	月份	08 时				14 时				20 时			
		云量不足 2 成	云量 2～5 成	云量 6～8 成	云量大于 8 成	云量不足 2 成	云量 2～5 成	云量 6～8 成	云量大于 8 成	云量不足 2 成	云量 2～5 成	云量 6～8 成	云量大于 8 成
2009	1	19	1	3	8	18	4	3	6	21	0	4	6
2009	2	8	2	1	17	8	1	5	14	10	6	3	9
2009	3	14	2	3	12	13	5	5	8	14	2	3	12
2009	4	13	4	6	7	10	5	6	9	12	4	2	12
2009	5	15	2	3	11	10	8	2	11	17	0	1	13
2009	6	15	3	3	9	10	6	5	9	7	5	2	16
2009	7	7	2	3	19	3	4	5	19	6	7	3	15
2009	8	9	2	1	19	8	2	2	19	9	0	2	20
2009	9	8	1	1	20	7	1	6	16	7	3	5	15
2009	10	20	1	1	9	17	3	2	8	14	2	1	13
2009	11	13	3	1	13	14	4	2	10	13	5	2	10
2009	12	18	2	1	10	18	2	1	10	18	5	0	8
2010	1	17	4	3	7	15	4	4	8	15	2	5	9
2010	2	8	3	0	16	9	5	2	12	12	3	1	12
2010	3	8	5	4	14	7	2	5	17	8	4	5	14
2010	4	11	4	2	13	9	3	3	15	10	2	4	14
2010	5	13	1	6	11	8	7	4	12	9	9	2	11
2010	6	7	6	3	14	5	4	6	15	9	5	5	11
2010	7	7	1	1	22	3	1	7	20	9	2	4	16
2010	8	4	0	1	26	6	3	5	17	8	3	4	16
2010	9	7	2	1	20	7	2	1	20	9	1	2	18
2010	10	13	3	2	13	13	3	1	14	12	3	3	13
2010	11	23	2	0	5	23	3	2	2	22	3	2	3
2010	12	27	0	1	3	18	2	6	5	23	4	1	3
2011	1	20	2	5	4	17	5	1	8	19	4	6	2
2011	2	6	3	2	17	7	0	3	18	8	3	3	14
2011	3	20	2	2	7	17	5	4	5	19	3	4	5
2011	4	18	3	0	5	15	1	4	9	15	6	2	8
2011	5	14	1	5	13	6	6	5	14	9	4	4	16
2011	6	10	5	3	12	8	2	4	16	7	3	6	15

（续）

年份	月份	08 时				14 时				20 时			
		云量不足2 成	云量2~5 成	云量6~8 成	云量大于8 成	云量不足2 成	云量2~5 成	云量6~8 成	云量大于8 成	云量不足2 成	云量2~5 成	云量6~8 成	云量大于8 成
2011	7	9	3	5	14	8	3	6	15	6	2	7	16
2011	8	7	3	7	13	2	4	4	19	7	2	4	17
2011	9	5	2	2	19	5	3	4	18	9	3	3	14
2011	10	14	1	1	16	10	2	5	13	16	1	0	14
2011	11	7	0	9	14	9	2	10	9	10	0	10	11
2011	12	10	2	4	14	14	2	1	12	12	6	1	10
2012	1	9	2	3	17	10	3	4	14	14	5	1	11
2012	2	9	5	6	9	14	4	3	8	12	10	2	5
2012	3	8	5	5	13	8	7	5	11	15	2	3	10
2012	4	13	3	4	10	11	3	6	10	13	0	6	11
2012	5	11	4	8	8	10	5	6	10	9	4	6	12
2012	6	10	3	2	14	12	1	3	14	10	2	6	12
2012	7	5	3	4	18	2	7	6	17	4	1	5	21
2012	8	7	3	1	19	6	2	8	14	7	3	7	13
2012	9	12	4	3	11	8	6	6	10	11	5	4	10
2012	10	15	6	6	4	12	1	10	7	17	0	7	7
2012	11	17	2	4	7	15	1	2	12	16	1	1	12
2012	12	9	2	3	17	12	3	2	14	10	6	4	11
2013	1	10	1	2	16	9	3	4	14	11	4	3	12
2013	2	7	2	0	19	4	5	6	13	7	5	2	14
2013	3	13	2	4	12	9	5	7	10	12	8	4	7
2013	4	17	1	3	9	17	5	1	7	15	2	5	8
2013	5	10	4	10	7	9	2	8	12	7	3	8	13
2013	6	8	2	5	15	5	4	6	16	3	3	6	19
2013	7	7	2	4	18	4	3	6	18	4	4	7	16
2013	8	9	2	5	15	7	5	5	14	8	3	6	14
2013	9	3	3	4	20	4	4	6	16	4	4	5	16
2013	10	9	5	6	11	7	5	13	6	8	9	10	5
2013	11	17	4	2	7	20	2	2	6	19	3	1	7
2013	12	18	0	4	9	14	4	7	6	15	0	7	9
2014	1	12	8	4	7	14	8	3	6	15	7	5	4

（续）

年份	月份	08 时				14 时				20 时			
		云量不足2成	云量2～5成	云量6～8成	云量大于8成	云量不足2成	云量2～5成	云量6～8成	云量大于8成	云量不足2成	云量2～5成	云量6～8成	云量大于8成
2014	2	28	2	2	4	28	1	4	3	28	3	5	4
2014	3	10	6	5	10	10	8	5	8	13	8	5	5
2014	4	11	5	3	11	12	2	5	11	11	4	5	10
2014	5	17	4	3	7	7	7	5	12	9	5	6	11
2014	6	10	6	1	13	3	3	10	14	5	2	9	13
2014	7	7	5	9	11	4	8	10	9	7	8	7	9
2014	8	11	3	6	11	6	3	10	12	3	6	7	15
2014	9	3	1	3	23	6	1	6	17	4	3	3	20
2014	10	6	3	5	17	8	0	4	19	9	0	3	19
2014	11	10	2	2	16	13	5	1	11	14	1	5	10
2014	12	23	2	3	3	23	3	3	2	26	0	2	3
2015	1	14	4	5	8	13	7	2	9	15	3	5	8
2015	2	12	2	5	9	13	3	4	8	17	2	5	4
2015	3	18	2	3	8	13	7	3	8	19	3	5	4
2015	4	15	2	2	11	12	4	5	9	11	6	5	8
2015	5	16	2	4	9	11	6	3	11	10	8	2	11
2015	6	9	1	9	11	4	3	7	16	7	5	5	13
2015	7	10	6	1	14	6	4	4	17	5	6	5	15
2015	8	11	7	4	9	6	6	10	9	8	4	5	14
2015	9	9	2	5	14	7	5	6	12	10	5	4	11
2015	10	17	3	3	8	14	3	4	10	16	1	3	11
2015	11	4	0	2	24	6	0	0	24	5	0	1	24
2015	12	13	1	0	16	14	4	1	12	12	4	0	15
2016	1	19	4	1	7	22	2	0	7	20	3	0	8
2016	2	23	2	0	4	21	4	0	4	20	5	0	4
2016	3	14	4	5	8	14	5	9	3	20	1	8	2
2016	4	15	3	4	8	14	6	3	7	13	5	2	10
2016	5	13	7	2	9	9	7	5	10	12	7	4	8
2016	6	13	10	1	6	10	7	3	10	7	2	8	13
2016	7	4	4	3	20	2	10	4	15	3	7	5	16
2016	8	7	5	4	15	6	7	4	14	8	3	3	17

（续）

年份	月份	08时				14时				20时			
		云量不足2成	云量2～5成	云量6～8成	云量大于8成	云量不足2成	云量2～5成	云量6～8成	云量大于8成	云量不足2成	云量2～5成	云量6～8成	云量大于8成
2016	9	11	4	7	8	8	8	6	8	11	8	3	8
2016	10	7	3	4	18	7	7	6	12	6	5	3	16
2016	11	6	6	5	12	7	8	7	8	7	8	2	9
2016	12	3	7	6	15	7	5	7	12	6	8	2	15
2017	1	12	3	3	13	9	3	9	10	12	4	5	10
2017	2	11	4	5	8	9	7	5	7	15	4	2	7
2017	3	11	9	4	7	9	11	5	6	13	9	2	7
2017	4	15	2	3	10	9	9	5	7	12	8	2	8
2017	5	18	6	4	3	12	10	5	4	12	9	6	4
2017	6	16	6	3	5	10	10	2	8	11	8	0	11
2017	7	10	1	6	14	11	2	4	14	5	1	2	21
2017	8	10	1	3	17	9	0	5	17	8	1	4	18
2017	9	8	9	2	11	14	6	4	6	17	3	3	7
2017	10	5	2	3	22	6	4	4	17	7	1	2	20
2017	11	22	5	1	2	24	1	1	4	23	1	2	4
2017	12	22	1	5	3	23	1	5	2	23	0	2	6

3.4　水分联网长期观测数据集

3.4.1　土壤水分数据集

3.4.1.1　概述

本数据集包括栾城站 2009—2017 年综合观测场（LCAZH01）和气象观测场（LCAQX01）的土壤含水量数据。观测频率为 1～3 次/月，观测深度为 10 cm、30 cm、50 cm、70 cm、90 cm、110 cm、130 cm、150 cm 和 170 cm。

3.4.1.2　数据采集和处理方法

综合观测场和气象观测场各有 3 根中子管，中子管的标号分别为：LCAZH01CTS_01_01、LCAZH01CTS_01_02、LCAZH01CTS_01_03、LCAQX01CTS_01_01、LCAQX01CTS_01_02 和 LCAQX01CTS_01_03。利用中子仪观测深度为 10 cm、30 cm、50 cm、70 cm、90 cm、110 cm、130 cm、150 cm 和 170 cm 处的土壤含水量。中子仪标定方法采用原位分层标定方法，单独标定表层 0～20 cm 和 20～180 cm 深度的计算方程。在 20～170 cm，每隔 20 cm 取一个土壤样品，土样烘干后根据前期剖面取土获得的容重计算出土壤体积含水率，再与中子读数（R）与标板读数（Rs）的比值（R/Rs）建立回归方程。利用回归方程计算 6 个观测孔各层的含水量，最后将综合观测场和气象观测场各 3 个观测剖面的数据取算数平均值，得到每个场地各层的土壤含水量。

3.4.1.3　数据质量控制和评估

针对原始观测记录数据进行了检查整理，结合降水和灌溉过程，对土壤含水量的变化过程进行分析，对数据序列的最大值和最小值进行判断，主要针对异常数据进行修正、剔除。此外，在数据测量之前定期检查中子仪标定曲线。测量之后针对异常值进行剔除，保证已入库数据的完整性和一致性。

3.4.1.4　数据使用方法和建议

本数据表征了本地区典型灌溉农田的根系层土壤水分变化规律和趋势，可为实施合理灌溉制度、土壤含水量预测，乃至陆面水热过程耦合模拟提供基础资料。

3.4.1.5　数据

（1）综合观测场

2009—2017年综合观测场土壤含水量数据见表3-75。

表3-75　综合观测场土壤含水量

单位：cm³/cm³

日期 （年-月-日）	土层观测深度								
	10 cm	30 cm	50 cm	70 cm	90 cm	110 cm	130 cm	150 cm	170 cm
2009-01-04	0.29	0.23	0.23	0.24	0.25	0.23	0.27	0.29	0.31
2009-01-15	0.28	0.25	0.22	0.24	0.24	0.22	0.27	0.29	0.31
2009-01-25	0.28	0.25	0.22	0.24	0.25	0.23	0.27	0.30	0.31
2009-02-06	0.28	0.26	0.23	0.24	0.25	0.23	0.27	0.30	0.31
2009-02-16	0.28	0.25	0.24	0.25	0.25	0.23	0.27	0.30	0.32
2009-02-26	0.28	0.25	0.23	0.24	0.25	0.23	0.27	0.29	0.31
2009-03-06	0.28	0.24	0.23	0.25	0.25	0.22	0.27	0.29	0.31
2009-03-12	0.28	0.24	0.23	0.24	0.25	0.22	0.27	0.29	0.32
2009-03-17	0.27	0.24	0.24	0.25	0.25	0.23	0.28	0.30	0.32
2009-03-25	0.26	0.23	0.23	0.24	0.25	0.22	0.27	0.29	0.31
2009-03-30	0.25	0.22	0.23	0.24	0.25	0.24	0.27	0.29	0.31
2009-04-06	0.33	0.30	0.30	0.29	0.27	0.24	0.28	0.30	0.31
2009-04-10	0.30	0.29	0.28	0.29	0.28	0.24	0.28	0.30	0.32
2009-04-21	0.28	0.25	0.26	0.27	0.27	0.24	0.28	0.30	0.32
2009-04-26	0.25	0.22	0.25	0.26	0.27	0.24	0.28	0.30	0.31
2009-05-03	0.23	0.20	0.23	0.25	0.26	0.24	0.28	0.31	0.32
2009-05-08	0.20	0.18	0.21	0.23	0.25	0.23	0.28	0.30	0.29
2009-05-16	0.33	0.27	0.27	0.27	0.27	0.24	0.28	0.31	0.32
2009-05-21	0.29	0.25	0.26	0.26	0.26	0.24	0.28	0.30	0.32
2009-05-27	0.26	0.23	0.23	0.25	0.25	0.24	0.28	0.31	0.32
2009-06-01	0.23	0.19	0.23	0.24	0.25	0.23	0.28	0.30	0.32
2009-06-12	0.27	0.19	0.19	0.21	0.24	0.22	0.27	0.30	0.31
2009-06-19	0.36	0.32	0.31	0.28	0.27	0.25	0.29	0.31	0.32
2009-07-01	0.29	0.28	0.28	0.28	0.27	0.24	0.29	0.31	0.33

（续）

日期 （年-月-日）	土层观测深度								
	10 cm	30 cm	50 cm	70 cm	90 cm	110 cm	130 cm	150 cm	170 cm
2009 - 07 - 06	0.26	0.26	0.26	0.27	0.27	0.24	0.28	0.30	0.32
2009 - 07 - 23	0.33	0.27	0.26	0.26	0.26	0.23	0.27	0.30	0.31
2009 - 07 - 29	0.30	0.26	0.26	0.26	0.26	0.24	0.28	0.31	0.32
2009 - 08 - 30	0.34	0.32	0.30	0.29	0.29	0.26	0.30	0.33	0.35
2009 - 09 - 15	0.29	0.30	0.28	0.28	0.28	0.25	0.29	0.31	0.33
2009 - 09 - 29	0.31	0.29	0.28	0.28	0.27	0.25	0.29	0.32	0.33
2009 - 10 - 21	0.28	0.26	0.26	0.26	0.27	0.25	0.24	0.26	0.27
2009 - 11 - 21	0.33	0.28	0.28	0.28	0.27	0.25	0.28	0.28	0.30
2009 - 12 - 12	0.33	0.30	0.30	0.30	0.29	0.27	0.29	0.31	0.32
2009 - 12 - 21	0.35	0.28	0.28	0.29	0.29	0.26	0.29	0.30	0.32
2009 - 12 - 30	0.36	0.27	0.27	0.29	0.28	0.27	0.29	0.31	0.32
2010 - 01 - 20	0.33	0.37	0.24	0.26	0.29	0.29	0.28	0.28	0.31
2010 - 02 - 01	0.33	0.36	0.24	0.26	0.29	0.29	0.29	0.30	0.31
2010 - 02 - 11	0.32	0.36	0.24	0.26	0.28	0.28	0.29	0.29	0.31
2010 - 02 - 23	0.33	0.36	0.25	0.26	0.29	0.28	0.29	0.29	0.31
2010 - 06 - 02	0.17	0.21	0.19	0.23	0.28	0.29	0.29	0.30	0.32
2010 - 06 - 09	0.27	0.27	0.22	0.22	0.27	0.28	0.30	0.30	0.32
2010 - 06 - 15	0.20	0.24	0.20	0.22	0.26	0.28	0.30	0.30	0.32
2010 - 06 - 28	0.32	0.33	0.25	0.26	0.29	0.30	0.30	0.31	0.32
2010 - 07 - 07	0.25	0.31	0.25	0.26	0.29	0.29	0.30	0.30	0.31
2010 - 07 - 13	0.32	0.34	0.28	0.28	0.29	0.30	0.29	0.30	0.32
2010 - 07 - 20	0.36	0.39	0.34	0.34	0.33	0.33	0.32	0.32	0.33
2010 - 07 - 26	0.31	0.35	0.29	0.31	0.32	0.32	0.31	0.32	0.33
2010 - 08 - 04	0.28	0.30	0.26	0.27	0.30	0.31	0.30	0.31	0.32
2010 - 08 - 10	0.30	0.31	0.26	0.28	0.31	0.31	0.31	0.31	0.33
2010 - 08 - 17	0.30	0.37	0.28	0.29	0.31	0.32	0.32	0.32	0.34
2010 - 11 - 01	0.18	0.27	0.27	0.27	0.27	0.28	0.29	0.31	0.33
2010 - 11 - 07	0.18	0.27	0.26	0.27	0.27	0.28	0.29	0.31	0.33
2010 - 11 - 14	0.21	0.28	0.27	0.28	0.28	0.29	0.31	0.32	0.33
2010 - 11 - 21	0.21	0.27	0.27	0.27	0.28	0.28	0.29	0.32	0.33
2010 - 11 - 27	0.25	0.30	0.29	0.29	0.29	0.30	0.30	0.32	0.33
2010 - 12 - 05	0.24	0.29	0.28	0.29	0.29	0.29	0.30	0.32	0.33

（续）

日期 （年-月-日）	土层观测深度								
	10 cm	30 cm	50 cm	70 cm	90 cm	110 cm	130 cm	150 cm	170 cm
2010 - 12 - 17	0.23	0.28	0.27	0.28	0.28	0.29	0.29	0.32	0.33
2010 - 12 - 27	0.24	0.28	0.27	0.28	0.28	0.29	0.30	0.32	0.33
2011 - 01 - 08	0.23	0.27	0.26	0.27	0.28	0.28	0.29	0.31	0.34
2011 - 01 - 18	0.22	0.30	0.27	0.27	0.27	0.28	0.29	0.31	0.33
2011 - 01 - 29	0.22	0.31	0.24	0.26	0.26	0.27	0.29	0.31	0.33
2011 - 02 - 12	0.22	0.31	0.25	0.25	0.26	0.28	0.28	0.31	0.32
2011 - 02 - 24	0.22	0.31	0.24	0.25	0.26	0.27	0.29	0.31	0.33
2011 - 03 - 06	0.24	0.30	0.25	0.26	0.26	0.27	0.29	0.31	0.32
2011 - 03 - 16	0.21	0.28	0.26	0.26	0.26	0.27	0.29	0.31	0.33
2011 - 03 - 25	0.19	0.26	0.25	0.26	0.26	0.27	0.28	0.31	0.32
2011 - 04 - 02	0.16	0.25	0.24	0.26	0.26	0.27	0.28	0.31	0.32
2011 - 04 - 07	0.14	0.23	0.24	0.25	0.26	0.27	0.28	0.30	0.32
2011 - 04 - 13	0.23	0.27	0.25	0.26	0.26	0.27	0.29	0.31	0.32
2011 - 04 - 19	0.21	0.27	0.26	0.26	0.26	0.27	0.29	0.31	0.33
2011 - 04 - 28	0.15	0.22	0.23	0.26	0.26	0.27	0.29	0.31	0.32
2011 - 05 - 05	0.10	0.17	0.19	0.24	0.26	0.27	0.28	0.31	0.32
2011 - 05 - 18	0.18	0.25	0.25	0.26	0.26	0.27	0.29	0.30	0.32
2011 - 06 - 26	0.22	0.26	0.24	0.23	0.23	0.25	0.28	0.31	0.33
2011 - 07 - 11	0.21	0.28	0.28	0.28	0.28	0.28	0.29	0.31	0.32
2011 - 07 - 21	0.18	0.26	0.26	0.27	0.27	0.28	0.28	0.31	0.33
2011 - 07 - 30	0.32	0.39	0.33	0.34	0.33	0.33	0.31	0.32	0.33
2011 - 09 - 11	0.33	0.37	0.30	0.30	0.30	0.29	0.29	0.31	0.33
2011 - 09 - 20	0.33	0.38	0.32	0.33	0.33	0.32	0.30	0.31	0.33
2012 - 03 - 21	0.28	0.32	0.27	0.27	0.29	0.31	0.28	0.29	0.30
2012 - 03 - 27	0.30	0.32	0.26	0.26	0.28	0.28	0.28	0.29	0.30
2012 - 04 - 03	0.27	0.32	0.25	0.25	0.27	0.26	0.27	0.28	0.30
2012 - 04 - 17	0.29	0.33	0.27	0.27	0.27	0.27	0.27	0.29	0.30
2012 - 04 - 22	0.25	0.31	0.26	0.26	0.27	0.26	0.27	0.28	0.30
2012 - 05 - 09	0.27	0.32	0.28	0.29	0.30	0.29	0.28	0.30	0.31
2012 - 05 - 16	0.28	0.34	0.29	0.30	0.30	0.30	0.29	0.29	0.31
2012 - 05 - 29	0.23	0.26	0.25	0.26	0.28	0.29	0.29	0.31	0.32
2012 - 06 - 04	0.28	0.33	0.28	0.29	0.30	0.28	0.28	0.30	0.31

（续）

日期	土层观测深度								
（年-月-日）	10 cm	30 cm	50 cm	70 cm	90 cm	110 cm	130 cm	150 cm	170 cm
2012 - 07 - 03	0.26	0.30	0.27	0.29	0.30	0.30	0.30	0.32	0.32
2012 - 07 - 13	0.25	0.29	0.25	0.27	0.29	0.29	0.29	0.31	0.33
2012 - 07 - 21	0.35	0.36	0.31	0.31	0.32	0.32	0.31	0.33	0.33
2012 - 07 - 29	0.35	0.37	0.31	0.31	0.32	0.32	0.30	0.31	0.32
2012 - 08 - 13	0.35	0.37	0.33	0.34	0.34	0.34	0.33	0.35	0.35
2012 - 10 - 29	0.31	0.35	0.28	0.29	0.30	0.29	0.28	0.30	0.31
2012 - 11 - 02	0.41	0.41	0.35	0.37	0.37	0.38	0.35	0.36	0.35
2012 - 11 - 15	0.29	0.31	0.26	0.26	0.27	0.27	0.28	0.30	0.29
2012 - 11 - 22	0.29	0.32	0.27	0.26	0.28	0.27	0.28	0.30	0.31
2012 - 12 - 11	0.30	0.30	0.24	0.24	0.26	0.24	0.25	0.27	0.28
2013 - 03 - 11	0.24	0.31	0.26	0.27	0.28	0.27	0.28	0.30	0.32
2013 - 03 - 16	0.28	0.29	0.26	0.26	0.28	0.27	0.28	0.30	0.31
2013 - 03 - 21	0.23	0.26	0.26	0.26	0.26	0.27	0.28	0.31	0.32
2013 - 03 - 28	0.26	0.26	0.26	0.27	0.28	0.29	0.30	0.32	0.32
2013 - 04 - 02	0.14	0.26	0.25	0.26	0.26	0.27	0.28	0.30	0.32
2013 - 04 - 07	0.22	0.25	0.26	0.26	0.28	0.29	0.30	0.32	0.33
2013 - 04 - 15	0.15	0.25	0.25	0.27	0.27	0.29	0.29	0.31	0.33
2013 - 04 - 24	0.16	0.26	0.26	0.27	0.27	0.27	0.28	0.30	0.32
2013 - 04 - 30	0.13	0.25	0.27	0.27	0.28	0.29	0.30	0.31	0.33
2013 - 05 - 13	0.17	0.29	0.28	0.28	0.28	0.28	0.29	0.30	0.32
2013 - 05 - 22	0.16	0.28	0.28	0.28	0.28	0.28	0.29	0.31	0.33
2013 - 06 - 04	0.14	0.24	0.26	0.27	0.28	0.29	0.30	0.31	0.33
2013 - 07 - 05	0.17	0.28	0.27	0.26	0.27	0.29	0.30	0.31	0.33
2013 - 07 - 22	0.14	0.26	0.26	0.26	0.27	0.29	0.30	0.32	0.34
2013 - 07 - 31	0.16	0.30	0.30	0.30	0.30	0.31	0.31	0.32	0.34
2013 - 08 - 25	0.13	0.30	0.30	0.30	0.31	0.32	0.33	0.34	0.35
2013 - 09 - 05	0.13	0.30	0.30	0.30	0.31	0.32	0.32	0.34	0.35
2013 - 09 - 14	0.14	0.27	0.28	0.29	0.30	0.30	0.32	0.34	0.35
2013 - 09 - 24	0.20	0.29	0.30	0.29	0.30	0.32	0.33	0.36	0.37
2013 - 10 - 12	0.17	0.26	0.27	0.27	0.28	0.29	0.31	0.33	0.34
2013 - 10 - 23	0.23	0.27	0.27	0.26	0.27	0.29	0.30	0.33	0.33
2013 - 11 - 06	0.19	0.28	0.28	0.27	0.27	0.29	0.30	0.32	0.33

（续）

日期 （年-月-日）	土层观测深度								
	10 cm	30 cm	50 cm	70 cm	90 cm	110 cm	130 cm	150 cm	170 cm
2013 - 11 - 16	0.19	0.26	0.27	0.27	0.27	0.28	0.29	0.31	0.33
2013 - 11 - 26	0.14	0.26	0.27	0.27	0.27	0.29	0.30	0.32	0.34
2013 - 12 - 06	0.18	0.27	0.27	0.28	0.27	0.28	0.30	0.31	0.33
2013 - 12 - 19	0.18	0.26	0.27	0.28	0.27	0.28	0.30	0.31	0.33
2014 - 01 - 04	0.20	0.29	0.29	0.29	0.29	0.29	0.30	0.32	0.33
2014 - 01 - 27	0.20	0.28	0.27	0.28	0.28	0.29	0.30	0.32	0.33
2014 - 02 - 19	0.21	0.28	0.27	0.28	0.29	0.29	0.30	0.32	0.34
2014 - 02 - 28	0.17	0.29	0.27	0.27	0.28	0.29	0.29	0.31	0.33
2014 - 03 - 26	0.17	0.29	0.27	0.28	0.28	0.29	0.30	0.32	0.34
2014 - 04 - 04	0.18	0.30	0.29	0.29	0.29	0.29	0.30	0.31	0.33
2014 - 04 - 15	0.15	0.28	0.27	0.28	0.28	0.29	0.30	0.31	0.33
2014 - 04 - 24	0.14	0.27	0.28	0.30	0.29	0.30	0.31	0.32	0.33
2014 - 05 - 16	0.18	0.29	0.28	0.28	0.28	0.29	0.30	0.31	0.33
2014 - 06 - 13	0.12	0.22	0.24	0.25	0.26	0.28	0.30	0.31	0.32
2014 - 06 - 23	0.18	0.27	0.27	0.24	0.24	0.26	0.27	0.29	0.31
2014 - 07 - 06	0.16	0.25	0.25	0.23	0.23	0.25	0.28	0.29	0.31
2014 - 07 - 16	0.15	0.23	0.25	0.23	0.23	0.24	0.26	0.27	0.30
2014 - 08 - 18	0.20	0.28	0.28	0.27	0.25	0.27	0.28	0.29	0.31
2014 - 08 - 30	0.15	0.26	0.26	0.26	0.26	0.26	0.28	0.29	0.31
2014 - 09 - 09	0.15	0.27	0.28	0.27	0.28	0.29	0.31	0.32	0.32
2014 - 09 - 20	0.16	0.28	0.27	0.27	0.28	0.29	0.30	0.32	0.33
2014 - 09 - 29	0.18	0.27	0.27	0.27	0.27	0.29	0.30	0.32	0.32
2014 - 10 - 15	0.18	0.28	0.27	0.27	0.27	0.29	0.31	0.33	0.32
2014 - 10 - 26	0.19	0.27	0.27	0.27	0.27	0.28	0.29	0.31	0.32
2014 - 11 - 07	0.21	0.28	0.28	0.28	0.28	0.30	0.30	0.32	0.33
2014 - 11 - 17	0.18	0.26	0.27	0.27	0.28	0.28	0.30	0.31	0.33
2015 - 01 - 04	0.15	0.24	0.25	0.25	0.26	0.26	0.28	0.29	0.31
2015 - 01 - 19	0.15	0.24	0.25	0.25	0.26	0.27	0.28	0.30	0.31
2015 - 02 - 03	0.16	0.22	0.23	0.23	0.23	0.24	0.25	0.27	0.27
2015 - 03 - 05	0.12	0.23	0.24	0.23	0.23	0.24	0.25	0.26	0.27
2015 - 03 - 15	0.16	0.22	0.23	0.23	0.23	0.24	0.25	0.27	0.28
2015 - 03 - 25	0.13	0.23	0.23	0.23	0.23	0.24	0.26	0.27	0.28

（续）

日期 （年-月-日）	土层观测深度								
	10 cm	30 cm	50 cm	70 cm	90 cm	110 cm	130 cm	150 cm	170 cm
2015 - 04 - 04	0.16	0.22	0.23	0.23	0.23	0.24	0.25	0.27	0.28
2015 - 04 - 14	0.14	0.23	0.24	0.24	0.24	0.25	0.27	0.28	0.29
2015 - 04 - 24	0.15	0.22	0.23	0.24	0.24	0.25	0.26	0.28	0.29
2015 - 05 - 03	0.17	0.25	0.26	0.25	0.25	0.26	0.27	0.28	0.29
2015 - 05 - 13	0.13	0.22	0.25	0.24	0.25	0.25	0.27	0.28	0.31
2015 - 05 - 23	0.17	0.22	0.23	0.24	0.24	0.25	0.27	0.28	0.30
2015 - 06 - 02	0.17	0.23	0.24	0.22	0.23	0.25	0.26	0.28	0.29
2015 - 06 - 17	0.17	0.26	0.27	0.25	0.26	0.27	0.28	0.28	0.31
2015 - 06 - 27	0.19	0.27	0.27	0.25	0.24	0.26	0.27	0.29	0.31
2015 - 07 - 13	0.20	0.28	0.28	0.27	0.26	0.27	0.28	0.29	0.31
2015 - 08 - 12	0.17	0.27	0.27	0.26	0.26	0.27	0.27	0.29	0.31
2015 - 09 - 02	0.19	0.28	0.29	0.28	0.28	0.28	0.29	0.30	0.32
2015 - 10 - 25	0.22	0.29	0.29	0.28	0.28	0.29	0.29	0.30	0.32
2015 - 11 - 15	0.17	0.25	0.25	0.25	0.25	0.27	0.28	0.29	0.30
2015 - 11 - 29	0.15	0.21	0.21	0.21	0.22	0.23	0.25	0.26	0.29
2015 - 12 - 12	0.18	0.24	0.22	0.22	0.23	0.24	0.27	0.28	0.30
2015 - 12 - 31	0.20	0.25	0.25	0.24	0.25	0.25	0.25	0.27	0.28
2016 - 01 - 12	0.24	0.26	0.25	0.25	0.25	0.26	0.28	0.29	0.30
2016 - 01 - 26	0.23	0.26	0.24	0.25	0.25	0.26	0.28	0.29	0.30
2016 - 02 - 15	0.25	0.24	0.23	0.24	0.25	0.26	0.27	0.29	0.30
2016 - 03 - 02	0.23	0.25	0.23	0.23	0.24	0.25	0.27	0.29	0.30
2016 - 03 - 12	0.23	0.25	0.23	0.24	0.25	0.26	0.27	0.29	0.30
2016 - 03 - 22	0.21	0.23	0.23	0.23	0.24	0.26	0.26	0.28	0.30
2016 - 04 - 26	0.18	0.23	0.22	0.24	0.25	0.25	0.27	0.29	0.30
2016 - 05 - 10	0.18	0.21	0.22	0.23	0.24	0.25	0.27	0.29	0.30
2016 - 05 - 22	0.18	0.21	0.22	0.23	0.24	0.25	0.27	0.28	0.30
2016 - 06 - 21	0.19	0.23	0.23	0.24	0.24	0.25	0.27	0.28	0.30
2016 - 07 - 01	0.18	0.21	0.21	0.23	0.24	0.25	0.27	0.28	0.30
2016 - 07 - 10	0.24	0.26	0.25	0.25	0.25	0.28	0.27	0.28	0.29
2016 - 07 - 22	0.21	0.24	0.24	0.25	0.25	0.26	0.27	0.28	0.29
2016 - 08 - 05	0.20	0.23	0.22	0.22	0.23	0.25	0.26	0.26	0.28
2016 - 08 - 21	0.23	0.25	0.23	0.23	0.24	0.25	0.26	0.27	0.29

（续）

日期 （年-月-日）	土层观测深度								
	10 cm	30 cm	50 cm	70 cm	90 cm	110 cm	130 cm	150 cm	170 cm
2016 - 08 - 31	0.20	0.23	0.22	0.23	0.23	0.24	0.26	0.26	0.29
2016 - 09 - 15	0.23	0.23	0.22	0.22	0.23	0.24	0.26	0.27	0.29
2016 - 10 - 30	0.22	0.25	0.22	0.21	0.21	0.23	0.24	0.25	0.28
2016 - 11 - 30	0.19	0.22	0.22	0.21	0.21	0.24	0.25	0.25	0.28
2016 - 12 - 15	0.21	0.24	0.23	0.23	0.23	0.23	0.24	0.25	0.28
2016 - 12 - 29	0.19	0.22	0.22	0.24	0.24	0.23	0.24	0.25	0.28
2017 - 01 - 10	0.19	0.22	0.22	0.23	0.23	0.24	0.24	0.25	0.27
2017 - 01 - 29	0.19	0.21	0.22	0.22	0.23	0.23	0.24	0.25	0.28
2017 - 02 - 14	0.16	0.21	0.21	0.22	0.22	0.24	0.26	0.28	0.29
2017 - 02 - 24	0.16	0.20	0.20	0.22	0.22	0.24	0.26	0.27	0.29
2017 - 04 - 12	0.21	0.23	0.23	0.23	0.22	0.23	0.26	0.28	0.28
2017 - 04 - 21	0.18	0.21	0.22	0.22	0.22	0.23	0.25	0.27	0.28
2017 - 06 - 02	0.18	0.19	0.17	0.18	0.20	0.21	0.23	0.25	0.26
2017 - 06 - 23	0.17	0.16	0.17	0.19	0.19	0.20	0.23	0.24	0.26
2017 - 07 - 13	0.17	0.18	0.17	0.16	0.18	0.20	0.20	0.20	0.25
2017 - 07 - 23	0.23	0.20	0.17	0.17	0.17	0.18	0.21	0.21	0.23
2017 - 08 - 18	0.21	0.21	0.19	0.17	0.16	0.18	0.20	0.22	0.21
2017 - 09 - 02	0.22	0.24	0.22	0.18	0.17	0.18	0.20	0.20	0.25
2017 - 09 - 12	0.21	0.22	0.21	0.20	0.17	0.19	0.21	0.21	0.26
2017 - 10 - 12	0.25	0.26	0.25	0.24	0.18	0.18	0.21	0.21	0.26
2017 - 10 - 22	0.21	0.24	0.23	0.23	0.20	0.18	0.21	0.21	0.26
2017 - 11 - 06	0.23	0.26	0.25	0.25	0.25	0.19	0.21	0.20	0.26
2017 - 11 - 20	0.24	0.27	0.26	0.27	0.26	0.24	0.23	0.22	0.28

　　在降水和灌溉的综合影响下，综合观测场的表层土壤含水量变化较为剧烈，而 90 cm 深度和 170 cm 深度的变化较为平缓。自 2014 年以后，90 cm 和 170 cm 深度的土壤含水量呈现下降的趋势，可能与近几年灌溉量的减少有关（图 3 - 91）。

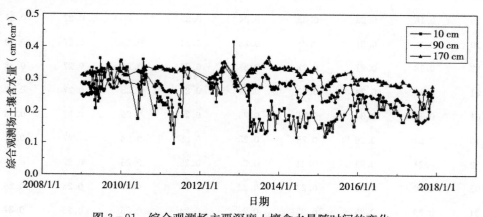

图 3 - 91　综合观测场主要深度土壤含水量随时间的变化

（2）气象观测场

2009—2017 年气象观测场土壤含水量数据见表 3-76。

表 3-76 气象观测场土壤含水量

单位：cm^3/cm^3

日期 （年-月-日）	土层观测深度								
	10 cm	30 cm	50 cm	70 cm	90 cm	110 cm	130 cm	150 cm	170 cm
2009-01-04	0.16	0.19	0.25	0.23	0.25	0.25	0.27	0.30	0.34
2009-01-15	0.16	0.19	0.24	0.23	0.25	0.24	0.27	0.30	0.34
2009-01-25	0.16	0.20	0.24	0.24	0.25	0.24	0.27	0.30	0.34
2009-02-06	0.15	0.20	0.24	0.23	0.25	0.25	0.27	0.30	0.35
2009-02-16	0.16	0.20	0.24	0.23	0.26	0.24	0.27	0.30	0.35
2009-02-26	0.16	0.20	0.24	0.24	0.25	0.25	0.27	0.29	0.35
2009-03-06	0.16	0.20	0.24	0.24	0.25	0.25	0.27	0.30	0.35
2009-03-12	0.16	0.21	0.24	0.24	0.25	0.25	0.27	0.30	0.35
2009-03-17	0.16	0.20	0.24	0.24	0.25	0.24	0.27	0.30	0.34
2009-03-25	0.31	0.31	0.30	0.28	0.28	0.26	0.28	0.31	0.35
2009-03-30	0.29	0.30	0.29	0.28	0.28	0.25	0.28	0.31	0.34
2009-04-06	0.26	0.28	0.30	0.28	0.27	0.25	0.28	0.31	0.35
2009-04-10	0.23	0.27	0.29	0.27	0.27	0.25	0.28	0.31	0.35
2009-04-21	0.20	0.25	0.27	0.25	0.27	0.25	0.27	0.30	0.34
2009-04-26	0.17	0.24	0.28	0.26	0.27	0.25	0.28	0.31	0.35
2009-05-03	0.16	0.22	0.27	0.26	0.27	0.25	0.29	0.32	0.35
2009-05-08	0.28	0.30	0.30	0.29	0.29	0.27	0.30	0.33	0.36
2009-05-16	0.32	0.31	0.31	0.28	0.29	0.27	0.30	0.33	0.36
2009-05-21	0.25	0.29	0.30	0.29	0.29	0.26	0.29	0.32	0.36
2009-05-27	0.20	0.26	0.30	0.28	0.29	0.27	0.29	0.32	0.37
2009-06-01	0.16	0.23	0.29	0.27	0.28	0.27	0.30	0.33	0.36
2009-06-12	0.19	0.20	0.26	0.25	0.27	0.25	0.28	0.32	0.35
2009-06-19	0.19	0.19	0.25	0.25	0.26	0.26	0.29	0.32	0.36
2009-07-01	0.13	0.13	0.22	0.24	0.26	0.25	0.29	0.32	0.35
2009-07-06	0.16	0.18	0.24	0.25	0.27	0.26	0.29	0.32	0.35
2009-07-23	0.29	0.30	0.29	0.27	0.28	0.26	0.29	0.31	0.34
2009-07-29	0.24	0.28	0.30	0.27	0.28	0.26	0.29	0.32	0.36
2009-08-30	0.30	0.33	0.32	0.30	0.30	0.27	0.30	0.33	0.36
2009-09-15	0.20	0.30	0.30	0.28	0.29	0.26	0.29	0.31	0.35
2009-09-29	0.24	0.27	0.28	0.27	0.26	0.26	0.29	0.31	0.35
2009-10-21	0.14	0.16	0.21	0.20	0.22	0.22	0.25	0.27	0.30

（续）

日期 （年-月-日）	土层观测深度								
	10 cm	30 cm	50 cm	70 cm	90 cm	110 cm	130 cm	150 cm	170 cm
2009 - 11 - 21	0.29	0.27	0.26	0.24	0.25	0.25	0.28	0.31	0.35
2009 - 12 - 12	0.27	0.27	0.27	0.25	0.26	0.25	0.28	0.31	0.35
2009 - 12 - 21	0.26	0.26	0.27	0.24	0.26	0.25	0.28	0.31	0.35
2009 - 12 - 30	0.26	0.26	0.27	0.25	0.26	0.25	0.28	0.32	0.35
2010 - 01 - 20	0.25	0.32	0.25	0.24	0.28	0.28	0.28	0.30	0.33
2010 - 02 - 01	0.31	0.31	0.24	0.25	0.29	0.29	0.29	0.32	0.35
2010 - 02 - 11	0.24	0.31	0.25	0.23	0.28	0.27	0.28	0.29	0.33
2010 - 02 - 23	0.24	0.30	0.26	0.24	0.28	0.28	0.28	0.29	0.33
2010 - 06 - 02	0.25	0.33	0.28	0.25	0.29	0.29	0.30	0.30	0.35
2010 - 06 - 09	0.18	0.29	0.27	0.24	0.28	0.29	0.29	0.30	0.34
2010 - 06 - 15	0.14	0.24	0.26	0.25	0.29	0.29	0.29	0.30	0.35
2010 - 06 - 28	0.12	0.18	0.20	0.22	0.27	0.28	0.29	0.30	0.34
2010 - 07 - 07	0.12	0.18	0.18	0.20	0.27	0.28	0.28	0.30	0.34
2010 - 07 - 13	0.22	0.19	0.17	0.19	0.26	0.27	0.28	0.29	0.34
2010 - 07 - 20	0.17	0.21	0.20	0.22	0.28	0.30	0.30	0.31	0.36
2010 - 07 - 26	0.12	0.18	0.17	0.20	0.27	0.28	0.29	0.30	0.35
2010 - 08 - 04	0.13	0.17	0.17	0.19	0.26	0.27	0.28	0.30	0.34
2010 - 08 - 10	0.14	0.18	0.17	0.19	0.26	0.27	0.29	0.30	0.35
2010 - 08 - 17	0.15	0.18	0.17	0.19	0.26	0.28	0.29	0.31	0.35
2010 - 11 - 01	0.09	0.20	0.24	0.24	0.26	0.27	0.28	0.31	0.34
2010 - 11 - 07	0.07	0.18	0.24	0.24	0.26	0.27	0.28	0.31	0.33
2010 - 11 - 14	0.07	0.18	0.23	0.23	0.26	0.27	0.28	0.31	0.34
2010 - 11 - 21	0.07	0.16	0.22	0.23	0.25	0.27	0.28	0.31	0.32
2010 - 11 - 27	0.07	0.17	0.22	0.23	0.26	0.27	0.28	0.31	0.34
2010 - 12 - 05	0.07	0.16	0.22	0.23	0.25	0.27	0.29	0.31	0.34
2010 - 12 - 17	0.07	0.16	0.22	0.22	0.25	0.27	0.28	0.31	0.34
2010 - 12 - 27	0.07	0.17	0.22	0.22	0.25	0.27	0.28	0.31	0.34
2011 - 01 - 08	0.07	0.17	0.22	0.22	0.25	0.27	0.28	0.30	0.34
2011 - 01 - 18	0.06	0.17	0.21	0.22	0.25	0.27	0.28	0.30	0.34
2011 - 01 - 29	0.06	0.17	0.21	0.22	0.25	0.27	0.28	0.30	0.33
2011 - 02 - 12	0.07	0.17	0.21	0.22	0.25	0.27	0.28	0.30	0.32
2011 - 02 - 24	0.07	0.17	0.21	0.22	0.25	0.27	0.28	0.30	0.33

（续）

日期 （年-月-日）	土层观测深度								
	10 cm	30 cm	50 cm	70 cm	90 cm	110 cm	130 cm	150 cm	170 cm
2011-03-06	0.07	0.17	0.21	0.22	0.25	0.27	0.28	0.30	0.33
2011-03-16	0.07	0.17	0.21	0.22	0.25	0.27	0.28	0.29	0.33
2011-03-25	0.06	0.17	0.20	0.22	0.25	0.27	0.28	0.30	0.33
2011-04-02	0.06	0.16	0.21	0.22	0.25	0.26	0.27	0.29	0.33
2011-04-07	0.06	0.16	0.21	0.22	0.25	0.26	0.28	0.29	0.33
2011-04-13	0.24	0.29	0.27	0.25	0.26	0.27	0.28	0.29	0.33
2011-04-19	0.21	0.27	0.27	0.25	0.26	0.27	0.28	0.29	0.33
2011-04-28	0.15	0.25	0.26	0.25	0.26	0.27	0.28	0.29	0.33
2011-05-05	0.11	0.23	0.25	0.24	0.26	0.27	0.28	0.29	0.33
2011-05-18	0.11	0.24	0.25	0.24	0.26	0.27	0.28	0.29	0.34
2011-06-26	0.09	0.13	0.20	0.22	0.25	0.27	0.28	0.30	0.34
2011-07-11	0.06	0.12	0.19	0.21	0.25	0.27	0.28	0.29	0.34
2011-07-21	0.06	0.13	0.19	0.22	0.25	0.27	0.28	0.30	0.34
2011-07-30	0.34	0.38	0.32	0.31	0.31	0.28	0.28	0.28	0.34
2011-09-11	0.32	0.35	0.29	0.27	0.30	0.30	0.29	0.31	0.35
2011-09-23	0.27	0.35	0.30	0.28	0.31	0.31	0.30	0.32	0.35
2011-10-21	0.19	0.29	0.27	0.25	0.29	0.29	0.30	0.31	0.34
2011-11-10	0.21	0.28	0.28	0.24	0.28	0.28	0.29	0.31	0.34
2012-03-21	0.32	0.36	0.30	0.28	0.30	0.30	0.29	0.30	0.34
2012-03-27	0.30	0.37	0.31	0.29	0.31	0.31	0.32	0.32	0.35
2012-04-03	0.27	0.34	0.29	0.28	0.30	0.30	0.29	0.31	0.34
2012-04-17	0.17	0.30	0.27	0.26	0.29	0.29	0.29	0.31	0.34
2012-04-22	0.16	0.29	0.27	0.26	0.29	0.29	0.29	0.31	0.35
2012-05-09	0.14	0.24	0.25	0.25	0.29	0.29	0.30	0.31	0.35
2012-05-16	0.10	0.21	0.22	0.23	0.27	0.27	0.28	0.30	0.33
2012-05-29	0.13	0.19	0.20	0.22	0.28	0.29	0.30	0.32	0.36
2012-06-04	0.27	0.32	0.28	0.27	0.30	0.31	0.31	0.32	0.36
2012-07-03	0.26	0.32	0.27	0.27	0.31	0.30	0.30	0.32	0.36
2012-07-13	0.34	0.37	0.31	0.31	0.32	0.31	0.30	0.32	0.35
2012-07-21	0.25	0.34	0.29	0.28	0.31	0.30	0.30	0.33	0.37
2012-07-29	0.30	0.37	0.31	0.30	0.32	0.32	0.30	0.32	0.36
2012-08-13	0.43	0.48	0.41	0.41	0.41	0.43	0.39	0.41	0.46

（续）

日期 （年-月-日）	土层观测深度								
	10 cm	30 cm	50 cm	70 cm	90 cm	110 cm	130 cm	150 cm	170 cm
2012 - 10 - 29	0.16	0.26	0.24	0.24	0.28	0.29	0.29	0.31	0.37
2012 - 11 - 02	0.14	0.25	0.25	0.24	0.28	0.29	0.29	0.31	0.34
2012 - 11 - 15	0.22	0.24	0.21	0.20	0.25	0.24	0.26	0.26	0.32
2012 - 11 - 22	0.22	0.25	0.24	0.23	0.27	0.27	0.28	0.30	0.33
2012 - 12 - 11	0.21	0.27	0.25	0.23	0.28	0.28	0.29	0.31	0.36
2013 - 03 - 11	0.07	0.23	0.25	0.25	0.27	0.28	0.29	0.31	0.34
2013 - 03 - 16	0.16	0.24	0.25	0.25	0.27	0.28	0.29	0.32	0.33
2013 - 03 - 21	0.05	0.22	0.24	0.24	0.26	0.27	0.28	0.29	0.33
2013 - 03 - 28	0.17	0.22	0.23	0.26	0.27	0.29	0.29	0.32	0.35
2013 - 04 - 02	0.04	0.20	0.25	0.25	0.27	0.29	0.29	0.31	0.34
2013 - 04 - 07	0.04	0.18	0.24	0.24	0.26	0.28	0.29	0.30	0.33
2013 - 04 - 15	0.03	0.16	0.24	0.25	0.27	0.29	0.30	0.31	0.35
2013 - 04 - 24	0.07	0.17	0.22	0.23	0.25	0.27	0.28	0.29	0.32
2013 - 04 - 30	0.04	0.16	0.23	0.24	0.28	0.29	0.29	0.30	0.34
2013 - 05 - 13	0.09	0.27	0.29	0.28	0.29	0.30	0.31	0.33	0.35
2013 - 05 - 22	0.08	0.27	0.29	0.29	0.30	0.31	0.31	0.33	0.35
2013 - 06 - 04	0.07	0.25	0.28	0.28	0.29	0.30	0.31	0.33	0.35
2013 - 07 - 05	0.09	0.22	0.27	0.27	0.28	0.29	0.30	0.32	0.34
2013 - 07 - 22	0.05	0.28	0.30	0.29	0.29	0.30	0.31	0.33	0.36
2013 - 07 - 31	0.06	0.28	0.29	0.29	0.30	0.31	0.31	0.33	0.35
2013 - 08 - 25	0.06	0.28	0.29	0.28	0.30	0.31	0.32	0.34	0.36
2013 - 09 - 05	0.11	0.26	0.30	0.31	0.33	0.34	0.36	0.39	0.41
2013 - 09 - 14	0.05	0.23	0.27	0.27	0.29	0.30	0.31	0.34	0.36
2013 - 09 - 24	0.21	0.30	0.28	0.26	0.28	0.29	0.30	0.31	0.33
2013 - 10 - 12	0.10	0.25	0.27	0.26	0.28	0.30	0.31	0.33	0.35
2013 - 10 - 23	0.10	0.25	0.26	0.26	0.28	0.29	0.30	0.33	0.34
2013 - 11 - 06	0.06	0.21	0.26	0.26	0.28	0.30	0.31	0.35	0.35
2013 - 11 - 16	0.06	0.22	0.25	0.25	0.27	0.29	0.31	0.33	0.35
2013 - 11 - 26	0.07	0.20	0.25	0.25	0.27	0.29	0.30	0.32	0.35
2013 - 12 - 06	0.08	0.20	0.24	0.24	0.26	0.28	0.30	0.31	0.34
2013 - 12 - 19	0.08	0.19	0.24	0.24	0.26	0.28	0.29	0.31	0.34
2014 - 01 - 04	0.03	0.19	0.24	0.24	0.26	0.28	0.29	0.31	0.33

（续）

日期 （年-月-日）	土层观测深度								
	10 cm	30 cm	50 cm	70 cm	90 cm	110 cm	130 cm	150 cm	170 cm
2014 - 01 - 27	0.03	0.19	0.25	0.25	0.26	0.29	0.30	0.32	0.34
2014 - 02 - 19	0.03	0.20	0.25	0.24	0.26	0.29	0.30	0.31	0.34
2014 - 02 - 28	0.04	0.19	0.24	0.24	0.26	0.28	0.29	0.30	0.33
2014 - 03 - 26	0.12	0.29	0.30	0.29	0.30	0.30	0.31	0.32	0.34
2014 - 04 - 04	0.10	0.28	0.30	0.29	0.30	0.31	0.31	0.32	0.35
2014 - 04 - 15	0.12	0.28	0.29	0.28	0.29	0.30	0.31	0.33	0.35
2014 - 04 - 24	0.09	0.26	0.28	0.28	0.29	0.30	0.31	0.33	0.35
2014 - 05 - 16	0.09	0.24	0.28	0.28	0.30	0.31	0.31	0.33	0.36
2014 - 06 - 13	0.13	0.27	0.30	0.29	0.26	0.32	0.33	0.35	0.37
2014 - 06 - 23	0.12	0.25	0.26	0.25	0.26	0.27	0.28	0.30	0.32
2014 - 07 - 06	0.09	0.22	0.26	0.26	0.28	0.31	0.32	0.34
2014 - 07 - 16	0.05	0.16	0.22	0.23	0.26	0.28	0.29	0.31	0.32
2014 - 08 - 18	0.05	0.21	0.24	0.23	0.26	0.28	0.31	0.32	0.34
2014 - 08 - 30	0.08	0.19	0.21	0.22	0.25	0.28	0.30	0.32	0.34
2014 - 09 - 09	0.05	0.22	0.21	0.22	0.25	0.28	0.29	0.31	0.33
2014 - 09 - 20	0.11	0.27	0.23	0.22	0.26	0.26	0.28	0.29	0.32
2014 - 09 - 29	0.10	0.26	0.26	0.25	0.27	0.29	0.31	0.33	0.35
2014 - 10 - 15	0.06	0.24	0.26	0.25	0.28	0.30	0.32	0.33	0.34
2014 - 10 - 26	0.06	0.20	0.24	0.24	0.26	0.29	0.30	0.31	0.34
2014 - 11 - 07	0.04	0.18	0.23	0.23	0.26	0.29	0.30	0.32	0.35
2014 - 11 - 17	0.05	0.17	0.22	0.24	0.27	0.29	0.31	0.32	0.35
2015 - 01 - 04	0.03	0.14	0.19	0.19	0.23	0.26	0.27	0.28	0.31
2015 - 01 - 19	0.03	0.14	0.19	0.20	0.23	0.26	0.28	0.28	0.32
2015 - 02 - 03	0.03	0.14	0.18	0.19	0.23	0.28	0.27	0.27	0.31
2015 - 03 - 05	0.03	0.14	0.18	0.20	0.24	0.26	0.27	0.28	0.32
2015 - 03 - 15	0.06	0.18	0.22	0.23	0.26	0.28	0.29	0.30	0.33
2015 - 03 - 25	0.11	0.28	0.28	0.26	0.27	0.28	0.29	0.30	0.33
2015 - 04 - 04	0.11	0.30	0.30	0.27	0.28	0.29	0.30	0.31	0.34
2015 - 04 - 14	0.12	0.27	0.28	0.27	0.27	0.29	0.30	0.31	0.34
2015 - 04 - 24	0.11	0.31	0.33	0.34	0.34	0.34	0.35	0.36	0.38
2015 - 05 - 03	0.10	0.21	0.26	0.26	0.27	0.28	0.30	0.32	0.34
2015 - 05 - 13	0.11	0.27	0.27	0.25	0.23	0.29	0.30	0.32	0.34

（续）

日期 （年-月-日）	土层观测深度								
	10 cm	30 cm	50 cm	70 cm	90 cm	110 cm	130 cm	150 cm	170 cm
2015 - 05 - 23	0.05	0.20	0.25	0.24	0.27	0.28	0.30	0.32	0.34
2015 - 06 - 02	0.03	0.15	0.22	0.24	0.27	0.29	0.31	0.32	0.34
2015 - 06 - 17	0.03	0.11	0.16	0.20	0.25	0.29	0.30	0.32	0.35
2015 - 06 - 27	0.13	0.32	0.31	0.31	0.32	0.33	0.34	0.36	0.37
2015 - 07 - 13	0.05	0.22	0.27	0.26	0.29	0.31	0.33	0.35	0.36
2015 - 07 - 29	0.08	0.26	0.28	0.29	0.30	0.31	0.33	0.35	0.38
2015 - 08 - 12	0.10	0.28	0.30	0.29	0.30	0.32	0.32	0.34	0.35
2015 - 09 - 02	0.15	0.32	0.32	0.32	0.32	0.33	0.33	0.36	0.37
2015 - 10 - 25	0.08	0.20	0.25	0.24	0.27	0.30	0.32	0.34	0.35
2015 - 11 - 29	0.10	0.21	0.24	0.23	0.25	0.27	0.29	0.31	0.32
2015 - 12 - 12	0.13	0.26	0.27	0.25	0.26	0.28	0.30	0.32	0.34
2015 - 12 - 31	0.08	0.24	0.26	0.24	0.25	0.27	0.28	0.32	0.32
2016 - 01 - 12	0.10	0.25	0.26	0.25	0.26	0.28	0.29	0.31	0.32
2016 - 01 - 26	0.16	0.23	0.25	0.23	0.24	0.26	0.27	0.30	0.32
2016 - 02 - 15	0.16	0.23	0.24	0.23	0.25	0.26	0.27	0.29	0.32
2016 - 03 - 02	0.16	0.24	0.25	0.23	0.25	0.25	0.26	0.28	0.32
2016 - 03 - 12	0.15	0.24	0.25	0.23	0.25	0.25	0.26	0.29	0.31
2016 - 03 - 22	0.15	0.24	0.26	0.24	0.25	0.26	0.27	0.29	0.32
2016 - 04 - 26	0.12	0.20	0.24	0.22	0.24	0.25	0.26	0.29	0.29
2016 - 05 - 10	0.09	0.16	0.22	0.21	0.24	0.25	0.27	0.29	0.32
2016 - 05 - 22	0.09	0.13	0.19	0.20	0.23	0.25	0.26	0.29	0.32
2016 - 06 - 21	0.08	0.15	0.21	0.22	0.24	0.25	0.27	0.29	0.32
2016 - 07 - 01	0.11	0.20	0.23	0.23	0.24	0.26	0.27	0.30	0.32
2016 - 07 - 10	0.14	0.18	0.23	0.22	0.24	0.26	0.27	0.30	0.32
2016 - 07 - 22	0.13	0.21	0.24	0.23	0.25	0.26	0.27	0.29	0.32
2016 - 08 - 05	0.19	0.26	0.27	0.25	0.27	0.28	0.28	0.31	0.33
2016 - 08 - 16	0.21	0.25	0.26	0.24	0.27	0.27	0.28	0.30	0.34
2016 - 08 - 21	0.22	0.27	0.27	0.25	0.27	0.28	0.28	0.30	0.33
2016 - 08 - 31	0.18	0.25	0.25	0.24	0.26	0.27	0.28	0.30	0.33
2016 - 09 - 15	0.13	0.23	0.25	0.23	0.26	0.27	0.28	0.30	0.33
2016 - 10 - 30	0.14	0.21	0.23	0.22	0.24	0.26	0.27	0.30	0.33
2016 - 11 - 30	0.18	0.22	0.23	0.22	0.24	0.25	0.27	0.29	0.32

（续）

日期 （年-月-日）	土层观测深度								
	10 cm	30 cm	50 cm	70 cm	90 cm	110 cm	130 cm	150 cm	170 cm
2016 - 12 - 15	0.16	0.22	0.23	0.22	0.24	0.25	0.24	0.29	0.32
2016 - 12 - 29	0.17	0.21	0.23	0.22	0.24	0.25	0.26	0.29	0.32
2017 - 01 - 10	0.16	0.22	0.23	0.22	0.24	0.25	0.26	0.28	0.32
2017 - 01 - 29	0.17	0.22	0.23	0.21	0.23	0.25	0.26	0.28	0.32
2017 - 02 - 14	0.14	0.21	0.22	0.21	0.24	0.25	0.26	0.28	0.32
2017 - 02 - 24	0.15	0.21	0.22	0.21	0.24	0.25	0.26	0.28	0.32
2017 - 04 - 12	0.14	0.21	0.22	0.22	0.24	0.25	0.26	0.28	0.31
2017 - 04 - 21	0.13	0.19	0.22	0.21	0.24	0.25	0.26	0.27	0.31
2017 - 06 - 02	0.08	0.14	0.19	0.19	0.22	0.24	0.26	0.27	0.31
2017 - 06 - 23	0.08	0.13	0.17	0.18	0.22	0.24	0.26	0.27	0.31
2017 - 07 - 13	0.12	0.17	0.20	0.20	0.21	0.23	0.26	0.28	0.31
2017 - 07 - 23	0.20	0.25	0.26	0.22	0.23	0.25	0.27	0.28	0.32
2017 - 08 - 18	0.18	0.25	0.26	0.24	0.23	0.25	0.26	0.28	0.32
2017 - 09 - 02	0.13	0.22	0.25	0.23	0.26	0.26	0.27	0.29	0.32
2017 - 09 - 12	0.16	0.24	0.25	0.24	0.25	0.26	0.27	0.30	0.32
2017 - 10 - 12	0.17	0.23	0.23	0.24	0.26	0.26	0.29	0.30	0.33
2017 - 10 - 22	0.21	0.25	0.27	0.25	0.26	0.27	0.28	0.30	0.33
2017 - 11 - 06	0.18	0.26	0.26	0.25	0.26	0.27	0.27	0.30	0.32
2017 - 11 - 20	0.18	0.25	0.25	0.24	0.25	0.26	0.27	0.29	0.32

　　在降水的影响下，气象观测场的表层土壤含水量变化也同样较为剧烈。同样地，深度较大的土壤层含水量变化较为平缓。与综合观测场不同的是，90 cm 和 170 cm 深度的土壤含水量没有明显的变化趋势（图 3 - 92）。

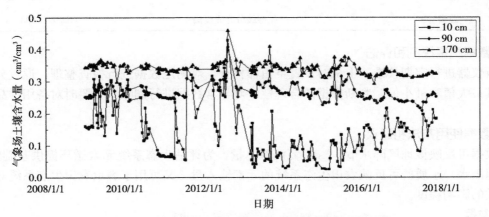

图 3 - 92　气象观测场主要深度土壤含水量随时间的变化

3.4.2 降水、地下水水质数据集

3.4.2.1 概述

本数据集为栾城 2009—2017 年观测的农田生态系统水质数据。地下水（灌溉水）水质数据集采样地点为栾城站灌溉用地下水水质监测调查点（站区）（LCAFZ10CGD_01）和气象观测场（LCAQX01）。地下水为灌溉时采集，采样方式为将地下水装入 500 mL 塑料瓶中冷藏保存，集中分析。气象站内安装有降水采样器，每次降水之后都会进行人工收集。由于每月降水不均匀导致一些月份没有降水水质数据。降水水样在发生降水时采集，按月进行混合。自 2015 年起，降水水质由水分分中心集中分析。

3.4.2.2 数据采集和处理方法

水质分析方法见表 3-77。

表 3-77 水质分析方法

分析项目	分析方法名称	参照国标名称
pH	WTW 水质分析仪	—
钙离子	离子色谱	—
镁离子	离子色谱	—
钾离子	离子色谱	—
钠离子	离子色谱	—
碳酸根离子	酸碱滴定法	GB/T 8538—1995
重碳酸根离子	酸碱滴定法	GB/T 8538—1995
氯化物	离子色谱	—
硫酸根离子	离子色谱	—
磷酸根离子	磷钼蓝分光光度法	GB/T 8538—1995
硝酸根离子	离子色谱	—
矿化度	WTW 水质分析仪	—
化学需氧量（COD）	重铬酸盐法	GB 11914—1989
水中溶解氧（DO）	WTW 水质分析仪	—
总氮	紫外分光光度法	GB 11894—1989
总磷	钼酸铵分光光度法	GB/T 11893—1989

3.4.2.3 数据质量控制和评估

对分析仪器进行定期校准；上机时设置空白样检查，对测定数据进行检查整理，通过分析数据序列特征及其最大值和最小值，判断数据的合理性，对异常数据进行剔除，必要时对备用样品进行再次测定。

3.4.2.4 数据使用方法和建议

降水数据可反映该地区降水 pH、硫/氮沉降总量，为评估生态系统元素循环提供基础输入数据。地下水（灌溉水）水质既可反映农田生态系统的元素输入量，又可用于表示农田生态系统对区域浅层地下水水质的影响程度。

3.4.2.5 数据

（1）降水水质数据

2009—2017 年降水水质数据见表 3 - 78。

表 3 - 78　降水水质数据

年份	月份	水温（℃）	pH	矿化度（mg/L）	硫酸根离子（SO$_4^{2-}$）（mg/L）	非溶性物质总含量（mg/L）	电导率（μs/cm）
2009	5	15.0	6.5	38.0	31.2	1 644.7	78.0
2009	6	20.0	6.5	36.7	28.2	2 114.2	75.3
2009	6	23.0	6.5	74.1	26.7	377.2	152.0
2009	7	23.0	6.2	49.3	30.4	338.6	101.0
2009	7	23.0	6.8	42.9	18.5	351.9	88.0
2009	8	26.5	4.5	54.1	20.0	425.5	111.0
2009	8	18.0	4.7	39.5	20.0	244.9	81.0
2009	8	22.0	5.6	43.9	17.4	231.2	90.0
2010	4	8.0	6.6	49.3	—	—	83.4
2010	4	10.0	6.4	96.0	—	—	162.5
2010	5	12.0	5.4	85.5	—	—	144.7
2010	7	25.0	5.8	81.8	18.3	627.9	138.5
2010	7	22.5	5.7	28.2	20.1	—	47.8
2010	8	27.0	5.5	32.1	14.0	—	54.4
2010	8	23.0	4.8	74.5	—	—	126.1
2010	8	25.0	6.5	43.0	—	—	72.8
2010	8	23.0	4.6	12.5	4.3	273.3	21.1
2010	8	24.5	4.2	10.5	—	—	17.7
2010	8	23.5	7.1	30.0	—	—	50.7
2010	8	20.5	6.2	27.8	—	—	47.0
2010	9	19.1	3.8	46.7	4.3	238.0	79.0
2010	9	15.0	7.0	58.3	3.3	—	98.6
2010	10	13.1	6.9	16.2	—	—	27.4
2011	5	15.0	6.3	97.5	22.2	144.2	165.0
2011	5	16.0	4.9	55.5	14.8	22.9	94.0
2011	6	20.0	6.2	49.0	11.7	77.9	83.0
2011	6	22.1	6.4	88.6	21.8	26.7	150.0
2011	7	24.0	5.7	40.2	14.8	—	68.0
2011	7	25.5	6.8	40.2	11.7	—	68.0
2011	7	24.9	7.8	57.9	6.2	25.0	98.0
2011	7	26.5	6.6	66.8	19.1	51.3	113.0
2011	8	25.0	4.5	55.5	5.8	28.6	94.0
2011	8	29.0	4.3	44.3	14.8	—	75.0

（续）

年份	月份	水温（℃）	pH	矿化度（mg/L）	硫酸根离子（SO$_4^{2-}$）（mg/L）	非溶性物质总含量（mg/L）	电导率（μs/cm）
2011	8	26.6	4.0	114.6	22.2	—	194.0
2011	9	22.5	4.8	69.1	27.3	31.7	117.0
2011	9	19.5	3.9	39.6	16.7	25.0	67.0
2012	4	15.0	6.3	66.8	6.6	18.0	113.0
2012	5	16.0	5.9	69.1	19.5	36.7	117.0
2012	6	20.0	6.4	88.6	31.9	33.2	150.0
2012	7	24.0	7.4	40.2	36.6	19.5	68.0
2012	7	25.5	6.8	46.7	8.2	30.6	79.0
2012	7	24.9	7.1	44.3	68.1	109.8	75.0
2012	7	26.5	6.6	70.3	38.9	18.9	119.0
2012	8	25.0	6.5	55.5	25.3	19.4	94.0
2012	8	29.0	6.3	61.5	10.1	9.4	104.0
2013	4	1.0	8.7	39.7	6.8	6.8	59.3
2013	5	22.0	7.2	96.2	19.7	44.8	143.9
2013	6	22.0	7.8	34.9	8.4	53.8	52.1
2013	7	23.0	8.3	37.6	7.0	177.8	56.2
2013	8	25.0	8.8	55.2	9.7	6.8	82.5
2013	9	20.0	8.3	42.2	9.6	41.3	63.0
2013	10	13.0	7.1	47.7	18.0	36.3	73.4
2014	1	—	7.2	96.3	29.3	119.9	152.4
2014	2	—	8.8	187.1	52.7	34.9	289.2
2014	3	—	8.3	40.6	8.8	334.9	64.1
2014	5	—	8.2	62.2	13.3	21.9	98.3
2014	6	—	8.0	98.4	24.8	1.9	156.0
2014	7	—	8.5	48.3	11.9	82.9	74.8

（续）

年份	月份	水温（℃）	pH	矿化度（mg/L）	硫酸根离子（SO$_4^{2-}$）(mg/L)	非溶性物质总含量（mg/L）	电导率（μs/cm）
2014	8	—	7.4	60.1	10.8	104.8	93.0
2014	9	—	8.8	49.0	9.2	100.8	75.8
2014	10	—	6.9	45.3	13.3	26.8	70.2
2015	3	—	4.5	210.7	93.8	62.5	311.1
2015	4	—	6.8	107.6	27.3	130.0	163.9
2015	5	—	7.2	93.7	22.6	189.6	143.1
2015	6	—	7.1	55.4	4.9	138.0	84.9
2015	7	—	7.0	99.5	0.0	188.0	153.6
2015	8	—	7.1	66.2	12.5	20.0	102.3
2015	9	—	7.4	69.8	14.1	93.4	107.9
2015	10	—	7.2	123.5	31.2	93.4	188.6
2015	11	—	7.6	122.4	32.4	72.0	187.7
2016	2	—	—	130.2	60.4	34.2	195.7
2016	5	—	—	56.3	16.2	394.2	85.0
2016	6	—	—	81.2	22.5	136.0	123.6
2016	7	—	—	47.4	11.3	34.0	71.6
2016	8	—	—	49.4	11.8	128.2	74.5
2016	9	—	—	76.1	20.2	14.2	115.0
2016	10	—	—	1 285.0	282.5	102.0	1 765.0
2017	3	—	6.4	120.9	28.9	—	185.8
2017	4	—	6.4	73.3	17.8	—	114.1
2017	5	—	6.3	196.9	47.3	—	296.5
2017	6	—	6.4	99.0	20.7	—	153.5
2017	7	—	6.4	59.8	10.9	—	93.0
2017	8	—	6.5	46.4	11.6	—	72.3
2017	9	—	6.6	154.9	39.6	—	236.0
2017	10	—	6.9	41.7	8.7	—	65.1

（2）地下水（灌溉水）水质数据

2009—2017 年地下水质数据见表 3-79。

表 3 - 79 地下水水质数据

样地代码	采样日期 (年-月-日)	水温 (℃)	pH	Ca^{2+} (mg/L)	Mg^{2+} (mg/L)	K^+ (mg/L)	Na^+ (mg/L)	HCO_3^- (mg/L)	Cl^- (mg/L)	SO_4^{2-} (mg/L)	NO_3^- (mg/L)	DO	总氮 (mg/L)	总磷 (mg/L)	电导率 (μS/cm)
LCAZH01CGD_01	2009-04-02	15.0	7.2	28.3	24.1	0.2	10.9	118.9	45.2	10.7	20.4	3.2	3.1	未检出	701.0
LCAZH01CGD_01	2009-06-16	18.5	7.2	22.4	38.1	0.2	11.3	258.9	34.1	14.9	16.8	1.1	5.0	未检出	687.0
LCAQX01CYS_01	2010-04-14	15.0	7.7	43.2	27.9		10.9	234.2	43.0	16.6	19.5	3.6	3.4	未检出	519.0
LCAQX01CYS_01	2010-05-16	17.2	8.0	29.6	31.0	1.6	27.0	188.2	44.1	25.7	20.3	3.0	4.7	未检出	480.0
LCAQX01CYS_01	2010-07-18	17.9	8.0	24.7	27.6	1.2	21.9	162.2	38.3	39.5	15.8	2.2	3.5	未检出	410.0
LCAZH01CGD_01	2011-04-20	15.1	8.7	34.5	31.4	1.7	22.0	59.8	31.4	34.5	15.1	3.0	4.2	未检出	386.0
LCAZH01CGD_01	2011-05-23	16.0	8.1	38.9	24.6	1.3	14.1	105.5	27.9	38.9	10.5	3.0	2.7	未检出	323.0
LCAZH01CGD_01	2011-06-22	17.6	8.0	41.3	35.1	1.9	22.2	197.8	29.1	41.3	15.9	3.0	4.0	未检出	373.0
LCAZH01CGD_01	2011-08-10	17.4	8.0	28.4	33.0	1.7	19.6	212.7	26.8	28.4	11.3	2.1	3.4	未检出	447.0
LCAZH01CGD_01	2012-04-08	15.2	8.3	15.3	47.0	2.9	33.2	172.8	46.9	3.5	20.0	3.2	4.5	未检出	402.0
LCAZH01CGD_01	2012-05-10	16.0	8.3	20.6	40.7	4.6	27.7	163.8	42.2	45.8	17.9	3.3	4.7	未检出	356.0
LCAZH01CGD_01	2012-06-16	17.5	8.2	22.6	20.8	1.3	30.6	144.1	41.7	49.8	6.2	3.2	3.0	未检出	323.0
LCAZH01CGD_01	2013-04-21	15.4	7.5	70.4	40.0	2.8	26.2	332.6	58.2	39.8	25.2	3.2	4.0	未检出	781.0
LCAZH01CGD_01	2013-06-18	17.5	8.2	57.0	30.7	3.0	29.1	300.4	42.0	47.8	24.6	3.2	4.2	未检出	660.0
LCAZH01CGD_01	2014-04-12	15.0	7.5	38.1	35.6	1.7	25.2	274.7	41.2	36.9	22.5	5.0	4.2	未检出	573.0
LCAZH01CGD_01	2014-05-21	15.5	7.6	3.6	28.6	1.2	16.9	236.5	27.6	24.7	13.8	4.6	3.9	未检出	325.0
LCAZH01CGD_01	2014-06-19	15.5	7.7	6.4	58.7	7.0	40.2	324.9	32.1	28.1	16.9	2.3	4.2	未检出	693.0

（续）

样地代码	采样日期 (年-月-日)	水温 (℃)	pH	Ca^{2+} (mg/L)	Mg^{2+} (mg/L)	K^+ (mg/L)	Na^+ (mg/L)	HCO_3^- (mg/L)	Cl^- (mg/L)	SO_4^{2-} (mg/L)	NO_3^- (mg/L)	DO	总氮 (mg/L)	总磷 (mg/L)	电导率 (μs/cm)
LCAZH01CGD_01	2015-04-09	15.0	7.6	29.5	33.8	1.6	23.1	265.1	37.8	33.9	20.3	4.9	4.1	未检出	511.0
LCAZH01CGD_01	2015-05-20	15.4	7.7	4.3	36.1	2.7	22.7	258.6	28.8	25.5	14.5	4.0	4.0	未检出	417.0
LCAZH01CGD_01	2015-06-12	15.5	7.7	8.4	72.6	6.5	47.0	480.2	51.7	45.7	26.4	6.3	7.1	未检出	844.8
LCAZH01CGD_01	2016-04-08	15.5	7.4	5.6	47.0	3.5	29.5	336.2	37.4	33.2	18.9	5.2	5.2	未检出	542.1
LCAZH01CGD_01	2016-05-23	15.3	7.6	7.6	65.4	5.8	42.3	432.2	46.6	41.1	23.8	5.6	6.4	未检出	760.3
LCAZH01CGD_01	2016-06-21	15.5	7.7	38.4	44.0	2.1	30.1	344.7	49.2	44.0	26.4	6.4	5.3	未检出	664.3
LCAZH01CGD_01	2017-04-02	15.5	7.6	70.1	35.7	2.0	24.1	309.3	32.4	36.5	24.6	4.5	5.4	未检出	423.3

2009—2017 年，地下水氯离子和硝酸根离子浓度的平均值分别为 39 mg/L 和 18.7 mg/L。地下水中的氯离子浓度几乎保持不变，围绕平均值上下波动，而硝酸根离子浓度呈现微弱的增加趋势，可能与周边城市以及农业影响有关（图 3-93）。

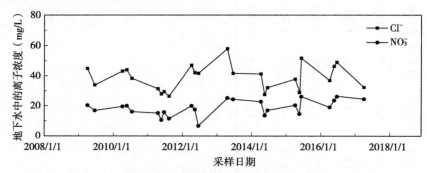

图 3-93　地下水中硝酸根离子和氯离子浓度随时间的变化

3.4.3　地下水位埋深数据集

3.4.3.1　概述
本数据集包括栾城站 2009—2017 年的地下水位埋深观测数据。

3.4.3.2　数据采集和处理方法
采用人工观测的手段，利用测绳测定水位埋深。

3.4.3.3　数据质量控制和评估
针对测绳的测量精度进行了校核，观测人员固定，避免不同人员操作带来随机误差。对数据序列进行检查，去除异常值。

3.4.3.4　数据使用方法和建议
该数据可用于反映农田灌溉对地下水位的长期和周期性影响，可用于研究地下水位变化趋势。

3.4.3.5　数据
2009—2017 年地下水位埋深数据见表 3-80。

表 3-80　地下水位埋深数据

日期	地下水位埋深（m）	日期	地下水位埋深（m）	日期	地下水位埋深（m）
2009-01-01	35.15	2010-02-01	36.24	2011-03-01	36.38
2009-02-01	35.04	2010-03-01	36.12	2011-04-01	36.94
2009-03-01	34.96	2010-04-01	36.01	2011-05-01	39.33
2009-04-01	35.15	2010-05-01	36.68	2011-06-01	40.18
2009-05-01	35.65	2010-06-01	37.99	2011-07-01	40.99
2009-06-01	36.07	2010-07-01	39.47	2011-08-01	41.28
2009-07-01	36.63	2010-08-01	38.92	2011-09-01	39.8
2009-08-01	37.31	2010-09-01	37.81	2011-10-01	39.53
2009-09-01	37.01	2010-10-01	37.4	2011-11-01	39.67
2009-10-01	36.76	2010-11-01	37.53	2011-12-01	39.28
2009-11-01	36.67	2010-12-01	38.12	2012-01-01	38.78
2009-12-01	36.55	2011-01-01	37.24	2012-02-01	38.48
2010-01-01	36.39	2011-02-01	36.82	2012-03-01	38.38

（续）

日期	地下水位埋深（m）	日期	地下水位埋深（m）	日期	地下水位埋深（m）
2012 - 04 - 01	38.57	2014 - 03 - 01	38.8	2016 - 02 - 01	41.14
2012 - 05 - 01	40.42	2014 - 04 - 01	40.97	2016 - 03 - 01	40.97
2012 - 06 - 01	42.16	2014 - 05 - 01	41.34	2016 - 04 - 01	43.46
2012 - 07 - 01	42.17	2014 - 06 - 01	43.74	2016 - 05 - 01	44.15
2012 - 08 - 01	41.56	2014 - 07 - 01	44.5	2016 - 06 - 01	44.66
2012 - 09 - 01	40.72	2014 - 08 - 01	43.71	2016 - 07 - 01	45.21
2012 - 10 - 01	40.86	2014 - 09 - 01	42.58	2016 - 08 - 01	44.04
2012 - 11 - 01	41.14	2014 - 10 - 01	41.33	2016 - 09 - 01	44.7
2012 - 12 - 01	40.47	2014 - 11 - 01	41.25	2016 - 10 - 01	44.87
2013 - 01 - 01	39.74	2014 - 12 - 01	41.54	2016 - 11 - 01	43.46
2013 - 02 - 01	39.24	2015 - 01 - 01	40.8	2016 - 12 - 01	43.21
2013 - 03 - 01	38.95	2015 - 02 - 01	40.32	2017 - 01 - 01	42.8
2013 - 04 - 01	39.5	2015 - 03 - 01	40.18	2017 - 02 - 01	42.55
2013 - 05 - 01	40.81	2015 - 04 - 01	42.48	2017 - 03 - 01	42.78
2013 - 06 - 01	42.1	2015 - 05 - 01	43.23	2017 - 04 - 01	44.99
2013 - 07 - 01	40.34	2015 - 06 - 01	44.47	2017 - 05 - 01	45.6
2013 - 08 - 01	41.71	2015 - 07 - 01	45.03	2017 - 06 - 01	46.85
2013 - 09 - 01	42.47	2015 - 08 - 01	42.22	2017 - 07 - 01	46.66
2013 - 10 - 01	40.66	2015 - 09 - 01	43.17	2017 - 08 - 01	45.56
2013 - 11 - 01	40.52	2015 - 10 - 01	42.69	2017 - 09 - 01	45.23
2013 - 12 - 01	40.79	2015 - 11 - 01	42.21	2017 - 10 - 01	46.42
2014 - 01 - 01	39.89	2015 - 12 - 01	41.35	2017 - 11 - 01	43.56
2014 - 02 - 01	39.26	2016 - 01 - 01	41.25	2017 - 12 - 01	43.84

　　2009—2017 年，地下水位埋深的年内波动较为明显，由于农业灌溉主要发生在每年的 3—7 月，因此导致 2—3 月的地下水位埋深达到最小值，在 7—8 月达到最大值。地下水位埋深呈现下降的趋势，这与农业过量开采地下水有关（图 3 - 94）。

图 3 - 94　地下水位埋深变化过程

第 4 章

台站特色研究数据——水热碳通量
长期观测数据集

4.1 概述

基于微气象学原理的涡度相关技术已成为陆地生态系统与大气间二氧化碳和水热通量交换的标准观测手段之一。本数据集为中国科学院栾城农业生态系统试验站自涡度相关系统架设完成至 2013 年积累的通量数据，时间跨度从 2007 年 10 月至 2013 年 9 月，覆盖 6 个连续作物年，观测样地为冬小麦-夏玉米一年两熟轮作制农田，属于华北平原典型的潮褐土高产农业生态类型，具有较强的代表性，包含 1 个表，包括 73 条月尺度数据。本数据集的联网观测、质量控制和处理存储过程均严格遵守 ChinaFLUX 数据管理技术体系，数据可靠性高，可为华北地区典型农田的水平衡、适水种植制度调整、农田生态系统碳水循环过程以及作物模型模拟等相关研究提供坚实的数据支撑。

4.2 数据采集和处理方法

基于 ChinaFLUX 的顶层设计，经过观测塔选址、观测仪器选型和野外观测系统安装与调试等技术工作，中国农业科学院栾城农业生态系统试验站于 2007 年 11 月 6 日正式开始长期连续的碳水通量联网观测。本数据集为 2007 年 10 月 1 日至 2013 年 9 月 30 日的农田碳水通量数据，其中，2007 年 10 月 1 日至 11 月 5 日的数据由历年相应通量项平均值并结合栾城试验站气象数据、土壤含水量和参考蒸散等插补得到。

农业生产以华北地区种植面积最为广泛的冬小麦-夏玉米一年两熟轮作制农田为主。冬小麦 10 月初播种，翌年 6 月中旬收获；夏玉米 6 月中旬播种，9 月底收获。其中冬小麦冠层高度约为 1.0 m，夏玉米冠层高度在 2.0 m 左右。结合上述植被类型、冠层高度以及通量观测对下垫面条件的要求，栾城站架设了通量观测塔，并将碳水分析仪安装高度设置为 3.5 m。涡度相关系统主要由开路式 CO_2/H_2O 红外分析仪和三维超声风速计组成，同时辅有辐射分量和常规气象要素（降雨和空气温湿度等）的同步观测，观测设备型号及制造商等信息见表 4-1。数据观测和存储除人工观测降水量外由系统自动完成，通常情况下每 0.5～1 个月定期维护一次，每两年校准一次。

表 4-1 各观测系统主要观测要素、关键传感器和分析仪型号、制造商信息及安装高度

观测系统	观测要素	传感器和分析仪	制造商	安装高度（m）
气象要素	自动降水量	HMP155	CAMPBELL (USA)	0.7
CO_2 和水热通量	三维超声风速	CSAT3	CAMPBELL (USA)	3.5
	CO_2/H_2O 密度	LICOR7500	LI-COR (USA)	
	净辐射量	CNR-1	Kipp&Zonen (Netherlands)	
数据采集与通信	常规气象要素	CR1000	CAMPBELL (USA)	
	碳水通量要素	CR5000		

通量观测塔下垫面为充分灌溉管理下的典型冬小麦-夏玉米一年两熟轮作制农田生态系统，下垫面均匀且地势平坦，风浪区足够大（范围大于350 m）。观测系统利用CR 5000型数据采集器以10 Hz的频率进行原始数据采样和存储，连续自动监测生态系统的碳水通量，每30 min输出一组平均值。

通量数据的原始观测数据统一遵循ChinaFLUX技术体系进行标准化的质量控制和处理。为规范和便于读者对数据的使用，本数据集将10 Hz的原始数据处理计算形成了日尺度，并计算成为月尺度数据产品。具体方法及日尺度数据参考文后参考文献张玉翠等（2020）。

4.3 数据质量和评估

目前全球通量观测研究领域普遍使用的数据质量评价体系主要包括一贯性检验和完全湍流假设的检验。本数据集基于此对数据质量进行了系统评价。功率谱和协方差谱检验结果表明，三维风速、二氧化碳浓度和水浓度的功率谱变化模态符合惯性副区－2/3斜率理论值，表明涡度相关系统设备响应正常，不存在系统性的相移或失真。结合湍流稳定性检验和积分统计特性检验对数据进行总体质量评价和等级划分，结果显示观测样本符合湍流的方差相似性规律，数据质量较高。为反映生态系统通量实际变化情况，本数据集中通量观测数据未进行强制能量闭合处理。但是借助于改进的ET（LE）插补方法，能量闭合度可达91%。其中小麦季观测结果的能量闭合度可达95%，玉米季可达88%，远高于全球通量观测网络台站汇交数据能量闭合程度的平均水平，数据质量较好。

本数据集中，日尺度蒸散量和二氧化碳净交换量有效观测数据为90%和93%；净辐射量和感热通量有效观测数据约为95%。数据缺失的原因主要分为两类：一是观测仪器运行故障导致的数据缺失，包括供电故障、设备维护等；二是数据处理过程导致的数据缺失，如夜间和降水天气数据的筛选等。

4.4 数据使用方法和建议

本数据集为栾城试验站自通量观测系统布设完成至2013年积累的通量数据，其观测、处理和质量控制与评估均采用国际通用方法，并根据自身条件和观测情况进行了改进，可靠性高。数据跨度从2007年10月至2013年9月，覆盖6个连续作物年，观测样地属于华北地区典型的潮褐土高产农业生态类型，具有较强的代表性。本数据集可为农业节水理论与水文水资源研究等相关领域的发展提供坚实的数据支撑，包括农田耗水特征与蒸散结构分离、土壤水利用层次与地下水补给途径解析、农田生态系统碳氮水循环过程、农田水平衡和适水种植制度调整、农业生产力与水资源可持续利用程度评价、作物模型的验证与改进等。此外，本数据集可与其他观测台站的数据进行综合集成，服务于陆地生态系统对全球变化的响应、区域尺度陆地生态系统物质循环与能量流动过程以及生态系统管理政策制定等相关领域。

目前通量观测数据仍普遍存在不同程度的能量不闭合现象，数据处理和质量控制也存在一定的不确定性。因此，本数据集在使用过程中需注意以下几个方面：

（1）随着ChinaFLUX数据管理技术体系的更新和完善，不同年份汇交的通量数据处理方法不完全相同，因此本数据集可能与早期发表的数据存在一定差异（误差允许范围内）。

（2）本数据集各项观测数据受仪器运行状态或数据处理过程的影响，存在不同程度的数据缺失。数据文件中对插补数据进行了标注，建议优先采用未插补数据，以减少不确定性。

（3）数据集其他信息参考文后参考文献张玉翠等（2020）。

4.5　数据

整个数据集的表头和单位说明见表 4-2。

表 4-2　通量观测数据表头和单位说明

数据项	数据类型	计量单位	数据项说明	示例
Year	日期	—	年	2007
Month	日期	—	月	10
ET	数字	mm	月尺度蒸散量	1.3
Rn	数字	MJ/（m²·d）	月尺度净辐射量	5.9
Hs	数字	MJ/（m²·d）	月尺度感热通量	2.4
NEE	数字	gC/（m²·d）	月尺度二氧化碳净交换量	0.9

2007—2013 年栾城站冬小麦-夏玉米农田通量月数据如表 4-3 所示，综合各月数据得到冬小麦-夏玉米不同生长季及年通量数据变化。结果表明，2007—2013 年年均冬小麦季蒸散量为 401 mm、净辐射量为 1 326 MJ/m²、感热通量为 262 MJ/m² 及生态系统二氧化碳净交换量（负值表示碳固定量）为 -375 gC/m²，对应玉米季节以上通量值分别为 297 mm、1 022 MJ/m²、237 MJ/m²、-359 gC/m²；年均值对应为 703 mm、2 347 MJ/m²、498 MJ/m²、-734 gC/m²。

表 4-3　2007—2013 年栾城站冬小麦-夏玉米农田通量月数据

年份	月份	蒸散量 （mm）	净辐射量 （MJ/m²）	感热通量 （MJ/m²）	二氧化碳净交换量 （gC/m²）
2007	10	24.1	92.5	55.3	39.1
2007	11	19.4	25.1	18.0	10.4
2007	12	15.7	10.6	18.1	45.4
2008	1	7.1	22.8	21.1	0.0
2008	2	9.0	53.9	27.7	-1.9
2008	3	39.0	159.8	56.5	-27.3
2008	4	105.4	304.2	25.9	-151.8
2008	5	134.9	412.1	21.7	-221.5
2008	6	70.8	319.5	92.4	31.2
2008	7	97.7	394.5	69.0	-91.9
2008	8	103.6	352.8	27.0	-240.9
2008	9	73.0	241.0	40.7	-92.9
2008	10	27.6	92.5	15.0	39.8
2008	11	15.6	73.1	13.9	-25.9
2008	12	16.9	56.9	6.3	-10.0
2009	1	9.9	53.3	40.2	-1.7
2009	2	8.6	78.9	38.2	-5.1

（续）

年份	月份	蒸散量 （mm）	净辐射量 （MJ/m²）	感热通量 （MJ/m²）	二氧化碳净交换量 （gC/m²）
2009	3	40.1	195.8	42.0	−34.1
2009	4	91.3	226.8	31.8	−166.6
2009	5	151.7	354.4	27.5	−208.6
2009	6	86.4	286.7	75.8	85.8
2009	7	96.0	362.5	87.5	−113.8
2009	8	99.3	318.8	38.5	−221.8
2009	9	51.2	200.0	63.4	−61.9
2009	10	21.4	159.2	59.8	45.1
2009	11	7.0	51.0	15.7	16.7
2009	12	15.5	49.2	6.2	−3.0
2010	1	9.9	48.2	23.5	−18.7
2010	2	9.6	80.3	25.8	−13.2
2010	3	48.7	142.6	34.7	−36.9
2010	4	79.1	226.2	30.7	−116.6
2010	5	149.0	395.9	12.9	−230.9
2010	6	80.7	317.2	72.5	9.1
2010	7	94.1	382.3	70.5	−75.5
2010	8	112.0	286.5	42.1	−270.3
2010	9	60.0	147.4	53.7	−75.0
2010	10	25.0	135.8	19.4	50.8
2010	11	26.4	82.1	13.1	−21.5
2010	12	22.8	35.7	7.6	−15.1
2011	1	12.5	17.3	18.3	−11.3
2011	2	9.7	61.8	20.3	−16.8
2011	3	58.2	186.3	43.5	−28.0
2011	4	101.5	261.7	28.1	−153.2
2011	5	139.5	364.0	21.3	−216.3
2011	6	79.9	317.8	48.1	71.8
2011	7	93.3	338.8	122.8	−49.9
2011	8	104.6	314.7	73.3	−222.1
2011	9	67.0	197.3	52.8	−126.8
2011	10	19.2	156.6	38.6	41.4

（续）

年份	月份	蒸散量 （mm）	净辐射量 （MJ/m²）	感热通量 （MJ/m²）	二氧化碳净交换量 （gC/m²）
2011	11	13.9	67.5	23.7	−32.5
2011	12	12.9	27.4	20.7	−10.6
2012	1	6.8	58.0	38.4	−10.6
2012	2	11.1	129.0	77.8	−9.9
2012	3	25.0	183.1	71.4	−45.9
2012	4	89.9	264.7	23.1	−195.7
2012	5	150.8	426.0	20.6	−172.8
2012	6	79.0	315.8	78.6	124.5
2012	7	95.8	317.8	50.1	−67.8
2012	8	107.3	327.0	35.5	−245.5
2012	9	74.6	261.5	64.1	−116.4
2012	10	23.7	122.7	54.4	50.0
2012	11	21.1	71.2	21.3	−14.2
2012	12	13.7	56.0	24.2	−8.9
2013	1	7.3	41.9	21.0	−11.5
2013	2	12.8	55.0	13.6	−7.2
2013	3	43.9	182.6	68.9	−44.8
2013	4	99.3	273.7	53.9	−179.6
2013	5	146.3	382.3	16.1	−207.7
2013	6	68.4	287.0	122.3	94.0
2013	7	100.7	333.1	87.7	−57.2
2013	8	117.1	346.4	36.5	−255.9
2013	9	56.9	192.7	58.1	−89.6

参　考　文　献

程一松，胡春胜，张玉铭，等，2011. 栾城县域精准种植运行体系建设与模式示范 [J]. 中国生态农业学报，19
　（5）：1190 - 1198.

胡春胜，董文旭，张玉铭，等，2011. 华北山前平原农田生态系统氮通量与调控 [J]. 中国生态农业学报，19（5）：
　997 - 1003.

景冰丹，靳根会，闵雷雷，等，2015. 太行山前平原典型灌溉农田深层土壤水分动态 [J]. 农业工程学报，31（19）：
　128 - 134.

李红军，张立周，陈曦鸣，等，2011. 应用数字图像进行小麦氮素营养诊断中图像分析方法的研究 [J]. 中国生态农
　业学报，19（1）：155 - 159.

李晓欣，马洪斌，胡春胜，等，2011. 华北山前平原农田土壤硝态氮淋失与调控研究 [J]. 中国生态农业学报，9
　（5）：1 - 6.

刘昌明，任鸿遵，1988. 水量转换——实验与计算分析 [M]. 北京：科学出版社.

刘昌明，王会肖，等，1999. 土壤-作物-大气界面水分过程与节水调控 [M]. 北京：科学出版社.

王玉英，胡春胜，2011. 施氮水平对太行山前平原冬小麦-夏玉米轮作体系土壤温室气体通量的影响 [J]. 中国生态
　农业学报，19（5）：1122 - 1128.

张玉翠，姜寒冰，张传伟，等，2020. 2007—2013 年华北平原典型灌溉农田生态系统日通量数据集——以栾城站为例
　[J]. 中国科学数据，5（2）.

Luo J, Shen Y, Qi Y, et al., 2018. Evaluating water conservation effects due to cropping system optimization on the
　Beijing-Tianjin-Hebei plain [J]. China Agricultural Systems, 159: 32 - 41.

Min L, Shen Y, Pei H, et al., 2017. Characterising deep vadose zone water movement and solute transport under typi-
　cal irrigated cropland in the North China Plain [J]. Hydrological Processes, 31: 1498 - 1509.

Min L, Shen Y, Pei H, 2015. Estimating groundwater recharge using deep vadose zone data under typical irrigated crop-
　land in the piedmont region of the North China Plain [J]. Journal of Hydrology, 527: 305 - 315.

Shen Y, Zhang Y, Scanlon B R, et al., 2013. Energy/water budgets and productivity of the typical croplands irrigated
　with groundwater and surface water in the North China Plain [J]. Agricultural & Forest Meteorology, 181
　(1): 133 - 142.

Umair M, Shen Y, Qi Y, et al., 2017. Evaluation of the CropSyst model during wheat-maize rotations on the North
　China Plain for identifying soil evaporation losses [J]. Frontiers in Plant Science, 8: 1667.

Wang Y Y, Hu C S, Dong W X, et al., 2015. Carbon budget of a winter-wheat and summer-maize rotation cropland in
　the North China Plain [J]. Agriculture, Ecosystems and Environment, 206 (1): 33 - 45.

Xiao D, Shen Y, Qi Y, et al., 2017. Impact of alternative cropping systems on groundwater use and grain yields in the
　North China Plain Region [J]. Agricultural Systems, 153: 109 - 117.

Yang X, Chen Y, Pacenka S, et al., 2015. Effect of diversified crop rotations on groundwater levels and crop water
　productivity in the North China Plain [J]. Journal of Hydrology, 522: 428 - 438.

Zhang X Y, Pei D, Chen S Y, et al., 2006. Performance of double-cropped winter wheat-summer maize under minimum
　irrigation in the North China Plain [J]. Agronomy Journal, 98 (6): 1620 - 1626.

Zhang Y, Shen Y, Sun H, et al., 2011. Evapotranspiration and its partitioning in an irrigated winter wheat field: A
　combined isotopic and micrometeorologic approach [J]. Journal of Hydrology, 408 (3): 203 - 211.